环境影响评价学

郭廷忠　主编

科学出版社

北京

内 容 简 介

本书从环境影响评价课程特征出发，系统介绍了环境影响评价的基础知识、基本程序、基本理论与方法等，并对大气、地表水、噪声、生态等环境要素，以及环境风险、规划环境的影响评价进行了全面细致的论述。本书注重理论与实践的结合，在重要章节后面均附有精选的环境影响评价案例，利于教师的讲授和学生对知识与理论的理解与运用。本书在内容体系与结构编排上，充分考虑到了环境影响评价工作的特点，也体现了国家环境政策要求，具有内容全面、体系完整、结构合理、层次分明、案例丰富等特点。

因此，本教材既适合于高等学校环境科学及环境工程专业本科生使用，也可以作为环境类研究生的参考用书，对于环境影响评价工作者和参加环境影响评价职业考试人员来讲，亦是理想的参考书。

图书在版编目(CIP)数据

环境影响评价学 / 郭廷忠主编. —北京：科学出版社，2007

ISBN 978-7-03-019708-5

Ⅰ. 环… Ⅱ. 郭… Ⅲ. 环境影响－评价 Ⅳ. X820.3

中国版本图书馆 CIP 数据核字(2007)第 129127 号

责任编辑：朱 丽 / 责任校对：宋玲玲

责任印制：徐晓晨 / 封面设计：王 浩

科 学 出 版 社出版

北京东黄城根北街 16 号

邮政编码：100717

http://www.sciencep.com

北京京华虎彩印刷有限公司 印刷

科学出版社发行 各地新华书店经销

*

2007 年 8 月第 一 版 开本：B5(720×1000)

2015 年 8 月第三次印刷 印张：28

字数：548 000

定价：80.00 元

(如有印装质量问题，我社负责调换)

《环境影响评价学》编委会

主　编　郭廷忠

副主编　刘玉振　潘　峰

周艳梅　王　敏

前　言

环境是人类赖以生存和发展的物质基础，但自20世纪50年代以来不断扩大和加深的环境危机，已经严重影响到人类经济社会的正常发展。为促进人类与环境的和谐共存和经济社会的持续发展，各国学者、科学家、专家等不断地探索和研究解决环境问题和保护环境的方法与途径，环境科学便随之应运而生，并得到了不断发展，现已形成较为完善的体系。"环境影响评价"概念是20世纪60年代被提出的，经过40多年的发展，已成为环境科学体系中的一门基础学科。环境影响评价的概念于20世纪70年代初被引入我国，并成为我国环境管理的一项基本制度，在我国的环境保护中发挥了极其重要的作用。2002年10月颁布实施的《中华人民共和国环境影响评价法》，以法律形式将规划纳入到了环境影响评价的范围，环境影响评价工程师职业资格制度也于2004年4月开始在全国实施。这一切都标志着我国的环境影响评价工作进入到了一个新的发展时期，同时也为我国高等院校环境影响评价人才的培养提出了更高的要求。

目前，我国高等院校环境评价专业本科教学使用的教材，大多存在体系不完整，结构编排不合理以及实践环节较弱等缺点，已经不能适应高等学校环境科学本科专业的教学需要。为解决这一问题，贯彻教育部高等学校教学改革精神，编者结合自己多年的教学改革与实践经验，以及对环境影响评价工作的认识，编写了本书。由于环境影响评价涉及内容广泛，环境影响评价技术与方法也在不断地发展和完善之中，本书在对内容进行合理取舍的同时，力求全面、翔实，突出重点。该书在编写过程中，参阅了大量的国内外资料，在满足国内环境影响评价实践的基础上，也介绍了国外环境影响评价的发展情况，对学生学习和思考十分有益。

本书共分十二章，其中第一章、第五章由潘峰编写，第二章、第三章、第四章、第七章由郭廷忠、刘玉振编写，第六章由王敏、郭廷忠、潘峰编写，第八章、第十章由周艳梅编写，第九章、第十一章由王敏编写，第十二章由郭廷忠、周艳梅编写。全书由郭廷忠统一修改定稿。此外，参加本书编写工作的还有：仝致琦、刘斌、武艳丽，科学出版社朱丽编辑为本书的编辑出版付出了艰辛劳动，在此对他（她）们一并表示最诚挚的感谢。

由于编者水平有限，加上编写时间仓促，书中难免出现这样或那样的错误和疏漏之处，敬请各位读者批评指正。

编　者

2007.4.10

目　　录

第一章　绪　　论

本章重点:环境、环境质量、环境影响及环境影响评价的概念;环境影响的分类;环境影响评价的基本原则与要求;环境标准的分类;环境影响评价法律体系构成。

第一节　基本概念

一、环境及其基本特征

（一）环境的概念

环境影响评价(EIA)是一项技术,也是正确认识经济发展、社会发展和环境发展之间相互关系的科学方法,是正确处理经济发展与国家总体利益和长远利益关系,强化环境管理的有效手段。环境影响评价能合理确定地区发展的产业结构、产业规模和产业布局,将人类活动不利于环境的影响限制到最小。因此环境影响评价工作的重要性也被越来越多的人所认识。

环境的定义是环境影响评价的核心,同时也是含义和内容都非常丰富的一个词汇。辞海中对于环境的定义是:环绕所辖的区域,又指围绕着人类的外部世界,是人类赖以生存和发展的社会和物质条件的综合体。

从哲学的层面上对环境进行定义,环境是指相对于某一中心事物的所有外界事物。这是对环境概念的高度概括和最深层面的总结。在环境科学中,环境是指以人类社会为主体的外部世界的全体,包括自然环境和社会环境两部分。国际环境管理体系标准 ISO14001 中对环境的定义为:一个组织运行活动的外部存在,包括空气、水、土地、自然资源、植物、动物、人以及他们之间的相互关系。另外,环境也有法律层面上的定义,《中华人民共和国环境保护法》为环境下的定义是:"本法所称环境,是指影响人类社会生存和发展的各种天然的和经过人工改造的自然因素总体,包括大气、水、海洋、土地、矿藏、森林、草原、野生动物、自然古迹、人文遗迹、自然保护区、风景名胜区、城市和乡村等。"环境的法律定义,可以理解为是对环境的法律适用对象及适用范围的规定,为实际工作中法律的实施对象进行的明确界定。

从上述几种从不同角度对环境的定义中我们可以总结出来,理解环境问题的关键在于把握住两点:一是相对的概念,即任何环境都是与一个主体或中心事物相对应的,主体不同的情形下环境的概念也会随之变化。环境是相对于某一中心事物而言的,作为某一中心事物的对立面而存在的,它因中心事物不同而不同,是某一中心事物周围的事物整体。中心事物即环境中心点的存在。如果没有中心事物,则无所谓环境。二是“以人为本”的概念,在环境科学领域对环境的定义中,其中心事物是人,这也是我们环境影响评价和环境保护工作的一个主要目标。因此只要牢牢把握住主体是人这一基本原则,对环境问题的理解将会非常有帮助。需要指出的是,由于中心事物与周围事物地位不平等,后者以前者为转移,处于从属的地位。但是在实际工作中我们不能过于注重对人的关注而忽略了其他物种的正常生存权利。

(二) 环境的基本特征

1. 整体性与区域性

体现在环境系统的结构和功能方面,整体性是环境的最基本特征,它是指环境的各组成要素或各组成部分之间存在着紧密的相互联系和相互制约的关系,从而保证了系统的结构和功能的稳定性,这要求我们不能用孤立的观点对待环境问题。由于地理位置和空间范围的差异,以及区域社会、经济、文化、历史等诸多因素的差别,不同地方的环境问题往往表现出极强的区域特征,这要求我们在实际工作中充分认识环境问题的区域性差别,具体问题具体分析。

2. 变动性与稳定性

变动性指在自然过程和人类社会自身行为或两者共同的作用之下,环境的结构和状态随时间和空间的变化特性。所谓稳定性是相对变动性而言的,由于环境系统可以进行一定程度的自我调节,因此当环境在外界作用下发生的变化在一定的限度内由于环境系统的自我调节作用而具有自动恢复的功能。应该看到的是:变动是绝对的,稳定是相对的,自我调节功能虽然可以保证环境的相对稳定,但它有一定限度,超过这个限度时,变动就发生了。而变动的结果既可以对人类有利,也可能对人类有害。

3. 资源性与价值性

环境具有资源性,也可以说环境本身就是一种资源,而且是对人类生存和发展极为重要的资源。环境的资源性不仅因为环境可以为人类生存提供必需的物质和能量,如生物资源、矿产资源、土地资源、淡水资源、海洋资源、森林资源等,还表现在它也是一种非物质性资源。如不同的环境状态会对人类社会的生存和发展提供不同的条件,在这里环境状态就是一种非物资性资源。国家国有资产管理局于1995年5月10日发布了《关于转发〈资产评估操作规范意见(试行)〉的通知》,该法规第十二章第105条规定“资源性资产是指由自然因素形成的,具有开发价值的一切经济资源。它由特定主体排他性地占有。资源性资产存在于自然界,它一经开发、加工后,即转化为非资源性资产。”环境的价值性来自它的资源性,同时还来源于该资源的有限性,有些资源的破坏是不可逆的,从这个角度说环境资源具有不可估量的价值。《环境科学大辞典》对自然生态补偿定义为“生物有机体、种群、群落或生态系统受到干扰时,所表现出来的缓和干扰、调节自身状态使生存得以维持的能力,或可以看作生态负荷的还原能力。”这可以看作是生态系统资源的价值体现。令人遗憾的是长期以来人们有意无意地形成了环境资源是取之不尽用之不竭的观念,这导致环境的价值长期处于被忽略的状态。目前由于人类对资源的过度开发,环境质量急剧下降,各种环境问题不断出现,使人们对环境价值有了更加深入的认识和切身的体会,环境的价值性得到越来越多人的认同。

二、环境质量

(一) 环境质量的涵义

环境质量是环境科学中的一个重要的概念,正确理解和把握环境质量的涵义对于学好环境影响评价课程来讲至关重要。

环境质量包括环境的整体质量(综合质量)和各环境要素的质量。目前,关于环境质量的概念有多种解释,常见的定义有:①环境素质的优劣程度;②环境的总体或某些要素对人群的生存繁衍以及社会发展的适宜程度;③环境状态的惯性大小,即环境状态从一种变化到另一种的难易程度;④环境系统客观存在的一种本质属性,并能用定性和定量的方法加以描述的环境系统所处的状态。

我们知道,大气、水、土壤和生物圈都是地球长期进化形成的,具有特定的组成、结构和功能,并按一定的自然规律运行,这些性质就构成了它们的质量要素。因此,环境质量是客观存在的。环境质量具有不断变化和相对稳定的特性,这是由环境的基本特性所决定的。环境质量的变化是绝对的,即环境质量随着空间、时间的变化而变化。环境质量也具相对稳定性,即当环境要素的变化超过一定的限度(质量标准)时,环境质量才能发生质的变化,否则环境质量将会稳定在某一水平。但是在人类活动影响下,环境质量正在发生着剧烈变化。人类活动增加或减少某种环境组成成分,或破坏其固有结构,或扰乱其运行规律,造成环境质量下降,破坏生物(包括人类)与环境长期形成的和谐关系,或者说使环境变得不大适宜人类的生存和发展需要。由此来看,环境质量是一种人类生存和发展适宜程度的标志,环境问题也大多数是指环境质量变化问题。

环境质量这个概念也具有主观性。其主观性主要表现在人们对环境质量的描述中。人们试图给环境质量下一个定义,但由于环境质量的复杂性和受人们主观认识上的限制,环境质量的定义不可能完全反映出其全部内涵。当然,随着人们对环境认识的不断深入,环境质量定义的主观性将逐渐减少,主观认识和客观存在更加接近和趋于一致。

（二）环境质量的价值

几千年来，人们一直认为环境是一种天赐的资源，可以无穷无尽地无代价使用；直到环境资源出现了短缺甚至枯竭，人们才认识到环境的价值性，环境质量是人们对环境所处状态的描述，因此环境质量对于人类也是有价值的。环境质量的价值主要表现在以下几个方面：

（1）人类健康生存的需要。这是人类生存的第一需要，比如要有和煦的阳光、清新的空气、洁净的水、肥沃的土壤、必要的动植物作为食品等。显然，环境状态能否满足这一需要，满足的程度如何，是环境质量在这方面的体现。

（2）人类生活条件改善和提高的需要。这是人类生存的进一步需要，除了满足上述的基本生存需要外，还要求有宽敞舒适的住宅，设备齐全的医院，快速方便的交通，使子女受到良好教育的学校以及景色优美的绿地和公园、游览地等。同样，环境状态能否满足或在多大程度上满足这一需要，是环境质量的又一种价值体现。

（3）人类生产发展的需要。生产发展是人类为了更好地生存而进行的社会性活动，它也需要一定的环境质量提供保证。比如，农业生产发展需要环境提供肥沃的土壤和符合要求的灌溉用水，发展工业生产需要环境提供适宜的原料和充足的能源、水源，发展旅游业需要环境提供引人入胜的景色等。这也是环境质量价值的另一体现。

（4）维持自然生态系统良性循环的需要。自然生态系统的良性循环是人类生存和发展的必要条件与后盾，没有这一条件和后盾，人类社会生态系统就无法形成。因此，环境状态能否满足这一需要是环境质量价值的第四方面的体现。

因此，可以将环境质量的价值至少概括为“健康价值”、“经济价值”、“文化价值”和“生态价值”等四种价值。需要指出的是环境质量价值的取向在不同的地方、不同的历史时期是不相同的。在贫穷落后的国家，人群对环境最迫切的要求必然是为解决温饱问题，提供物质生产的条件；而在一个发达富足的国家，人群对环境质量的要求就是更加清洁、更加舒适和优美的生活条件与旅游景色了。另一方面，人类的社会行为也影响着环境质量，人类的文明程度越高，环境建设得越好，环境质量的价值也就得到提高。反之，人类的文明程度越低，环境被破坏得越严重，环境质量的价值就急剧地降低。人类社会和环境之间的协调发展的水平和程度是人类文明进步的一个重要的标志。

三、环境影响

（一）环境影响的概念

环境影响是指人类活动（经济活动和社会活动）对环境的作用和导致的环境

变化以及由此引起的对人类社会和经济的效应，包括作用和反作用两个层次。

环境影响评价的实质就是对上述作用、变化以及效应进行评估，并制定减轻或避免不利影响的对策措施。

（二）环境影响的分类

按照不同的分类方法，环境影响可以有多种不同的分类形式，最常见的有以下几种：

1. 按影响来源分类

按影响的来源可分直接影响、间接影响和累积影响。直接环境影响是指由于人类活动的结果直接作用于人类社会或其他环境产生的危害。而由人类活动的直接作用而诱发的其他后续结果则为间接影响。直接影响与人类活动在时间上同步，在空间上同地；而间接影响在时间上推迟，在空间上较远，但仍在合理可预见的范围内。如人类活动排入大气的碳氢化合物（C_nH_m）、二氧化硫（SO_2）、氮氧化物（NO_x）、烟尘等污染物，它们直接作用于人体、动植物、建筑物、器物等而产生危害，此为直接影响；而这些污染物在大气中的一次污染物达到某一数量时，在阳光（紫外线）作用下会发生光化学反应，生成二次污染物，继续对社会产生更大的危害，此为间接环境影响。再如，某一开发区的开发建设活动，解决了周边地区大量劳动力的就业问题或者引起部门间劳动力的流动，这是直接影响，这种影响继而导致该地区产业结构、经济类型等的变化，这是间接影响。直接影响一般比较容易分析和测定，而间接影响就不太容易，间接影响空间和时间范围的确定，影响结果的量化等，都是环境影响评价中比较困难的工作。确定直接影响和间接影响并对之进行分析和评价，可以有效地认识评价项目的影响途径、范围、状况等，对于如何缓解不良影响和采用替代方案有重要意义。

累积影响是指“当一项活动与其他过去、现在及可能合理预见的将来的活动结合在一起时，因影响的增加而产生的对环境的影响。”当一个项目的环境影响与另一个项目的环境影响以协同的方式结合，或当若干个项目对环境产生的影响在时间上过于频繁或在空间上过于密集，以至于各项目的影响得不到及时消纳时，都会产生累积影响。累积影响的实质是各单项活动影响的叠加和扩大。

2. 按影响程度分类

按影响的程度可分为可恢复影响和不可恢复影响。可恢复影响是指人类活动造成环境某特性改变或某价值丧失后可逐渐恢复到以前面貌的影响。不可恢复影响是指造成环境的某特性改变或某价值丧失后不能恢复的影响。如油轮发生泄油事件后可造成大面积的海域污染，但在人为努力和环境自净作用下，经过一段时以后又恢复到污染以前的状态，这是可恢复影响。又如开发建设活动使某自然风景区改变成为工业区，造成其观赏价值或舒适性价值的完全丧失，是不可恢复影响。一般认为，在环境承载力范围内对环境造成的影响是可恢复的，超出了环境承载力范围,则为不可恢复影响。这种划分方法主要用于对自然环境影响的判别。

3. 按影响效果分类

按影响效果可分为有利影响和不利影响。这是一种从受影响对象的损益角度进行划分的方法。有利影响是指对人群健康、社会经济发展或其他环境的状况有积极的促进作用的影响。反之,对人群健康、社会经济发展或其他环境的状况有消极的阻碍或破坏作用的影响,则为不利影响。需注意的是,不利与有利是相对的,可以相互转化的,而且不同的个人、团体、组织等由于价值观念、利益需要等的不同,对同一环境变化的评价会不尽相同,导致同一环境变化可能产生不同的环境影响。因此,关于环境影响的有利和不利的确定,要综合考虑多方面的因素,是一个比较困难的问题,也是环境影响评价工作中经常需要认真考虑、调研和权衡的问题。

4. 按影响方式分类

按影响方式可分为污染影响和非污染影响。污染影响是指人类活动以不同形式排入环境的污染物,对环境产生化学性污染和物理性污染危害。绝大部分工业建设项目都产生污染影响。机场、港口、通讯工程等也产生污染影响。非污染影响是指人类活动对环境的影响不以污染为主,而是以改变土地的利用方式、生态结构、土壤性状等为主的环境影响。如水电和水利工程的主要影响是改变了土地利用方式,大量的农田、草坡变为水库的淹没区,淹没区的居民搬迁,水库截流后对下游农业、生态的影响,还可能诱发地震等。

此外,环境影响还可分为可逆影响和不可逆影响,短期影响和长期影响,暂时影响和连续影响,地方、区域、国家或全球影响,建设阶段影响和运行阶段影响,大气环境影响、水环境影响、声环境影响、土壤环境影响、海洋环境影响,单个影响和综合影响等。

第二节　环境影响评价制度

一、环境影响评价的概念

环境影响评价(EIA)指对拟议中的政策、规划、计划、发展战略、开发建设项目(活动)等可能对环境产生的物理性、化学性、生物性的作用及其造成的环境变化和对人类健康和福利的可能影响进行系统的分析和评价,并从经济、技术、管理、社会等各方面提出减缓、避免这些影响的对策措施和方法。环境影响评价来自于环境质量评价,其实质就是环境质量评价中的环境质量预断评价,随着环境影响评价的不断发展,目前环境影响评价已经逐步形成了完整的理论和方法体系,并在许多国家的环境管理工作中以制度化的形式固定下来。

二、环境影响评价的基本功能、基本要求和基本原则

（一）环境影响评价的基本功能

环境影响评价具有四种基本功能：分别是判断功能、预测功能、选择功能和导向功能。

（1）评价的判断功能，指以人为中心，以人的需要为尺度，判断评价目标引起环境状态的改变是否影响人类的需求和发展的要求。

（2）评价的预测功能，由于评价的对象为拟议中的政策、规划、计划、发展战略、开发建设项目（活动）等，因此评价的结果也就具有了预测的功能，其实是对人类活动可能对环境所造成影响的一种预判。

（3）评价的选择功能，其实质就是通过评价帮助人们对各种预案或活动做出取舍，从而以人的需要为尺度选择最有利的结果。

（4）评价的导向功能，是环境影响评价的最为重要的一种功能，导向功能主要表现在价值导向功能和行为导向功能等方面。是建立在前三种功能的基础上，对拟议中的活动进行的导向和调控。

（二）环境影响评价的基本要求

环境影响评价应满足以下要求：

（1）适应对环境可能造成显著影响的项目并对影响作出识别评估；

（2）对各种替代方案管理技术、减缓措施进行比较；

（3）编制清楚的环评报告书（EIS）（报告书、报告表、登记表）；

（4）进行广泛的公众参与与严格的行政审查；

（5）为决策提供客观有效的措施。

（三）环境影响评价的基本原则

环境影响评价应符合以下基本原则：

（1）符合国家的产业政策、环保政策和法规；

（2）符合流域、区域功能区划、生态保护规划和城市发展总体规划，布局合理；

（3）符合清洁生产原则；

（4）符合国家有关生物化学、生物多样性等生态保护的法规和政策；

（5）符合国家土地利用的政策；

（6）符合国家和地方规定的问题控制要求；

（7）符合污染物达标排放和区域环境质量的要求。

三、环境影响评价制度

环境影响评价制度是指把环境影响评价工作以法律、法规或行政规章的形式确定下来从而必须遵守的制度,与环境影响评价是两个不同的概念。环境影响评价是分析预测人为活动造成环境质量变化的一种科学方法和技术手段,本身并不具备强制效用。当其被法律强制规定为指导人们开发活动的必须行为时,就成为环境影响评价制度。制度化 = "强制性",只有当环境影响评价在一个国家成为制度时,环境影响评价工作就具有了强制性,是必须进行的。

自 20 世纪 80 年代初期,我国一直应用环境影响评价制度作为指导开发建设项目规划建设的工具。实践证明,在建设项目的可行性研究阶段进行环境影响评价,从环境的角度充分论证项目的可行性,是贯彻"预防为主、防治结合、综合治理"方针的重要手段,起着协调经济发展和保护环境两者关系,实现经济效益、社会效益、环境效益三者统一的重要作用。而随着《环境影响评价法》的颁布实施,将环境影响评价从单纯的建设项目扩展到各类发展规划,对从决策源头防止环境污染和生态破坏提供了法律保障。

四、环境影响评价制度的产生和发展

(一) 国外环境影响评价发展概况

环境影响评价的概念最早是由英国学者 N. Lee, C. Wood , F. Walsh 等人提出,1964 年加拿大召开的一次国际环境质量评价的学术会议上这一概念得到多数人的认可,而环境影响评价作为一项正式的法律制度则首创于美国。1969 年美国《国家环境政策法》(National Environmental Policy Act,NEPA)把环境影响评价作为联邦政府管理中必须遵循的一项制度。根据该法第一章第二节的规定,美国联邦政府机关在制定对环境具有重大影响的立法议案和采取对环境有重大影响的行动时,应由负责官员提供一份详细的环境影响评价报告书。到 70 年代末美国绝大多数州相继建立了各种形式的环境影响评价制度。1977 年,纽约州还制定了专门的《环境质量评价法》。自美国的环境影响评价制度确立以后,很快得到其他国家的重视。瑞典在其 1969 年的《环境保护法》对环境影响评价制度做了规定,日本于 1972 年由内阁批准了公共工程的环境保护办法,首次引入环境影响评价思想。澳大利亚于 1974 年制定了《环境保护法》(Environmental Protection Act), 法国于 1976 年通过的《自然保护法》第 2 条规定了环境影响评价制度,英国于 1988 年制定了《环境影响评价条例》。进入 90 年代以后,德国、加拿大、日本也先后制定了以《环境影响评价法》为名称的专门法律。俄罗斯也于 1994 年制定了《俄罗斯联邦环境影响评价条例》。我国台湾地区、香港地区亦有专门的环境影响评价法或条例。据统计,到1996年全世界已有85个国家制定了有关环境影响评价的立法。环境影响评价制度不仅为多数国家的国内立法所吸收,而且也已为越来越多的国际环境条约所采纳,如在《跨国界的环境影响评价公约》《生物多样性公约》《气候变化框架公约》等中都对环境影响评价制度做了规定,环境影响评价制度正逐步成为一项各国以及国际社会通用的环境管理制度和措施。

(二) 国内环境影响评价发展概况

1972年联合国斯德哥尔摩人类环境会议之后,我国加快了环境保护工作的步伐,并开始对环境影响评价制度进行探讨。1979年颁布的《环境保护法(试行)》中,对这一制度做了规定。该法第6条规定:"一切企业、事业单位的选址、设计、建设和生产,都必须防止对环境的污染和破坏。在进行新建、改建和扩建工程时,必须提出对环境影响的报告书,经环境保护部门和其他部门审查批准后才能进行设计",这标志着我国从立法上正式确立了环境影响评价制度。

我国环境影响评价的发展大体上经历了以下几个阶段:

1. 环境影响评价的准备与初步尝试阶段(1973~1978年)

1973年在北京召开的第一次全国环境保护会议,标志着我国的环境保护工作揭开了序幕。这次会议上提出了"全面规划、合理布局、综合利用、化害为利、依靠群众、大家动手、保护环境、造福人民"的三十二字环境保护方针,成为接下来一段时间的行动纲领。在这一阶段,我国陆续开展了一些环境评价工作,如北京西郊环境质量评价研究等。这些尝试为我国环境影响评价工作的开展在理论上和技术上打下了基础,也积累了丰富的经验。

2. 环境影响评价的规范建设与提高阶段(1979~1989年)

1979年《中华人民共和国环境保护法(试行)》,标志着环境影响评价制度在我国正式实施,该法规定了对于新建、扩建、改建工程,必须提交环境影响报告书。1981年《基本建设项目环境保护管理办法》的颁布,进一步明确了环境影响评价的适用范围、评价内容、工作程序等细节问题。相对前一阶段,该阶段的环境影响评价工作向规范、有序的目标前进。据不完全统计,1979~1988年间全国共完成大中型建设项目环境影响报告书两千多份。

3. 环境影响评价制度的强化和成熟阶段(1990~1998年)

1989年12月26日第七届全国人民代表大会常务委员会第十一次会议通过《中华人民共和国环境保护法》,并于同日公布实施。《中华人民共和国环境保护法》对环境影响评价制度进行了完善和补充,在这一阶段不但环境影响评价的管理进一步规范和强化,环境影响评价的理论和技术方法也得到了长足的发展。

4. 环境影响评价的全面提高阶段(1999~2003年)

1998年11月29日国务院第253号令发布实施了《建设项目环境保护管理条

例》,这是我国有关建设项目管理的第一个行政法规。标志着我国建设项目的环境影响评价工作进入一个新的阶段。该条例的第二章对建设项目的环境影响评价工作做了详细的规定,第二章第七条提出了国家根据建设项目对环境的影响程度,对建设项目的环境保护实行分类管理的要求。该条例还对报告书的内容、报告书的审批等进行了详细的规定。该条例的发布实施,在接下来的时间内对我国建设项目的环境影响评价工作起到了重要的作用,也使我国环境影响评价制度进入了持续提高的阶段。

5. 环境影响评价的法制完善阶段(2003 年至今)

《中华人民共和国环境影响评价法》已由中华人民共和国第九届全国人民代表大会常务委员会第三十次会议于 2002 年 10 月 28 日通过,自 2003 年 9 月 1 日起施行。该法的颁布实施,标志着我国的环境影响评价工作正式进入法制完善的阶段。该法的第二章增加了规划的环境影响评价内容,并对评价单位的资质、评价的审批以及法律责任的相关内容做了详细的规定,是环境影响评价工作的一个纲领性文件。

第三节　环境影响评价程序

一、环境影响评价程序的概念和分类

环境影响评价程序指按一定的顺序或步骤指导完成环境影响评价工作的过程。一般可以分为管理程序和工作程序。环境影响评价的管理程序主要用于指导环境影响评价的监督与管理,环境影响评价的工作程序主要用于指导评价工作的具体实施。

二、环境影响评价的管理程序

(一) 环境影响的分类管理

对新建或扩建项目,应根据"建设项目分类管理名录"确定应编制的环境影响报告书、环境影响报告表或填报环境影响登记表。

(1) 建设项目对环境可能造成重大影响的,应当编制环境影响报告书,对建设项目产生的污染和对环境的影响进行全面、详细的评价。

①原料、产品或生产过程中涉及的污染物种类多、数量大或毒性大、难以在环境中降解的建设项目;②可能造成生态系统结构重大变化、重要生态功能改变或生物多样性明显减少的建设项目;③可能对脆弱生态系统产生较大影响或可能引发和加剧自然灾害的建设项目;④容易引起跨行政区环境影响纠纷的建设项目;⑤所有流域开发、开发区建设、城市新区建设和旧区改建等区域性开发活动或建设

项目。

(2) 建设项目对环境可能造成轻度影响的,应当编制环境影响报告表,对建设项目产生的污染和对环境的影响进行分析或者专项评价。

①污染因素单一,而且污染物种类少、产生量小或毒性较低的建设项目;②对地形、地貌、水文、土壤、生物多样性等有一定影响,但不改变生态系统结构和功能的建设项目;③基本不对环境敏感区造成影响的小型建设项目。

(3) 建设项目对环境影响很小,不需要进行环境影响评价的,应当填报环境影响登记表。

①基本不产生废水、废气、废渣、粉尘、恶臭、噪声、震动、热污染、放射性、电磁波等不利环境影响的建设项目;②基本不改变地形、地貌、水文、土壤、生物多样性等,不改变生态系统结构和功能的建设项目;③不对环境敏感区造成影响的小型建设项目。

名录中所提到的环境敏感区对于建设项目的分类管理非常重要,主要是指:

(1) 需特殊保护地区。国家法律、法规、行政规章及规划确定或经县级以上人民政府批准的需要特殊保护的地区。如饮用水水源保护区、自然保护区、风景名胜区、生态功能保护区、基本农田保护区、水土流失重点防治区、森林公园、地质公园、世界遗产地、国家重点文物保护单位、历史文化保护地等。

(2) 生态敏感与脆弱区。沙尘暴源区、荒漠中的绿洲、严重缺水地区、珍稀动物栖息地或特殊生态系统、天然林、热带雨林、红树林、珊瑚礁、鱼虾产卵场、重要湿地和天然渔场等。

(3) 社会关注区。人口密集区、文教区、党政机关集中的办公地点、疗养地、医院以及具有历史、文化、科学、民族意义的保护地等。

(二) 建设项目各个阶段的环境保护工作

根据建设项目环境管理制度的要求,环境管理应贯彻于建设项目的始终,一般分为三个阶段:项目建议书阶段、环境影响评价阶段和“三同时”管理阶段。我国基本建设项目程序与环境管理程序的关系见图 1-1。

三、环境影响评价的工作程序

环境影响评价工作一般可以分为三个阶段,分别是准备阶段、正式工作阶段和报告书编制阶段。其工作程序流程见图 1-2。

1. 准备阶段

该阶段主要工作为研究有关文件,进行初步的工程分析和环境现状调查,筛选重点评价项目,确定各单项环境影响评价的工作等级,识别主要环境影响,确定工

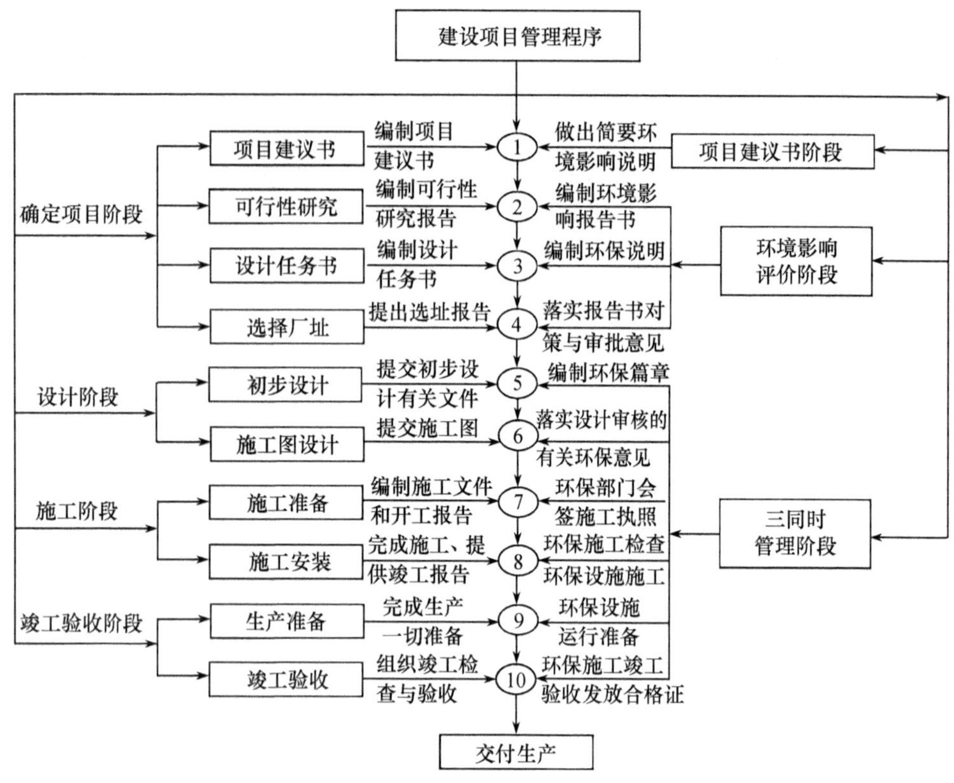

图 1-1　我国基本建设项目程序与环境管理程序的关系

作范围,并编制环境影响评价大纲。

2. 正式工作阶段

主要工作为收集基础资料、数据,进行环境影响预测和环境影响评价,提出替代方案、环境影响的减缓措施、防治对策,提出环境管理方案和环境监测计划。

3. 报告书编制阶段

该阶段主要工作为汇总、分析第二阶段所得到的数据、资料,给出结论,完成环境影响报告书的编制。

四、环境影响报告书的编写和审批

(一) 环境影响报告书的编制要点

(1) 总论(项目背景、立项、评价目的、方法、各项标准等)。

(2) 建设项目基本情况(生产规模、工艺水平、产品方案、原料、燃料、能源消耗、占用土地、线路等级、施工方式、工期等)。

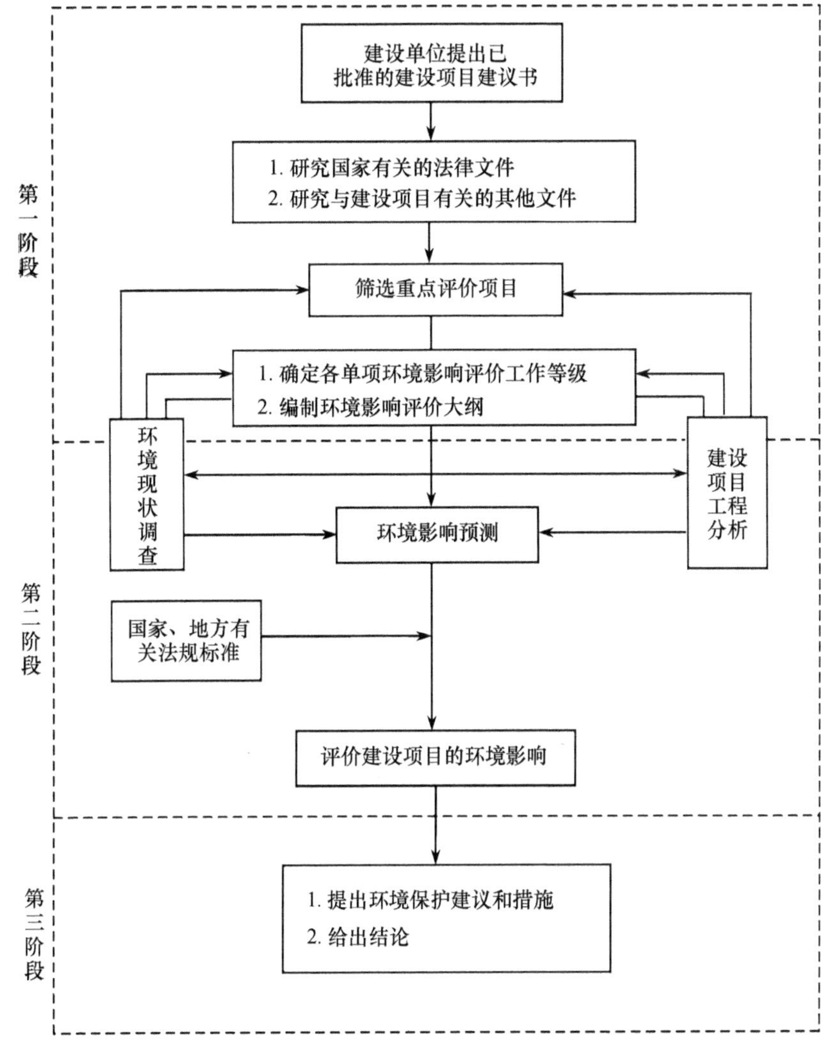

图 1-2 环境影响评价工作程序流程图

(3) 项目所在区域的环境状况调查(物理环境、生态环境、社会环境、生活质量等)——环境现状。

(4) 工业项目的污染状况分析、生态类项目的环境影响(破坏)分析、非工业项目类影响方式等的分析。

(5) 环境影响的分析评价(定量、定性、类比、近期、远期、累计等)。

(6) 防治、减缓措施、经济技术论证。

(7) 公众参与、公众协商、相关利益集团影响分析。

(8) 环境影响经济损益分析。

(9) 环境监测计划、环境保护行动计划、环境保护管理计划等。
(10) 结论及建议。

(二) 环境影响评价报告书的审批条件

(1) 修改完善的环境影响报告书。
(2) 行业预审意见。
(3) 地方环保行政主管部门的审查意见。
(4) 报告书汇报材料(电子版)。
(5) 水土保持方案审核意见。

(三) 环境影响评价报告书的审批原则

(1) 符合国家产业政策。
(2) 符合城市环境功能区划和城市总体发展规划。
(3) 符合清洁生产要求。
(4) 污染物达标排放。
(5) 满足总量控制指标。
(6) 维持环境质量不变。

第四节　环境影响评价的标准体系

一、环境标准的概念和作用

(一) 环境标准的概念

环境标准就是为了保护人群健康、防治环境污染、促使生态良性循环,同时又合理利用资源促进经济发展,依据环境保护法和有关政策,对环境中有害成分含量及其排放源规定的限量阈值和技术规范。环境标准是政策、法规的具体体现。

(二) 环境标准的作用

(1) 环境标准既是环境保护和有关工作的目标,又是环境保护的手段。它是制定环境保护规划和计划的重要依据。

(2) 环境标准是判断环境质量和衡量环保工作优劣的准绳。评价一个地区环境质量的优劣、评价一个企业对环境的影响,只有与环境标准相比较才能有意义。

(3) 环境标准是执法的依据。环境问题的诉讼、排污费的收取、污染治理的目标等执法的依据都是环境标准。

(4) 环境标准是组织现代化生产的重要手段和条件。通过实施标准可以制止任意排污,促进企业对污染进行治理和管理,采用先进的无污染、少污染工艺,设备更新,促进资源和能源的综合利用等。

总之,环境标准是环境管理的技术基础,是环境保护法实施的重要依据,具有法律意义。

二、环境标准体系

所谓环境标准体系,是根据环境标准的特点和要求,按照它们的性质功能、内在联系进行分级、分类,构成一个有机联系的整体。体系内的各种标准互相联系、相互依存、互相补充,具有良好的配套性和协调性。

环境标准体系不是一成不变的,它与一定时期的技术经济水平以及环境污染与破坏的状况相适应。因此它随着技术经济的发展,环保要求的提高而不断变化。

国家标准与地方标准的关系。根据《中华人民共和国环境保护法》第 9 条的规定:“省、自治区、直辖市人民政府对国家环境质量标准中没有规定的项目,可以制订地方环境质量标准”;第 10 条规定:“省、自治区、直辖市人民政府对国家污染物排放标准中没做规定的项目可以制定地方污染物排放标准,对国家污染物排放标准已做规定的项目,可以制定严于国家污染物排放标准的地方污染物排放标准,两种标准并存的情况下,执行地方标准”。国家污染物排放标准之间的关系:国家污染物排放标准又分为跨行业综合性排放标准(如:污水综合排放标准、大气污染物综合排放标准,锅炉大气污染物排放标准)和行业性排放标准(如:火电厂大气污染物排放标准,合成氨工业水污染物排放标准、造纸工业水污染物排放标准等)。综合性排放标准与行业性排放标准不交叉执行,即有行业性排放标准的执行行业排放标准,没有行业排放标准的执行综合排放标准。

根据《中华人民共和国环境保护标准管理办法》的规定,我国的环境标准体系可以概括为“三级六类”和“两种执行规定”,具体见图 1-3。

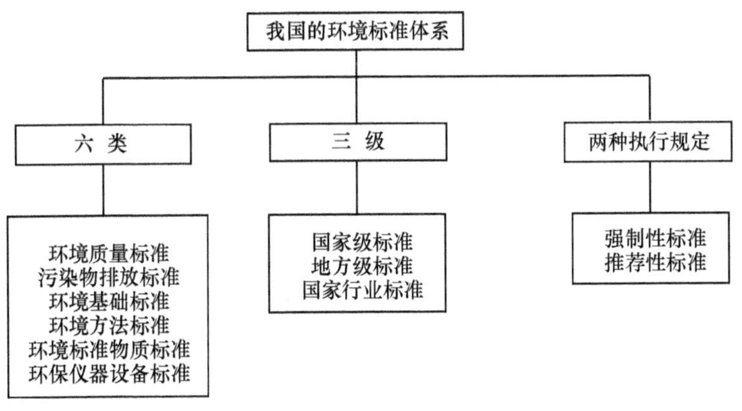

图 1-3 我国的环境标准体系

（一）环境质量标准

环境质量标准是在一定时间和空间范围内实施的针对具体环境要素的环境质量功能区域、污染物项目确定和标准分级以及污染物浓度限值的强制规定。环境质量标准是衡量环境是否受到污染的尺度，是有关部门进行环境管理、制定污染物排放标准的依据，是在一定时空范围内进行环境质量评价的准绳，是国家环境保护追求的目标，也是进行监督管理、审查环境影响报告的重要依据之一。

从性质上来说，环境质量标准是评价环境质量好坏或者衡量环境介质被污染程度的一把尺子，它起的是“度量衡”的作用。环境质量标准既然是客观的，不允许随意变更的，那么制定环境质量标准也不需要考虑一个国家和地区的经济技术发展水平。尤其在我国环境质量标准把不同质量级别与不同的环境功能挂钩的情况下，更是要以客观的环境功能要求来决定质量标准规定污染物的限量，而不必考虑其他因素。否则，就会出现在相应级别环境质量的条件下根本满足不了相应的环境功能要求的情况。另外，环境质量标准是要逐步达到的环境质量要求，是确定区域性环境质量管理目标的参照系。同时环境质量标准是环境影响评价的依据，也是环境监督管理的依据。

我国的环境质量标准主要包括环境空气质量标准、地表水环境质量标准、海水水质标准、渔业水质标准、景观娱乐用水水质标准、地下水水质标准、土壤环境质量标准、城市区域环境噪声标准和农田灌溉水质标准等。

（二）污染物排放标准

污染物排放标准（或控制标准），是根据环境质量要求，结合环境特点和社会、经济技术条件，针对具体污染源并考虑经济承受能力，对排入环境的有害物质和产生污染的各种因素所做的限制性规定，或者说排入环境的污染物在一定范围内的最高允许排放量和最高允许排放浓度，是对污染源控制的标准。

污染物排放标准是环保部门进行环境管理的依据，它是根据一定时段的经济技术发展水平而确定的排污企业的最高允许排污量。违反排污标准即是违法行为，应当受到相应的惩罚。环保部门进行环境管理，判断企业是否违反环境保护法，一个重要的判别标准就是企业是否达到污染物排放标准的要求。因此，各级环保部门的环境管理活动都是围绕实施污染物排放标准来开展的。离开污染物排放标准，环保部门也就失去了管理和判断的依据。污染物排放标准是企业必须遵守的环境保护法律要求。相对而言，环境质量标准不是针对企业提出的要求，而污染物排放标准却是针对企业提出的具体要求，是企业必须要遵守和执行的技术性法规。企业超标排放污染物是违法行为，将承担相应的经济和法律责任。污染物排放标准也是淘汰落后技术和落后企业，进行产业结构和产品结构调整、优化经济结构、促进技术和经济进步的有力工具。

应当指出的是:随着经济的发展和生产技术的提高,污染物排放标准也可以进行适当的调整,以更好地适应环境质量的要求。

(三) 环境基础标准

环境基础标准是在环境保护工作范围内,对有指导意义的有关名词术语、符号、指南、导则等所做的统一规定。在环境标准体系中它处于指导地位,是制定其他环境标准的基础,又称“标准的标准”。常见的环境基础标准见表 1-1。

表 1-1 常见的环境基础标准

标准编号	标准名称	发布日期
HJ/T 8.3 - 1994	环境保护档案管理规范 建设项目环境保护管理	2005.4.7
HJ/T 168 - 2004	环境监测分析方法标准制订技术导则	2004.12.9
HJ/T 82 - 2001	近岸海域环境功能区划分技术规范	2001.12.25
HJ/T 79 - 2001	环境保护档案机读目录数据交换格式	2001.12.25
HJ/T 78 - 2001	环境保护档案管理数据采集规范	2001.12.25
GB/T 16705 - 1996	环境污染类别代码	1996.12.20
GB/T 16706 - 1996	环境污染源类别代码	1996.12.20
HJ 14 - 1996	环境空气质量功能区划分原则与技术方法	1996.7.22
GB 15562.1 - 1995	环境保护图形标志排放口(源)	1995.11.20
HJ/T 11 - 1996	环境保护设备分类与命名	1996.3.31
HJ/T 12 - 1996	环境保护仪器分类与命名	1996.3.31
HJ/T 8.4 - 1994	环境保护档案管理规范 污染源	1994.7.28
HJ/T 8.2 - 1994	环境保护档案管理规范 环境监测	1994.7.28
HJ/T 8.1 - 1994	环境保护档案管理规范 科学研究	1994.7.28
HJ/T 8.5 - 1994	环境保护档案管理规范 环境保护仪器设备	1994.7.28
HJ/T 7 - 1994	中国档案分类法环境保护档案分类表	1994.7.28
GB/T 3840 - 91	制定地方大气污染物排放标准的技术方法	1991.8.31
GB 11915 - 1989	水质 词汇 第三部分~第七部分	1989.12.25
GB 6816 - 86	水质 词汇 第一部分~第二部分	1986.10.10
GB 6919 - 1986	空气质量 词汇	1986.10.10
GB 3839 - 83	制订地方水污染物排放标准的技术原则与方法	1983.9.14

(四) 环境方法标准

环境方法标准是环境保护工作中以试验、分析、抽样、统计、计算等方法为对象而制定的标准,是制定环境质量标准和污染物排放标准、实现统一管理的基础。如锅炉大气污染物测试方法、建筑施工场所噪声测量方法、大气飘尘浓度测定方法、水质分析方法等。

(五) 环境标准物质(样品)标准

环境标准物质标准是对环境标准物质必须达到的要求所做的规定。环境标准物质是环境保护工作中用来标定仪器、验证测量方法、进行量值传递或质量控制的标准材料或物质。

(六) 环保仪器设备标准

环保仪器设备标准是为了保证污染物监测仪器所监测数据的可比性、可靠性和保证污染治理设备的运行效率,对有关环境保护仪器设备的各项技术要求编制的统一的规范和规定。

(七) 强制性和推荐性标准

具有法律属性,在一定范围内通过法律、行政法规等手段强制执行的标准是强制性标准,如污染物排放标准、环境基础标准、标准方法标准、环境标准物质标准和环保仪器设备标准中的大部分标准均为强制性标准,其他标准是推荐性标准,但推荐性标准一旦被强制性标准引用,也具有强制性。

三、我国环境标准工作的历史沿革

1973 年 8 月召开第一次全国环境保护工作会议审查通过了我国第一个环境标准:工业“三废”排放试行标准。

1979 年 9 月 13 日,《中华人民共和国环境保护法(试行)》颁布,同期制定了 40 多个国家工业污染物排放标准。

80 年代末,地面水环境质量标准 GB 3838 - 88 替代了 GB 3838 - 82,2002 年 4 月 GB 3838 - 2002 代替 GB 3838 - 88。

80 年代末,污水综合排放标准 GB 8978 - 88 实施,1998 年 1 月 1 日,GB 8978 - 1996 代替 GB 8978 - 88 实施。

1991 年 12 月在广州召开的环境标准工作会议上,提出了新的环境标准体系。

2000 年 4 月 29 日通过中华人民共和国大气污染防治法,阐明了“超标即违法”的思想,使环境标准在环境管理中的地位进一步明确。

目前我国已经形成了比较完整的环境标准体系。

第五节　环境影响评价的法律体系

我国的环境法律不是采用统一立法的形式,而是各项专门的法律和相关法规、规章相互补充组成的一个法律体系。截至2005年1月底,国家制定和完善了环境保护法律9部,自然资源管理法律13部,防灾减灾法律3部。另外还制定了大量的环境保护行政法规、规章及地方法规和规章。1997年修订后的《刑法》增加了“破坏资源环境罪”专节,表明环境立法取得重大进展和突破。

按我国现行立法体制的法律法规的效力等级看,我国环境法体系主要由如下几个层次构成:

一、宪法中的有关规定

《中华人民共和国宪法》中关于环境与资源保护的规定是环境法的基础,是各种环境法律、法规和规章的立法依据。把环境保护作为一项国家职责和基本国策在宪法中予以确认。

我国宪法对环境与资源保护作了一系列的规定。宪法规定“国家保护和改善生活环境和生态环境,防止污染和其他公害”。这一规定是国家对环境保护的总政策,说明了环境保护是国家的一项基本职责。

宪法规定:“国家保护自然资源的合理利用,保护珍贵的动物和植物,禁止任何组织或者个人用任何手段侵占或者破坏自然资源”。以及“一切使用土地的组织和个人必须合理利用土地”。这些规定强调了对自然资源的严格保护和合理利用,以防止因自然资源的不合理开发导致环境破坏。

另外宪法对名胜古迹,珍贵文物和其他重要历史文化遗产的保护也做了规定。

宪法的上述规定,为我国的环境保护活动和环境立法提供了指导原则和立法依据,也是确定环境影响评价制度的最根本的法律基础和依据。

二、《中华人民共和国环境保护法》的有关规定

《中华人民共和国环境保护法》是环境保护的基本法,在该法第十三条规定:“建设污染环境的项目,必须遵守国家有关建设项目环境保护管理的规定。”

“建设项目的环境影响报告书,必须对建设项目产生的污染和对环境的影响作出评价,规定防治措施,经项目主管部门预审,并依照规定的程序报环境保护行政主管部门批准。环境影响报告书经批准后,计划部门方可批准建设项目设计任务书。”这一条款不但规定了污染环境的项目必须进行环境影响评价,而且指出批准后的环境影响报告书是计划部门批准建设项目设计任务书的先决条件。

三、单项法中的有关规定

(1) 环境类:除2003年9月1日实施的《环境影响评价法》外,还有《中华人民共

和国水污染防治法》《中华人民共和国大气污染防治法》《中华人民共和国环境噪声污染防治法》《中华人民共和国固体废物污染防治法》《中华人民共和国海洋环境保护法》《中华人民共和国清洁生产促进法》《中华人民共和国放射性污染防治法》等。

（2）资源类：《中华人民共和国森林法》《中华人民共和国草原法》《中华人民共和国渔业法》《中华人民共和国矿产法》《中华人民共和国土地法》《中华人民共和国水法》《中华人民共和国野生动物保护法》《中华人民共和国气象法》等。

如《中华人民共和国水污染防治法》第十三条规定："新建、扩建、改建直接或间接向水体排放污染物的建设项目和其他水上设施，必须遵守国家有关建设项目环境保护管理的规定。建设项目的环境影响报告书，必须对建设项目可能产生的水污染和对生态环境的影响作出评价，规定防治的措施，按照规定的程序报经有关环境保护部门审查批准。"《中华人民共和国大气污染防治法》第九条规定："新建、扩建、改建向大气排放污染物的项目，必须遵守国家有关建设项目环境保护管理的规定。建设项目的环境影响报告书，必须对建设项目可能产生的大气污染和对生态环境的影响作出评价，规定防治措施，并按照规定的程序报环境保护部门审查批准。"《中华人民共和国野生动物保护法》第十二条规定："建设项目对国家或者地方重点保护野生动物的生存环境产生不利影响的，建设单位应当提交环境影响报告书，环境保护部门在审批时，应当征求同级野生动物行政主管部门的意见。"……

四、我国加入的国际环境保护公约

中国政府为保护全球环境而签订的国际公约、条约是环境法体系的重要组成部分，是中国承担全球环境保护义务的承诺。《中华人民共和国环境保护法》第46条规定："中华人民共和国缔结或者参加的与环境保护有关的国际条约，同中华人民共和国的法律有不同规定的，适用国际条约的规定，但中华人民共和国声明保留的条款除外"。这就是说，作为各项条约、协议的成员国，除我国声明保留的条款之外，其余条款均对我国发生法律效力，并且效力优先于国内法。

据不完全统计，到目前为止，我国已经缔结或者签署的多边国际环境保护条约有危险废物的控制、危险化学品国际贸易的事先知情同意程序、化学品的安全使用和环境管理、臭氧层保护、气候变化、生物多样性保护、湿地保护、荒漠化防治、海洋环境保护、自然和文化遗产保护等十五大类近60项，双边和区域性环境合作也取得了重要进展。

在保护动植物方面，我国已加入了《国际捕鲸公约》《东南亚及太平洋区植物保护协定》《国际热带木材协定》《关于特别是水禽生境的国际重要湿地公约》及其修正案（1982）（1992年7月对我国生效）以及《濒危野生动植物种国际贸易公约》和《生物多样性公约》（1993年12月公约对我国生效）等。

温室效应和臭氧层破坏已成为当今世界瞩目的重大环境问题。我国一贯重视保护臭氧层和防止温室效应的问题,并已于1989年加入《保护臭氧层维也纳公约》,1990年加入《关于消耗臭氧层物质的蒙特利尔议定书》经修正的议定书,1992年参加起草并签署了《联合国气候变化框架公约》。

危险废物越境转移及其处置问题是当前国际社会普遍关心的又一重大环境问题。1989年116个国家和地区代表在瑞士通过了《控制危险废物越境转移及其处置的巴塞尔公约》,以及防止危险和有毒化学品非法转移造成人员伤亡或环境污染的《国际贸易中某些危险化学品和农药的事先知情同意程序公约》和减少或消除持久性有机污染物(POPs)对环境和人类影响的《关于持久性有机污染物的斯德哥尔摩公约》。

我国参加的国际环境保护条约还有:《保护世界文化和自然遗产公约》(1986年3月12日对我国生效)、《南极条约》(1983年6月8日对我国生效)、《关于环境保护的南极条约议定书》(中国1991年10月4日签署)、《及早通报核事故公约》(1987年10月14日对我国生效)、《核安全条约》(1996年7月9日对我国生效)、《核材料实物保护公约》(1989年1月2日对我国生效)、《关于在国际贸易中对某些危险化学品和农药采用事先知情同意程序的鹿特丹公约》(中国1998年9月签署)、《化学制品在工作中的使用安全》(1992年8月批准加入)、《联合国荒漠化公约》(1996年12月批准加入)等。

随着我国签署的国际环境保护公约的不断增加,我们在进行环境影响评价活动时应当加强对不同领域环境保护公约的理解和认识,优先满足公约中对环境保护的相关规定和要求。

五、其他相关法律、法规和部门规章

环境影响评价工作中可能遇到的相关法律有:自然保护区条例、风景名胜区管理暂行条例、水法、防洪法、河道管理条例、水土保持法、防尘治沙法、土地管理法、基本农田保护条例、海域使用管理法、矿产资源法、地质灾害防治条例、节约能源法、城市规划法、文物保护法等。相关法规和部门规章有:行政法规——国务院制定并公布或经国务院批准有关部门公布、环境保护部门规章、地方性法规和地方政府规章以及环境标准等。

第六节 地理信息系统在环境影响评价中的应用

近年来,对环境影响评价方法学的研究取得了很大的进步和发展,尤其是随着计算机技术的迅猛发展,使得环境影响评价从取样、分析到模型计算、环境影响预测等各个环节与计算机的结合成为可能。针对环境影响评价的各种应用软件陆续开发出来,越来越多的计算机软件和技术被引入环境影响评价中来。其中以地理信息系统在环境影响评价中的应用最为广泛。

地理信息系统(GIS)已经被许多国家引入环境科学领域,由于 GIS 技术特有的空间分析能力和数据可视化技术等特点,将其与环境影响评价技术结合具有许多得天独厚的优势。

一、地理信息系统简介

地理信息系统(GIS)是计算机科学、地理学、测量学、地图学等多门学科综合的技术。要给出地理信息系统的准确定义是困难的,因为地理信息系统涉及的面太广,站在不同的角度,给出的定义就不同。通常可以从 4 种不同的途径来定义 GIS:①面向功能的定义,地理信息系统是采集、存储、检查、操作、分析和显示地理数据的系统。②面向应用的定义,这种方式根据地理信息系统应用领域的不同,将地理信息系统分为各类应用系统,例如土地信息系统、城市信息系统、规划信息系统、空间决策支持系统等。③工具箱定义方式,地理信息系统是一组用来采集、存储、查询、变换和显示空间数据的工具的集合。这种定义强调地理信息系统提供的用于处理地理数据的工具。④基于数据库的定义,地理信息系统是这样一类数据库系统,它的数据有空间次序,并且提供一个对数据进行操作的操作集合,用来回答对数据库中空间实体的查询。

GIS 的核心是计算机科学,基本技术是数据库、地图可视化及空间分析。因此,可以这样定义:地理信息系统是处理地理数据的输入、输出、管理、查询、分析和辅助决策的计算机系统。见图 1-4。

图 1-4 地理信息系统示意图

二、地理信息系统在国内外环境科学中的应用

由于环境科学的问题在不同程度上都具有某种地理含义,因此,许多国家将

GIS 技术引入到环境科学领域。如美国国家环保局从 1989 年起用 ARE/INFO 进行了大量科学研究和应用,范围覆盖环境影响评价、地下水保护、点源和面源污染分析、酸沉降分析、危险废物泄漏紧急响应等。GIS 在环境评价方面已有许多成功的应用。如美国犹他大学的一个科研小组利用 GIS 技术对墨西哥与美国接壤地区进行了环境影响评价,建立了地表水和地下水污染路径模型,并用 GIS 的空间分析能力(如缓冲区分析)对该地区经济发展造成的环境影响进行了分析;Hechansheng 等在 GRASS 软件的支持下综合评价了面源污染对 Michigan 州的 Cass 河水质的影响;Ventura 等利用 GIS 对城市面源污染进行了分析和评价,并结合土地利用类型的分配,为采取控制措施提供决策依据。

上海市环保局组织建立了上海市环境地理信息系统,能够实现环境现状评价和环境质量预测;中国环境科学研究院 GIS 重点实验室在国家环保局和世界银行支援项目"中国省级环境信息系统建设"支持下开发的环境决策支持系统,设计了环境现状评价、环境影响评价模块,能够实现环境质量现状评价、工业污染现状评价、建设项目环境影响初步评价、区域环境影响初步评价等;深圳龙岗多媒体环境信息系统中存储了龙冈历年大气、水环境质量的监测数据,可对水和大气进行单因子评价和综合评价;深圳市南山区环境管理信息系统设计了环境质量和环境影响评价等模块。这些评价模型所用的数据源大多是历年的环境监测数据,二次开发一般用 C、VB 等语言。

三、地理信息系统应用于环境影响评价中的优势

(1) 在环境评价中,GIS 特有的空间和属性数据的管理及空间分析的应用是其他任何软件所代替不了的。尤其近年来一些商业软件(如 ARCVIEW)增添了许多扩充模块,可以实现功能更强的三维表现、空间分析和网络分析等功能,使得 GIS 在环境评价中的运用拓宽了深度和广度。

(2) 利用 GIS 建立的环境评价信息系统,可以形象、直观地表达环境质量和环境状况,可以选择各种评价方法进行单要素和区域综合评价,自动完成评价因子的分析、计算、评价和评价成果的输出,大大减少了手工工作量,加快了评价工作进程,尤其便于评价成果的动态管理、更新和应用,有一定的实用价值。

(3) GIS 把地理学发展中的现代理论、方法与计算机结合在一起,具有强大的空间和属性分析能力,是传统手段无法比拟的。在环境评价中,GIS 显示出定量、快速、易更新、动态、能进行模拟分析等特点,是常规评价方法难以达到的。

(4) 提高工作效率。例如利用专题地图功能,可以迅速地将环境统计报表数据显示在地图上。

(5) 改善工作质量。利用 GIS 软件,环境工作者可以有效地组织数据可视化。

(6) 拓展工作范围。例如,对于有毒有害气体的环境影响分析,GIS 技术能提供路径分析,利用当地的人口、气象数据,建立起二维的污染物扩散模型,而以前只能基于一维风向模型。

(7) 集成化解决问题。由于 GIS 数据参照同一空间坐标,使得不同领域可共享数据和结果,实现简单和高效,各部门可以集成支持整个项目的战略决策。

四、地理信息系统应用中存在的问题

1. 资金方面

一个 GIS 系统的建立,所需投入的资金是十分巨大的,而在我国很难做到大量的连续的资金投入。对于这个矛盾,在 GIS 的推广应用过程中,可以根据资金、技术力量及系统目标的不同,分别建立工作站级、微机级和专题制图级的多级环境地理信息系统。各级之间既有独立性,又能相互联网构成一个整体。

2. 数据共享方面

数据格式不统一等数据方面的问题常常令 GIS 开发人员困惑。GIS 具有对信息大量占有的特点,而鉴于我国的实际情况,政府各部门不易协调,对于数据的充分获取具有较大的难度。故在 GIS 应用系统的初期建设应尽量缩小目标,减少系统建设的上级主管单位,以缩至一个有足够的信息供应的单位内为最佳。

3. 应用深度方面

目前的地理信息系统从根本上只是对二维地理事物进行处理,要达到描述三维地理实体及四维动态地理实体,就必须在三维、四维地理模型及其计算机存储结构上有一个突破。同时,基于二维地理信息系统的应用模型也要加强,以增加 GIS 的应用深度。GIS 必须在小型化、实用化以及网络技术上有所突破,同时在数据标准化上要共同努力以达到数据共享。

复习与思考

1. 如何理解环境科学中环境概念的精髓?
2. 试述我国环境影响评价制度的发展。
3. 试述实施环境影响评价制度的必要性?
4. 环境影响评价工作程序分几个阶段? 各阶段的主要工作是什么?
5. 简述环境质量标准和污染物排放标准的区别与联系。
6. 请列举十种环境影响评价中可能用到的法律。

第二章　污染源调查和工程分析

本章重点：污染源调查方法；污染源评价目的与评价方法；工程分析内容与要求；工程分析方法；污染源源强的核算与分析；生态影响型项目工程分析的内容与要求。

第一节　污染源调查

一、污染源的定义和分类

（一）污染源的定义

污染源是指能够对环境产生污染影响的污染物的来源，包括能够产生环境污染物的场所、设备和装置。在人类的各种活动中，凡以不适当的浓度、数量、速率、形态进入环境系统而产生污染或降低环境质量的物质和能量，称为环境污染物，简称污染物。

（二）污染源的分类

污染物的来源、特点、结构、形态等不同，污染源的分类也不一样。污染源按污染物的产生来源，可分为自然污染源和人为污染源；按对环境要素的影响分为大气污染源、水体污染源、土壤污染源、生物污染源和其他污染源；按污染途径分为直接污染源、转化污染源；按污染源的形态分为点源、线源、面源等。

二、污染源的调查方法

对污染源的调查，通常采用点面结合的方法，即对重点污染源的详查和对区域内所有污染源进行的普查。各类污染源都应有自己的侧重点。同类污染源中，应选择污染物排放量大、影响范围广泛、危害程度大的污染源作为重点污染源，进行详查。对详查单位应派调查小组蹲点进行调查。详查的工作内容从广度和深度上，都超过普查。

普查工作一般多由主管部门发放调查表，以填表方式进行。对于调查表格，可以根据特定的调查目的自行制定。进行一个地区的污染源调查时，要统一调查时间、调查项目、方法、标准和计算方法等。

污染源的污染物排放量确定是污染源调查的核心问题。确定污染物排放量的方法有三种:物料衡算法、经验计算法(排放系数、排污系数法)和实测法。

(一) 物料衡算法

根据物质不灭定律,在生产过程中,投入的物料量应等于产品所含这种物料的量与这种物料流失量的总和。如果物料的流失量全部由烟囱排放或由排水排放,则污染物排放量(或称源强)就等于物料流失量。详见本章第二节。

(二) 经验计算法

根据生产过程中单位产品的排污系数进行计算,求得污染物的排放量的计算方法称为经验计算法。经验计算法有三种:单位产品基、单位产值基和单位原材料基。计算公式为

$$Q_i = K_{ip} \cdot G_i \tag{2-1}$$

$$Q_i = K_{im} \cdot Y_i \tag{2-2}$$

$$Q_i = K_{ir} \cdot R_i \tag{2-3}$$

式中 Q_i——污染物 i 的排放量,kg/a;

K_{ip}、K_{im}、K_{ir}——单位产品排污系数(kg/t)、万元产值排污系数(kg/万元)和单位原材料消耗的排污系数(kg/t);

G_i、Y_i、R_i——产品年产量(t/a)、年总产值(万元/a)和原材料年消耗总量(t/a)。

各种污染物排放系数,国内外文献中给出很多。它们都是在特定条件下产生的。由于各地区、各单位的生产技术条件不同,污染物排放系数和实际排放系数可能有很大差距。因此,在选择时,应根据实际情况加以修正。在有条件的地方,应调查统计出本地区的排放系数。

(三) 实测法

实测法是通过对某个现有污染源,按照监测规范要求进行现场测定,得到污染物的排放浓度和流量(烟气或废水),然后计算出污染排放量。计算公式为

$$Q_{iw} = C_{iw} \cdot L_{iw} \times 10^{-6} \tag{2-4}$$

$$Q_{ia} = C_{ia} \cdot L_{ia} \times 10^{-6} \tag{2-5}$$

式中 Q_{iw}、Q_{ia}——水污染物和大气污染物的排放量,t/a;

C_{iw}、C_{ia}——水污染物、大气污染物的实测浓度(算术平均值),mg/L,mg/m^3;

L_{iw}、L_{ia}——废水、废气排放量,m^3/a。

三、污染源的调查内容

污染源排放的污染物质的种类、数量,排放方式、途径及污染源的类型和位置,直接关系到其影响对象、范围和程度。污染源调查就是要了解、掌握上述情况及有

关问题。通过污染源调查,找出建设项目和所在区域内现有污染源和主要污染物,作为评价的基础。

(一)工业污染源调查内容

(1)企业概况。企业名称、厂址、主管机关名称、企业性质、项目组成、规模、厂区占地面积、职工构成、固定资产、投产年代、产品、产量、产值、利润、生产水平、企业环境保护机构名称、辅助设施、配套工程、运输和储存方式等。

(2)工艺调查。工艺原理、工艺流程、工艺水平、设备水平、环保设施。

(3)能源、水源、原辅材料情况。能源构成、产地、成分、单耗、总耗;水源类型、供水方式、供水量、循环水量、循环利用率、水平衡;原辅材料种类、产地、成分及含量、消耗定额、总消耗量。

(4)生产布局调查。企业总体布局、原料和燃料堆放场、车间、办公室、厂区、居民区、堆渣场、污染源的位置、绿化带等。

(5)管理调查。管理体制、编制、生产制度、管理水平及经济指标;环境保护管理机构编制、环境管理规章制度、环境管理水平等。

(6)污染物治理调查。工艺改革、综合利用、管理措施、治理方法、治理工艺、投资、效果、运行费用、副产品的成本及销路,存在问题,改进措施,今后治理规划或设想。

(7)污染物排放情况调查。污染物种类、数量、成分、性质;排放方式、规律、途径、排放浓度、排放量(日、年);排放口位置、类型、数量、控制方法;排放去向,历史情况、事故排放情况。

(8)污染危害调查。人体健康危害调查,动植物危害调查,污染物危害造成的经济损失调查,危害生态系统情况调查。

(9)发展规划调查。生产发展方向、规模、指标、“三同时”措施、预期效果及存在问题。

(二)生活污染源调查内容

生活污染源主要指住宅、学校、医院、商业及其他公共设施。它排放的主要污染物有:污水、粪便、垃圾、污泥、废气等。

(1)城市居民人口调查。总人数、总户数、流动人口、人口构成、人口分布、密度、居住环境。

(2)城市居民用水和排水调查。用水类型(城市集中供水、自备水源),人均用水量,办公楼、旅馆、商店、医院及其他单位的用水量。下水道设置情况(有无下水道、下水去向),机关、学校、商店、医院有无化粪池及小型污水处理设施。

(3)民用燃料调查。燃料构成(煤、煤气、液化气),燃料来源、成分、供应方式、燃料消耗情况(年、月、日用量,每人消耗量、各区消耗量)。

（4）城市垃圾及处置方法调查。垃圾种类、成分、数量，垃圾场的分布，输送方式、处置方式、处理站自然环境、处理效果、投资、运行费用、管理人员、管理水平。

（三）农业污染源调查

农业常常是环境污染的主要受害者，同时，由于施用农药、化肥，当使用不合理时也产生环境污染。

（1）农药使用情况的调查。农药品种，使用剂量、方式、时间，施用总量、年限，有效成分含量（有机氯、有机磷、汞制剂、砷制剂等），稳定性等。

（2）化肥使用情况的调查。使用化肥的品种、数量、方式、时间，每亩平均施用量。

（3）农业废弃物调查。农作物秸秆、牲畜粪便、农用机油渣。

（4）农业机械使用情况调查。汽车、拖拉机台数，月、年耗油量，行驶范围和路线，其他机械的使用情况等。

除上述污染源调查外，还有交通污染源调查，噪声污染源调查，放射性污染源调查，电磁辐射污染源调查等。在进行一个地区的污染源调查或某一单项污染源调查时，都应同时进行自然环境背景调查和社会背景调查。自然背景包括地质、地貌、气象、水文、土壤、生物；社会背景调查包括居民区、水源区、风景区、名胜古迹、工业区、农业区、林业区等。

四、污染源评价

（一）污染源评价的目的

污染源评价的主要目的是通过比较分析，确定区域主要污染源和主要污染物，为污染治理、区域治理规划提供依据。各种污染物具有不同的特性和环境效应，要对污染源和污染物作综合评价，必须考虑到排污量与污染物的危害性两个方面的因素。为了便于分析比较，需要把这两个因素综合到一起，形成一个可把各污染物或污染源进行比较的（量纲统一的）指标。其主要目的就是使各种不同的污染物和污染源相互比较，以确定其对环境影响评价大小的顺序。

（二）评价方法

污染源评价中常采用等标排放量法（亦称等标污染负荷法），分别对水、大气污染源进行评价。

1. 等标污染负荷法

物理意义：假定排出的污染物稀释到排放标准时所需要的介质量。

（1）某污染物的等标污染负荷（P_{ij}）定义为

$$P_{ij}=\frac{C_{ij}}{C_{oi}}Q_{ij} \tag{2-6}$$

式中　P_{ij}——第 j 个污染源中的第 i 种污染物的等标污染负荷；

C_{ij}——第 j 个污染源中的第 i 种污染物的排放浓度；

C_{oi}——第 i 种污染物的排放标准；

Q_{ij}——第 j 个污染源中含 i 污染物的废水(气)排放量。

应注意等标污染负荷是有量纲的数，它的量纲与计算流量的量纲一致。

若第 j 个污染源中有 n 种污染物参与评价，则该污染源的等标污染负荷为

$$P_j = \sum_{i=1}^{n} P_{ij} \tag{2-7}$$

若评价区内有 m 个污染源含有第 i 种污染物，则该污染物在评价区内的总等标污染负荷为

$$P_i = \sum_{j=1}^{m} P_{ij} \tag{2-8}$$

该评价区的总等标污染负荷为

$$P = \sum_{i=1}^{n} P_i = \sum_{j=1}^{m} P_j \tag{2-9}$$

(2) 等标污染负荷比

第 j 个污染源内第 i 种污染物的等标污染负荷比为

$$K_{ij}=P_{ij}/P_j \tag{2-10}$$

K_{ij}是一个无量纲的数，用来确定第 j 个污染源内各污染物的排序。K_{ij}较大者，对环境贡献较大，即为 j 个污染源中最主要的污染物。

评价区内第 i 种污染物的等标污染负荷比 K_i 为

$$K_i=P_i/P \tag{2-11}$$

评价区内第 j 个污染源的等标污染负荷比 K_j 为

$$K_j=P_j/P \tag{2-12}$$

2. 排毒系数法

物理意义：假设排出的污染物全部作用在人体上，可以引起慢性中毒的人数。

(1) 污染物 i 的排毒系数(F_{ij})定义为

$$F_{ij}=\frac{m_{ij}}{d_i} \tag{2-13}$$

式中　F_{ij}——第 j 个污染源中第 i 种污染物的排毒系数；

m_{ij}——第 j 个污染源中第 i 种污染物的排放量，mg/d；

d_i——第 i 种污染物的评价标准。它是能够导致一个人出现中毒反应的污染物最小摄入量。对于废水：i 污染物慢性中毒的阈剂量(mg/kg)×成人的平均体重(55kg)；对于废气：i 污染物慢性中毒的阈剂量(mg/m^3)×成人的平均每日呼吸的空气量($10m^3$)。

(2) 某污染源或区域排毒系数

第 j 个污染源含有 n 种有毒物质，其总排毒系数为

$$F_j = \sum_{i=1}^{n} F_{ij} \tag{2-14}$$

若评价区内有 m 个污染源，评价区内总排毒系数为

$$F = \sum_{i=1}^{m} F_j \tag{2-15}$$

3. 主要污染物和主要污染源的确定

按照评价区域内污染物的等标污染负荷比 K_i 排序，分别计算累计百分比，将累计百分比大于 80% 左右的污染物列为评价区的主要污染物。同样地，按照评价区内污染源的等标污染负荷比 K_j 排序，分别计算累计百分比，将累计百分比大于 80% 左右的污染源列为评价区的主要污染源。但应注意，采用等污染负荷法处理容易造成一些毒性大、流量小，在环境中易于累积的污染物排不到主要污染物中去，然而对这些污染物的排放控制又是必要的，所以通过计算后，还应结合污染物或污染源的排毒系数大小，综合考虑后再确定出评价区内的主要污染物和主要污染源。

第二节　工 程 分 析

一、工程分析的目的与作用

工程分析是环境影响预测和评价的基础，贯穿于整个评价工作的全过程。其主要目的就是通过工程全部组成、一般特征和污染特征的全面分析，从项目总体上纵观开发建设活动与环境全局的关系，同时从微观上为环境影响评价工作提供评价所需基础数据。

工程分析的主要作用集中反映在以下几个方面：

(1) 为项目决策提供依据。工程分析是项目决策的重要依据之一。在一般情况下，工程分析从环保角度对项目建设性质、产品结构、生产规模、原料路线、工艺技术、设备选型、能源结构、技术经济指标、总图布置方案、占地面积等做出分析意见。但是，在下列情况下，通过工程分析若发现不符合有关政策、法规规定时，可以据此直接作出结论。

第一，在特定或敏感的环境保护地区，例如生活居住区、文教区、水源保护区、名胜古迹与风景游览区、疗养区、自然保护区等法定界区内，布置有污染影响并且足以构成危害的建设项目时，可以直接作出否定的结论。

第二，通过工程分析发现改、扩建项目与技术改造项目实施后，污染状况比现状有明显改善时，一般可作出肯定的结论。

第三,在水资源紧缺地区布置大量耗水型建设项目,若无妥善解决供水的措施,可以作出改变产品结构和限制生产规模,或否定建设项目的结论。

第四,对于在自净能力差或环境容量接近饱和的地区安排建设项目,通过工程分析,发现该项目的污染物排放量可增大现状负荷,而且又无法从区域进行调整控制的,原则上可作出否定的结论。

(2) 弥补“可行性研究报告”对建设项目产污环节和源强估算的不足。目前建设项目“可行性研究报告”中仅对拟建工程主要生产工艺进行了初步研究,而对工程生产过程中具体产污环节没有明确的说明,特别是有关生产工艺过程中产污强度的估算数据仅能作为参考,其排污数据的完整性和可靠性不能满足环境影响评价对源强的要求,故在环境影响评价工作中需对各个生产工艺的产污环节重新进行详细分析,对各个产污环节的排污源强仔细核算,从而为水、气、固体废物和噪声的环境影响预测、污染防治对策及污染物排放总量控制提供可靠的基础数据。

(3) 为环保设计提供优化建议。建设项目的环保设计需要环境影响评价作为指导,尤其是改、扩建项目,工艺设备一般都比较落后,污染水平较高,要想使项目在改、扩建中通过“以新带老”把历史上积累下来的环保“欠账”加以解决,就需要工程分析从环保全局要求和环保技术方面提出具体意见。工程分析应力求对生产工艺进行优化论证,并提出符合清洁生产要求的清洁生产工艺建议;指出工艺设计上应该重点考虑的防污减污问题。此外,工程分析对环保措施方案中拟选工艺、设备及其先进性、可靠性、实用性所提出的剖析意见也是优化环保设计不可缺少的资料。

(4) 为项目的环境管理提供建议指标和科学数据。工程分析筛选的主要污染因子是日常管理的对象,为保护环境所核定的污染物排放总量是开发建设活动进行控制的建议指标。

二、工程分析的原则要求

(一) 应体现政策性

在国家已制定的一系列方针、政策和法规中,对建设项目的环境要求都有明确规定,贯彻执行这些规定是评价单位义不容辞的责任。所以,在开展工程分析时,首先要学习和掌握有关政策法规要求,并以此为依据去剖析建设项目对环境产生影响的因素,针对建设项目在产业政策、能源政策、资源利用政策、环保技术政策等方面存在的问题,为项目决策提出符合环境政策法规要求的建议。这是工程分析的灵魂。

(二) 应具有针对性

工程特征的多样性决定了影响环境因素的复杂性。为了把握住评价工作主攻方向,防止无的放矢和轻重不分,工程分析应根据建设项目的性质、类型、规模、污染物种类、数量、毒性、排放方式、排放去向等工程特征,通过全面系统分析,从众多的污染因素中筛选出对环境干扰强烈、影响范围大,并有致害威胁的主要因子作为评价主攻对象,尤其应明确拟建项目的特征污染因子。

(三) 应为各专题评价提供定量而准确的基础资料

工程分析资料是各专题评价的基础。所提特征参数,特别是污染物最终排放量是各专题开展影响预测的基础数据。从整体来说,工程分析是决定评价工作质量的关键。所以工程分析提出的定量数据一定要准确可靠,定性资料要力求可信,复用资料要经过精心筛选,注意时效性。

(四) 应从环保角度为项目选址、工程设计提出优化建议

工程分析应在以下几个方面为建设项目提出选址和工程设计建议:①根据国家颁布的环保法规和当地环境规划等条件,有理有据地提出优化选址、合理布局、最佳布置建议;②根据环保技术政策分析生产工艺的先进性,根据资源利用政策分析原料消耗、水耗、燃料消耗的合理性,同时探索把污染物排放量压缩到最低限度的途径;③根据当地环境条件对工程设计提出合理建设规模和污染排放有关建议,防止只顾经济效益忽视环境效益;④分析拟订的环保措施方案的可行性,提出必须保证的环保措施,使项目既能实现正常投产,同时又能保护好环境。

三、工程分析的方法与内容

(一) 工程分析的方法

一般地讲,建设项目的工程分析都应根据项目规划、可行性研究和设计方案等技术资料进行工作。由于国家建设项目审批体制改革,环境影响评价成为项目核准备案的前置条件,有些建设项目,如大型资源开发、水利工程建设以及国外引进项目,在可行性研究阶段所能提供的工程技术资料不能满足工程分析的需要时,可以根据具体情况选用其他适用的方法进行工程分析。目前可供选用的方法有类比法、物料衡算法和资料复用法。

1. 类比法

类比法是用与拟建项目类型相同的现有项目的设计资料或实测数据进行工程分析的常用方法。采用此法时,为提高类比数据的准确性,应充分注意分析对象与类比对象之间的相似性和可比性。一般应注意从三个方面进行类比分析:

(1) 工程一般特征的相似性。所谓一般特征包括建设项目的性质、建设规模、车间组成、产品结构、工艺路线、生产方法、原料、燃料成分与消耗量、用水量和设备类型等。

（2）污染物排放特征的相似性。包括污染物排放类型、浓度、强度与数量，排放方式与去向以及污染方式与途径等。

（3）环境特征的相似性。包括气象条件、地貌状况、生态特点、环境功能以及区域污染情况等方面的相似性。因为在生产建设中常会遇到这种情况，即某污染物在甲地是主要污染因素，在乙地则可能是次要因素，甚至是可被忽略的因素。

类比法也常用单位产品的经验排污系数去计算污染物排放量。但是采用此法必须注意，一定要根据生产规模等工程特征和生产管理以及外部因素等实际情况进行必要的修正。采用经验排污系数法计算污染物排放量时，必须对生产工艺、化学反应、副反应和管理等情况进行全面了解，掌握原料、辅助材料、燃料的成分和消耗定额。一些项目计算结果可能与实际存在一定的误差，在实际工作中应注意结果的一致性。

2. 物料衡算法

物料衡算法是用于计算污染物排放量的常规方法。此法的基本原则是依据质量守恒定律，即在生产过程中投入系统的物料总量必须等于产出的产品量和物料流失量之和。其计算通式如下

$$\sum G_{投入} = \sum G_{产品} + \sum G_{流失} \tag{2-16}$$

式中 $\sum G_{投入}$—— 投入系统的物料总量；

$\sum G_{产品}$—— 产出产品总量；

$\sum G_{流失}$—— 物料流失总量。

当投入的物料在生产过程中发生化学反应时，可按下列总量法公式进行衡算：

（1）总物料衡算公式

$$\sum G_{排放} = \sum G_{投入} - \sum G_{回收} - \sum G_{处理} - \sum G_{转化} - \sum G_{产品} \tag{2-17}$$

式中 $\sum G_{投入}$—— 投入物料中的某污染物总量；

$\sum G_{产品}$—— 进入产品结构中的某污染物总量；

$\sum G_{回收}$—— 进入回收产品中的某污染物总量；

$\sum G_{处理}$—— 经净化处理掉的某污染物总量；

$\sum G_{转化}$—— 生产过程中被分解、转化的某污染物总量；

$\sum G_{排放}$—— 某污染物的排放量。

（2）单元工艺过程或单元操作的物料衡算。对某单元过程或某工艺操作进行物料衡算，可以确定这些单元工艺过程、单一操作的污染物产生量，例如对管道和泵输送、吸收过程、分离过程、反应过程等进行物料衡算，可以核定这些加工过程的

物料损失量,从而了解污染物产生量。

工程分析中常用的物料衡算有:①总物料衡算;②有毒有害物料衡算;③有毒有害元素物料衡算。

3. 资料复用法

此法是利用同类工程已有的环境影响评价资料或可行性研究报告等资料进行工程分析的方法。虽然此法较为简便,但所得数据的准确性很难保证,所以只能在评价工作等级较低的建设项目工程分析中使用。

(二) 工程分析的内容

对于环境影响以污染因素为主的建设项目,原则上应根据建设项目的工程特征(包括建设项目的类型、性质、规模、开发建设方式与强度、能源与资源用量、污染物排放特征等)以及项目所在地的环境条件来确定工程分析的工作内容。其工作内容通常包括工程概况、工艺流程及产污环节分析、污染物分析、清洁生产水平分析、环保措施方案分析和总图布置方案分析六个部分,并通过工程分析提出补充措施与建议。

1. 工程概况

(1) 工程一般特征简介。工程一般特征简介主要是介绍项目的基本情况,包括工程名称、建设性质、建设地点(附地理位置图)、项目组成、建设规模、车间组成、产品方案、辅助设施、配套工程、储运方式、占地面积及构成、职工人数、工程总投资及发展规划等,附总平面布置图。项目组成应按主体工程、辅助工程、公用工程、环保工程、储运工程、办公及生活设施等分类列表(表 2-1),表中应分施工期和运营期分别说明影响环境的主要因素。项目的原、辅材料消耗情况均应列表分析。

表 2-1 建设项目项目组成

项目名称			影响环境的主要因素	
			施工期	运营期
主体工程	1			
	2			
	…			
辅助工程	1			
	2			
	…			
公用工程	1			
	2			
	…			
环保工程	1			
	2			
	…			

续表

项目名称			影响环境的主要因素	
			施工期	运营期
办公室及生活设施	1			
	2			
	…			
储运工程	1			
	2			
	…			

(2) 物料及能源消耗定额。物料及能源消耗定额包括主要原料、辅料、助剂、能源(煤、焦、油、气、电和蒸汽等)以及用水等的来源、成分和消耗量。

(3) 主要经济技术指标。主要技术经济技术指标包括产率、效率、转化率、回收率和放散率等。

(4) 设备与设施。主要设备与设施包括各种机器设备、机械装备、机泵类、釜罐类、管线类以及车辆等,应列表给出设备名称、规格与型号、数量、用途、设计使用年限、设备水平、生产厂家等内容。

2. 工艺流程及产污环节分析

首先对工艺过程进行描述,如果生产过程中物料发生化学变化,应列出化学反应方程式,然后绘制形象流程图(大项目)或方块流程图(中小项目),并在图中标识出物流去向以及污染物的产生节点和污染物的类别等(图 2-1),必要时还要对产污环节进行分析说明。

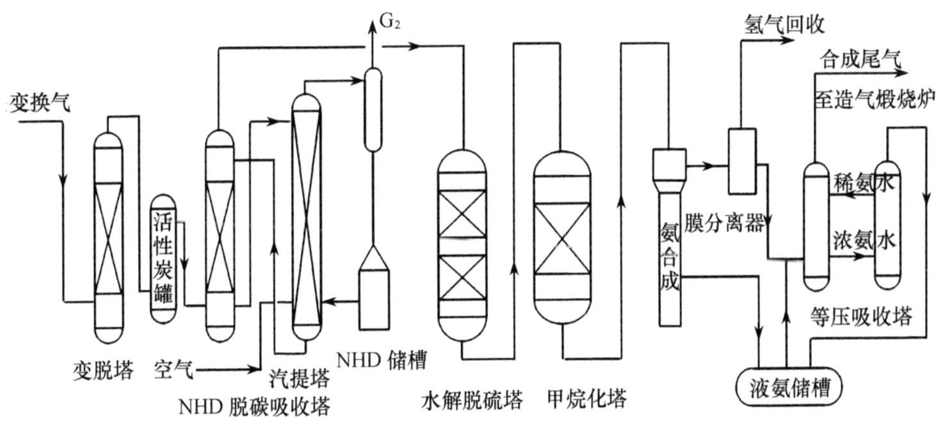

图 2-1 某化肥厂工艺流程及产污位置(脱碳、甲烷化、合成)

3. 污染物分析

主要内容包括污染源分布及污染物源强核算,物料平衡与水平衡,无组织排放源强统计分析,非正常排放源强统计及分析,污染物排放总量建议指标等。

4. 清洁生产水平分析

清洁生产是一种新的污染防治战略。实施清洁生产,可以减轻项目末端处理的负担,提高项目建设的环境可行性,国家已经对部分行业公布了清洁生产指标基础数据,如炼油、造纸、电镀、焦化等,在建设项目的清洁生产水平分析中,应以这些基础数据与建设项目相应的指标比较,以此衡量建设项目的清洁生产水平。对于没有基础数据可借鉴的建设项目,重点比较建设项目与国内外同类型项目按单位产品或万元产值的物耗、能耗、水耗和排放水平,并论述其差距。有关清洁生产分析的详细内容见本教材第九章。

5. 环保措施方案分析

(1) 分析建设项目可研阶段环保措施方案的技术经济可行性。根据建设项目产生的污染物特点,充分调查同类企业的现有环保处理方案的经济技术运行指标,分析建设项目可研阶段所采用的环保设施的经济技术的可行性。环保措施方案技术可行,经济指标不可行,方案不一定可行;只有技术可行,经济指标可行,方案才可行,在此基础上提出进一步改进的意见。

(2) 分析项目采用污染处理工艺,排放污染物达标的可靠性。根据现有的同类环保设施的运行技术经济指标,结合建设项目排放污染物的基本特点和所采用污染防治措施的合理性,分析建设项目环保设施运行,确保污染物排放达标的可靠性,提出进一步改进的意见。

(3) 分析环保设施投资构成及其在总投资中占有的比例。汇总建设项目环保设施的各项投资,分析其投资结构,并计算环保投资在总投资中所占的比例。环保投资列表给出。对于技改扩建项目,环保设施投资一览表中还应包括"以新带老"的环保投资内容。

(4) 依托设施的可行性分析。随着经济的发展,依托设施已经成为区域环境污染防治的重要组成部分。对于所排废水,经过简单处理后排入区域或城市污水处理厂进一步处理或排放的项目,除了对其所采用的污染防治技术的可靠性、可行性进行分析评价外,还应对接纳排水的污水处理厂的工艺合理性进行分析,其处理工艺是否与项目排水的水质相容;对于可以进一步利用的废气,要结合所在区域的社会经济特点,分析其集中收集,净化,利用的可行性;对于固体废物,则要根据项目所在地的环境、社会经济特点,分析综合利用的可能性;对于危险废物,则要分析能否得到妥善的处置。

6. 总图布置方案分析

对于总图布置方案可从以下三个方面分析:

(1) 分析厂区与周围的保护目标之间所定卫生防护距离和安全防护距离的保证性。参考国家的有关卫生防护距离规范,分析厂区与周围的保护目标之间所定防护距离的可靠性,合理布置建设项目的各构筑物及生产设施,给出总图布置方案与外环境关系图。图中应标明环境保护目标与建设项目的方位关系、保护目标与建设项目的距离以及保护目标的性质和内容等。

(2) 根据气象、水文等自然条件,分析项目位置和车间布置的合理性。在充分掌握项目建设地点的气象、水文和地质资料的条件下,认真考虑这些因素对污染物的污染特征的影响,尽可能有良好的气象、水文和地质等自然条件,减少不利因素,合理布置工厂和车间。

(3) 分析对周围环境敏感点处理措施的可行性。分析项目所产生的污染物的特点及其污染特征,结合现有的有关资料,确定建设项目对附近环境敏感点的影响程度,在此基础上提出切实可行的处置措施(如搬迁、防护等)。

7. 补充措施与建议

(1) 关于合理的产品结构与生产规模的建议。合理的产品结构和生产规模可以有效地降低单位污染物的处理成本,提高企业的经济效益,有效地降低建设项目对周围环境的不利影响。

(2) 优化总图布置的建议。充分利用自然条件,合理布置建设项目中的各构筑物,可以有效地减轻建设项目对周围环境的不良影响,降低环境保护投资。

(3) 节约用地的建议。根据各个构筑物的工艺特点和结构要求,做到合理布置,有效利用土地。

(4) 可燃气体平衡和回收利用措施建议。可燃气体排入环境中,不仅浪费资源,而且对大气环境有不良影响,因此,必须考虑对这些气体进行回收利用。根据可燃气体的物料衡算,可以计算出这些可燃气体的排放量,为回收利用措施的选择,提供基础数据。

(5) 用水平衡及节水措施建议。根据用水平衡图,充分考虑废水回用,减少废水排放。

(6) 废渣综合利用建议。根据固体废弃物的特性,选择有效的方法,进行合理的综合利用。

(7) 污染物排放方式改进建议。污染物的排放方式直接关系到污染物对环境的影响,通过对排放方式的改进往往可以有效地降低污染物对环境的不利影响。

(8) 环保设备选型和实用参数建议。根据污染物的排放量和排放规律,以及排放标准的基本要求,结合对现有资料的全面分析,提出污染物的处理工艺和基本工艺参数。

(9) 污染物排放总量控制建议。在核算污染物排放量的基础上,按国家对污染物排放总量控制指标的要求,提出工程污染物排放总量控制建议指标,污染物排放总量控制建议指标应包括国家规定的指标和项目的特征污染物,其单位为每年排放多少吨。提出的工程污染物排放总量控制建议指标必须满足以下要求:①满足达标排放的要求;②符合相关环保要求(如特殊控制的区域与河段);③技术上可行。

(10) 其他建议。针对具体工程的特征,提出与工程密切相关的、有较大影响的其他建议,如绿化等。

（三）污染源源强分析与核算

1. 污染物分布及污染物源强核算

污染源分布和污染物类型及排放量是各专题评价的基础资料，必须按建设过程、运营过程两个时期，详细核算和统计。根据项目评价需要，一些项目还应对服务期满后(退役期)影响源强进行核算，力求完善。因此，对于污染源分布应根据已经绘制的污染流程图，并按排放点，标明污染物排放部位，然后列表逐点统计各种污染物的排放强度、浓度及数量，对于最终排入环境的污染物，确定其是否达标排放，达标排放必须以项目的最大负荷核算。比如燃煤锅炉二氧化硫、烟尘排放量，必须要以锅炉最大产汽量时所耗的燃煤量为基础进行核算。

对于废气可按点源、面源、线源进行核算，说明源强、排放方式和排放高度及存在的有关问题。废水应说明种类、成分、浓度、排放方式、排放去向。按《中华人民共和国固体废物污染环境防治法》对废物进行分类，废液应说明种类、成分、浓度、是否属于危险废物、处置方式和去向等有关问题；废渣应说明有害成分、溶出物浓度、是否属于危险废物、数量、处理和处置方式和储存方法。噪声和放射性应列表说明源强、剂量及分布。

污染物的排放状况可采用表2-2方式表示。对于新建项目污染物排放量按环境要素，就废水、废气、固体废弃物分别统计排放量，可采用表2-3方式表示。

统计方法应以车间或工段为核算单元，对于泄漏和放散量部分，原则上要求实测，实测有困难时，可以利用年均消耗定额的数据进行物料平衡推算。

表2-2　污染源强

序号	污染物排放点	主要污染因子	排放浓度	排放量

表2-3　新建项目污染物排放量统计

类别	名称	排放点	设计排放量	设计排放浓度	排放方式	排放去向	执行排放浓度	处理后排放量	处理后排放浓度
废气									
废水									
固体废物									

2. 技改扩建项目污染物源强

在统计污染物排放量的过程中,应算清新老污染源"三本账",即技改扩建前污染物排放量,技改扩建项目污染物排放量,技改扩建完成后(包括"以新带老"削减量)污染物排放量。其相互的关系可表示为:技改扩建前排放量-"以新带老"削减量+技改扩建项目排放量=技改扩建完成后排放量。可以用表2-4的形式列出。

表2-4 技改扩建项目污染物排放量统计

类别	名称	技改前排放量	"以新带老"削减量	技改项目排放量	技改完成后排放量	技改完成后较技改前增减量
废气						
废水						
固体废物						

3. 通过物料平衡计算污染源强

通过物料平衡,可以核算产品和副产品的产量,并计算出污染物的源强。物料平衡的种类很多,有以全厂物料的总进出为基准的物料衡算,也有针对具体装置或工艺进行的物料平衡,比如在合成氨厂中,针对氨进行的物料平衡,称为氨平衡。在环境影响评价中,必须根据不同行业的具体特点,选择若干有代表性的物料,主要是针对有毒有害的物料,进行物料衡算。

4. 水平衡分析

水作为工业生产中的原料和载体,在任一用水单元内都存在着水量的平衡关系,也同样可以依据质量守恒定律,进行质量平衡计算,这就是水平衡。根据《工业用水分类及定义》(CJ 19 87)规定,工业用水量和排水量的关系如图2-2。水平衡式如下

$$Q+A=H+P+L \tag{2-18}$$

(1) 取水量Q。工业用水的取水量Q是指取自地表水、地下水、自来水、海水、城市污水及其他水源的总水量。对于建设项目工业取水量包括生产用水和生活用水,生产用水又包括间接冷却水、工艺用水和锅炉给水。

工业取水量=间接冷却水量+工艺用水量+锅炉给水量+生活用水量

(2) 重复用水量。指生产厂(建设项目)内部循环使用和循序使用的总水量。

(3) 耗水量。指整个工程项目消耗掉的新鲜水量总和,即

$$H=Q_1+Q_2+Q_3+Q_4+Q_5+Q_6 \tag{2-19}$$

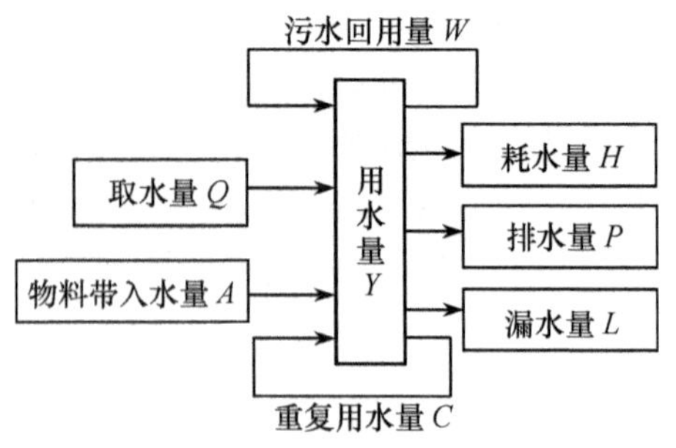

图 2-2　工业用水及排水关系图

式中 Q_1——产品含水,即由产品带走的水;

Q_2——间接冷却水系统补充水量,即循环冷却水系统补充水量;

Q_3——洗涤用水(包括装置和生产区地坪冲洗水)、直接冷却水和其他工艺用水量之和;

Q_4——锅炉运转消耗的水量;

Q_5——水处理用水量,指再生水处理装置所需的用水量;

Q_6——生活用水量。

5. 无组织排放源的统计

无组织排放是指没有排气筒或排气筒高度低于15m排放源排放的污染物,表现在生产工艺过程中具有弥散型的污染物的无组织排放以及设备、管道和管件的跑冒滴漏,在空气中的蒸发、逸散引起的无组织排放。其确定方法主要有三种:

(1) 物料衡算法。通过全厂物料的投入产出分析,核算无组织排放量。

(2) 类比法。与工艺相同,使用原料相似的同类工厂进行类比,在此基础上,核算本厂无组织排放量。

(3) 反推法。通过对同类工厂,正常生产时无组织监控点进行现场监测,利用面源扩散模式反推,以此确定工厂无组织排放量。

6. 风险排污的源强统计与分析

风险排污包括事故排污和非正常排污两部分。

事故排污的源强统计应计算事故状态下的污染物最大排放量,作为风险预测的源强。事故排污分析应说明在管理范围内可能产生的事故种类和频率,并提出防护措施和处理方法。

非正常排污包括开、停车、检修和其他非正常工况排污两部分。正常开、停车或部分设备检修时择放的污染物属非正常排放。其他非正常工况排污是指工艺设备或环保设施达不到设计规定指标的超额排污,因为这种排污代表长期运行的排污水平,所以在非正常排污评价中,应以此作为源强。此类异常排污分析都应重点说明异常情况的原因和处置方法。

(四) 工程分析小结

通过工程分析归纳写出小结,其要点包括:①建设项目在拟选厂址的合理生产规模与产品结构;②最佳总图布置方案;③筛选确定的主要污染源与污染因子;④主要污染因子的削减与治理措施;⑤可能产生的事故特征与防范措施建议;⑥必须确保的环保措施项目和投资;⑦其他重要建议。

四、生态影响类项目的工程分析

(一) 工程分析的基本内容

生态影响型项目工程分析应结合工程特点,提出工程施工期和运营期的影响和潜在影响因素,能量化的要给出量化指标。生态影响型项目工程分析应包括以下基本内容:

1. 工程概况

介绍工程的名称、建设地点、性质、规模和工程特性,并给出工程特性表。

工程的项目组成及施工布置:按工程的特点给出工程的项目组成表,并说明工程的不同时期存在的主要环境问题。结合工程的设计,介绍工程的施工布置,并给出施工布置图。

2. 施工规划

结合工程的建设进度,介绍工程的施工规划,对与生态环境保护有重要关系的规划建设内容和施工进度要做详细介绍。

3. 生态环境影响源强分析

通过调查,从生态完整性和资源分配的合理性对项目建设可能造成的生态环境影响源强进行分析,能定量的要给出定量数据。如占地(湿地、滩涂、耕地、林地等),植被破坏量,特别是珍稀植物的破坏量,淹没面积,移民数量,水土流失量等均应给出量化数据。

4. 主要污染物排放量

项目建设中的主要污染物废水、废气、固体废物的排放量和噪声发生源源强。废水给出生产废水和生活废水的排放量和主要污染物排放量;废气给出固定源、移动源、连续源、瞬时源的主要污染物产生量;固体废物给出工程弃渣和生活垃圾的产生量;噪声则要给出主要噪声源的种类和声源强度。

5. 替代方案

结合工程设计,主要就替代方案的生态环境影响强度,特别是量化指标与推荐方案作比较,从环境保护的角度分析工程选线、选址推荐方案的合理性。

（二）生态影响类项目工程分析的原则要求

1. 工程组成要完全

对生态影响类建设项目的工程组成分析时，应把所有工程活动都纳入分析中。一般建设项目工程组成有主体工程、辅助工程、配套工程、公用工程和环保工程。有的将作业场等支柱性工程称为大临工程（大型临时工程）或储运工程系列，都是可以的。但必须将所有的工程建设活动，无论临时的、永久的，施工期的或运营期的，直接的或相关的，都考虑在内。一般应有完善的项目组成表，明确的占地、施工、技术标准等主要内容。

2. 重点工程要明确

主要造成环境影响的工程，应作为重点的工程分析对象，明确其名称、位置、规模、建设方案、施工方案、运营方式等。一般还应将其所涉及的环境作为分析对象，因为同样的工程发生在不同的环境中，其影响作用是很不相同的。

3. 全过程分析

生态环境影响是一个过程，不同时期有不同的问题需要解决，因此必须做全过程分析。一般可将全过程分为选址选线期（工程预可研期）、设计期（初步设计与工程设计）、建设期（施工期）、运营期和运营后期（结束期、闭矿、设备退役和渣场封闭）。

4. 污染源分析

明确主要产生污染源，污染物类型、源强、排放方式和纳污环境等。污染源可能发生于施工建设阶段，亦可能发生于运营期。污染源的控制要求与纳污的环境功能密切相关，因此必须同纳污环境联系起来做分析。

5. 其他分析

施工建设方式，运营期方式不同，都会对环境产生不同影响，需要在工程分析时给予考虑。有些发生可能性不大，一旦发生将会产生重大影响者，则可作为风险问题考虑。例如，公路运输农药时，车辆可能在跨越水库或水源地时发生事故性泄漏等。

第三节　工程案例分析

一、某新建化工生产项目工程分析

（一）工程概况

1. 工程名称、建设性质、建设地点

（1）工程名称：略

（2）建设性质：新建

（3）建设地点：本项目拟选厂址位于某市工业园区内，该园区位于该市城区西南，规划占地面积3.95km^2。拟建项目位于园区西南，占地41 350m^2。项目地理位置图（略）。

2. 产品方案及建设规模

产品方案及建设规模见本案例表1。

表1　本项目产品方案及建设规模

序号	产品类型	产品全名及分子式	建设规模/（t/a）
1	噻唑类促进剂	2-硫醇基苯并噻唑（$C_7H_5NS_2$）简称M	4500
2	磺酰胺类促进剂	N-环已基-2-苯并噻唑次磺酰胺（$C_{13}H_{16}N_2S_2$），简称CZ	1500
3	副产品	硫磺（S）	972

3. 项目组成（本案例表2）

4. 项目主要技术经济参数（本案例表3）

表2　本项目组成及主要建设内容一览表

序号	项目名称	内 容
1	主体工程	M生产车间、CZ生产车间、原料仓库
2	辅助及公用工程	成品库、变电站、水泵房、锅炉房、生产维修办公楼、厂部综合办公楼、职工宿舍、道路、绿化、供排水系统
3	环保工程	锅炉尾气治理、含尘废气治理、工艺废水治理、工艺废气治理、机械噪声治理、固废暂存设施等

表3　主要技术经济指标一览表

序号	名称	数量	备注
1	总生产能力/t/a	6000	其中M4500，CZ1500
2	总投资/×10^4元	2300	
3	环保投资/×10^4元	327.2	占总投资的14.23%
4	占地面积/m^2	41 350	
5	绿化面积/m^2	7500	绿化率18%
6	年工作日/d	333	三班工作制，每天24h
7	定员/人	150	
8	年运输量/t	26 850	汽车运输
9	年销售收入/万元	7500	
10	年利税/万元	1000	
11	投资回收期/年	3.6	不含建设期9个月

5. 原辅材料消耗量

本项目主要原辅材料及能源消耗见本案例表4 和表5。

表4　M 生产原辅材料及能源消耗量一览表

序号	名称	规格	产品单耗	年耗量	来源及运输
1	苯胺	99.5%	0.661t/t	2977t	郑州、汽运
2	二硫化碳	98.5%	0.655t/t	2948t	新乡、汽运
3	硫磺	98.5%	0.254t/t	1143t	开封、汽运
4	氢氧化钠	30%	1.09t/t	4898t	开封、汽运
5	硫酸	92.5%	0.432t/t	1945t	开封、汽运
6	包装袋	25kg	40.5 个/t	18.225 万个	开封、汽运
7	蒸 汽	1.25MPa	3.5t/t	15 750t	自产
8	水	/	$21.4m^3/t$	$96\ 354m^3$	自备水井

表5　CZ 生产原辅材料及能源消耗量一览表

序号	名 称	规 格	产品单耗	年耗量	来源及运输
1	M	95%	0.68t/t	1020t	本厂
2	环己胺	99.5%	0.42t/t	630t	附近,汽运
3	次氯酸钠	20%	1.56t/t	2340t	当地,汽运
4	包装袋	25kg	40.5 个/t	6.075 万个	当地,汽运
5	蒸汽	1.25MPa	8.0t/t	12 000t	自产
6	水	/	$7.58m^3/t$	$11\ 375m^3$	自备水井

6. 能源消耗量

本项目全年总用电量约 335×10^4kW·h。其中:生产用电量为 333.75×10^4kW·h,生活办公用电约 1.25×10^4kW·h。生产年用气量 27 750t,日最大用汽量约 80t。自建锅炉房一座,安装蒸汽锅炉量一台,小时蒸发量为 4t、蒸汽压力为 1.25MPa,燃烧方式为层燃。厂区办公生活采用空调器采暖或制冷。全年需燃煤量约 4800t。煤质参数略。

7. 主要设备与设施　(略)

8. 企业发展规划

在一期工程稳定投运后,公司计划进行二期工程的建设,拟投资 2000 万元,扩大生产规模,预计在某年某月形成 10 000t/a 的生产能力,将实现产值可达到 1.5 亿元/a,年利税约 2000 万元/a。

(二) 污染源分析与核算

1. 工艺流程及产污环节

工艺流程及产污环节分析见本案例图 1、图 2 和图 3。

M 生产时的主要化学反应式为:

$$C_6H_5-NH_2 + CS_2 + S \longrightarrow C_6H_4\langle^{N}_{S}\rangle C-SH + H_2S\uparrow$$

CZ 生产时的主要化学反应式为：

$$C_6H_4\langle^{N}_{S}\rangle C-SH + NaOCl + NH_4\cdot C_6H_{11} \longrightarrow C_6H_4\langle^{N}_{S}\rangle C-S-NH-C_6H_{11} + NaCl + H_2O$$

副产硫磺时的主要化学反应：

$$2H_2S + O_2 \xrightarrow{\text{不完全燃烧}} 2H_2O + 2S + Q$$

$$2H_2S + 3O_2 \xrightarrow{\text{完全燃烧}} 2H_2O + 2SO_2 + Q$$

$$SO_2 + 2H_2S \longrightarrow 2H_2O + 3S - Q$$

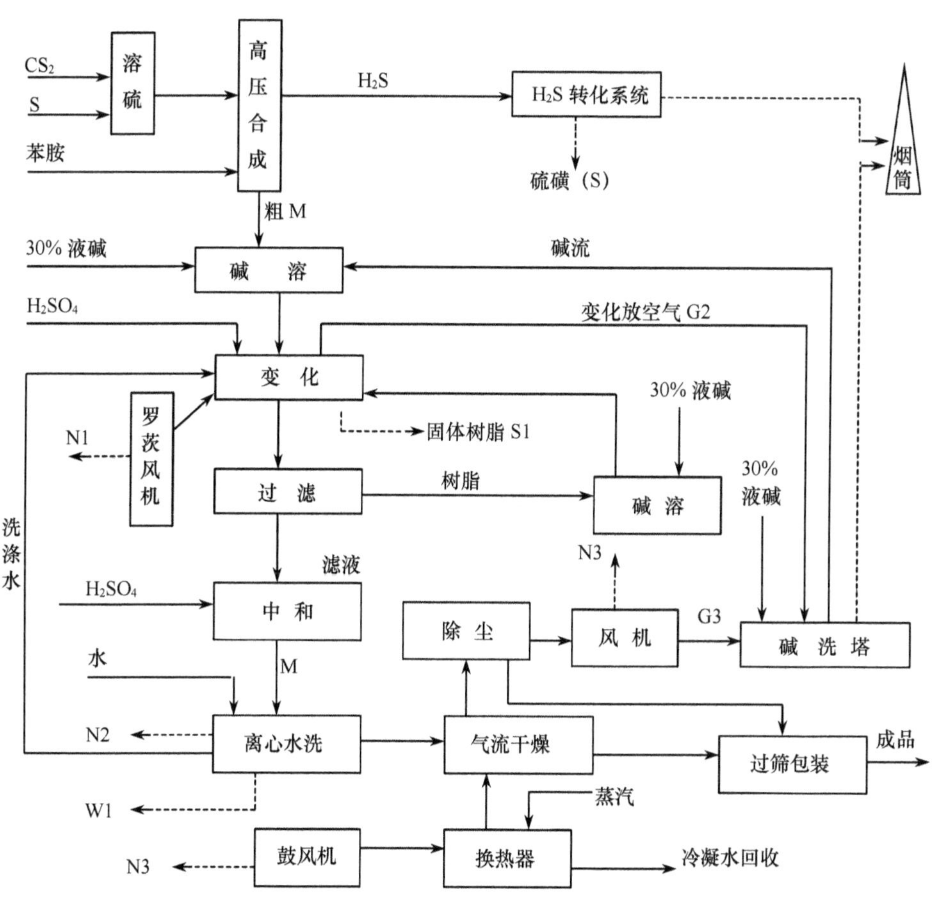

图 1　M 生产工艺流程及产污位置示意图

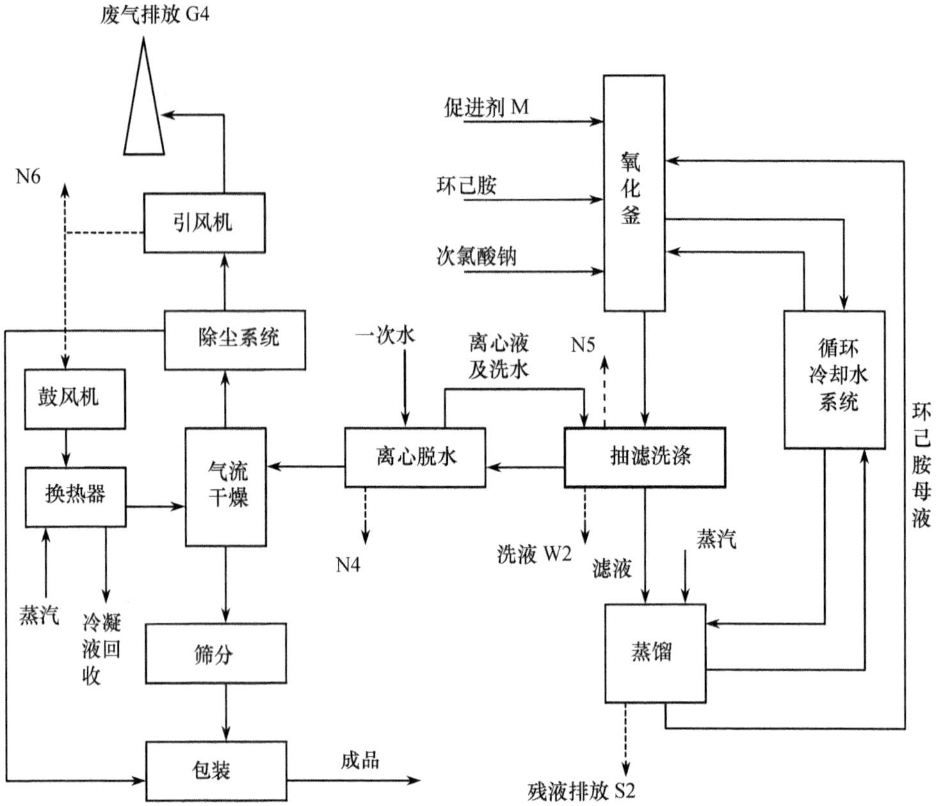

废气排放 G4
N6
引风机
除尘系统
鼓风机
换热器
气流
干燥
蒸汽
冷凝
液回
收
筛分
包装
成品
促进剂 M
环己胺
次氯酸钠
氧
化
釜
一次水
离心液
及洗水
N5
离心脱水
抽滤洗涤
N4
洗液 W2
滤液
蒸汽
蒸馏
残液排放 S2
循环
冷却水
系统
环
己
胺
母
液

图 2 CZ 生产系统工艺流程示意图

蒸汽去生产车间
燃煤
N7
锅
炉
鼓风机
水膜除尘器
N8
来自 M
生产车间
G1~3
引风机
G5
N10
煤渣 S3
N9
给水泵
循环水泵
软水处理器
沉淀池
湿煤灰 S4

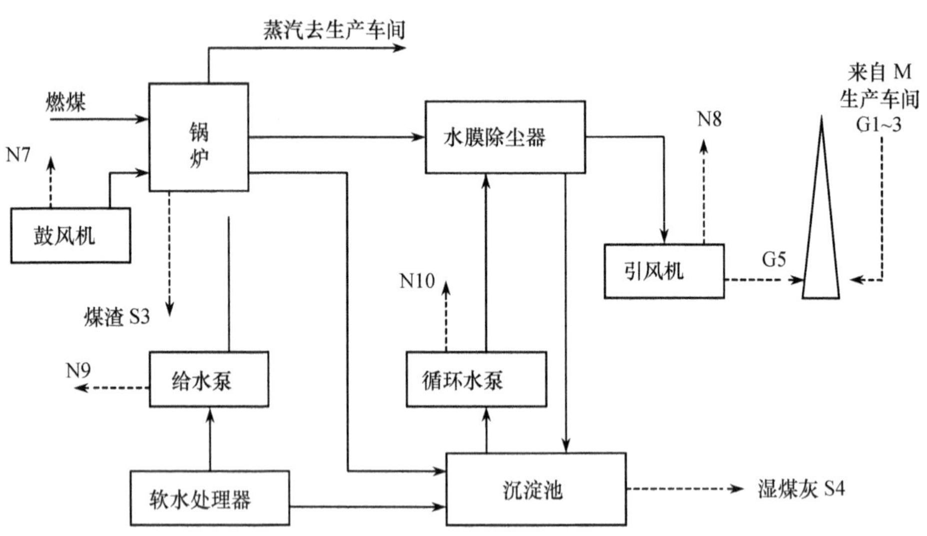

图 3 锅炉系统工艺流程示意图

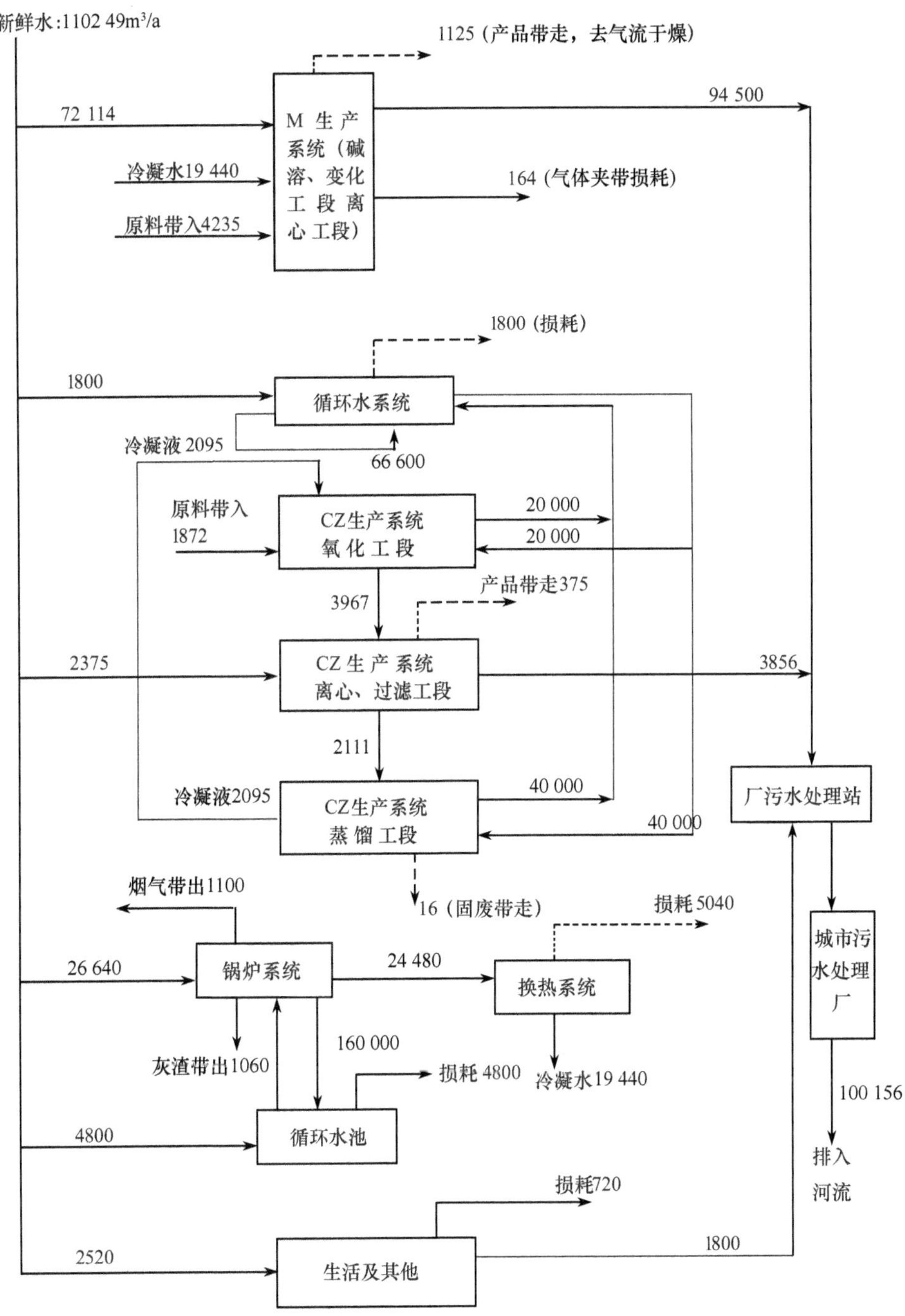

图4　本项目水平衡图(m³/a)

2. 水平衡分析

本项目用水环节主要为 M 生产车间、CZ 生产车间、锅炉系统及厂区生活等，均取自自备水井。厂内拟设两眼自备水井，总供水能力为 $40m^3/h$，能够满足生产及生活需要。用排水分析结果见本案例表 6 和本案例图 4。

表 6　本项目用排水情况一览表

类别		用排水情况/(m^3/d)	全年合计/(m^3/a)
用水	总　用　水	1011	336 849
	其中：新鲜水	331	110 249
	循环水	680	226 600
	水循环利用率/%	67.3	
	原料带入水	18.34	6107
排水	损耗量	48.65	16 200
	工业废水排放量	295.4	98 356
	生活废水排放量	5.4	1800
	总排放废水量	301	100 156

3. 硫平衡分析

本项目硫平衡分析结果见本案例图 5。

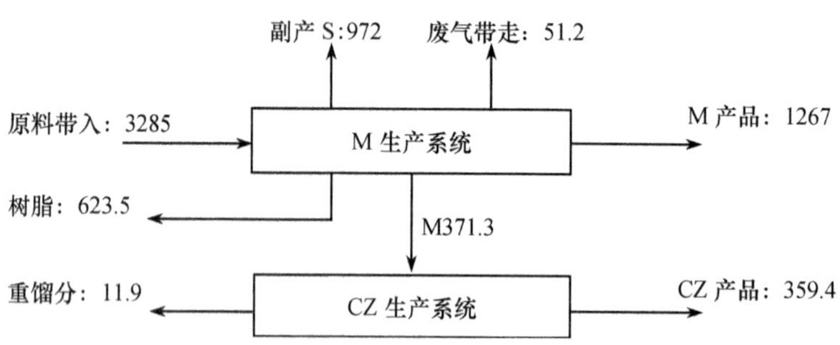

图 5　生产系统硫平衡图(t/a)

4. 正常工况下的污染物排放

(1) 正常工况下废气污染物排放情况(本案例表 7、表 8)

表 7　本项目有组织废气污染物排放情况一览表

来源	编号	排气量/(m^3/h)	污染物名称	排放状况 浓度/(mg/m^3)	排放状况 速率/(kg/h)	执行标准 浓度/(mg/m^3)	执行标准 速率/(kg/h)	排气筒尺寸/m	排放方式
M 工艺	G1、G2 G3	40 284	H_2S	89.8	2.718	–	3.75	高度:50 出口内径:1.5	连续
			SO_2	253	7.672	550	39		
			烟(粉)尘	2	0.06	120	60		

续表

来源	编号	排气量/(m^3/h)	污染物名称	排放状况		执行标准		排气筒尺寸/m	排放方式
				浓度/(mg/m^3)	速率/(kg/h)	浓度/(mg/m^3)	速率/(kg/h)		
锅炉	G5	10 000	SO_2	512	5.12	900	-	高度:50	连续
			烟尘	150	1.5	200	-	出口内径:1.5	
CZ工艺	G4	15 000	粉尘	20	0.3	120	/	高度 15 出口内径 0.6	连续

表 8　生产系统无组织废气产生浓度估算

污染源位置	源强值/(kg/h)	面源面积/m^2	面源高度/m
离心机、真空过滤、变化罐、各种渗漏	H_2S:0.33 CS_2:0.328	1500	3.0

注:采用类经反推法估算,公式为

$$Q = q\pi u\sigma_y\sigma_z/\exp\left[-\frac{H^2}{2\sigma_z^2}\right]$$

式中　Q—源强,mg/s ;q—地面轴线浓度,mg/m^3; u—地面平均风速,m/s;σ_y—水平扩散参数,m;σ_z—垂直扩散参数,m;H—烟云有效源高,m。

(2) 废水及其污染物排放(本案例表 9)

表 9　废水污染物产生及排放状况

来源	编号	废水量/(t/a)	污染物类别	污染物排放		治理措施、效果		执行标准/(mg/L)	排放方式去向
				浓度/(mg/L)	排放量/(t/a)	具体措施	去除率%		
厂总排口(M车间、CZ车间、厂区生活办公)	W1 W2 W3	100 156	pH	6～9	-	催化氧化 水解酸化 生物滤池 絮凝沉淀	-	6～9	经厂内污处理站处理达标后,排入城市污水处理厂
			COD	347	34.7		85%	500	
			BOD_5	111	11.1		70%	300	
			SS	21	2.1		96%	400	
			苯胺	3.6	0.36		84%	5	
			氨氮	1.8	0.18		49%	35	
			硫酸盐	581	58.1		93%	600	
			氯化物	89.6	8.96			250	
			硫化物	0.058	0.006		84%	1.0	

(3) 固体废物产生及处置情况(本案例表 10)

表 10　固体废物产生及处置情况一览表

序号	名称	《危险废物名录》分类编号	性状及性质	产生量/(t/a)	含水率/%	处置方式
1	M 系统树脂 S1	HW13	黑色固体,危险废物	1569.5	/	厂内暂时安全储存
2	蒸馏残液 S2	HW11	黑色黏稠,危险废物	259	2.5	厂内暂时安全储存
3	锅炉煤渣 S3	72	块状干渣,一般固废	1263	5	销售,用于烧砖

续表

序号	名称	《危险废物名录》分类编号	性状及性质	产生量/(t/a)	含水率/%	处置方式
4	锅炉湿灰渣 S4	71	湿灰,一般固废	1520	85	销售,用于铺路
5	污泥	—	固体,一般固废	9824	80	送窑厂烧砖
6	废碱液	—	液体,危险废物	170	30%	再利用
7	生活垃圾	—	一般固废	23	/	送往市垃圾处理场

(4) 主要噪声源强

本项目高噪声设备及源强见本案例表 11。

表 11　主要噪声设备及噪声源强估算结果

序号	设备名称	源强值/dB(A)	所在车间名称	距厂界位置/m	车间外 1m 处噪声/dB(A)
1	干燥风机	90	M 生产	82	70
2	干燥风机	90	CZ 生产	55	70
3	空气风机	95	废气治理	20	75
4	空气风机	95	废水治理	30	75
5	鼓风机	90	锅炉房	70	70
6	引风机	95	锅炉房	80	70

(5) 污染物排放情况汇总(本案例表 12)

表 12　本项目产生与排放情况汇总表　　单位:t/a

类别	污染物名称	产生量	削减量或合理处置量	排放量	处理方式及效果
废水	COD	223.7	189	34.7	均质→催化氧化→水解酸化→生物滤池→絮凝沉淀→达标排入城市污水集中处理厂
	BOD_5	36.4	25.3	11.1	
	SS	50.3	48.2	2.1	
	苯胺	2.193	1.833	0.36	
	硫酸盐	832	773.9	58.1	
	硫化物	0.35	0.344	0.006	
	氯化物	8.96	0	8.96	
	氨氮	0.35	0.17	0.18	
废气	H_2S	1088	1066.26	21.74	H_2S 废气采用克劳斯燃烧转化法回收硫磺,工艺含尘废气采用收袋式除尘+碱洗,锅炉废气采用湿式水膜除尘器,达标排空
	SO_2	51.2	-51.1	102.3	
	烟尘	240	228	12	
	粉尘	720	717.12	2.88	
固废	工业固废(湿重)	12 777	12 777	0	危险废物按照国家危险废物管理办法要求处置与管理,一般固废物优先综合利用,然后再处置
	危险固废	1828.5	1828.5	0	
	生活垃圾	23	23	0	

5. 非正常排放源强分析

(1) 非正常工况

当硫化氢废气治理装置开车时,考虑安全因素先鼓入空气后通 H_2S 气体,会出现短时的空气比例失调;当罗茨风机出现故障或突然断电时,空气比例也会失调,这就造成 H_2S 转化率的降低,根据经验估计其转化率将会从 95% 以上降至 60% 左右,从而使得排放废气严重超标,但这些情况发生时间较短,从出现到处理完毕一般不超过 0.5h。此时属非正常排放,排放源强估算结果见本案例表 13。

表 13　工艺废气非正常工况下排放源强参数一览表

名称	排放量	污染物排放参数				预计排放时间	高度	直径	温度
		H_2S		SO_2					
	/(m^3/h)	浓度/(mg/m^3)	速率/(kg/h)	浓度/(mg/m^3)	速率/(kg/h)	/h	/m	/mm	/℃
工艺废气	30 284	718.2	21.75	2027	61.39	0.5	50	1500	80

(2) 废水事故排放

把厂内污水站停运设定为事故状态,其排放源强参数见本案例表 14。

表 14　本项目废水事故排放源强一览表

排放量/(m^3/d)	COD		硫化物		苯胺		排放去向
	浓度/(mg/L)	排放量/(kg/d)	浓度/(mg/L)	排放量/(kg/d)	浓度/(mg/L)	排放量/(kg/d)	
301	2235	673	0.35	0.1	21.9	6.6	某河流

(三) 总图布置合理性分析

厂区分为生活办公区、生产区、公用工程区、污水处理区及预留发展区,各分区占地面积和功能见本案例表 15。总图布置图略。

表 15　厂内分区布置及功能一览表

序号	名 称	占地面积/m^2	功 能	备 注
1	办公生活区	5300	办公、生活	综合办公楼、职工宿舍、车库等
2	生 产 区	18 350	生产及仓储	车间生产厂房、原料库区、成品库区、车间维修办公楼
3	公用工程区	4800	供汽、供电、供水	锅炉房、循环水池、配电室等
4	污水处理区	1200	生产废水治理	
5	预留发展区	4200	发展用地	
6	绿化	7500	景观	分布在各个区域

本项目总图布置有以下几个特点:①工厂拟设三个大门,即行政区大门、生产区大门和西偏门。行政区大门用于人员出入,生产区大门主要为生产原辅材料及

产品的运进运出设立的,而西偏门专门用于锅炉燃用煤和锅炉灰渣的运送。人员、生产原辅材料及煤、灰渣的出入各行其道,可以有效地减轻相互影响。②各生产车间及原料储罐区根据生产工艺要求布置,最大限度地减少工艺管线长度及原料输送的距离,可减少事故发生的环节。③罐区布置在生产区与办公生活区的中间,从安全角度出发,在临近办公生活区一侧设隔离墙,减少物料装卸对其的影响。④项目所在冬季主导风向为 NNE、夏季主导风向为 S,锅炉房、堆煤场和除尘器、灰渣场设置在厂区的西部,可以有效控制不同气象条件下锅炉房系统对厂内生活办公区的污染影响。⑤污水处理站布置在紧靠产生生产废水的 M 车间南侧,这样可以有效缩短排污沟的距离,有利于生产废水的处理。⑥行政办公楼前布置有假山喷泉,营造优美的景观效果,两边为停车场,办公楼与职工宿舍楼之间有植物园。生活办公区与生产区有道路分开。厂区绿化率达 18% 。道路和绿化带的设立可以有效防止各区之间的交叉污染影响,同时也可为厂区人员的生产与办公营造一个优美的工作环境。评价认为该项目总图布局合理。

因清洁生产水平、环保设施经济技术可行性均有专题评价,工程分析部分不再对其论述。

(四) 工程分析小结(略)

二、西南地区某新建水电站项目工程分析

(一) 工程概况

1. 工程规模与特性

工程名称:某水电站;建设地点:西南地区某县山区;河流名称:某江左岸一级支流;建设性质:新建;工程等别:三等工程(永久性建筑物按 3 级设计,次要建筑按 4 级设计);工程规模:电站装机 150MW,年发电量 7.32 亿 kW · h。工程特征见本案例表 1。

表 1　本工程特征一览表

序号	项目	单位	数量及说明
1	水文泥沙		
1.1	全流域面积	km^2	3183
1.2	闸址以上集水面积	km^2	2215
1.3	闸址多年平均流量	m^3/s	42.8
1.4	闸址处多年平均年径流量	亿 m^3	13.7
1.5	闸址多年平均悬移质年输沙量	万 t	265
1.6	闸址处多年平均含沙量	g/m^3	1930

续表

序号	项目	单位	数量及说明
2	水库		
2.1	正常蓄水位	m	1305
2.2	水库面积	hm^2	8.8
2.3	正常蓄水位以下水库库容	万 m^3	65.0
2.4	调节库容(淤积平衡后)	万 m^3	46.7
2.5	调节性能		日调节
3	淹没损失及工程占地		
3.1	淹没耕地	hm^2	0
3.2	水库淹没人口	人	0
3.3	工程永久占地	hm^2	11.53
3.4	工程临时占地	hm^2	51.18
4	工程规模		
4.1	发电装机容量	MW	150
4.2	年平均发电量	亿 kW·h	7.32
5	枢纽建筑		
5.1	闸坝型式		开敞式混凝土闸及混凝土重力坝
5.2	闸顶高程	m	1 307.5
5.3	最大闸高	m	26.5
5.4	闸坝顶部长度	m	86.58
5.5	引水隧洞型式		圆拱直墙式
5.6	隧洞长度	m	10 802
5.7	设计最大引用流量	m^3/s	47.64
5.8	压力钢管长度	m	745.04
5.9	内径	m	3.5
5.10	厂房型式		地下厂房
5.11	主厂房尺寸	m	68.5×17.5(长×宽)
6	施工		
6.1	土石方明挖	万 m^3	50.82(其中主体工程31.82)
6.2	石方洞挖	万 m^3	120.5(主体工程)
6.3	混凝土浇筑	万 m^3	19.22
6.4	钢筋(钢材)	t	9907
6.5	炸药	t	775.6
6.6	油料	t	5899.3
6.7	施工期人数	人	1750
6.8	总工期	月	42
7	经济指标		
	静态总投资	万元	72 966.60

2. 工程项目组成

拟建水电站主要由主体工程、施工辅助工程、水库淹没处理等部分组成，其中主体工程包括首部枢纽、引水系统和地下厂房系统。电站项目组成见本案例表2，工程枢纽总布置图略。

表2　电站项目组成表

工程项目		项目组成
主体工程	首部枢纽	左右岸挡水坝段，一也冲沙闸，三孔泄洪闸等枢纽建筑物
	引水系统	电站进水口，地下沉沙池，压力隧洞，调压井，压力管道等
	地下厂房系统	主、副厂房，变电室，尾水洞，交通洞，出线洞及出线场，通风洞等
施工辅助工程	施工企业及仓库	砂石加工系统1个、混凝土拌和系统3个、综合加工系统（钢筋加工厂、木材加工厂、机电安装场）、机修系统（机械修配站、汽车保养站）、2个供水站比个供风站2个变电站、中心仓库、油库、炸药库等
	生活区	5个生活区（施工指挥部、闸区、某村、5#支洞生活区、厂区）
	施工交通	新建四级公路15.45km、桥梁3座
	渣场及料场	3个渣场，3个料场
水库淹没	库底清理	吊桥拆除与清理，林木砍伐与迹地清理
	移民安置	就地后靠，本村本组内调整耕地安置

（二）工程施工规划

1. 施工布置规划

施工布置图略。

（1）工区布设

①首部工区，首部工区布置有混凝土拌和系统、汽车保养站、机械修配站，以及钢筋加工厂、木材加工厂、空压站、水泵站、变电站、综合仓库及办公与生活福利设施。

②厂区工区，本工区布置有金属结构及机电安装场、混凝土拌和站、钢筋加工厂、木材加工厂、空压站、水泵站、变电站及办公与生活福利设施。

③砂石料开采、加工工区，人工砂石料开采场位于4#支洞上游约700m处，开采面积10 000m^2；加工系统设在A村附近，高程约1150m，占地约为25 000m^2。另外，该区布置有办公与生活福利设施。

（2）土石方平衡及渣场规划

本工程土石方明挖60.82万m^3，土石方洞挖120.52万m^3，开挖总量为181.34万m^3（松方）。扣除回采利用洞挖石渣料约10万m^3作为人工骨料，主体工程回填1.32万m^3。总弃渣量170.02万m^3（松方），共规划了3个渣场。各渣场情况详见本案例表3。

表 3　本工程渣场情况统计

类别	1#渣场	2#渣场	3#渣场
位置	闸址上游约 3km 处的右岸台地上	厂址上游约 2.5km 处的左岸台地上	厂址下游约 6km 处的左岸台地上
地形、	台地，耕地、林地	台地，耕地、林地、裸岩	台地，耕地、荒草地
场地面积/hm^2	7.0	8.0	6.0
渣料来源	堆放首部枢纽及首部围堰拆除，首部工区施工公路，引水隧洞 1#、2#施工支洞及控制段弃渣	堆放引 K5 + 600 ~ K9 + 600 段，3#、4#、5#施工支洞及控制段，压力管道中平段支洞和厂房工区施工公路部分路段弃渣	堆放压力管道下平段，厂区枢纽、厂区围堰及厂房工区施工分路段弃渣
渣场容量/万 m^3	70.0	75.0	38.0
规划堆渣量/万 m^3	70.0	65.5	34.5
实际堆量/万 m^3	70.0	54.5	34.0
规划占地/hm^2	6.5	5.0	4.3

(3) 料场规划及砂石料开采

本工程混凝土总量约为 19.22 万 m^3，共需成品骨料约 47 万 t。内有一个人工骨料场；两个土料场。人工骨料料场开采方式为先将表面覆盖层剥离，采用潜孔钻钻孔，梯段微差挤压爆破，梯段高 12 ~ 15m。推土机集料，1m^3挖掘机装 10t 自卸汽车运至人工砂厂加工厂。两个土料场均有公路相通，开采运输方便。

2. 施工交通规划

(1) 对外交通。对外交通线路总长 76.4km。

(2) 场内交通。本电站内有两交通主干线，接线至各施工工作面。为满足施工需要，需新建四级永久公路 1.6km，四级临时公路 13.85km，新建永久桥梁 1 座，临时桥梁 2 座，过沟涵洞 2 处。

3. 施工导流

本工程采用分期导流方式，导流洪水标准为 5 年一遇。一期导流建筑物包括扩挖后的右岸河道做成的过水渠槽、下游围堰和纵向围堰。二期导流建筑物包括上、下围堰和纵向围堰。

4. 施工进度及施工人数

本工程施工总工期为 42 个月，其中准备工程占直线工期 1 个月，主体工程 38 个月，工程完工期 4 个月。本工程平均施工人数为 1750 人，高峰月施工人数为 2275 人，所需总工日为 205.3 万个。

(三) 生态污染源分析

1. 工程占地

本工程占地情况见本案例表 4。

表4　本工程占地面积　　单位:hm^2

序号	项目	耕地	林地	沟渠	荒草地	裸岩石砾地	农村宅基地	合计
1	工程永久占地	3.68	3.58	0.04	2.33	1.73	0.17	11.53
	主体工程	1.46	3.01		2.22	1.53		8.22
	永久公路	0.75	0.57		0.11	0.2	0.17	1.8
	电站生活区	1.47		0.04				1.51
2	工程临时占地	30.17	9.28		5.72	5.96	0.05	51.18
	施工辅助企业	12.92	3.16		1.02	0.53	0.05	17.68
	渣场	12.38	2.36		0.3	0.6		15.8
	料场	0.7	0.53		0.47	0.2		1.9
	临时公路	4.17	3.23		3.93	4.47		15.8
合计		33.85	12.86	0.04	8.05	7.69	0.22	62.71

2. 水库淹没

本电站水库正常蓄水位1305m,最大闸高26.5m,水库面积0.088km^2,水库回水长约1.0km。

水库淹没涉及当地两个村,但无人口、房屋、耕地淹没。淹没线下共有林地1.87hm^2(其中经济林0.54hm^2,灌木林地1.33hm^2),园地0.07hm^2,以及人行吊桥1座。结合相关规定及当地的实际情况,对上述淹没实物进行赔偿。

3. 移民安置

本工程移民安置任务包括搬迁安置和生产安置两类。

(1) 生产安置

工程永久占用耕地3.68hm^2,需生产安置28人。规划在本村内调整耕地安置。工程施工临时占用耕地30.17hm^2,在施工占用期间按耕地年产值逐年发给村民生活补助费。使用期满后,由建设单位恢复土地的生产条件,及时归还原所有权(使用权)单位。

(2) 搬迁安置

本电站因工程永久及临时占地需搬迁126人,均为农业人口。农村移民搬迁采取分散建房安置的方式安置。

4. 工程运行

本电站在非汛期(10月~次年4月)进行日调节,水位在正常蓄水位1305m和死水位1296m之间变化。在汛期(5~9月)设分界流量进行径流调节:当入库流量小于80m^3/s时,水库水位按拦沙水位1296m运行;当入库流量大于或等于80m^3/s时,水库水位降至排沙水位1293m运行。

工程运行后将造成长13km的减水河段,对受影响河段的河流生态及沿岸陆地生态系统造成很大影响。

（四）污染物排放情况（略）

（五）工程方案比选

本水电站在工程设计各阶段中对闸址、引水线路、厂区布置等进行了多方案比选和优化，充分考虑了环境影响，在保证了技术可行的前提下，使社会经济效益最大，环境损失最小，拟采用设计方案是合理可行的。具体的比选和优化过程略。

复习与思考

1. 常用的污染源调查方法有几种？实际调查时如何选用这些方法？
2. 简述污染源调查的内容。
3. 污染源评价的目的是什么？如何合理地确定评价区内的主要污染物和主要污染源？
4. 工程分析过程中应坚持哪些原则？简述之。
5. 在使用类比法和物料衡算法核算污染源源强时需要注意哪些问题？
6. 工程分析的主要内容包括哪些？简述污染源源强核算时的主要工作内容。
7. 简述生态影响型项目工程分析的主要内容与原则要求。
8. 论述工程分析在环境影响评价中的重要作用和意义。

第三章　环境影响识别

本章重点：环境影响过程，环境影响识别的内容，相关矩阵法，环境影响的初步识别。

第一节　环境影响及其分类

一、环境影响的概念

环境影响是指人类活动（经济活动、政治活动和社会活动）导致的环境变化以及由此引起的对人类社会的效应。对某项人类活动的环境影响评价而言，环境影响就是指某项人类活动与环境之间的相互作用，即

$$\{某项人类活动\} + \{环境\} \rightarrow \{变化的环境\}$$

可以把某项人类活动分解成各层“活动”，将环境分解成各个要素，则某项人类活动和环境的相互影响关系为

$$\{某项活动\} = \{活动\}_1, \{活动\}_2, \cdots, \{活动\}_m$$

$$\{环境\} = \{要素\}_1, \{要素\}_2, \cdots, \{要素\}_n$$

$$\{活动\}_i \cdot \{要素\}_j \rightarrow \{影响\}_{ji}$$

$(影响)_{ji}$即表示第 i 项活动时对 j 项环境要素产生的影响。

根据某项活动的特征和活动所在地周围的环境状况，预测环境变化是环境影响评价的基本任务。

对于预测到的不利环境影响，通常需要采取一系列措施（包括防止、减轻、消除或补偿）来减缓不利的环境影响。在采取了减缓措施后，环境影响表述为

$$(活动)_i \cdot (要素)_j \rightarrow (影响)_{ji} \rightarrow (预测和评价) \rightarrow 减缓措施 \rightarrow (剩余影响)_{ji}$$

二、环境影响的分类

按照不同的分类方法，可以把环境影响划分为不同的形式。如按影响的来源可分直接影响、间接影响和累积影响；按影响的程度可分为可恢复影响和不可恢复影响；按影响效果可分为有利影响和不利影响；按影响方式可分为污染影响和非污染影响。此外，环境影响还可分为可逆影响和不可逆影响，短期影响和长期影响，暂时影响和连续影响等。详见本书第一章中“环境影响的分类”一节。

第二节　环境影响识别内容与方法

一、环境影响识别内容

环境影响识别就是通过系统地检查人类活动中的各项具体“活动”与各环境要素之间的关系，识别可能的环境影响，包括环境影响因子、影响对象，（环境因子）以及环境影响的性质、程度和方式等。

（一）环境影响因子识别

环境影响因子又称环境影响给体，即人类某项活动的各层“活动”。识别环境影响因子，就是根据人类某项活动过程特征，采用一定的方法和手段将一个整体的活动分解成不同层次的“活动”。这些不同层次的活动各具特点，它们可能对环境造成不同的影响，因此，环境影响因子识别的结果则往往成为保护环境的决策依据。

对于一个建设项目，一般可以划分为四个阶段，即：建设前期（勘探、选址选线、可研与方案设计）、建设期、运行期和服务期满后。由于各阶段的活动特点不一样，其对环境的影响内容也是各不相同的。建设前期项目的环境影响主要是项目选址选线期的野外勘察活动，但项目的建设位置、生产规模、产品方案以及工艺路线等的确定，都将会对后期项目建设和运行可能造成的环境影响产生重大影响；项目在建设阶段的环境影响主要是施工期的建筑材料、设备、运输、装卸、储存的影响，施工机械、车辆噪声和振动的影响，土地利用、填埋疏浚的影响，以及施工期污染物对环境的影响；项目生产运行阶段的环境影响主要是物料流、能源流、污染物对自然环境（大气、水体、土壤、生物）和社会、文化环境的影响，对人群健康和生态系统的影响以及危险设备事故的风险影响，此外还有环保设备（措施）的环境、经济影响等；服务期满后（如矿山）的环境影响主要是对水环境和土壤环境的影响，如水土流失所产生的悬浮物和以各种形式存在于废渣、废矿中的污染物。

（二）影响对象识别

影响对象又称影响受体，可以划分自然环境要素和社会经济环境要素。自然环境要素又可进一步划分为地形、地貌、地质、水文、气候、地表水质、空气质量、土壤、森林、草场、陆生生物、水生生物等，社会环境要素则可以划分为城市（镇）、土地利用、人口、居民区、交通、文物古迹、风景名胜、自然保护区、健康以及重要的基础设施等。各环境要素可由表征该要素特性的各相关环境因子具体描述，构成一个有结构、分层次的环境因子序列。构造的环境因子序列应能描述评价对象的主要环境影响、表达环境质量状态，并便于度量和监测。

（三）影响程度识别

在环境影响识别中，应首先识别出环境影响因子的影响是有利的还是不利的。当然，在环境影响识别中应重点关注不利环境影响。在具体表述中，可以使用一些定性的，具有“程度”判断的词语来表征环境影响的程度，如“重大”影响、“轻度”影响、“微小”影响等。这种表达没有统一的标准，通常与评价人员的文化、环境价值取向和当地环境状况有关。但是这种表述给“影响”排序、制定其相对重要性或显著性是非常有用的。在环境影响程度的识别中，通常按 3 个等级或 5 个等级来定性地划分影响程度。如按 5 级划分不利环境影响：

（1）极端不利。外界压力引起某个环境因子无法替代、恢复与重建的损失。此种损失是永久的，不可逆的。如使某濒危的生物种群或有限的不可再生资源遭受绝灭威胁，对人群健康有致命的危害以及对独一无二的历史古迹造成不可弥补的损失等。

（2）非常不利。外界压力引起某个环境因子严重而长期的损害或损失，其代替、恢复和重建非常困难和昂贵，并需很长的时间。如造成稀少的生物种群濒危或有限的、不易得到的可再生资源严重损失，对大多数人健康严重危害或者造成相当多的人群经济贫困。

（3）中度不利。外界压力引起某个环境因子的损害或破坏，其替代或恢复是可能的，但相当困难且可能要较高的代价，并需比较长的时间，对正在减少或有限供应的资源造成相当损失，对当地优势生物种群的生存条件产生重大变化或严重减少。

（4）轻度不利。外界压力引起某个环境因子的轻微损失或暂时性破坏，其再生、恢复与重建可以实现，但需要一定的时间。

（5）微弱不利。外界压力引起某个环境因子暂时性破坏或受干扰，此级敏感度中的各项是人类能够忍受的，环境的破坏或干扰能较快地自动恢复或再生，或者其替代与重建比较容易实现。

环境影响的程度和显著性与人类活动的特征、强度以及相关环境要素的承载能力有关。有些环境影响可能是显著或非常显著，在对某建设项目做出决策之前，需要进一步了解其影响的程度，所需要或可采取的减缓、保护措施以及防护后的效果等，有些环境影响可能是不重要的，或者说对项目的决策、项目的管理没有什么影响。环境影响识别的任务就是要区分、筛选出显著的、可能影响项目决策和管理的、需要进一步评价的主要环境影响（或问题）。

在进行环境影响识别时，还应该同时识别环境影响的性质、范围以及可能的时间跨度。对具体的建设项目而言，在进行环境影响识别时重点考虑以下几个方面的问题：①项目的特性（如项目类型、规模等）；②项目涉及的当地环境特性及环境保护要求（如自然环境、社会环境、环境保护功能区划、环境保护规划等）；③识别主要的环境敏感区和环境敏感目标；④从自然环境和社会环境两方面识别环境影响；⑤突出对重要的或社会关注的环境要素的识别。

（四）环境影响的初步识别

国家《建设项目环境保护分类管理名录》，将建设项目的环境影响按“重大影响”、“轻度影响”、“影响很小”进行了划分，主要考虑的因素包括：项目类型、规模、可能对环境敏感区等的影响。可以据此对建设项目的环境影响进行初步识别。

1. “重大影响”项目的识别依据

（1）原料、产品或生产过程中涉及的污染物种类多、数量大或毒性大，难以在环境中降解的建设项目。

（2）可能造成生态系统结构重大变化、重要生态功能改变或生物多样性明显减少的建设项目。

（3）可能对脆弱生态系统产生较大影响或可能引发和加剧自然危害的建设项目。

（4）容易引起跨行政区环境影响纠纷的建设项目。

（5）所有流域开发、开发区建设、城市新区建设和旧区改建等区域性开发活动或建设项目。

2. “轻度影响”项目的识别依据

（1）污染因素单一，而且污染物种类少、产生量小或毒性较低的建设项目。

（2）对地形、地貌、水文、土壤、生物多样性等有一定影响，但不改变生态系统结构和功能的建设项目。

（3）基本不对环境敏感区造成影响的小型建设项目。

3. “影响很小”项目的识别依据

（1）基本不产生废水、废气、废渣、粉尘、恶臭、噪声、振动、热污染、放射性、电磁波等不利环境影响的建设项目。

（2）基本不改变地形、地貌、水文、土壤、生物多样性等，不改变生态系统结构和功能的建设项目。

（3）不对环境敏感区造成影响的小型建设项目。

在环境管理层面上的这种环境影响的划分，对于具体建设项目环境影响识别具有指导意义。例如，“可能造成生态系统结构重大变化、重要生态功能改变或生物多样性明显减少”的建设项目列为“重大影响”类。在具体的环境影响识别中，需要特别注意具体识别拟建项目的各项“活动”如何使生态系统结构发生重大变化，或使重要生态功能改变，或生物多样性明显减少。

上述环境影响的划分，运用了一个非常重要的术语，即“环境敏感区”。建设项目与环境敏感区的关系，对于“环境敏感区”的影响，是判断项目环境影响程度的重要指标。不同的厂(场)址对环境敏感区的影响有相当大的差别。因此,环境敏感区识别也是拟建项目环境影响识别的重要内容。

按照《建设项目环境保护分类管理名录》的定义,具有下列特征的区域为环境敏感区:

(1) 需特殊保护地区。国家法律、法规、行政规章及规划确定或经县级以上人民政府批准的需要特殊保护的地区,如饮用水水源保护区、自然保护区、风景名胜区、生态功能保护区、基本农田保护区、水土流失重点防治区、森林公园、地质公园、世界遗产地、国家重点文物保护单位、历史文化保护地等。

(2) 生态敏感与脆弱区。沙尘暴源区、荒漠中的绿洲、严重缺水地区、珍稀动物栖息地或特殊生态系统、天然林、热带雨林、红树林、珊瑚礁、鱼虾产卵场、重要湿地和天然渔场等;

(3) 社会关注区。人口密集区、文教区、党政机关集中的办公地点、疗养地、医院等,以及具有历史、文化、科学、民族意义的保护地等。

但在环境影响的初步识别中,还须特别注意环境质量已达不到规划功能要求的区域,因为这些区域的建设项目会受到严重制约。

二、环境影响识别方法

常用的环境影响识别方法有清单法、矩阵法、网络法和叠图法等。

(一) 清单法

清单法又称为核查表法,即将可能受开发方案影响的环境因子和可能产生的影响性质,通过核查在一张表上一一列出的识别方法,故亦称“列表清单法”或“一览表法”。该法虽是较早发展起来的方法,但现在还在普遍使用,并有多种形式。

(1) 简单型清单。仅是一个可能受影响的环境因子表,不作其他说明,可作定性的环境影响识别分析,但不能作为决策依据。

(2) 描述型清单。比简单型清单增加环境因子如何度量的准则。

(3) 分级型清单。在描述型清单基础上又增加对环境影响程度进行分级。

环境影响识别常用的是描述型清单。目前有两种类型的描述型清单。比较流行的是环境资源分类清单,即对受影响的环境因素(环境资源)先作简单的划分,以突出有价值的环境因子。通过环境影响识别,将具有显著性影响的环境因子作为后续评价的主要内容。该类清单已按工业类、能源类、水利工程类、交通类、农业工程、森林资源、市政工程等基础上编制了主要环境影响识别表,在世界银行“环境评价资源手册”等均可查获。

另一类描述型清单即是传统地问卷式清单。在清单中仔细地列出有关“项目——环境影响”要询问的问题，针对项目的各项“活动”和环境影响进行询问。答案可以是“有”或“没有”。如果问答为有影响，则在表中的注解栏说明影响的程度、发生影响的条件以及环境影响的方式，而不是简单地回答某项活动将产生某种影响。

（二）矩阵法

矩阵法由清单法发展而来，不仅具有影响识别功能，还有影响综合分析评价功能。它将清单中所列内容系统加以排列。把拟建项目的各项“活动”和受影响的环境要素组成一个矩阵，在拟建项目的各项“活动”和环境影响之间建立起直接的因果关系，以定性或半定量的方式说明拟建项目的环境影响。

该类方法主要有相关矩阵法和迭代矩阵法两种。

在环境影响识别中，一般采用相关矩阵法。即通过系统地列出拟建项目各阶段的各项“活动”，以及可能受拟建项目各项“活动”影响的环境要素，构造矩阵确定各项“活动”和环境要素及环境因子的相互作用关系。现将相关矩阵法介绍如下：

此法由 Leopold 等人在 1971 年提出，矩阵中横轴上列出了 100 项开发行为（一种清单），纵轴上列出了 88 个受开发行为影响的环境要素（另一种清单）。把两种清单组成一个矩阵有助于对影响的识别，并确定某种影响是否可能。因为在一张清单上的一项条目可能与另一清单的各项条目都有系统的关系，可确定它们之间有无影响。当开发活动和环境因素之间的相互作用确定之后，此矩阵就已经成为一种简单明了的有用的评价工具了。这种矩阵可用于确定、解释影响并对之予以识别。并把每个行为对每个环境要素影响的大小，划分为若干等级，有分为 5 级的，也有分为 10 级的，用阿拉伯数字表示。由于各个环境要素在环境中的重要性不同，各个行为对环境影响的程度也不同，为了求得各个行为对整个环境影响的总和，常用加权的办法。假设 M_{ij} 表示开发行为 j 对环境要素 i 的影响，W_{ij} 表示环境因素 i 对开发行为 j 的权重。所有开发行为对环境要素 i 总的影响，则为 $\sum_i M_{ij}W_{ij}$，所有开发行为对整个环境总的影响，则为 $\sum_i \sum_j M_{ij}W_{ij}$，如表 3-1 所示。

可以从表中得出：加权后总影响为 314，是正值，意味着整个工程对环境是有益的；而交通这一环境要素受到的总影响为 -109，是负值，意味着该工程对交通产生的是有害影响；得益最大的是居住区和空旷地，分别为 150 与 89。居住区改变、城市化、园林化三项开发行为的总影响分别为 180、97、70，得益最大，而汽车环行与排水改变两个开发行为的总影响为 -68 与 -47，意味着此两项开发行为对环境具有较大的有害影响，应采取相应对策补救。

由此可见，此方法不仅具有影响识别功能，也具有影响综合分析的功能。

表 3-1　各开发行为环境要素的影响(按矩阵法排列)

环境要素	居住区改变	水文排水改变	修路	噪声和震动	城市化	平整土地	侵蚀控制	园林化	汽车环行	总影响
地形	8(3)	-2(7)	3(3)	1(1)	9(3)	-8(7)	-3(7)	3(10)	1(3)	3
水循环使用	1(1)	1(3)	4(3)			5(3)	6(1)	1(10)		47
气候	1(1)				1(1)					2
洪水稳定性	-3(7)	-5(7)	4(3)			7(3)	8(1)	2(10)		5
地震	2(3)	-1(7)			1(1)	8(3)	2(1)			26
空旷地	8(10)		6(10)	2(3)	-10(7)			1(10)	1(3)	89
居住区	6(10)				9(10)					150
健康和安全	2(10)	1(3)	3(3)		1(2)	5(3)	2(1)		-1(7)	45
人口密度	1(3)			4(1)	5(3)					22
建筑	1(3)	1(3)	1(3)		3(3)	4(3)	1(1)		1(3)	34
交通	1(3)		-9(7)		7(3)				-10(7)	-109
总影响	180	-47	42	11	97	31	-2	70	-68	314

注:1. 表中数字表示影响大小。1 表示没有影响;10 表示影响最大。负数表示坏影响;正数表示好影响。括号内数字表示权重,数值愈大权重愈大。

2. 引自唐永銮,《环境质量评价》,中山大学出版社。

(三) 网络法

网络法是采用因果关系分析网络来解释和描述拟建项目的各项“活动”和环境要素之间的关系。除了具有相关矩阵法的功能外,可识别间接影响和累积影响,网络实际上呈树枝状,故又称关系树枝或影响树枝,可以表述和记载第二、第三以及更高层次上的影响(图 3-1)。

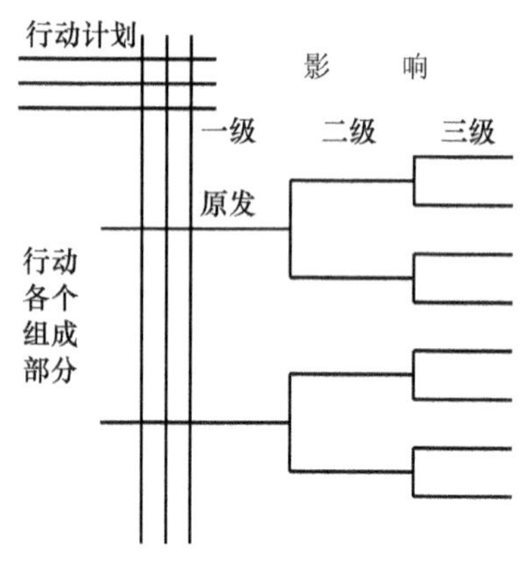

图 3-1　影响网络的基本框架

利用开发活动行为与影响之间的因果关系,就必须回答与每个计划活动有关的一系列问题,诸如:原发(第一层)影响面是哪些,在这些范围内的影响是什么?二级影响面是什么,二级影响面内有些什么影响?三级影响又是什么,等等。图 3-2 是在某城商业区建造一条高速公路对房屋和商业迁移的影响网络。

环境是个复杂系统,网络法可较好地描述环境影响的复杂关系:一个行动会产生一种或几种环境因素的变化,后者又依次引起一种或几种后续环境因素的变化,最终产生多种环境影响的最后结果。例如,公路的填挖会使土土壤入河流,泥沙的增加将提高河流的浑浊度、淤塞航道、改变河流流向,从而会增加潜在的洪水危险,阻塞水生生物通道,使水生生物栖息地退化。

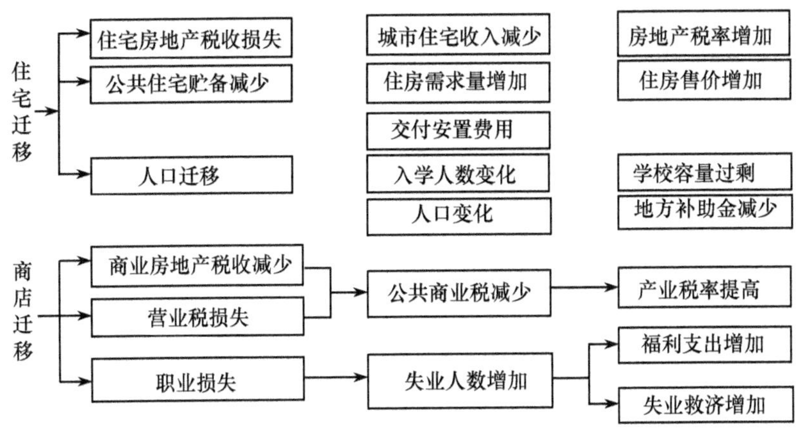

图 3-2　在商业区修建高速公路的影响树枝
（引自《美国环境影响分析手册》）

但这里需注意：在建立影响网络时，伸展的影响树枝网可能会发生因果循环，特别当原因与相应的连锁反应结果存在复杂的相互作用时更是如此。此时还应考虑某种环境影响发生后其后续影响的发生概率与影响程度，决定该后续影响是否有列入影响网络的意义。例如一个废水处理厂能释放大量营养物质进入河口湾，造成营养物浓度的提高（原发、第一级的环境影响），将使河口湾内浮游植物数量激增。可以想象，浮游植物增加的可能影响是增加河口湾有机残体的沉积（第二级影响）。沉积物将使河口湾变浅，水深减小，由此又将产生很多影响（增加阳光透射，促进水底植物生长，提高河口湾水温，降低河口湾冲刷速度等）。问题的关键在于浮游植物残体的沉积速度是否导致河口湾明显变浅。如果植物残体的沉积作用在几年内不引起明显的水深变化，该影响就不列入网络。

影响网络能以简要的形式，给出人类某活动及其有关的行为产生或诱发的环境影响全貌，因此它是个有用的工具。然而，这只是一种定性的概括，只能得出如同用矩阵法那样的总的影响。此方法需要估计影响事件分支中单个影响事件的发生概率与影响程度，求得各个影响分支上各影响事件的影响贡献总和，再应用矩阵法一节所提供的方法求出总的影响程度。

（四）叠图法

具有环境影响识别功能的方法还有叠图法（包括手工叠图法和 GIS 支持下的叠图法）和影响网络法。

叠图法在环境影响评价中的应用包括通过应用一系列的环境、资源图件叠置来识别、预测环境影响、标示环境要素、不同区域的相对重要性以及表征对不同区域和不同环境要素的影响。叠图法用于涉及地理空间较大的建设项目,如“线型”影响项目(公路、铁道、管道等)和区域开发项目。

第三节　环境影响识别案例分析

一、某农药生产项目环境影响识别

(一)环境影响因素识别

该项目的环评单位在对工程概况分析的基础上,对环境要素影响情况进行了分析,采用矩阵法对该项目的环境影响因子进行了识别,建立了环境要素识别矩阵表,见本案例表1。

表1　主要环境要素识别矩阵

工程行为		生产装置1			生产装置2			生产装置3		
环境因素		施工期	生产期	服务期满	施工期	生产期	服务期满	施工期	生产期	服务期满
自然环境	地质、地貌	×	×	×	×	×	×	×	×	×
	局地气候	×	×	×	×	×	×	×	×	×
	大气质量	(+)	+	×	(+)	+	×	(+)	+	×
	地面水水文	×	×	×	×	×	×	×	×	×
	地面水水质	×	+	×	×	+	×	×	+	×
	地下水水文	×	×	×	×	×	×	×	×	×
	地下水水质	×	×	×	×	(+)	×	×	(+)	×
	植被	×	(+)	×	×	(+)	×	×	(+)	×
	土壤	×	×	×	×	(+)	×	×	(+)	×
	水生生物	×	(+)	×	×	(+)	×	×	(+)	×
社会经济	区域经济	+	※	※	+	※	※	+	※	※
	人群健康	×	×	×	×	×	×	×	×	×
	风景/游览	×	×	×	×	×	×	×	×	×
	环境风险	×	+	×	×	+	×	×	+	×

注:×表示轻微或无影响;(+)表示轻度影响;+表示中度影响;※表示重度影响。

(二)评价因子筛选与确定

根据影响因子识别和工程分析结果,结合当地环境特征和环境质量情况,建立了评价因子筛选矩阵。见本案例表2。

表 2　评价因子筛选矩阵

类别	污染因子	装置 1	装置 2	装置 3	焚烧装置	絮凝－活性炭装置
废气	烟尘(粉尘)	0	0	0	0	0
	SO_2	0	0	0	√	0
	NO_2	0	0	0	√	0
	NH_3	√	0	0	0	0
	Cl_2	√	0	0	0	0
	一氯甲烷	√	0	0	0	0
	吡啶	√	√	0	0	0
	HCl	0	0	0	√	0
	二甲苯	0	0	√	0	0
废水	pH	√	√	√	√	√
	COD	√	√	√	√	√
	BOD_5	√	√	√	√	√
	SS	0	0	0	0	√
	NH_3—N	√	0	0	√	0
	CN^-	√	0	0	√	√
	Cl^-	√	0	0	√	0
	吡啶	√	0	0	0	√
	百草枯	√	√	0	0	√
	功夫	0	0	√	0	√
	石油类	0	0	0	√	√

注:√表示排放,0 表示不排放。

表 1 和表 2 结果表明,本工程排出的污染物可能影响大气、地面水,对地下水、土壤,植被则不会有明显影响,但是本工程有较大环境风险。综合各方面情况,本评价拟定评价因子如下。

(1) 大气评价因子。现状评价因子:二氧化硫、氮氧化物、总悬浮颗粒物、氨、氯化氢、氯、总烃;影响评价因子:总悬浮颗粒物、二氧化硫、氮氧化物、氨、氯、氯化氢、吡啶、二甲苯、氯甲烷。

(2) 地表水评价因子。现状评价因子:pH、COD_{Cr}、BOD_5、溶解氧、非离子氨、总氰化物、硝酸盐、亚硝酸盐、石油类、氯化物、吡啶、百草枯、功夫;环境影响评价因子:COD_{Cr}、BOD_5、非离子氨、总氰化物、氯化物、吡啶、百草枯、功夫、硝酸盐、亚硝酸盐、硫酸盐。

(3) 地下水评价因子。现状评价因子:色度、浑浊度、pH、总硬度、氯化物、硝酸盐、亚硝酸盐、吡啶、百草枯、功夫。环境影响分析因子:氰化物、吡啶、百草枯、功夫。

(4) 土壤和农作物评价因子。现状评价因子:氰化物、百草枯、功夫。

此外,还可以根据影响因子筛选结果确定建设项目的评价重点。

二、某抽水蓄能电站项目环境影响识别

(一) 环境影响识别

根据某抽水蓄能电站的建设和运行特点,结合工程地区各环境影响因子的重要性和可能受影响的程度,对环境影响因子进行识别。工程影响识别方法采用环境影响因子识别表,结果见本案例表1。

(二) 评价因子筛选

根据对环境影响因子的识别分析,进行评价因子的筛选,结果见本案例表2。

根据影响识别和因子筛选结果,本工程评价重点应为环境影响预测、环境保护措施、环境管理与环境监测计划三部分。本工程环境影响预测评价的重点应为电站建设对地表水环境的影响、对生态环境的影响和对水土保持的影响。

表1 环境影响要素识别矩阵表

环境因子		工程建设						工程运行			重要性
		主体工程施工	施工弃渣	对外交通	施工企业生产	施工人员生活	初次蓄水	上水库蓄水	电站运行	下水库运行	
局地气候	1)气温							+1P			Ⅲ
	2)降水							+1P			Ⅲ
	3)雾							-1P			Ⅲ
	4)湿度							+1C			Ⅲ
	5)风							-1P			Ⅲ
环境空气	6)总悬浮颗粒物	-3C		-2C	-2C						Ⅱ
	7)铅	-1P		-P	-1P						Ⅲ
	8)一氢化醢	-1P		-1P	-1P						Ⅲ
	9)其他	-1P		-1P	-1P						Ⅲ
水文泥沙	10)流量	-1C					-1C	-1P			Ⅲ
	11)水位	-1C					-2C	-1P			Ⅲ
	12)洪水	-2C					+2C	+1P			Ⅱ
	13)泥沙		-3C				-2C	+1P			Ⅱ
环境地质	14)库岸稳定	-2C						-1C	-1C		Ⅱ
	15)渗漏	-1C						-1C	-1C		Ⅱ
	16)地下水	-1C						-2P	-1C		Ⅱ
	17)泥石流	-1C									Ⅲ

续表

环境因子		工程建设						工程运行			重要性
		主体工程施工	施工弃渣	对外交通	施工企业生产	施工人员生活	初次蓄水	上水库蓄水	电站运行	下水库运行	
水温	18)水温							-1P			Ⅲ
水质	19)地表水水质	-1C	-3C	-1P	-3P	-2C	-3C	-1P			Ⅰ
	20)地下水水质	-1P	-1P					-1P			Ⅲ
生态环境	21)陆生植物资源	-3C	-3C		-3C	-2C	-2C				Ⅰ
	22)陆生动物资源	-2C			-2C	-2C	-2C				Ⅰ
	23)鱼类资源								-2P		Ⅰ
	24)水生植物								-2P		Ⅰ
	25)游动物								-2P		Ⅰ
	26)底栖动物								-3P		Ⅰ
	27)土壤理化性状	-2C			-2C	-1C					Ⅱ
	28)土壤肥力	-2C			-2C	-1C					Ⅱ
	29)土地利用							-3C			Ⅰ
	30)土壤侵蚀	-3C									Ⅰ
	31)水土保持	-3C	-3C	-2C	-2C	-2C					Ⅰ
人群健康	32)介水传染病					-2P					Ⅱ
	33)自然疫源性疾病					-2P					Ⅱ
	34)虫媒传染病					-2P					Ⅱ
	35)地方性疾病					-1P					Ⅱ
社会经济环境	36)能源资源利用效率								+3C		Ⅱ
	37)地方经济								+3C		Ⅱ
	38)资源开发								+3C		Ⅱ
	39)工农业用水	-2C			-2C		-3C	-2P			Ⅱ
	40)公共设施								+3C		Ⅱ
	41)景观	-1C	-2C		-1C		-1P	+2C			Ⅱ
	42)文物	-1C			-1C		-1C	-1C			Ⅱ

注:"C"表示影响结果肯定,"P"表示影响结果可能;"1"、"2"、"3"分别表示影响程度小、中、大;"+"表示有利影响;"-"表示不利影响;Ⅰ、Ⅱ、Ⅲ分别表示各环境因子在本工程环评中的重要性分别为重要、次要、可忽略。

表 2　评价因子筛选结果

环境要素	评价因子的筛选结果
地表水	pH、硝酸盐氮、高锰酸盐指数、氟化物、总砷、总汞、总镉、六价铬、总铅、挥发酚、总氰化物、总硬度、总大肠菌群、石油类、悬浮物、浊度、水量 底质:总磷、总氮、铜、砷
生态环境	陆生植物、陆生动物、水生植物、浮游动物、底栖动物、鱼类、水土保持、土壤侵蚀、土地利用、土壤理化性状、生态系统的完整性和持续性 土壤:总磷、总氮、铜、砷
水土保持	土壤侵蚀、土地利用、水土保持设施
社会经济	能源利用、资源利用、地方经济、公共设施、景观文物
环境地质	库岸稳定、渗漏、地下水
人群健康	介水传染病、自然疫源性疾病、虫媒传染病、地方性疾病
声环境	施工噪声、交通噪声
大气环境	总悬浮颗粒物、燃油废气
环境风险	施工布置、物资运输、溃坝、逸油

复习与思考

1. 请根据人类活动与环境之间相互作用的关系,正确叙述环境影响过程。
2. 简述环境影响识别的内容。
3. 在进行环境环境影响识别时,应注意哪些问题?
4. 对环境影响进行初步识别的依据是什么?
5. 常用的环境影响识别方法有哪些? 各有什么优缺点?

第四章　大气环境影响评价

本章重点：大气边界层风场、层温度场特征，特殊气象条件对大气扩散的影响；污染源现状调查内容与方法；大气环境质量现状监测方案的制订和监测资料的统计分析；常规地面气象资料的搜集与整理；点源高斯扩散模式及其应用；评价等级划分和评价范围的确定；大气环境影响内容与方法等。

第一节　大气污染物的扩散

区域大气污染程度与源参数、气象条件和下垫面状况等因素有关。污染源排放污染物的数量、组成、排放方式、排放源的密集程度及位置等称之为源参数，它是影响大气污染的重要因素，决定了进入大气的污染物的量和所涉及的范围。但大气污染物自污染源排出后对大气环境的污染情况，则主要受到大气边界层中的气象条件和区域下垫面结构的影响。进入大气的污染物，在大气中要经过气象因子作用而引起输送和扩散稀释，要经过物理的或化学变化等过程。在这许多变化过程中，气象条件将决定大气对污染物的稀释扩散速率和迁移转化的途径。大气底层接触面的性质、地形及建筑物的构成情况（下垫面）不仅会影响到气流的运动，同时也直接影响当地的气象条件，因此同样会对大气污染物的扩散造成影响。

一、气象条件对大气扩散的影响

根据大气的温度、成分、电荷以及气流运动等状况，大气圈自下而上可以分为对流层、平流层、中间层、电离层和散逸层五个层次。其中对流层是距离地面最近的一个层次与人类生产和生活的关系最为密切。对流层的下界是海陆表面，对流层的上界随季节和纬度有明显的变化。就全球而言，其上界变化在离地面 8 ~ 18km 之间，对流层上界的季节变化夏季高于冬季，这是因为夏季大气膨胀，对流旺盛所致。虽然对流层厚度不超过 20km，但它却集中了大气质量和几乎全部的水分，云、雾、雨、雪等主要大气现象都出现在该层。

在对流层中，靠近地球表面、受地面摩擦阻力影响的一层大气称为大气边界层。大气边界层的厚度，从地表向上随地面粗糙度和风速的增大或大气不稳定度的增强而增加，约在 1 ~ 2km 之间。因该层内空气运动明显受地面摩擦作用的影响,又称摩擦层。大气边界层又分为近地层和过渡层。距地面约100m以下的大气为近地层。近地层到大气边界层顶的一层称为过渡层,又称埃克曼层、上部摩擦层和上边界层,发生在对流层中的大气现象绝大部分又集中在该层。因此,了解大气边界层中的风及湍流、温度变化特征,对于研究污染物在大气中的扩散问题、进行大气环境影响评价具有重要意义。

(一) 风与湍流

大气运动包括了有规则的平直的水平运动和不规则的、紊乱的湍流运动,实际的大气运动就是这两种运动的叠加。

1. 风

空气的水平运动称为风。风对污染物的扩散有两个作用。第一个作用是整体的输送作用,风向决定了污染物迁移运动的方向;第二个作用是对污染物的冲淡稀释作用,对污染物的稀释程度主要取决于风速大小。风速越大,单位时间内与烟气混合的清洁空气量越大,冲淡稀释的作用就越好。一般来说,大气中污染物的浓度与污染物的总排放量成正比,而与风速成反比。

风切变是指风向或风速在极短距离内发生突然变化的空气运动现象。在大气层中,有各种各样的风切变经常存在并不断发生、发展、消亡。风切变分为水平风切变和垂直风切变。在大气边界层中,风切变还影响湍流强度及性质。

(1) 风向频率与风向玫瑰图。风速和风向是描述风的两个要素。风速指空气在单位时间内移动的水平距离,通常以m/s表示;风向是指风的来向,常用16个方位表示。吹某一风向的风的次数,占总的观测统计次数的百分比,称为该风向的风频,可按下式计算

$$g_n = \frac{f_n}{\sum_{n=1}^{16} f_n + c} \tag{4-1}$$

式中 f_n——统计资料中吹 n 方位风的次数,n 为方位数,共16个方位;

c——统计资料中静风总次数;

g_n——n 方位的风频。

风频表征了下风向受污染的几率。风频最大的风向,称为主导风向,其下风向即为污染几率最大的方位。研究风频,应说明主导风风频和静风频率等。因为主导风及风频指明了受影响几率最大的方位及频率;而静风则具有近距离污染的特点。

为了解主要污染方向及各方位受污染几率,应绘制风向玫瑰图。所谓风向玫瑰图,就是用16方位风向频率连接而成的图。

下风向污染程度还与风速有关。为综合反映风向风速影响,引进污染系数概念,即污染系数=风向频率/该风向平均风速。同样,可绘制污染系数玫瑰图。

(2) 风速随高度的变化。在大气边界层中，从地面向高空望去，从地面开始风向是顺时针变化的，风速是随高度增加而增大的。表示风速随高度变化的曲线称为风速廓线，风速廓线的数学表达式称为风速廓线模式。在我国《制定地方大气污染物排放标准的技术原则和方法》(GB/T13201-91)中的推荐的幂函数风速廓线模式为

$$当\ z_2 < 200\text{m}\ 时，u_2 = u_1\left(\frac{z_2}{z_1}\right)^m \tag{4-2}$$

$$当\ z_2 \geqslant 200\text{m}\ 时，u_2 = u_1\left(\frac{200}{z_1}\right)^m \tag{4-3}$$

式中 u_2——z_2高度处平均风速(m/s)；

u_1——邻近气象台(站)z_1高度五年平均风速(m/s)；

z_1——相应气象台(站)测风仪所在高度(m，常为10m)；

z_2——烟囱出口处高度(m)；

m——风速廓线幂指数(见表4-1)。

表4-1 不同稳定度的 *m* 取值

稳定度级别		A	B	C	D	E	F
m	城市	0.10	0.15	0.20	0.25	0.30	0.30
	乡间	0.07	0.07	0.10	0.15	0.25	0.25

2. 大气湍流

大气除了整体水平运动以外，还存在着一种不规则运动。大气的不规则运动称为湍流。湍流的特征量是时空随机变量。在大气中，由于受各种大气尺度的影响的结果，导致三维空间的风向、风速发生连续的随机涨落，这种涨落是大气中污染物质扩散过程的一种特征。由机械或动力作用生成机械湍流，如近地面风切变，地表非均一性和粗糙度均可产生这种机械湍流活动。由各种热力因子诱生的湍流称热力湍流，如太阳加热地表导致热对流向上运动，地表受热不均匀或气层不稳定等都可引起热力湍流。一般情况下，大气湍流的强弱取决于热力和动力两因子。在大气边界层内，气温垂直分布呈强递减时，热力因子起主要作用，而在中性层结情况下，动力因子往往起主要作用。

研究大气湍流时，把它作为一种叠加在平均风之上的脉动变化，由一系列不规则的涡旋运动组成，这种涡旋称为湍涡；边界层内最大的湍涡尺度大约和边界层的厚度相当，最小湍涡的尺度只有几个毫米，大湍涡的强度最大，因它是由空气的动能通过湍流摩擦作用转变来的，小湍涡的能量来自大湍涡，或者说大湍涡将能量传递给小湍涡，小湍涡将能量传递给更小的湍涡，最后由分子粘性的耗散作用将湍能转变成热能，这一过程称为能量耗散。

大气总是处于不停息的湍流运动之中，排放到大气中的污染物质，在湍流涡旋

的作用下散布开来，大气湍流运动的方向和速度都是极不规则的，具有随机性，并会造成流场中各部分之间的混合和交换。日常可以看到，烟囱中冒出的烟气总是向下风方向飘移，同时不断地向四周扩散，这就是大气对污染物的输送和稀释扩散过程。

如果大气中只有有规则的风而没有不规则湍涡运动，烟团仅仅靠分子扩散使烟团长大，速度非常缓慢，如一个烟团在气流中的运动情形，事实上大气中存在着剧烈的湍流运动，使烟团与空气之间强烈地混合和交换，大大加强烟团的扩散。湍流扩散比分子扩散的速率快 $10^5 \sim 10^6$ 倍，湍流扩散的作用非常重要。但在大气的平均运动方向上，仍然主要是风的平流输送作用，只要是风速不是太小，在这个方向上的湍流输送作用可以不予考虑。

在湍流扩散过程中，各种不同尺度的湍涡，在扩散的不同阶段起着不同的作用。在烟团处于比其尺度小的湍涡之中的情况时，烟团一方面飘向下风方向，同时由于湍涡的扰动，烟团边缘不断与四周空气混合，缓慢地扩张，浓度不断降低。当湍涡尺度比烟团尺度大时，烟团主要为湍涡所挟带，本身增大并不快。但出现湍涡尺度与烟团尺度大小相仿情况时，烟团被湍涡拉开撕裂而变形，扩散过程较剧烈。在实际大气中存在着各种尺度的湍涡，在扩散中，三种作用同时存在，并相互作用。

（二）大气的温度层结与逆温

大气的温度层结是指大气的气温在垂直方向上的分布，即指在地表上方不同高度大气的温度情况。大气的湍流状况在很大程度上取决于近地层大气的垂直温度分布，因而大气的温度层结直接影响着大气的稳定程度，稳定的大气将不利于污染物的扩散。对大气湍流的测量比对相应垂直温度的测量要困难得多，因此常用温度层结作为大气湍流状况的指标，从而判断污染物的扩散情况。

1. 气温垂直递减率（γ）

在正常的气象条件下（即标准大气状况下），近地层的气体温度总要比其上层气体温度高。因此，对流层内，气温垂直变化的总趋势，是随高度的增加而逐渐降低。气温垂直变化的这种情况，用气温垂直递减率（γ）来表示。

气温的垂直递减率的定义为 $\gamma = -\mathrm{d}T/\mathrm{d}Z$，它指单位高差（通常取 100m）气温变化速率的负值。气温的这种垂直变化是由大气随着距离地面越来越远得到的热量越来越少而引起的。在正常的气象条件下，大气边界层内不同高度上的 γ 值不同，其平均值约为 0.65℃/100m。

由于近地层实际大气的情况非常复杂，各种气象条件都可影响到气温的垂直分布，因此实际大气的气温垂直分布与标准大气可以有很大的不同。总括起来有下述三种情况：

（1）气温随高度的增加而降低，其温度垂直分布与标准大气相同，此时 $\gamma > 0$；

（2）高度增加，气温保持不变，符合这样特点的气层称为等温层，此时 $\gamma = 0$；

(3) 气温随高度的增加而增加，其温度垂直分布与标准大气的相反。这种现象称为温度逆增，简称逆温。出现逆温的气层叫逆温层。此时 $\gamma < 0$。

逆温层的出现将阻止气团的上升运动，使逆温层以下的污染物不能穿过逆温层，只能在其下方扩散，因此可能造成高浓度污染。

逆温分为接地逆温及上层逆温。若从地面开始就出现逆温，称为接地逆温，这时把从地面到某一高度的气层，称为接地逆温层；若在空中某一高度区间出现逆温，称其为上层逆温，该气层称为上部逆温层。逆温层的下限距地面的高度称为逆温高度，逆温层上、下限的高度差称为逆温厚度，上、下限间的温差称为逆温强度。

根据逆温层形成的原因，可将逆温分为辐射逆温、下沉逆温、地形逆温、锋面逆温和平流逆温等几种类型，其中与空气污染关系最密切的是辐射逆温。

2. 干绝热直减率(γ_d)

当一团干空气或未饱和的湿空气与外界没有任何热量交换做升降运动，且气块内没有任何水相变化时的温度变化过程叫干绝热变化过程。干空气块绝热上升或下降单位高度(通常取 100m)时温度降低或升高的数值，称为干空气块温度绝热垂直递减率(干绝热直减率)，以 γ_d 表示。$\gamma_d = -(dT_i/dZ)_d$(下标 i 和 d 分别表示空气块和干空气)。一般情况下，$\gamma_d = 0.98$ ℃/100m≈1℃/100m，通常取 $\gamma_d \approx$ 1℃/100m。干绝热直减率是干空气在绝热上升或绝热下降运动过程中由于做功引起的气块本身的温度变化。

(三) 大气稳定度

1. 大气稳定度

大气稳定度是空气团在铅直方向稳定程度的一种度量。当气层中的气团受到对流冲击力的作用，产生了向上或向下的运动，那么当外力消失后，该气团继续运动的趋势，将存在着三种可能的情况。

(1) 该气团的运动速度逐渐减小，并有返回原来高度的趋势。这种情况表明此时的气层对该气团是稳定的。

(2) 该气团仍继续上升或下降，并且速度不断增加，运动的结果是气团逐渐远离原来的高度。这表明此时的气层是不稳定的。

(3) 气团被推到某一高度就停留在那一高度保持不动，这表明该气层是中性的。

空气团在大气中的升降过程可看作为绝热过程。大气稳定度用气温垂直递减率(γ)与干绝热递减率(γ_d)的对比进行判别，当 $\gamma > \gamma_d$ 时，大气处于不稳定状态；当 $\gamma = \gamma_d$ 时，气层是中性的；当 $\gamma < \gamma_d$ 时，大气则处于稳定状态。逆温则是典型的稳定大气的例子。

当大气处于稳定状态时，湍流受到限制，大气不易产生对流，因而大气对污染物的扩散能力很弱。如逆温条件下的大气层均处于稳定状态或强稳定状态，污染物极不易扩散，会引起高浓度污染。当大气处于不稳定状态时，空气对流很少阻碍，湍流可以充分发展，对大气中的污染物扩散稀释能力就很强。

2. 大气稳定度与污染物扩散的关系

通过大气稳定度对烟流扩散的影响，可以直观地看出大气稳定度与污染物扩散的关系。图 4-1 表示的是不同温度层结情况下烟流的典型形状。

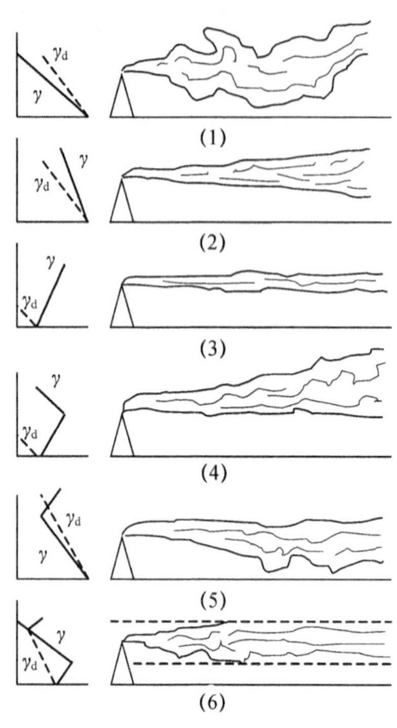

图 4-1 温度层结与烟羽形态
(1)波浪形;(2)锥形;(3)平展形;
(4)爬升型;(5)漫烟型;(6)受限型

(1) 波浪型。又称蛇形型。此时大气状况为 $\gamma > \gamma_d$，大气处于不稳定状态。由于对流强烈，污染物扩散快，因此地面最大浓度落地点距烟囱较近且浓度较大。这种情况多发生在晴朗的白天。

(2) 锥型。烟气沿主导风向呈锥形流动，这种烟型扩散速度比波浪型低，大气状况为 $\gamma = \gamma_d$，处于中性或弱稳定状态，污染物落地浓度低于波浪型，但污染距离长。这种状况多发生在多云的白天或冬季的夜晚。

(3) 扇型。又称平展型。在垂直方向上烟流扩散很小，沿水平方向缓慢扩散，烟流从烟源处呈扇形展开。此时的大气状况为 $\gamma < \gamma_d$，即在烟源出口的一层大气处于逆温，因此污染情况随烟源有效源高的不同而不同。这种烟云对地面污染较轻，且可传送到较远的地方。但若遇到山峰、高层建筑物的阻挡，则可出现下沉现象，造成严重污染。在晴朗天气的夜间或清晨常出现这种烟型。

(4) 屋脊型。又称爬升型，排出的烟流呈屋脊形扩散。在排烟出口上方 $\gamma > \gamma_d$，大气处于不稳定状态；排烟口下方 $\gamma < \gamma_d$，大气处于稳定状态，气层为逆温层，因此，排出的烟流只能向上扩散，而不能向下扩散。这种烟型对地面不会造成很大的污染。这种烟型一般出现在日落前后，持续时间较短。

(5) 漫烟型。又称熏蒸型。在存在着辐射逆温的情况下，日出后由于地面增温，低层空气被加热，使逆温从地面向上逐渐破坏。当不稳定大气发展到烟流的下缘，而上部仍处于稳定状态时，就出现这种烟型。此时排出口上方仍存在逆温 $\gamma < \gamma_d$，大气稳定，犹如上面盖了一层顶盖，阻止了烟气的向上扩散；而排出口下方，逆温已遭破坏，大气不稳定，$\gamma > \gamma_d$，造成烟气大量下沉，发生熏烟情况。这种情况多发生在日出以后，持续时间较短，对排出口下风向的附近地面会造成强烈的污染，很多烟雾事件就是在这种情况下形成的。

(6) 受限型。发生在烟囱出口上方和下方的一定距离内大气不稳定区域，在这范围以上和以下的大气为稳定的，$\gamma < \gamma_d$。多出现在易于形成上部逆温的地区的日落前后。因污染物只在空间的一定范围内扩散，而不到达地面，所以地面几乎不受到污染；但当贴地逆温破坏时，则发展为漫烟型，发生熏烟型污染，地面浓度会很大。

通过对以上六种不同烟型的产生条件的分析，粗略的了解了温度层结与大气稳定度对烟云扩散的影响。由于影响因素很多，实际烟型要比以上的典型烟型复杂的多，例如风和地面粗糙度都会对烟型及污染物扩散造成影响。但从以上的分析还是可以直观地了解到污染物扩散与大气稳定的密切关系。

二、下垫面对大气扩散的影响

地形或地面状况的不同，即下垫面情况的不同，会影响到该地区的气象条件，形成局部地区的热力环流，表现出独特的局地气象特征。除此之外，下垫面本身的机械作用也会影响到气流的运动，如下垫面粗糙，湍流就可能较强；下垫面光滑平坦，湍流就可能较弱。因此下垫面通过影响该地的气象条件影响着污染物的扩散，同时也通过本身的机械作用，影响着污染物的扩散。

(一) 城市下垫面的影响

城市下垫面以两种基本方式改变着局地的气象特征：一个是城市的热力效应，即城市热岛效应；一个是城市粗糙地面的动力效应。

1. 城市热岛效应

城市是人口、工业高度集中的地区，由于人的活动和工业生产，使城市温度比周围郊区温度高，这一现象被称之为城市热岛效应。由于城区气温比周围郊区高，特别是低层空气温度比四周郊区空气温度高，于是城市地区热空气上升，并在高空向四周辐散，而四周郊区较冷的空气流来补充，形成了城市特有的热力环流——热岛环流。这种现象在夜间、在晴朗平稳的天气下，表现得最为明显。图 4-2 就是这种环流的示意图。

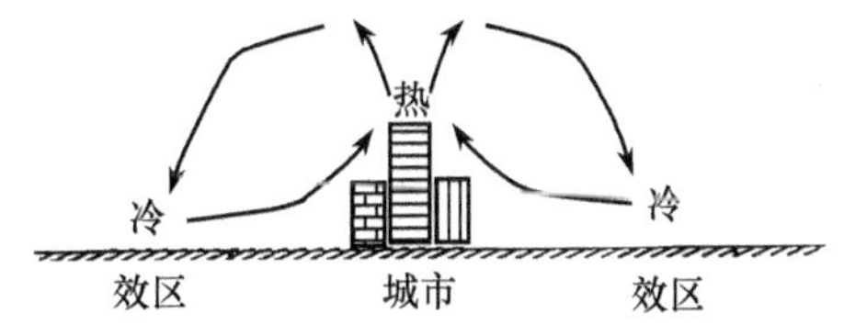

图 4-2 城市热岛环流示意图

由于热岛环流的存在，城市郊区工厂所排放的污染物可由低层吹向市区，使市区污染物浓度升高。因此，在城市四周布置工业区时，要考虑热岛环流存在这一特点。

2. 动力效应

城市下垫面粗糙度大，对气流产生了阻挡作用，使得气流的速度与方向变得很复杂,而且还能造成小尺度的涡流,阻碍烟气的迅速传输,不利于烟气扩散。这种影响的大小与建筑物的形状、大小、高矮及烟囱高度有关,烟囱越矮,影响越大。

(二) 山区下垫面的影响

山区地形复杂,日照不均匀,使得各处近地层大气的增热与冷却的速度不同,因而形成了山区特有的局地热力环流,它们对大气污染物的扩散影响很大。

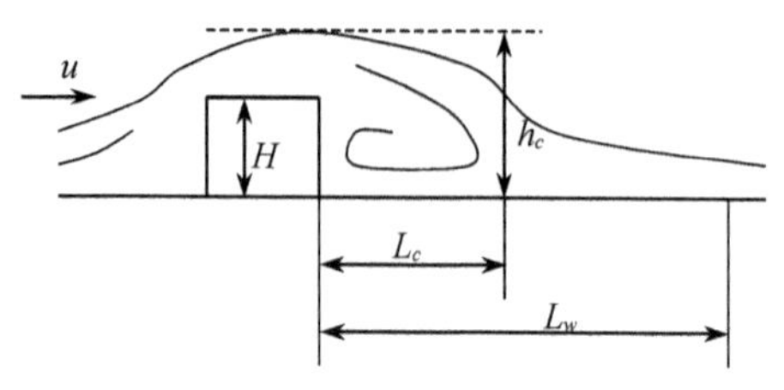

图 4-3　为背风涡及下洗示意图

1. 过山气流

气流过山(或障碍物)时,在山坡迎风面造成上升气流,山脚处形成反向旋涡;背风面造成下沉气流,山脚处形成回流区,出现所谓的“背风波”、“背风涡”以及“下洗”等现象(图 4-3)。对污染源在山坡上风侧时,对迎风坡会造成污染,而在背风侧,污染物会被下沉气流带至地面,或在回流区内回旋积累,无法扩散出去,很容易造成高浓度污染。背风波只在有逆温的层结天气条件下出现,对污染物浓度影响较大的是背风涡和下洗(或尾迹)。根据室内和野外的模拟实验,这一类问题可大致归纳如下

$$L_c/H = 1.5 \sim 10 \tag{4-4a}$$

$$h_c/H = 1.5 \sim 2.5 \tag{4-4b}$$

$$L_w/H = 4 \sim 30 \tag{4-4c}$$

式中　H——山体或障碍物高度;

L_c——背风涡(或空腔区)长度;

h_c——背风涡扩展的高度;

L_w——自山体背面算起的下洗长度。

式(4-4a) ~ (4-4c)中右侧的比值下限,对应于山体沿风向和横向的尺度皆为 H ,随着沿风向和横向尺度增大,比值趋向上限。上述实验结果表明,污染源的位置绝不能设置在背风涡中,同时也要尽量避免设置在下洗区。

2. 山谷风

在山区,由于下垫面受热不均而引起的以一日为周期、风向相反的地方性风系。白天风从山谷吹向山坡,叫谷风,夜间风从山坡吹向山谷,叫山风(如图 4-4)。谷风的形成是由于白天山坡上的空气快增温多,而山谷

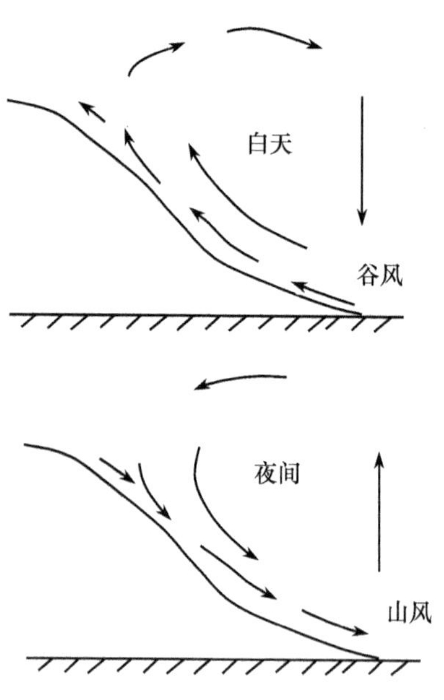

图 4-4　山谷风示意图

中同样高度上的空气因,受热增温较小,因而形成由山谷指向山坡的水平气压梯度,形成热力环流,下层风由谷底吹向山坡。山风的形成是由于夜间山地对大气是个冷源,山坡辐射冷却快,气温降低多,谷中同高度上的气温则冷却较慢,降温少,因而形成与白天向反的热力环流,下层风由山坡吹向山谷。因白天山坡受热所造成的温差,一般比夜间辐射冷却造成的温差大,故谷风风速常大于山风。山谷风是山区在晴朗而稳定的天气条件下,能经常观测到的现象。在热带和副热带的干季,温带的夏季山谷风最为明显,在平原与高原相接地区,由于高原边缘地面气温与平原同高度上的气温差异,也会出现类似山谷的现象。山谷风的强度与山坡的坡度、坡向和山区地形条件等有密切关系。

(三) 水陆交界区的影响

在水陆交界处(沿海、沿湖地带),经常出现海陆风(如图 4-5)。白天,地表受热后,陆地增温比海面快,因此陆地上的气温高于海面上的气温。陆地上的暖空气上升,并在上层流向海洋。而下层海面上的空气则由海洋流向陆地,形成海风。夜间,陆地散热快,海洋散热慢,形成和白天相反的热力环流,上层空气由海洋吹向陆地,而下层空气由陆地吹向海洋,即为陆风。

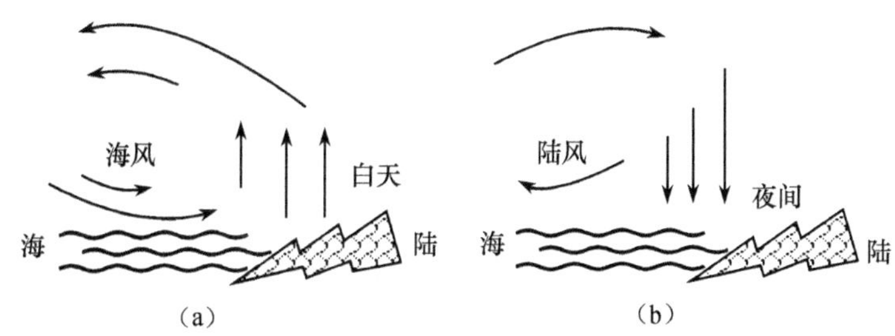

图 4-5　海陆风的形成图

海陆风的环状气流不能把污染物完全输送、扩散出去,当海陆风转换时,原来被陆风带走的污染物会被海风带回原地,形成重复污染。

第二节　大气环境现状调查与评价

一、大气污染源调查与评价

(一) 大气污染源

一个能够释放污染物到大气中的装置和活动(指排放大气污染物的设施或者排放大气污染物的建筑构造),称为大气污染源(排放源)。凡不通过排气筒或通过 15m 高度以下排气筒的排放,均属无组织排放。

污染源的排放能力称为源强。连续源源强以单位时间内排放的物质或体积表示,瞬时源源强则以排放物的总质量或总体积表示。

大气污染源可按几何形状、排放时间、排放形式以及几何高度进行分类划分。见图4-6。

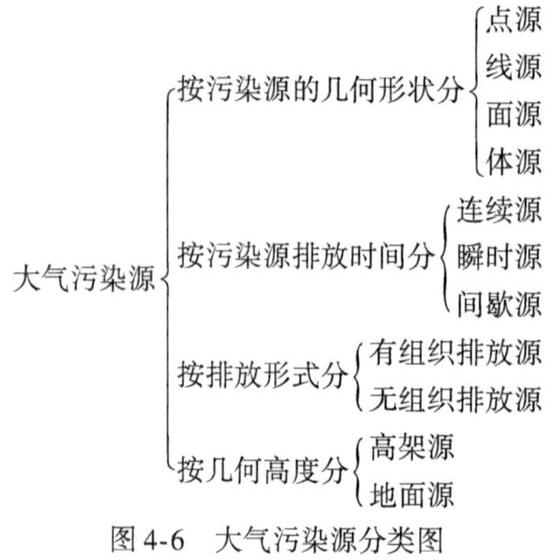

图4-6　大气污染源分类图

(二) 污染因子筛选与大气污染源调查对象

在污染源调查中,应根据评价项目的特点和当地大气环境质量状况对污染因子(即待评价的大气污染物)进行筛选。首先应选择该项目等标排放量 P_i 较大的污染物为主要污染因子;其次,应选择特征污染物。同时,还应考虑在评价区内已造成严重污染的污染物。污染源调查中的污染因子数一般不宜过多。对某些排放大气污染物数目较多的企业,其污染因子数可适当增加。工业污染源调查,一般可直接取自近期的"工业污染源调查资料",也可从当地环保部门取得相关资料,如重点污染源的登记、申报表等,必要时应对重点污染源进行核实。民用污染源可限于调查二氧化硫、颗粒物两项,其排放量可按全年平均燃料使用量估算,对于有明显采暖和非采暖期的地区,应分别按采暖期和非采暖期统计。

(三) 大气污染源调查方法

大气污染源一般采用如下三种方法核实或估算其污染物排放量。

1. 现场实测

对于有组织排放的大气污染物,例如,由烟囱排放的 SO_2 或颗粒物等,可根据实测的废气流量和污染物浓度,按下式计算

$$Q_i = Q_n \cdot C_i \times 10^{-6} \tag{4-5}$$

式中　Q_i——废气中 i 类污染物单位时间排放量,kg/h;

Q_n——废气体积(标准状态)流量,m^3/h;

C_i——废气中污染物 i 的实测浓度值,mg/m^3。

2. 物料衡算法

物料衡算法是对生产过程中所使用的物料进行定量分析的一种方法。对一些无法实测的污染源,可采用此法计算污染物的排放量。

3. 经验估计法

对于某些特征污染物排放量,可依据一些经验公式(例如燃煤排放的 SO_2),或一些经验的单位产品的排污系数来计算。表 4-2 为燃烧 1t 煤排放的污染物量。

表 4-2 燃烧 1t 煤排放的污染物 单位:kg/t

污染物	炉型		
	电站锅炉	工业锅炉	采暖炉及家用炉
一氧化碳(CO)	0.23	1.36	22.7
碳氢化合物(C_nH_m)	0.09	0.45	4.5
氮氧化物(以 NO_2 计)	9.08	9.08	3.62
二氧化硫(SO_2)	与煤的含硫量和脱硫效果有关		

关于生产过程中大气污染物的排放系数等数据,可参考有关环境统计、环境监理或环境数据手册等资料,如《工业污染物产生与排放系数手册》(国家环境保护总局科技标准司编)。

(四) 大气污染源调查内容

应根据项目的评价等级要求,选择需要调查的内容。

1. 一级评价项目的调查内容

(1) 按生产工艺流程或按分厂、车间、工段分别绘制污染流程图。

(2) 按分厂或车间统计各排放源(含无组织排放源)的主要污染物排放量。

(3) 对改扩建项目,应给出主要污染物的现有排放量、改扩建工程排放量、改扩建后现有工程的削减量,并按上述三个量计算最终的新增排放量。

(4) 对于主要污染物,除调查正常生产时的排放量外,还应估算非正常生产和事故状态下的排放量。如:点火开炉,设备检修,原料或燃料品质变化,环保设备故障及管理事故等。

(5) 将污染源按点源和面源进行统计。面源包括无组织排放源和数量多但源强、源高都较小的点源。对于范围比较大的城区或工业区,一般是把源高低于 30m、源强小于 0.04t/h 的污染源列为面源,建设项目可参考这一数据,根据污染源源强和源高的具体分布状况确定点源的最低源高和源强。厂区内某些属于线源性质的排放源也可并入其附近的面源,按面源排放统计。

(6) 点源调查内容:①烟囱底部中心坐标及分布平面图;②烟囱高度(m)及出口内径(m);③烟囱出口处烟气温度(K);④烟气出口速度(m/s);⑤各主要污染

物正常排放量(t/a,t/h 或 kg/h);⑥主要污染物的非正常排放量(kg/h);⑦排放工况,如连续排放或间断排放,间断排放应注明具体排放时间和频率。

(7) 统计评价区内面源时,首先进行网格化,然后按网格统计面源的下述参数:①主要污染物排放量[$t/(h\cdot km^2)$];②面源排放高度(m),网格内排放高度不等时,可按排放量加权平均取平均排放高度,如果面源分布较密且高度差较大时,可酌情按不同平均高度将面源分为 2 ~ 3 类。对于建设项目的面源,因其范围一般较小,可统计其实际位置和所占面积,排放量和排放高度的统计方法同上。

(8) 对排放颗粒物的重点点源,还应调查其颗粒物的密度及粒径分布。

(9) 原料、燃料及固体废弃物等堆放场所,有风时,易产生扬尘。这类问题可按“风面源”处理。采用试验或类比调查,确定其启动风速和扬尘量。

2. 二、三级评价项目的调查内容

二、三级评价项目的调查内容可参照上述内容进行,但可适当从简;三级评价项目可只调查上述(3)、(5)、(6)、(7)、(8)等项内容。

二、污染气象调查与分析

(一) 污染气象调查内容

研究污染气象,就是重点调查和研究大气边界层内的平流输送和湍流扩散。概括地讲,污染气象调查与分析应当包括以下基本内容:

(1) 气候区划及其主要气候参数;

(2) 地面常规气象资料的统计分析包括风场特征,风玫瑰,温度场特征,大气稳定度频率分布,风向、风速、大气稳定度联合频率等;

(3) 大气扩散参数;

(4) 大气边界层风场和温度场特征,重点是逆温特征和风速随高度的变化。对于二、三级评价,至少应当包括风玫瑰和联合频率。

(二) 常规气象资料的统计分析

1. 气象资料的获得及使用价值分析

首先根据评价区及其周边气象台(站)距建设项目所在地的距离以及两者在地形、地貌和土地利用等地理环境条件方面的差异,确定气象资料的来源台站。

(1) 对于一、二级和复杂地形地区的三级评价项目,如果气象台(站)在评价区内,且和该建设项目所在地的地理条件基本一致,则其大气稳定度和可能有的探空资料可直接使用,其他地面气象要素可作为该点的资料使用。对于平原地区的三级评价项目,可直接使用建设项目所在地距离最近的气象台(站)的资料。

(2) 对于气象站位于评价区外或建设地与气象站地形差异明显,则建设项目所在地附近的气象台(站)资料,必须在与现场观测资料进行相关分析后方可考虑其使用价值。相关分析方法建议采用分量回归法,即将两地的同一时间风矢量投影在 X(可取 E—W 向)和 Y(可取 N—S 向)轴上,然后分别计算其 X、Y 方向速度分量的相关。所用资料的样本数不得少于本规定的观测周期所获取的数量。对于符合上述条件的资料,可根据求得的线性回归系数 a、b 值,对气象台站的长期资料进行订正。一级评价项目,相关系数 γ 不宜小于 0.45,二级评价项目 γ 不得小于 0.35。当评价区外的气象站有长期观测资料,而评价区内只有短期观测资时,则评价区内的风场资料可将评价区站资料经长期资料订正使用。对于风速,可采用差值法、比值法和回归法进行订正。对于风向,通常采用全概率法进行订正。

(3) 当常规气象资料不能满足评价工作需要时,应当进行污染气象现场观测,常用的观测内容与技术方法见表 4-3。

表 4-3 现场污染气象观测内容和技术要求

<table>
<tr><th>测量要素</th><th>方法、仪器</th><th>精度</th><th>采样时间</th><th>采样密度</th><th>采样时段</th></tr>
<tr><td rowspan="2">大气边界层风向风速廓线</td><td>气球单(双)经纬仪测风或雷达</td><td>球升速 100m/min, 方位、仰角读数 0.1°</td><td>瞬时</td><td>30s 一次(1 000m高度以上,1min 一次)</td><td>20min</td></tr>
<tr><td>气象塔测风仪</td><td>V:0.1 ~ 0.4m/s
D:0.3°</td><td>2s</td><td>2s</td><td>10min</td></tr>
<tr><td rowspan="4">大气扩散参数</td><td>双向、三向风标</td><td>V:0.1 ~ 0.4m/s
D:0.3°</td><td>2s</td><td>2s</td><td>由水平风速大小确定</td></tr>
<tr><td>粒子轨迹法(等容、平衡气球)</td><td>测角精度 0.1°</td><td>瞬时</td><td>10 ~ 15s</td><td>由水平风速大小确定</td></tr>
<tr><td>激光遥测</td><td>0.1m</td><td>瞬时</td><td>10s</td><td>10min</td></tr>
<tr><td>光学轮廓法(立体、平面摄影)</td><td>0.1m</td><td>瞬时</td><td>10s</td><td>10min</td></tr>
<tr><td rowspan="2">大气边界层温度廓线</td><td>低空探空仪</td><td>球升速 100m/min,温度 0.1℃</td><td>近瞬时</td><td>连续</td><td>20min</td></tr>
<tr><td>气象塔侧温仪</td><td>0.1℃</td><td>瞬时</td><td>连续</td><td>10min</td></tr>
<tr><td rowspan="2">烟气抬升</td><td>光学轮廓法</td><td>0.1m</td><td>瞬时</td><td>10s</td><td>10min</td></tr>
<tr><td>激光遥测</td><td>0.1m</td><td>瞬时</td><td>10s</td><td>10min</td></tr>
</table>

2. 调查期

一级评价项目为最近三年;二、三级评价项目为最近一年。

3. 地面气象资料调查内容

一级评价项目应至少包括以下各项：①年、季（期）地面温度，露点温度及降雨量；②年、季（期）风玫瑰图；③月平均风速随月份的变化（曲线图）；④季（期）小时平均风速的日变化（曲线图）；⑤年、季（期）的各风向、各风速段、各类大气稳定度的联合出现频率，风速段可分为5档，即 <1.5m/s，1.6～3m/s，3.1～5m/s，5.1～7m/s，>7m/s。风速段数可根据当地环境条件和建设工程特征适当增减，稳定度可按符合该建设项目实际并与扩散参数配套的方法划分。二、三级评价项目至少应进行上述②和⑤两项的调查。

4. 高空气象资料的调查内容

如果符合1(2)中规定的气象台（站）有高空探空资料，对一、二级评价项目可酌情调查下述距该气象台（站）地面1500m高度以下的风和气温资料：

（1）规定时间的风向、风速随高度的变化；

（2）年、季（期）规定时间的逆温层（包括从地面算起第一层和其他各层逆温）出现频率，平均高度范围和强度；

（3）规定时间各级稳定度的混合层高度；

（4）日混合层最大高度及对应的大气稳定度。

5. 现有大气边界层平均场和大气湍流扩散资料

现有的大气边界层平均场观测资料和湍流扩散试验资料系指符合观测与试验规范要求且经鉴定通过的资料，经验数据系指国家颁布的标准、规范等正式文件中推荐的经验数据。现有的大气边界层平均场和大气湍流扩散试验资料的使用价值，视其进行观测和试验的区域和待评价项目的评价区域在地理条件方面的差异而定。其使用价值可按下述原则判断。

（1）对于二、三级评价项目，地理条件基本一致时，可直接使用。

（2）对于一级评价项目，地理条件基本一致且现有资料的试验中心站距待评价项目的主排气筒距离（LB）不大于50km时可直接使用，当LB大于50km时，可作为该项目的参考资料，以便尽量减少现场观测和试验的工作量。

（三）大气稳定度及其分级

大气稳定度是表征大气状态或运动特性的一个概念，可以理解为某一气层或气团保持其空间位置相对稳定的能力或程度。

对大气稳定度的定义和分类方法很多，HJ/T2.2-93《环境影响评价技术导则 大气环境》中推荐采用修订的帕斯奎尔（Pasquill）稳定度分级法（简记为P·S）。该方法是根据地面风速、太阳辐射和云量将大气稳定度分为强不稳定、不稳定、弱不稳定、中性、较稳定和稳定六级，分别以A、B、C、D、E和F表示。

确定时，首先根据云量和太阳高度角由表4-4查出太阳辐射等级数，再根据太阳辐射等级数和地面风速由表4-5查出大气稳定度等级。

表 4-4　太阳辐射等级数

云量*	太阳辐射等				
总云量/低云量	夜间	$h_0 \leqslant 15°$	$15° < h_0 \leqslant 35°$	$35° < h_0 \leqslant 65°$	$h_0 > 65°$
≤4/≤4	-2	-1	+1	+2	+3
5~7/≤4	-1	0	+1	+2	+3
≥8/≤4	-1	0	0	+1	+1
≥5/5~7	0	0	0	0	+1
≥8/≥8	0	0	0	0	0

*云量(全天空十分制)按国家气象局的《地面气象观测规范》观测。

表4-4中的太阳高度h_0由下式计算

$$h_0 = \arcsin[\sin\varphi\sin\sigma + \sin\cos\varphi\cos\sigma\cos(15t + \lambda - 300)] \tag{4-6}$$

式中　φ——当地纬度,deg;

λ——当地经度,deg;

t——进行观测时的北京时间;

σ——太阳倾角,deg,可查表,也可用下式计算

$$\sigma = [0.006918 - 0.39912\cos\theta_o + 0.070257\sin\theta_o - 0.006758\cos2\theta_o + 0.000907\sin2\theta_o - 0.002697\cos3\theta_o + 0.001480\sin3\theta_o]180/\pi \tag{4-7}$$

式中　θ_o——$360d_n/365$,deg;

d_n——一年中日期序数,0、1、2、……、364。

表 4-5　大气稳定度等级的确定

地面风速/(m/s)	太阳辐射等级					
	+3	+2	+1	0	1	2
≤1.9	A	A~B	B	D	E	F
2~2.9	A~B	B	C	D	E	F
3~4.9	B	B~C	C	D	D	E
5~5.9	C	C~D	D	D	D	D
≥6	D	D	D	D	D	D

(四)大气边界层平均场参数的观测

大气边界层平均场参数的观测主要针对复杂地形地区的一、二级评价项目,复杂地形地区的三级评价项目可适当减少本节所规定的工作量。

1. 观测点的选择

(1)应设置一个临时性的气象中心站和若干个气象观测点,以便观测地面气象要素和低空风、温的时空变化规律。选用正态模式预测时,其气象参数主要采用气象中心站的观测数据。

(2)气象中心站应设在主排放源附近且不受建筑物或树木影响的空旷地区。

(3) 除气象中心站外,应在评价区内对反映平均流场有代表性的地点增设1～5个观测点。复杂地形地区的三级项目取下限,一级项目取上限。对于地形十分复杂、评价区边长超过20km的一级项目,观测点数目还可适当增多。

2. 观测时间

观测周期为一年。一、二级评价项目至少应有冬、夏两个季节代表月份,每日观测次数,除北京时间02、07、14、19时4次外,应在黎明前后、上午和傍晚增加观测2～8次,以便了解辐射逆温层的状况和混合层的生消规律。

3. 地面观测内容和要求

内容包括:①地面大气温度、湿度、气压;②总云量和低云量;③距地面10m高的风向、风速。增设的各点主要观测第③项的内容。中心站和各观测点的上述同步资料,将作为分析地面流场变化规律的依据。

4. 低空探测

至少应设置一个低空探空点(一般应设在气象中心站)。根据地形的复杂程度,还应适当地增设探空点。探测内容与要求如下:

(1) 测出距地面1.5km高度以下的风速、风向随高度的变化关系。根据具体的观测数据,也可采用风速随高度变化的对数律或其他半经验公式。对于三级评价项目,风速高度指数P可按表4-1选取。

(2) 求出各级大气稳定度的混合层高度并分析其各季的日变化规律,分析逆温的变化规律(逆温出现的频率、层次,各层顶部和底部的高度及平均厚度,各层的强度以及生消时间等)。

(五) 大气湍流扩散试验

1. 试验目的和内容

湍流扩散试验的主要目的是给出预测时需要的大气扩散参数或有关的其他湍流参数。有的湍流扩散试验还可用以验证大气扩散模式(示踪剂法),或用以模拟气流轨迹(平移球法或放烟照相法)。

大气扩散参数是指一般正态模式中的σ_x、σ_y、σ_z(下标x、y、z分别是直角坐标系的三个方向);有关的其他湍流参数主要指湍流(脉动)速度标准差σ_u、σ_v、σ_w和Lagrangian时间尺度TL_x、TL_y、TL_z,它们用于数值模式或新一代的法规大气扩散模式。

对于热释放率较大的污染源,还可酌情进行烟气抬升高度(ΔH)的测量。

平原地区的大气扩散参数已比较成熟,一般不需要再做扩散试验。因此,湍流扩散试验主要用于少数复杂地形条件下的一、二级评价项目。

扩散参数的测量高度大致在估算的主排气筒有效高度附近,其他湍流参数的测量高度范围由所选用的仪器设备性能而定。试验场地应选择在评价项目的主排气筒附近,并能覆盖评价区域内关心的部分。

测量周期，一般可只做一期，有效天数约20天，以在不同大气稳定度（不稳定、中性和稳定）条件下，能获取足够的统计样本数为原则。

常用的测量方法有：示踪剂法，平移球法（等容球或平衡球），放烟照相法（平面或立体照相），固定点测量法（脉动风速仪或风温仪），其他遥感方法（如激光测烟雷达）以及室内模拟试验（环境风洞）等。

2. 示踪剂法

首先在大气中释放一定数量的示踪物质，再测量示踪物质在空间的浓度分布；最后利用正态模式或标准差的定义反推出扩散参数。示踪剂法是一种公认较好的测量大气扩散参数方法，通常也用这种方法验证预测模式。用示踪剂法测量横向扩散参数 σ_y 比较容易；测量垂直（即铅垂）方向扩散参数 σ_z 时，因需要空中采样，难度稍大，也影响所得结果的准确性。

示踪剂法的试验要点如下：

（1）试验设计。做好试验前的方案设计，按预计的风向、风速，利用正态模式和现有的扩散参数以及示踪剂性质、样品分析仪器的检出限等条件，估算出各种稳定度的扩散角、最大落地浓度距离、下风向不同距离处（各条弧线）地面点开始和截止采样时间及铅直采样的高度范围和采样器间隔，以及最小释放率等。

（2）示踪剂。应选择本底值低、物理化学性质稳定、对环境基本上无污染、便于释放和采样、易实现高精度分析且价格便宜的气态、气溶胶或放射性物质。

（3）释放高度。示踪剂的释放高度应尽可能利用各种手段（气象塔、非专业性塔、高架平台、烟囱、系留气艇或气球等），设置在待评价的烟囱出口至地面两倍烟囱几何高度范围内。

采用系留气艇、气球等一类手段时，应估计出其初始脉动量，以便对测量结果进行修正；采用非专业性塔或高架平台等一类装置时，应尽可能选择不受该装置局地绕流影响的位置或释放方式（如设置在平台的来流前缘或在平台上设置临时性简易气象塔、风杆以及释放气艇、气球等方式）。

每次试验连续释放的速率应保持稳定，脉动量应小于 ±1.5%。连续释放的时间在气象条件稳定的前提下不宜少于1h。

（4）水平采样。设置在以释放点为圆心下风方不同距离处的水平采样弧线一般不应少于5条，每条弧线的采样点一般应在7~15个之间，在预计的最大地面浓度点附近的弧线和弧线上的采样点应适当加密。

（5）垂直采样。采样点的设置应根据可能具备的条件而定，尽可能在预计的最大地面浓度点弧线上及其上下风方各弧线的平均风轴附近，设置3~5个点；在设计的高度范围内，每个采样点的采样器不应少于5个；释放高度处的风速较大时不宜采用系留气艇或系留气球等非固定性装置采样，利用这一类装置采样时，系留绳的脉动角一般不宜大于 ±15°。

（6）采样操作及样品分析应严格遵守测量要求及各类分析仪器的操作规程，

必须保证采样及分析结果的准确度和精密度。

(7) 数据的分析和处理。根据释放率和各测点的示踪剂浓度以及同步观测的气象参数(风速、稳定度等)按正态模式或标准差的统计定义对水平和垂直扩散参数进行估算。

3. 平移球法

平移球法是用轻于空气的气体注入气球使该气体与气球的平均密度与某一高度上空气的密度相等,以便模拟单个空气粒子(气块)随时间改变在空中的运动规律。这种方法可直接研究流体运动的 Lagrangian 特性,测出空气粒子的运动轨迹和湍流扩散参数。平移球有两种:一种是平衡气球,另一种是等容气球。平衡气球原则上可随大气作水平运动和垂直运动。等容气球可保持在预定的大气等密度面上飞行,主要用以研究某一高度上的湍流特性。

采用平移球法测量大气扩散参数的试验要点如下:

(1) 选定放球方案。对于近距离问题,可利用单个平移气球的轨迹估算扩散参数。如果有条件,也可由非同时释放的若干对平移气球之间的平均距离估算扩散参数。对于距离大于 15km 的扩散问题,可采用相继释放若干个平移气球的方法。

(2) 等容球(常制成四面体形)的球皮应采用弹性变形小的聚酯或涤纶薄膜;平衡球的球皮可以采用弹性变形大的橡胶一类材料。日间试验时,球皮应采用白色材料。充气后,四面体球高不宜大于 1. 5m,圆球直径不宜大于 1m。

(3) 不论球内充入何种气体(氢、氦、氢和二氧化碳或者氦和空气的混合气体等),都应掌握气球漏气量随时间和等容球的容积随超压的变化关系,根据理论计算或经验调好初举力,并在必要时采取适当的漏气补偿措施,以保证在试验时间内气球能在预定的高度上飞行。

(4) 可采用双经纬仪或者雷达跟踪,为便于观测,观测场地应开阔,由观侧点到其四周障碍物顶端的仰角不宜大于 5°。双经纬仪的基线长度可根据预计观测的最大距离选定,一般在 500 ~ 1000m 之间。

(5) 数据的分析和处理。利用单个平移球轨迹估算扩散参数时,必须按离散化的泰勒公式及其前提条件处理数据。可参照下列步骤执行。

a. 利用矢量法(双经纬仪数据)或投影法求出平移球的空间轨迹和每相邻测点间的风矢量。

b. 对上述结果进行筛选和预处理。①检查平移球是否基本保持在一个等高面上,舍去那些单调上升或下降且高差较大的数据,最大高差一般不宜大于平均高度的 40% ,可舍去初始和结尾部分,以保证中间段符合要求;②对个别测量误差较大或异常数据,可根据相邻数据用线性内插法修正,但修正值不宜超过 2 个;③对于一些因气象或地面条件改变,平均风速有明显升降的数据应进行分段处理;④对于因局地环流或大涡现象引起的弯曲趋势应对数据进行预处理,去掉趋势项;⑤某些因平均风速过小无法处理的数据，可暂时舍去。

c. 将筛选后的数据（风矢量）旋转到以平均风向为 x 轴的新坐标系。

d. 横向扩散系数 σ_y 可按下式计算

$$\sigma_y^2 = [T^2/(n-j+1)]\sum_{l-1}^{n-j+1}[\sum_{i=1}^{l+j-1}(v'_i - j)]^2 \tag{4-8}$$

式中 v'_i——各测点在新坐标系的横向脉动速度，下标 i 为时间序列号；

n——总观测次数（$n\Delta t$ 为取样时间，Δt 为观测平移球轨迹的时间间隔）；

T——扩散时间，$T=j\Delta t, j=1,2,\cdots,m$。$m\leqslant 0.2n$。

e. 将上述可用结果按稳定度分类，每类不宜少于 5 次试验，然后按不同的 T 值对 σ_y 求算术平均，并以 $\sigma_y = \gamma'_1 T^{a1}$ 或 $\sigma_y = \gamma_1 x^{a1}$ 的形式（或其他的函数关系）对 σ_y 进行回归。式中 $\gamma_1 = \gamma'_1/u^{a1}$，$x$、$u$ 分别是下风距离和平均风速。

f. σ_z 的估算可参照上述计算 σ_y 的方法进行。但其结果只能作为参考，需与现有的经验数据或采用其他方法测量的结果进行比较和校正后方可使用。

4. 放烟照相法

放烟照相法是利用照相技术拍下所释放的烟羽或烟团的轮廓随下风距离或扩散时间的变化图像，然后用正态模式反推出扩散参数 σ_x、σ_y、σ_z。放烟照相法比较简单易行，适于对小风条件下的烟团照相，但可测的距离较近，不适于夜间或能见度差的天气条件，在垂直方向进行平面照相较困难。

放烟照相法的依据是 Robert 不透明原理，假定烟羽或烟团的可见边缘线（即阈值轮廓线）是沿视线方向的积分浓度等值线。对于烟羽，由正态模式可得

$$\sigma_z^2 = \frac{z_e^2}{\ln(ez_m^2/\sigma_z^2)} \tag{4-9a}$$

$$\sigma_y^2 = \frac{y_e^2}{\ln(ey_m^2/\sigma_y^2)} \tag{4-9b}$$

式中 z_e, y_e——下风距离 x 处烟羽阈值轮廓线上的 z、y 坐标；

z_m, y_m——烟羽阈值轮廓线上 z_e, y_e 的最大值；

e——自然对数。

z_e、z_m 和 y_e、y_m 是分别从侧面和垂直方向照相得到的。

如果研究小风条件下的扩散参数，由正态烟团模式可得

$$\ln P = aP \tag{4-10a}$$

$$P = z_e^2/(2\sigma_z^2 a) \tag{4-10b}$$

$$a = (x_e z_e)/(ex_m z_m) \tag{4-10c}$$

式中 x_e, z_e——分别是任一时刻烟团阈值轮廓线上 x 和 z 的最大值（以烟团中心为原点）；

x_m, z_m——分别是出现最大烟团时的 x 和 z 的最大值。

可利用 $\sigma_x z_e = \sigma_z x_e$ 的关系式，确定 σ_x。把式（4-10b）和式（4-10c）中的 z 代以

y，可得关于 σ_y 的类似公式。σ_x、σ_y、σ_z 都是时间 t 的函数。

采用平面照相法测量大气扩散参数的试验要点如下：

(1) 平面照相法不宜在平均风向变化较大，或能见度低的条件下进行，试验时必须对风向、风速、大气稳定度进行同步观测。本法主要用于测定垂直扩散参数 σ_z。有条件时(如具备气艇或直升机)也可测定水平扩散参数 σ_y。当烟羽阈值轮廓线过长时(强稳定条件)可采用分段照相的办法。

(2) 基线长度(相机距烟源的距离)的选择以保证相机能拍下完整的烟羽阈值轮廓线为原则，一般可在 500m 左右。观测点应尽量选择在烟轴的同一水平面上，并尽可能使相机镜头光轴与平均风向垂直，否则应测出其相对的仰角和方位角，以便对测定结果进行订正。

(3) 发烟源可利用现有的烟囱或专门的发烟罐。试验期间的发烟率应保持稳定，烟羽高度应力求与待评价的烟羽高度一致。

(4) 应尽可能缩短两张画面的间隔，以保证每次试验能获得足够的照片(10 ~ 20 张)，每次试验所采用的底片及显影剂的性能以及操作条件应一致。

(5) 数据处理。①根据试验条件对原始数据进行筛选；②描绘每张底片上的烟羽阈值轮廓线，再将每次连续拍摄且不少于 5 张的底片重叠后画出其包络线；③应按相同取样时间(绘制包络线的第一张底片至最后一张底片的时间间隔)用正态模式估算 σ_z；④将上述结果按稳定度分类，每类稳定度不宜少于 5 次试验，最后用与平移球法相同的方法对 σ_z 进行回归。

也可利用瞬时发烟装置，采用类似于上述烟羽照相方法，拍出一系列烟团的阈值轮廓线，然后按正态烟团模式估算出小风或静风条件下的相对扩散参数。

5. 固定点测量法

固定点测量法是指利用设置在固定点的瞬时风速仪测量的脉动风速资料，确定大气扩散参数或其他湍流参数的方法。前面介绍的三种方法所模拟的过程，同实际的扩散过程基本上是一致的，属于同一个系统(Lagrangian 系统)。直观上也可看出，固定点测量法所测量的过程和实际的扩散过程是不同的，它属于另一个系统(Eulerian 系统)的问题。假定两个系统的湍流相关系数随时间的衰减规律相同，不同的只是时间尺度。从而，湍流扩散参数可以利用时间尺度的变换，根据固定点测量法求得。和前面介绍的三种方法相比，固定点测量法最节省人力、方便易行且测量结果比较准确，是今后值得推广的一种方法。

对于应用于正态模式的扩散参数，可只设置一个测量点，测量高度应尽可能在主排气筒几何高度附近，其扩散参数可根据经过预处理的单点实验数据，用式(4-8)计算，但式中的扩散时间 T 应乘以 Lagrangian-Eulerian 时间尺度比 β。

$$\beta = 0.6u/\sigma_i \tag{4-11}$$

式中 u——平均风速；

σ_i——各速度分量标准差，i 代表 x、y、z 各方向的湍流速度分量 u'、v' 或 w'。

（六）特殊气象场观测

特殊气象场主要指复杂地形条件下引起的局地环流和某些其他不利于污染物扩散的气象场。常见的有：山谷风、城市热岛环流、背风涡、熏烟、海岸线熏烟以及海陆风环流等。在这些特殊气象场内的污染物浓度最大值可高出一般条件时的几倍，可见，这是评价时一个值得考虑的问题。对于一些目前尚难以用数学方法模拟或可以模拟但需要提供某些参数的特殊气象场，必要时不得不采用现场观测或室内模拟的手段。

三、大气环境质量现状调查与评价

大气环境质量现状调查与评价的主要目的，是通过收集现有大气环境监测资料和布点监测，查清评价区大气环境质量现状，为大气环境影响预测和评价提供背景数据。主要内容包括：获取现有监测资料，开展现状监测，根据监测数据分析评价当地大气环境质量现状。

（一）现有监测资料的调查与分析

到评价区及界外区域各相关环境监测机构和环境影响评价机构，收集例行大气监测资料（至少包含近三年的监测数据），统计分析各点各期的主要污染物的浓度值、超标率、随时间的变化规律等。

根据例行监测资料分析判断评价区大气环境质量的时空分布规律。

统计分析监测资料时，应注意以下指标：各点各期的各主要污染物浓度范围，一次最高值，日均浓度波动范围，季日均浓度值，1 小时平均值（或一次值）及日均值超标率，不同功能区污染物浓度的平均超标率，日变化及季节变化规律，与地面风向、风速的相关性等。

如果没有例行监测资料，或为了获得符合该项目评价要求的详细监测数据，还需在评价期间对大气环境质量现状进行监测。

（二）大气环境现状监测

在正式进行大气环境质量监测之前，必须根据建设工程特征、当地环境特征以及环境管理要求等，制订大气环境质量监测方案。监测方案主要包括四个方面的内容，即确定监测因子、选择监测方法、布设监测点和制订监测制度。

第一，监测因子选择

（1）选择依据。①评价区大气污染源调查结果；②区域大气质量例行监测结果；③工程特点；④生态及人群健康的环境效应。经过调查分析，凡是主要大气污染物，大气例行监测浓度较高以及对生态及人群健康已经有所影响的污染物，工程特征污染物，均应选作污染监测因子。

(2) 因子分类。目前，我国各地大气质量监测因子一般分为四大类。

尘：降尘、飘尘［ PM_{10}、总悬浮颗粒物(TSP)］等；

有害气体：二氧化硫、二氧化氮、一氧化碳、臭氧等；

有害元素：氟、铅、汞、镉、砷等；

有机物：苯并［a］芘、总烃等。

第二，监测方法选择

采样及分析方法应尽量选择国家环保总局制定的标准方法。对国家尚未统一制定标准方法的监测项目，应根据评价要求和现有条件，对监测分析方法进行调查和优选。

第三，监测点位布设

大气环境质量监测布点包括监测点位置和数量的确定，它直接影响到预测与评价的准确性，也对评价工作量和评价经费产生影响。

(1) 监测点的数量。监测点的数量应根据拟建项目的规模和性质，区域大气环境质量状况和区域环境功能区布局，结合地形与污染气象特征等因素综合考虑确定。《环境影响评价技术导则——大气环境》建议：一级评价项目，监测点不应少于10个；二级评价项目，监测点数不应少于6个；三级评价项目，如果评价区内已有例行监测点可不再安排监测，否则，可布置1～3个点进行监测。

(2) 监测点的位置。监测点的位置应具有较好的代表性，所得监测数据应能反映目标区域的环境空气质量及其中主要大气污染物的含量与变化规律。通常是在评价区内按照环境功能区为主兼顾均匀性的原则布点。

设点时还应考虑交通和工作条件，以便于采样分析工作的顺利进行。

监测点周围应开阔，采样口位于建筑物高度的2.5倍距离之外，其水平线与周围建筑物高度的夹角应不大于30°；测点周围应没有局地污染源，并应避开树木和吸附能力较强的建筑物。原则上应在20m以内没有局地污染源，在15～20m以内无绿色乔、灌木。

(3) 监测布点方法与原则。监测布点的方法有：网格布点法、同心圆多位布点法、扇形布点法、配对布点法、功能分区布点法等。

a. 网格布点法：该布点法适用于在空旷地区对大气环境质量背景值的监测或待监测地区的污染源分布均匀且较分散(面源为主)的情况。其方法是：根据环境特点和人力、设备等条件确定布点密度(数量)；根据布点密度把监测区域网格化，在每个网格中心(或网络节点、边线中点)设一个监测点。

b. 同心圆多方位布点法：此法适用于孤立源及其所在地区风向多变的情况。其方法是：以大气污染源为圆心，等角分出16个或8个方位的射线并设若干个不同半径的同心圆，同心圆圆周与射线的交点即为监测点。在实际工作中，往往是在主导风的下风向或预计的高浓度区布点较密，其他方位较疏。

c. 扇形布点法:该法适用于评价区域内污染源相对集中且风向变化不大的情况。方法是:以污染源为顶点,沿主导风向轴线向下风向的扇形区域布设监测点,并在扇形区域内做出若干条射线和若干个同心圆弧,圆弧与射线的交点即为备选的监测点。

d. 配对布点法:该法适用于线源。例如,对公路和铁路建设工程进行环境影响评价时,根据道路布局和车流量分布,选择典型路段,沿道路两侧布设监测点,下风向布点要密一些。

e. 功能分区布点法:该法适用于监测不同功能区的环境空气质量。通常做法是按工业区、居民区、交通频繁区、清洁区和其他一些环境敏感区等分别设若干个监测点。

此外,还应在关心点、敏感点(如居民集中区、风景区、文物点、医院、学校等)以及下风向距离最近的村庄(居民点)布置取样点,在上风向适当位置设置对照点。

在实际工作中,可根据人力、物力条件及监测点条件的限制,因地制宜地,以一种布点方法为主,多种方法结合,根据环境与项目的具体情况对布点位置与方法予以调整,以满足具体项目的环境影响评价需要。

一般来说,监测布点应遵循代表性和实用性原则,监测点的位置应具有较好的代表性,设点的测量值能反映一定地区范围的大气污染的水平和规律。具体体现在以下几点:

a. 最好设置对照点;

b. 监测点的设置考虑建设项目大气污染源的数量、形态及分布,还要考虑评价区地形及气象条件。原则上讲,现状监测点应在污染源主要风向下风侧增加数量,其次应考虑在次主导风向下风侧布设一定数量的点位。监测点位一般应布设在评价区内的敏感点或关心点处;

c. 绘制大气监测布点图,并附风玫瑰图。

大气质量现状监测主要是为预测和评价提供背景数据。此外,其监测结果还可用于以下两个方面:①结合同步观测的气象资料和污染源资料验证或调试某些预测模式;②为该地区例行监测点的优化布局提供依据。监测范围主要限于评价区内。监测因子按因子筛选的结果确定。

第四,监测制度

按评价等级确定的监测工作内容和要求进行监测。

监测时间和频率的确定,主要考虑当地的气象条件和人们的生活和工作规律。我国大部分地区处于季风气候区,冬、夏季风有明显不同的特征。一般地讲,冬季扩散条件差,大气污染比较严重;而在夏季,气象条件对扩散有利,又是作物的主要生长季节。所以建议:一级评价项目不得少于二期(夏季、冬季);二级评价项目可取一期不利季节,必要时也应作二期;三级评价项目必要时可作一期监测。对于每期监测时间,一级评价项目至少应取得有季节代表的 7 天有效数据,每天不少于 6 次(北京时间 02、07、10、14、16、19 时,其中 10、16 时两次可按季节不同作适当调整);对二、三级评价项目,全期至少监测 5 天,每天至少 4 次(北京时间 02、07、14、19 时,少数监测点 02 时实施确有困难者可酌情取消)。

为了保证各项监测数据统计的有效性,采取样品时应满足表 4-6 中的要求。

表 4-6 各项污染物数据统计的有效性规定

污染物	取值时间	数据有效性规定
SO_2、NO_x、NO_2	年平均	每年至少应有分布均匀的 144 个日均值,每月至少应有分布均匀的 12 个日均值
TSP、PM_{10}、Pb	年平均	每年至少应有分布均匀的 60 个日均值,每月至少应有分布均匀的 5 个日均值
SO_2、NO_x、NO_2、CO	日均值	每日至少有 18h 采样时间
TSP、PM_{10}、Pb、B[a]P	日均值	每日至少有 12h 采样时间
SO_2、NO_x、NO_2、CO、O_3	一小时平均	每小时至少有 45min 的采样时间
Pb	季平均	每季至少有分布均匀的 15 个日均值,每月至少有分布均匀的 5 个日均值
F	月平均	每月至少采样 15d 以上
	植物生长季平均	每一个生长季至少有 70% 月平均值
	日平均	每日至少有 12h 采样时间
	1 小时平均	每小时至少有 45min 的采样时间

为准确地分析评价大气污染物的时空分布规律,现状监测应与污染气象观测同步进行。对于不需要进行气象观测的评价项目,应收集其附近有代表性的气象台站各监测时间的地面风速、风向、气温、气压等资料。

(三) 大气环境现状分析与评价

1. 监测数据统计与分析

对监侧结果统计分析,说明评价区内大气污染物监测浓度范围、平均值、超标率等。同时,还应进行浓度时空分布特征分析和浓度变化与污染气象条件的相关分析。

(1) 监测数据统计。根据《数据的统计处理和解释、正态样本异常值的判断和处理》(GB 4885-85)的规定,剔除失控数据,对于未检出值,取该分析方法最小检出限的一半代之。对统计结果影响大的极值应进行核实,并剔除异常值。

在现状监测数据统计中,通常需要计算数据的集中趋势和离散指标,一般包括浓度范围、日均浓度及其波动范围、季(监测期)日均浓度值、一次及日均值的超标率、最大污染时日等。

统计均值时,可用算术均值法和几何均值法。表 4-7 给出了算术平均值和几

何平均值的计算公式及它们各自相应的置信区间的表达式。表中 σ 为标准差，由下式给出

$$\sigma = \left[\frac{1}{n-1}\sum_{i=1}^{n}(c_i - \bar{c})^2\right]^{1/2} \tag{4-12}$$

式中 n——观测次数；

c_i——第 i 次观测到的污染物浓度；

c——污染物平均浓度。

表 4-7 参数期望值及其 95 % 置信区间的表达式

期望值	95% 置信区间上限	95% 置信区间上限
算术平均值 $\bar{c} = \frac{1}{n}\sum_{1}^{n} c_i$	$\bar{c} - 2\sigma$	$\bar{c} + 2\sigma$
几何平均值 $\bar{c} = [\prod_{1}^{n} c_i]^{1/n}$	$\bar{c}[\exp(2\xi)]^{-1}$	$\bar{c}[\exp(2\xi)]$

$$\xi = \left[\frac{1}{n-1}\sum_{i=1}^{n}(\ln c_i - \ln\bar{c})\right]^{1/2} \tag{4-13}$$

在某一给定状况下对某一现象进行连续观测时，应采用算术平均值及相应的置信区间表示观测值的期望值与不确定度。当需要对某观测量进行空间和（或）时间平均时，则应采用几何平均值及其相应的置信区间表示观测值与不确定度。

因此，在计算某一采样点的日均值或给出某一点的长期（季或年）平均值时应采用几何均值及其相应的 95% 置信区。

（2）监测数据分析

对监测数据应做以下两个方面的分析：

第一，污染物浓度时空分布特征分析。研究污染物浓度随时间变化时，需要确定一定的时间序列。对环境影响评价来说，由于监测时间较短，只能用周期性时间序列，从周期性分析浓度随时间的变化规律。周期性序列包括一昼夜、一周、一月、一季等。计算出一定时间周期的污染平均浓度后，绘制出污染物周期变化图。

污染物浓度的空间分布特征，可反映排放源、气象因素、地理条件、人类活动等与浓度之间的关系。可采用浓度等值线图表示浓度空间分布的特征。

第二，污染物浓度与气象条件的相关分析。对污染物浓度和气象要素进行同步监测后，可根据监测资料分析污染物浓度与大气层结、风向、风速、湿度、气压等气象因素的相关关系。

2. 现状评价

全面的大气环境质量现状评价，是在环境空气质量现状监测和评价的基础上，结合大气污染源特征和污染气象特征来说明：①大气污染物的空间分布规律及其成因；②大气污染物的时间（季、日等）变化规律及其成因；③大气污染物浓度与气象条件的关系；④影响评价区大气环境质量现状的主要因素。

环境空气质量评价常采用大气指数法,包括单项指数法和综合指数法。

(1) 单项指数法,又称单项质量指数、单因子指数单元法,是目前国内开展环境评价时采用的主要方法。评价指数

$$I = c_i / c_{oi} \tag{4-14}$$

式中 i——污染物 i 的质量浓度值(实测或经统计处理),mg/m³;

c_{oi}——选定的污染物 i 的评价标准,mg/m³。

在实际工作中,往往还需要同时用超标率、最大超标倍数等指标补充说明,以便更客观准确地阐明污染物的时空分布与变化情况。

(2) 用综合指数法评价环境空气质量,其优点是将环境空气中多种大气污染物的浓度简化为单一的数值来表征空气质量状况与空气污染的程度,其结果避开了繁复的专业术语,简明直观,使用方便,更适用于分级表示环境空气质量,且更易于被非专业人士理解与接受。其主要缺点是在综合的过程中不可避免地要丢失一部分信息。

表征环境空气质量的综合指数有多种形式,如美国、英国和我国台湾地区采用的 PSI(Pollutant Standard Index),我国大陆和香港采用的空气污染指数 API(Air Pollution Index)等,主要用于城市空气质量周报、日报和预报。本书着重介绍 API。

我国从 1997 年 6 月开始在全国 46 个重点城市(直辖市、省会城市、经济特区城市、沿海开放城市和重点旅游城市)分批推行空气质量周报制度,即通过媒体以空气污染指数、首要污染物、空气质量级别等三项指标向公众发布全国重点城市空气质量状况。

我国的空气污染指数是借鉴了美国的污染物标准指数而提出的。根据我国空气污染的特点和污染防治重点,目前计入空气污染指数的污染物有 SO_2,NO_2、PM_{10}、CO 和 O_3,其中 SO_2、NO_2、PM_{10} 三项以日均值计,CO 和 O_3 两项以 1 小时均值计。

空气污染指数分级浓度限值见表 4-8,相应的空气质量级别对人体健康的影响及应采取的措施见表 4-9。

表 4-8 空气污染指数分级浓度限值

污染指数	污染物浓度/(mg/m³)				
	SO_2	NO_2	PM_{10}	CO	O_3
50	0.050*	0.080*	0.050*	5	0.120
100	0.150	0.120	0.150	10	0.200
200	0.800	0.280	0.350	60	0.400
300	1.600	0.565	0.420	90	0.800
400	2.100	0.750	0.500	120	1.00
500	2.620	0.940	0.6005	150	1.200

* 当浓度低于此水平时,不计算该项污染物的分指数。

表 4-9　空气污染指数范围及相应的空气质量类别

API	空气质量状况	对健康的影响	建议采取的措施
0 ~ 50	优	可正常活动	
51 ~ 100	良		
101 ~ 150	轻微污染	易感染人群症状有轻度加剧,健康人群出现刺激症状	心脏病和呼吸系统疾病患者应减少体力消耗和户外活动
151 ~ 200	轻度污染		
201 ~ 250	中度污染	心脏病和肺病患者症状显著加剧,运动耐受力降低,健康人群中普遍出现症状	老年人和心脏病、肺病患者应当留在室内,并减少体力活动
251 ~ 300	中度重污染		
>300	重污染	健康人运动耐受力降低,有明显强烈症状,提前出现某些疾病	老年人和病人应当留在室内,避免体力消耗,一般人群应避免户外活动

空气污染指数及相应的污染物浓度有分段线性关系,即相邻的两个空气污染指数及相应的污染物浓度值遵循线性内插关系,而不相邻的两个空气污染指数及相应的污染物浓度值之间不存在线性内插关系。

第 i 种污染物的污染分指数 I_i,可由其实测的浓度值 c_i 按照分段线性方程计算。当第 i 种污染物的实测浓度值 c_i 满足条件 $c_{i,j} \leqslant c_i \leqslant c_{i,j+1}$ 时,其分指数

$$I_i = \frac{c_i - c_{i,j}}{c_{i,j+1} - c_{i,j}}(I_{i,j+1} - I_{i,j}) + I_{i,j} \tag{4-15}$$

式中　I_i——第 i 种污染物与实测浓度相应的空气污染分指数;

c_i——第 i 种污染物的实测浓度值;

$c_{i,j}$——第 i 种污染物在表 4-8 中恰低于 c_i 的污染物浓度限值,即 $c_{i,j}$ 小于 c_i 值并在一个级差之内;

$c_{i,j+1}$——第 i 种污染物在表 4-8 中恰高于 c_i 的污染物浓度限值,即 $c_{i,j+1}$ 大于 c_i 值并在一个级差之内;

$I_{i,j}$——在表 4-8 中对应于 $c_{i,j}$ 的空气污染分指数;

$I_{i,j+1}$——在表 4-8 中对应于 $c_{i,j+1}$ 的空气污染分指数。

空气污染分指数 I_i 的计算结果只保留整数,小数点后的数值全部进位。

各种污染物的空气污染分指数都计算出来以后,其中最大者对应的污染物即为该区域或城市空气中的首要污染物,其 I_i 即为该区域或城市的空气污染指数 API,即

$$\text{API} = \max(I_1, I_2, \cdots, I_i, \cdots, I_n) \tag{4-16}$$

当空气污染指数 API 小于 50 时,不报告首要污染物。由区域或城市空气污染指数 API 查表 4-9,可得到该区域或城市的空气质量级别、空气质量描述、对人体健康的影响及各类人群应采取的措施。

若区域或城市只有一个监测点,先计算该监测点各种污染物的周平均浓度值,再计算各种污染物的周空气污染指数,取最大者为该区域或城市的周空气污染指数。若区域或城市有多个监测点时,先分别计算区域或城市的各种污染物的全市

平均浓度,再计算各种污染物的全市平均空气污染指数,取最大者为该区域或城市的空气污染指数。

第三节　大气环境影响预测

一、概述

(一) 预测目的

预测的主要目的是为评价提供可靠和定量的基础数据。具体包括以下几个方面:

(1) 了解建设项目建成后对大气环境质量影响的程度和范围;

(2) 比较各种建设方案对大气环境质量的影响;

(3) 给出各类或各个污染源对任一点污染物浓度的贡献(污染分担率);

(4) 优化城市或区域的污染源布局以及对其实行总量控制。

(二) 预测方法

预测方法大体上可分经验方法和数学方法两大类。经验方法主要是在统计、分析历史资料的基础上,结合未来的发展规划进行预测。数学方法主要指利用数学模式进行计算或模拟。由于计算机技术的飞速发展,数学方法应用得较为普遍。

按经典的划分法,数学方法可分三大类:第一类是基于 Taylor 统计理论的所谓"统计理论";第二类是假设湍流通量正比于平均梯度的所谓"梯度理论";第三类是基于量纲分析的"相似理论"。

上述方法通常都是需要进行数值计算的,因此,在工程上尚未达到普遍应用的地步。但是三大理论中的有关内容,却经常在工程中应用。例如,利用"统计理论"确定扩散参数或利用"相似理论"确定参数化公式中的相似参数等。

主要大气扩散模式有正态模式(即 Gauss 模式)、赫—帕斯奎尔模式、萨顿模式等。在工程和环评实践中最普遍应用的是基于统计理论而建立起来的正态扩散模式。正态扩散模式的前提是假定污染物在空间的概率密度是正态分布,概率密度的标准差亦即扩散参数通常用"统计理论"方法或其他经验方法确定。正态扩散模式之所以一直被应用主要因为它有以下优点:①物理上比较直观,其最基本的数学表达式可从普通的概率统计教科书或常用的数学手册中查到;②模式直接以初等数学形式表达,便于分析各物理量之间的关系和数学推演,易于掌握和计算;③对于平原地区、下风距离在 10km 以内的低架源,预测结果和实测值比较一致;④对于其他复杂问题(例如高架源、复杂地形、沉积、化学反应等问题),对模式进行适当修正后,许多结果仍可应用。但是在应用时应当注意,常用的正态烟羽扩散模式实质上已假定:流场是定常的,不随时间变化。同时在空间上是均匀的。均匀意味着:平均风速、扩散参数随下风距离的变化关系到处都一样,在空间是常值。这一条件加上正态分布的前提,也限制了正态扩散模式的发展。但是,在实践中,当高斯模式条件下不能满足时,通常采用对作为基础的高斯模式加以完善、修正而演变的各种模式来计算大气污染物的浓度。

环评中,应按排放特征、地形条件等正确选用相关模式。按照不同时间各种尺度的大气湍涡的作用和扩散的物理图像,通常把大气扩散分为“连续点源扩散”和“相对扩散”,对不同的扩散,采用不同的大气扩散模式进行计算。对连续点源扩散,各种尺度的湍涡同时参与扩散过程,扩散速度和范围以峰值浓度轴线为坐标轴,通常用高斯烟羽模式进行计算;对于烟团扩散,各种尺度的湍涡在扩散的各个阶段起着不同作用,扩散速率是相对于烟团中心而言,是烟团运行时间或距离的函数,通常采用烟团模式进行计算。对点源、面源、线源、体源,分别选用相应的大气扩散模式;对平坦地形,选用平坦地形大气扩散模式。

实际的环境影响预测,通常采用法规大气扩散模式。所谓法规大气扩散模式是指由政府部门颁布实施、在工程上普遍应用的大气扩散模式。这种模式通常是用初等数学形式表达,其中需要给定的输入参数,可由常规气象参数、物理常数或经验数据求出。例如,我国已颁布的大气排放标准及大气环境影响评价导则中推荐的模式以及美国 EPA 所推荐的一系列关于大气扩散方面的模式都属于法规大气扩散模式。作为第一代的现有法规大气扩散模式基本上都属于正态模式类型。本书重点介绍常用的正态模式。

(三) 预测内容

大气环境影响预测的主要内容包括:

(1) 1 小时平均和 24 小时取样时间的最大地面浓度和位置;

(2) 不利气象条件下,评价区域内的浓度分布图及其出现的频率。不利气象条件系指熏烟状态以及对环境敏感区或关心点易造成严重污染的风向、风速、稳定度和混合层高度等条件(也可称典型气象条件)。熏烟状态可按一次取样计算,其他典型气象条件可酌情按 1 小时取样或按日均值计算;

(3) 评价区域季(期)、年长期平均浓度分布图;

(4) 可能发生的非正常排放条件下相应于(1)~(3)各项的浓度分布图。

一级评价项目必要时,还应预测施工期间的大气环境质量。三级评价项目可只进行(1)~(3)项所规定的预测内容。

二、常用的大气扩散模式及其应用条件

(一) 瞬时单烟团正态扩散模式

瞬时释放的单个烟团正态扩散模式是一切正态扩散模式的基础。假定单位容

积粒子比 $C/Q(\mathrm{m}^{-3})$ 在空间的概率密度为正态分布，则

$$\frac{C(x,y,z,t)}{Q(x_0,y_0,z_0,t_0)}=\frac{1}{(2\pi)^{3/2}\sigma_x\sigma_y\sigma_z}\cdot\exp\left\{-0.5\left[\frac{(x-x_0-x')^2}{\sigma_x^2}+\frac{(y-y_0-y')^2}{\sigma_y^2}+\frac{(z-z_0-z')^2}{\sigma_z^2}\right]\right\} \tag{4-17}$$

式中　x,y,z——预测点的空间坐标；

x_0,y_0,z_0——烟团初始空间坐标；

x',y',z'——烟团中心在 $t\sim t_0$ 期间的迁移距离，$x'=\int u\mathrm{d}t, y'=\int v\mathrm{d}t$，

$z'=\int w\mathrm{d}t$；

t,t_0——预测时间和初始时间；

u,v,w——烟团中心在 x,y,z 方向上的速度分量；

C——预测点烟团瞬时浓度；

Q——烟团的瞬时排放量；

$\sigma_x,\sigma_y,\sigma_z$——$x,y,z$ 方向的标准差（扩散参数），是扩散时间 $T=t-t_0$ 的函数。

（二）有风点源扩散模式

实际上绝大多数污染源都是连续的，对于连续排放源，可理解为在时间上依次连续释放无穷多个烟团。因此，连续排放源的扩散模式可以通过将式(4-17)对 t_0 从 $-\infty$ 到 t 积分后求得。

1. 有风点源扩散模式（$u_{10}\geqslant1.5\mathrm{m/s}$）

以排气筒在地面垂直投影的中心点为坐标原点，在考虑到地面反射后，污染源下风方任一点小于24h取样时间的污染物浓度 $C(x,y,z)$ 由下式给出

$$C(x,y,z)=\frac{Q}{2\pi u\sigma_y\sigma_z}\exp\left(-\frac{y^2}{2\sigma_y^2}\right)\left\{\exp\left[-\frac{(z-H_e)^2}{2\sigma_z^2}\right]+\exp\left[-\frac{(z+H_e)^2}{2\sigma_z^2}\right]\right\} \tag{4-18}$$

式中　Q——单位时间排放量，mg/s；

y——该点与通过排气筒的平均风向轴线在水平面上的垂直距离，m；

z——该点的铅直距离，m；

u——排气筒出口处的平均风速，m/s；

σ_y——垂直于平均风向的水平横向扩散参数，m；

σ_z——铅直扩散参数，m；

H_e——排气筒有效高度(m)，可由下式计算

$$H_e=H+\Delta H \tag{4-19}$$

式中　H——排气筒距地面几何高度，m；

ΔH——烟气抬升高度，m 。

扩散参数 σ_y、σ_z 可表示为下式

$$\sigma_y = \gamma_1 x^{\alpha_1} \tag{4-20a}$$

$$\sigma_z = \gamma_2 x^{\alpha_2} \tag{4-20b}$$

式中 α_1——横向扩散参数回归指数；

α_2——铅直扩散参数回归指数；

γ_1——横向扩散参数回归系数；

γ_2——铅直扩散参数回归系数；

x ——距排气筒下风方水平距离，m。

若令式(4-18)中 $z=0$，可得污染源下风向任一点地面浓度 $C(x,y)$ 计算模式

$$C(x,y,0) = \frac{Q}{\pi u \sigma_y \sigma_z} \exp\left[-\frac{y^2}{2\sigma_y^2} - \frac{H_e^2}{2\sigma_z^2}\right] \tag{4-21}$$

若令式(4-18)中 $z=0, y=0$，可得污染源下风向轴线上任一点地面浓度 $C(x)$ 计算模式

$$C(x,0,0) = \frac{Q}{\pi u \sigma_y \sigma_z} \exp\left(-\frac{H_e^2}{2\sigma_z^2}\right) \tag{4-22}$$

我们知道，大气边界层的低层往往是中性层结或不稳定层结，而离地面几百米到一两千米的高度中存在一个稳定的逆温层，即上部逆温，它可使污染物的铅直扩散受到抑制。观测表明，逆温层底上下两侧的浓度通常相差5～10倍，污染物的扩散实际上被限制在地面和逆温层底之间的空间里。上部逆温或稳定层底的高度称为混合层高度或厚度，用 h 表示。对于高架源，当超过一定的下风距离时，需对烟羽在混合层顶的反射进行修正。同考虑地面反射类似，用像源法修正后，式(4-18)变为

$$C(x,y,z) = \frac{Q}{2\pi u \sigma_y \sigma_z} \exp\left[-\left(\frac{y^2}{2\sigma_y^2}\right)\right] \cdot F \tag{4-23}$$

$$F = \sum_{n=-k}^{k} \left\{ \exp\left[-\frac{(2nh - H_e)^2}{2\sigma_z^2}\right] + \exp\left[-\frac{(2nh + H_e)^2}{2\sigma_z^2}\right] \right\} \tag{4-24}$$

式中 h——混合层高度，m；

k——反射次数，一、二级项目取 $k=4$ 已足够。对于三级评价项目可取 $k=0$，此时

$$F = 2\exp\left(-\frac{H_e^2}{2\sigma_z^2}\right) \tag{4-25}$$

其他符号意义同前。

2. 单源扩散的地面轴线最大浓度

对于有风正常排放点源扩散模式，其地面浓度 C_m（mg/m^3）及其距排气筒的距离 x_m（m），采用按下式计算

$$C_m(x_m) = \frac{2Q}{e \cdot \pi \cdot u \cdot H_e^2 \cdot P_1} \tag{4-26}$$

$$P_1 = \frac{2\gamma_1 \cdot \gamma_2^{-\alpha_1/\alpha_2}}{\left(1+\frac{\alpha_1}{\alpha_2}\right)^{\frac{1}{2}\left(1+\frac{\alpha_1}{\alpha_2}\right)} \cdot H_e^{\left(1-\frac{\alpha_1}{\alpha_2}\right)} \cdot e^{\frac{1}{2}\left(1-\frac{\alpha_1}{\alpha_2}\right)}} \tag{4-27}$$

$$x_m = \left(\frac{H_e}{\gamma_2}\right)^{1/\alpha_2}\left(1+\frac{\alpha_1}{\alpha_2}\right)^{-[1/(2\alpha_2)]} \tag{4-28}$$

式(4-26)和(4-27)仅用于有风($u_{10} \geqslant 1.5\text{m/s}$)的持续排放点源，并且要求大气层结较不稳定、混合层反射可忽略等条件，其计算结果 x_m 必须在扩散参数系数 γ_1、γ_2 和指数 α_1、α_2 的应用范围之内。例如以 1000m 范围内的扩散参数系数和指数，计算得 $x_m = 3000\text{m}$，则结果是不可靠的。实际计算中不用上述解析法，常用数值法。借助计算机的快速计算，可使用分段逼近法求最大落地浓度。该原理是：将最大浓度可能的出现范围，如下风向 1000m，分成 10 段共 11 个点位，每点求一浓度，再以最大浓度点位左、右两点位作为新的计算范围起、止点，再分 10 段，如此循环计算，直到每段长度小于要求的精度(如 0.01m)。一般计算几十次即可得到结果。这一方法可用于有风、小风静风、面源体源的点源修正法和非正常排放等所有单源模式下求最大浓度值的情况。

(三) 小风($0.5\text{m/s} \leqslant u_{10} < 1.5\text{m/s}$)和静风($u_{10} < 0.5\text{m/s}$)扩散模式

连续排放源的小风和静风扩散模式可以通过将式(4-17)对 t_0 从 $-\infty$ 到 t 积分后求得。当风速较小($u_{10} < 1.5\text{m/s}$)时，可假设 $\sigma_y = \gamma_{01}T$，$\sigma_z = \gamma_{02}T$，T 为扩散时间；再假设 Q = 常数，u = 常数，$v = w = 0$，排气筒口在地面垂直投影的中心点为坐标原点，下风方为 x 轴，并将对 t_0 的积分变换为对 T 的积分，则可得小风和静风扩散模式的解析解。

小风和静风时，污染物地面浓度 $C(x,y,0)$ 可用下式计算

$$C_L(x,y) = \frac{2Q}{(2\pi)^{3/2}\gamma_{02}\eta^2} \cdot G \tag{4-29}$$

式中 η 和 G 按下式计算

$$\eta^2 = \left(x^2 + y^2 + \frac{\gamma_{01}^2}{\gamma_{02}^2} \cdot H_e^2\right) \tag{4-30}$$

$$G = e^{-U^2/2\gamma_{01}^2} \cdot \left\{1 + \sqrt{2\pi} \cdot s \cdot e^{s^2/2} \cdot \Phi(s)\right\} \tag{4-31}$$

$$\Phi(s) = \frac{1}{\sqrt{2\pi}}\int_{-oo}^{s} e^{-t^2/2}\,\mathrm{d}t \tag{4-32}$$

$$S = \frac{ux}{\gamma_{01}\eta} \tag{4-33}$$

γ_{01} 和 γ_{02} 分别是小风静风时横向和铅直向扩散参数的回归系数，$\Phi(s)$ 是正态分布函数，可根据 s 由数学手册查得。

（四）熏烟扩散模式

1. 熏烟的含义

夜间产生的贴地逆温，日出后将逐渐自下而上地消失，形成一个不断增厚的混合层（厚度为 h_f）。原来在逆温层中处于稳定状态的烟羽进入混合层后，由于其本身的下沉和垂直方向的强扩散作用，污染物浓度在这一方向将接近于均匀分布，出现所谓熏烟现象。熏烟属于常见的不利气象条件之一，虽然其持续时间约在 30min 至 1h 之间，但其最大浓度可达一般最大地面浓度的好几倍。

2. 熏烟浓度最大值

假定熏烟发生后，污染物浓度在垂直方向为均匀分布，将式（4-21）对 z 从 $-\infty$ 到 ∞ 积分，并除以混合层厚度 h_f，则熏烟条件下的地面浓度 C_f（mg/m^3）为

$$C_f=\frac{Q}{\sqrt{2\pi}\cdot uh_f\sigma_{yf}}\exp\left(\frac{-y^2}{2\sigma_{yf}^2}\right)\Phi(P) \tag{4-34}$$

$$P=(h_f-H_e)/\sigma_z \tag{4-35}$$

$$\sigma_{yf}=\sigma_y+\frac{H_e}{8} \tag{4-36}$$

式中 Q——单位时间排放量；

u——烟囱出口处平均风速；

h_f——不断增厚的混合层厚度；

σ_y、σ_z——烟羽进入混合层之前处于稳定状态的横向和垂直扩散参数，它们是 x 的函数；σ_y、σ_z 应选取逆温层破坏前稳定层结的数值。

$\Phi(P)$——其定义同式（4-32）。在此反映原稳定状态下的烟羽进入混合层的份额多少。通常认为 $p=-2.15$ 时为烟羽的下边界；$\Phi(P)=0$ 时，烟羽未进入混合层；$p=2.15$ 时为烟羽的上边界；$\Phi(P)\approx1$，烟羽全部进入混合层。

式（4-34）中的 h_f，σ_y 和 σ_z 都是下风距离 x_f（或时间 t_f，$t_f=x_f/\mu$）的函数，当给定 x_f 时，h_f 应由式（4-35）~（4-37）确定

$$h_f=H+\Delta h_f \tag{4-37}$$

$$\Delta h_f=\Delta H+P\sigma_z \tag{4-38}$$

$$x_f=A(\Delta h_f^2+2H\Delta h_f) \tag{4-39}$$

式中 $$A=\rho_a c_p u/4K_c \tag{4-40}$$

$$K_c=4.186\exp[-99(d\theta/dZ)+3.22]\cdot10^3,\ J/(m\cdot s\cdot K) \tag{4-41}$$

ΔH——烟气抬升高度，m；

ρ_a——大气密度，g/m^3；（0℃，1293g/m^3；10℃，1248g/m^3；15℃，1226g/m^3；20℃，1205g/m^3；25℃，1185g/m^3）

c_p——大气定压比热，J/（g·K）；（0℃，0.0037；5℃，0.0036；10℃，0.0035；

15℃,0.0035;20℃,0.0034);

$\mathrm{d}\theta/\mathrm{d}Z$——位温梯度,K/m。$\mathrm{d}\theta/\mathrm{d}Z \approx \mathrm{d}T_a/\mathrm{d}Z + 0.0098$,$T_a$为大气温度,如无实测值,$\mathrm{d}\theta/\mathrm{d}Z$ 可在 0.005 至 0.015K/m 之间选取,弱稳定(D～E)可取下限,强稳定(F)可取上限。

3. 海岸线熏烟扩散模式

如果项目位于沿海或大面积水域附近时,还应计算海岸线熏烟地面浓度的最大值和分布值。

由于水陆间的温差和粗糙度不同,原处于稳定层结的海上空气流向陆地时,将发生较强烈的变性,从而形成一个自岸边伸向内陆在铅垂方向逐渐增厚的热力内边界层(简称 TIBL)。TIBL 是一种上边界受逆温抑制的对流边界层。如果在沿岸一带设置有高于当地 TIBL 的污染源,其烟羽开始在稳定空气中沿下风方平流扩散;随后,将与逐渐增厚的 TIBL 上边界相交,并进行强烈地向下混合,出现所谓海岸线熏烟状态。这种熏烟状态下的最大地面浓度(C_{fm})有可能比通常不稳定状态下的最大地面浓度(C_{m})高 2～3 倍。海岸线熏烟出现的频率较高,且持续时间较长。在温带气候区,只要出现向岸气流,特别是在春、夏季的白天,就可能形成 TIBL,发生海岸线熏烟。这种熏烟在出现期间,可以视为定常的。因此,除预测其 1h 最大地面浓度外,还应按其出现频率,计入其对长期平均浓度的贡献。

海岸线熏烟模式在形式上与上述熏烟模式相同,但影响其中各参数的内在因素有所不同。海岸线熏烟模式中,P、h_{f}和 σ_{fy}的计算较复杂,使用时需要参考《环境影响评价技术导则——大气环境》(HJ/T 2.2-93)中 7.5.5 节。

(五) 日均浓度计算公式

1. 保证率法

保证率法在国际上比较通用。其计算步骤如下:

(1) 对任一关心点,根据一年的逐时气象资料,计算逐时的地面浓度,再按日取平均值;

(2) 将一年 365 天的日均浓度值,按大小次序排列,确定某一累积频率,例如 95% 或 98%,则对应于这一频率的日均浓度值即该关心点的日均浓度。如果累积频率定为 98%,就意味着一年之中,该关心点保证 357 天多(365 × 0.98)可以达标。

保证率法源于"最佳可行技术"(经济最佳、技术可行),对于极少数几天,可采取临时措施,减少污染物排放,以确保不超标。

2. 典型日法

选择可能出现的高浓度污染日 3～5 天,对任一关心点,按每日的气象条件逐时预测其地面浓度,并按日取平均。取其中最大的一个 (也有取这几日的平均值) 作为该关心点的日平均浓度。所谓"典型日"即指选择的这几天高浓度污染日。

如果有典型日的监测资料,则应按上述作法用监测数据确定。利用这种方法时,应注意选择有代表性的污染气象条件,如风向、风速、稳定度以及当地可能出现的熏烟、海岸线熏烟、山谷风、城市热岛等不利气象条件。

$$C_d = \frac{1}{24}\sum C_{1h} \tag{4-42}$$

$$C_d = \frac{1}{n}\sum_{i=1}^{n} C_{1h} \tag{4-43}$$

3. 换算法

换算法是指用长期平均浓度(年或季)预测值按一定比例换算为日平均浓度的一种方法。由于预测值和实测值的误差随着平均时间的增加而减小,作为基准的长期平均浓度应该是比较准确的。因此,即使采用的比例有误差,也可由此得到一定的补偿。《环境影响评价技术导则——大气环境》(HJ/T 2.2-93)建议:一次取样、日、月、季(或期)、年平均值可按1、0.33、0.20、0.14、0.12的比例关系换算。

(六) 长期平均浓度计算模式

对于地面任一点长期平均浓度的计算,常采用联合频率法。

1. 孤立点源长期平均浓度模式

对于孤立排放源,以烟囱地面位置为原点,在某一稳定度(序号为j)和平均风速(序号为k)时,任意风向方位i的下风方x处的长期平均浓度(季、期或年均值)$C_{ijk}(x)$(mg/m^3)为

$$C_{ijk}(x) = Q[(2\pi)^{3/2}u\sigma_z x/n]^{-1}\cdot F \tag{4-44}$$

式中 n——风向方位数,一般取16($2\pi x/16$即为x处22.5°圆心角对应的弧长);
其他符号同前。

在可能出现的稳定度和平均风速条件下,任意风向方位i的下风方x处的长期平均浓度$C_i(x)$(mg/m^3)为

$$C_i(x) = \sum_j \left(\sum_k C_{ijk}f_{ijk} + \sum_k C_{Lijk}f_{Lijk}\right) \tag{4-45}$$

式中 f_{ijk}——有风时风向方位、稳定度、风速联合频率;
C_{ijk}——对应于该联合频率在下风方x处有风时的浓度值,由式(4-44)给出;
f_{Lijk}——静风或小风时,不同风方位和稳定度的出现频率(下标k只含有静风和小风两个风速段);
C_{Lijk}——对应于f_{Lijk}的静风或小风时的地面浓度。

因为静风或小风时的风脉动角本来就比较大,C_{Lijk}可直接按小风静风模式计算。

式中j的总数不宜少于3(稳定、中性、不稳定);有风时k的总数一般也不宜少于3,环评导则对于常规气象资料统计,把风速段分为5档:<1.5m/s;1.5~3.0m/s;3.1~5.0m/s;5.1~7m/s;>7m/s。

在估算每个风速段的平均风速时,由于平均风速出现在公式的分母中,因而平

均风速应等于单次风速倒数的平均值倒数。其表达式为

$$u = \left[(1/N) \sum_i (1/u_i) \right]^{-1} \tag{4-46}$$

式中 u_i——第 i 个风速值；

N——总个数。

2. 多源长期平均浓度模式

如果评价区的烟囱多于一个，则地面任一接受点 (x,y) 的长期平均浓度为

$$C(x,y,0) = \sum_i \sum_j \sum_k \left(\sum_r C_{rijk} f_{ijk} + \sum_r C_{Lrijk} f_{Lijk} \right) \tag{4-47}$$

式中 C_{rijk}、C_{Lrijk}——分别是在接受点上风方 $2\pi/n$ 方位角内对应于 f_{ijk} 和 f_{Lijk} 联合频率的第 r 个源对接收点的浓度贡献。

C_{rijk}、C_{Lrijk} 的公式形式分别和 C_{ijk}、C_{Lijk} 相同，但应注意坐标变换，将坐标转换到以接受点为原点，i 风方位为正 x 轴的新坐标系后，再应用 C_{ijk} 或 C_{Lijk} 公式。

（七）线源扩散模式

连续线源是指连续排放气态污染物质的线状源，其源强处处相等且不随时间变化。通常把繁忙的公路当作连续线源。在高斯模式中，连续线源等于连续点源在线源长度上的积分，其浓度公式为

$$C(x,y,z) = \frac{Q_l}{u} \int_0^L f \mathrm{d}l \tag{4-48}$$

式中 Q_l——线源强度，其单位为单位时间单位长度排放的物质量；

f——表示连续点源浓度的函数，可根据源高及有无混合层反射等情况选择适当的表达式。

对于直线型线源等简单的情形，可求出连续线源浓度的解析式。

1. 线源与风向垂直的情况

取 x 轴与风向一致，坐标原点设于线源中点，线源在 y 轴上的长度为 $2y_0$。有地面反射的下风向任一接受点 (x,y,z) 的浓度公式为

$$C(x,y,z) = \frac{Q_l}{2\sqrt{2\pi} u \sigma_z} \left\{ \exp\left[-\frac{(z-H_e)^2}{2\sigma_z^2} \right] + \exp\left[-\frac{(z+H_e)^2}{2\sigma_z^2} \right] \right\} \left[erf\left(\frac{y+y_0}{\sqrt{2}\sigma_y} \right) - erf\left(\frac{y-y_0}{\sqrt{2}\sigma_y} \right) \right] \tag{4-49}$$

$$erf(\xi) = \frac{2}{\sqrt{\pi}} \int_0^{\xi} e^{-t^2} \mathrm{d}t \tag{4-50}$$

$erf(\xi)$ 为误差函数，可根据 ξ 值由数学手册查得。

当 $y_0 \to \infty$ 时，得到无穷长线源的浓度公式

$$C(x,y,z) = \frac{Q_l}{\sqrt{2\pi} u \sigma_z} \left\{ \exp\left[-\frac{(z-H_e)^2}{2\sigma_z^2} \right] + \exp\left[-\frac{(z+H_e)^2}{2\sigma_z^2} \right] \right\} \tag{4-51}$$

2. 线源与风向平行的情况

线源在 x 轴上，中点与坐标原点重合，长度为 $2x_0$。为求出(4-48)的解析形式，在近距离可作如下合理的假定

$$\sigma_y = ax \qquad \sigma_z/\sigma_y = b \tag{4-52}$$

式中 a、b 为常数。

在上述假定下线源的地面浓度公式为

$$C(x,y,0) = \frac{Q_l}{\sqrt{2\pi}u\sigma_z r}\left[erf\left(\frac{r}{\sqrt{2}\sigma_y(x-x_0)}\right) - erf\left(\frac{r}{\sqrt{2}\sigma_y(x+x_0)}\right)\right] \tag{4-53}$$

式中 $r^2 = y^2 + \frac{H_e^2}{b^2}$

当 $x_0 \to \infty$ 时，得无线长线源的地面浓度公式

$$C(x,y,0) = \frac{Q_l}{\sqrt{2\pi}u\sigma_z(r)} \tag{4-54}$$

3. 线源与风向成任意交角的情况

风向与线源夹角为 $\varphi(\varphi \leqslant 90°)$ 时的浓度公式

$$c(\varphi) = C(\text{垂直})\sin^2\varphi + C(\text{平行})\cos^2\varphi \tag{4-55}$$

(八) 面源扩散模式

面源扩散模式主要有后退点源模式(或称虚点源模式)、窄烟云模式(或称 ATDL 模式)、箱模式等。前者主要用于计算小面源，后二者主要用于较大面源。《环境影响评价技术导则——大气环境》(HJ/T 2. 2-93)介绍了面源的点源近似积分模式(T2 模式)。本书仅介绍后退点源模式和箱模式。

1. 后退点源模式

所谓后退点源模式，是先假定面源排放的污染物都集中于面源中心，然后向上风向“后退”一个距离 x_0，变成一个虚点源，使点源排放的污染物经 x_0 距离扩散后与面源具有相同的扩散幅。因此，后退点源模式在形式上与点源扩散模式完全一样，只不过在查算横向扩散参数时需加上距离 x_0。因此，后退点源模式实质上是将面源计算转化为点源计算，故其核心问题是确定向上风向后退的距离 x_0。点源排放的污染物在经过 x_0 距离扩散后与面源具有相同的扩散幅，则有 $a = 4.3\sigma_y$，由此定出 x_0。$C(\mathrm{mg/m^3})$ 为

$$C(x,y,0) = \frac{Q}{\pi u\sigma_y(x+x_0)\sigma_z(x)}\exp\left[-\frac{y^2}{2\sigma_y^2(x+x_0)} - \frac{H_e^2}{2\sigma_z^2(x)}\right] \tag{4-56}$$

式中 Q——源强，mg/s；

x_0——向上风向后退的距离，m；

a——面源边长，m。

2. 箱模式

所谓箱模式,是想像一个由面源四边和混合层高度组成的箱子。箱内污染物的浓度变化是由于质量在箱内输入输出引起的,因而箱内污染物平均浓度为

$$C = \frac{Q}{\bar{u}ah} \tag{4-57}$$

式中 Q——源强,mg/s;

a——面源边长,m;

h——混合层高度,m;

$\bar{u}$——平均风速,m/s。

(九) 体源和多源叠加模式

1. 体源模式

当无组织排放源为体源时,地面浓度可按点源扩散模式计算,但需要对扩散参数 σ_y 和 σ_z 进行修正。令 α_y、α_z 分别表示体源在 y 和 z 方向的边长,则修正后的 σ_y 和 σ_z 分别为

$$\sigma_y = \gamma_1 x^{\alpha_1} + \alpha_y/4.3 \tag{4-58}$$

$$\sigma_z = \gamma_2 x^{\alpha_2} + \alpha_z/4.3$$

式中 x——自接受点至体源中心点的距离。

2. 多源叠加模式

如果需要评价的点源多于一个,计算浓度时,应将各个源对接受点浓度的贡献进行叠加。在评价区内选一原点,以平均风的上风方为正 x 轴,各个源(坐标为 x_r, y_r,0)对评价区内任一地面点(x,y)的浓度总贡献 C_n 可按下式计算

$$C_n(x,y,0) = \sum C_r(x - x_r, y - y_r) \tag{4-59}$$

式中 C_r——第 r 个点源对(x_r,y_r,0)点的浓度贡献,其计算公式可根据不同条件选用本章给出的有关点源模式,但是注意坐标变换,(x,y,0)代以($x-x_r$,$y-y_r$)。

(十) 非正常排放模式

非正常排放是指建设项目生产运行阶段的开车、停车、检修、一般性事故和发生漏泄等情况时污染物的不正常排放。非正常排放常发生在有限时间(T)内。以瞬时单烟团正态扩散式,对 t_0 在有限时间 T 内积分,经整理后可得非正常排放模式。非正常排放条件下的地面浓度 C_a(mg/m^3)可按下列各式计算。

1. 有风情况($u_{10} \geqslant 1.5$m/s)

以排气筒地面位置为原点,有效源高为 H_e,平均风向轴为 x 轴,源强为 Q(mg/s),开始非正常排放时的时间为 t',非正常排放持续时间为 T,则非正常排放发生后 t 时刻地面任一点(x,y)的浓度 C_a(mg/m^3)可按下式计算

$$C_a(x,y,0)=\frac{Q}{\pi u\sigma_y\sigma_z}\exp\left[-\frac{y^2}{2\sigma_y^2}-\frac{H_e^2}{2\sigma_z^2}\right]\cdot G_1 \tag{4-60}$$

式中　G_1为非正常排放项，用下式计算

$$G_1=\begin{cases}\Phi\left(\frac{ut-x}{\sigma_x}\right)+\Phi\left(\frac{x}{\sigma_x}\right)-1 & t\leqslant T\\ \Phi\left(\frac{ut-x}{\sigma_x}\right)-\Phi\left(\frac{ut-uT-x}{\sigma_x}\right) & t>T\end{cases} \tag{4-61}$$

$\Phi(s)$同式(4-31)。

2. 小风($1.5\text{m/s}>u_{10}\geqslant 0.5\text{m/s}$)和静风($u_{10}<0.5\text{m/s}$)情况

小风和静风情况时，t时刻地面任何一点(x,y)的浓度C_a(mg/m^3)为

$$C_a(x,y,0)=\frac{QA_3}{(2\pi)^{3/2}\gamma_{01}^2\gamma_{02}}\cdot G_2 \tag{4-62}$$

式中

$$G_2=\begin{cases}\frac{1}{A_1}B_1+2\sqrt{\frac{\pi}{A_1}}A_2(1-B_2) & t\leqslant T\\ \frac{1}{A_1}(B_1-B_4)+2\sqrt{\frac{\pi}{A_1}}A_2(B_3-B_2) & t>T\end{cases} \tag{4-63}$$

$$A_0=x^2+y^2+\left(\frac{\gamma_{01}}{\gamma_{02}}H_e\right)^2;A_1=\frac{A_0}{2\gamma_{01}^2};A_2=\frac{(ux+vy)}{A_0} \tag{4-64}$$

$$A_3=\exp\left\{-\frac{1}{2A_0}\left[\left(\frac{uy-vx}{\gamma_{01}}\right)^2+(v^2+u^2)\left(\frac{H_e}{\gamma_{02}}\right)^2\right]\right\} \tag{4-65}$$

$$B_1=\exp\left[-A_1\left(\frac{1}{t}-A_2\right)^2\right];B_2=\Phi\left[\sqrt{2A_1}\left(\frac{1}{t}-A_2\right)\right] \tag{4-66}$$

$$B_3=\Phi\left[\sqrt{2A_1}\left(\frac{1}{t-T}-A_2\right)\right];B_4=\exp\left[-A_1\left(\frac{1}{t-T}-A_2\right)^2\right] \tag{4-67}$$

式中，u,v分别为x、y方向的风速；扩散参数$\sigma_x=\sigma_y=\gamma_{01}(t-t')$，$\sigma_z=\gamma_{02}(t-t')$，$\gamma_{01}$、$\gamma_{02}$为小风静风扩散参数的回归系数。

（十一）尘（颗粒物）模式

当粒径大于15μm时，颗粒物的扩散存在明显的重力沉降，因此不能直接应用气态污染物扩散模式，但可通过对高斯模式的修正进行计算。

常用的颗粒物扩散模式，主要有“源损耗”模式、“部分反射模式”和“倾斜烟云模式。”“源损耗”模式主要是对源强进行修正，“部分反射模式”主要是对物质反射量进行修正，二者在实际环评中应用不多。环评中主要应用HJ/T 2.2-93推荐的“倾斜烟云模式”。“倾斜烟云模式”认为，由于颗粒物的重力沉降作用，烟羽的轴线将产生倾斜，有效源高将降低，必须对有效源高进行修正。当粒径大于15μm时，有风时其地面浓度C_p可用下面倾斜烟羽模式计算

$$C_p(x,y,0)=\frac{(1+\alpha)Q}{2\pi u\sigma_y\sigma_z}\exp\left[-\frac{y^2}{2\sigma_y^2}-\frac{\left(V_g\frac{x}{u}-H_e\right)^2}{2\sigma_z^2}\right] \tag{4-68}$$

式中 α——尘粒子的地面反射系数(参阅表 4-10);

V_g——尘粒子的沉降速度,m/s,可按下式计算

$$V_g=\frac{d^2\rho g}{18\mu} \tag{4-69}$$

式中 d——尘粒子的直径;

ρ——尘粒子的密度;

g——重力加速度;

μ——空气动力黏性系数。

表 4-10 地面反射系数(α)

粒度范围/μm	15～30	31～47	48～75	76～100
平均粒径/μm	22	38	60	85
反射系数 α	0.8	0.5	0.3	0

三、模式中参数选取与计算

(一) 风速 u

模式中风速 u(m/s)为排气筒出口处风速,除实测外,可按式(4-2)或(4-3)求算。

(二) 大气扩散参数 σ_y、σ_z

1. 0.5h 取样时间

扩散参数(或系数)σ_y、σ_z是水平距离 x 的函数,见式(4-20a)和(4-20b)。可查表 4-11 和表 4-12 计算参数值。

(1) 平原地区农村及城市远郊区。对于 A、B、C 级稳定度可直接查表求取扩散参数,D、E、F 向不稳定方向提半级后再查表求取扩散参数。

(2) 工业区或城区中的点源。A、B 级不提级,C 提到 B 级, D、E、F 向不稳定方向提一级后再查表求取扩散参数。

(3) 丘陵山区的农村和城市。其扩散参数选取方法同工业区。

2. 大于 0.5h 取样时间

铅直方向扩散参数不变,横向扩散参数及稀释系数满足下式

$$\sigma_{y\tau_2}=\sigma_{y\tau_1}\left(\frac{\tau_2}{\tau_1}\right)^q \tag{4-70}$$

或 σ_y的回归指数 α_1不变,回归系数 γ_1满足下式

$$\gamma_{1\tau_2} = \gamma_{1\tau_1}\left(\frac{\tau_2}{\tau_1}\right)^q \tag{4-71}$$

表 4-11　横向扩散参数幂函数表达式数据(取样时间 0.5h)

扩散参数	稳定度分级(P·S)	α_1	γ_1	下风距离/m
$\sigma_y = \gamma_1 x^{\alpha_1}$	A	0.901 074 0.850 934	0.425 809 0.602 052	0～1000 >1000
	B	0.914 370 0.865 014	0.281 846 0.396 353	0～1000 >1000
	B～C	0.919 325 0.875 086	0.229 500 0.314 238	0～1000 >1000
	C	0.924 279 0.885 157	0.177 154 0.232 123	0～1000 >1000
	C～D	0.926 849 0.886 940	0.143 940 0.189 396	0～1000 >1000
	D	0.929 418 0.888 723	0.110 726 0.146 669	0～1000 >1000
	D～E	0.925 118 0.892 794	0.098 563 1 0.124 308	0～1000 >1000
	E	0.920 818 0.896 864	0.086 400 1 0.101 947	0～1000 >1000
	F	0.929 418 0.888 723	0.055 363 4 0.073 334 8	0～1000 >1000

表 4-12　垂直向扩散参数幂函数表达式数据(取样时间 0.5h)

扩散参数	稳定度分级(P·S)	α_2	γ_2	下风距离/m
$\sigma_z = \gamma_2 x^{\alpha_2}$	A	1.121 54 1.523 60 2.108 81	0.079 990 4 0.008 547 71 0.000 211 545	0～300 300～500 >500
	B	0.964 435 1.093 56	0.127 190 0.057 025 1	0～500 >500
	B～C	0.964 015 1.007 700	0.114 682 0.075 718 2	0～500 >500
	C	0.917 595	0.106 803	0
	C～D	0.838 628 0.756 410 0.815 575	0.126 152 0.235 667 0.136 659	0～2000 2000～10 000 >10 000
	D	0.826 212 0.632 033 0.555 360	0.104 634 0.400 167 0.810 763	0～1000 1000～10 000 >10 000
	D～E	0.776 864 0.572 347 0.499 149	0.111 771 0.528 992 1.038 10	0～2000 2000～10 000 >10000
	E	0.788 370 0.565 188 0.414 743	0.092 752 9 0.433 384 1.732 41	0～1000 1 000～10 000 >10 000
	F	0.784 400 0.525 969 0.322 659	0.062 076 5 0.370 015 2.406 91	0～1000 1000～10 000 >10 000

式中 $\sigma_{y\tau_1}$、$\sigma_{y\tau_2}$——对应取样时间为 τ_1、τ_2时的横向扩散系数,m；

q——时间稀释指数,由表 4-13 确定;

$\gamma_{1\tau_1}$、$\gamma_{1\tau_2}$——对应取样时间 τ_1、τ_2时的横向扩散参数回归系数。

表 4-13 时间稀释指数 q

适用时间范围/h	q
$1 \leqslant \tau < 100$	0.3
$0.5 \leqslant \tau < 1$	0.2

3. 小风和静风($u_{10} < 1.5/\text{s}$)时 0.5h 取样时间的扩散参数

小风和静风时 0.5h 取样时间的扩散参数,按表 4-14 选取;大于 0.5h 时可参照"大于 0.5h 取样时间"换算。

表 4-14 小风($1.5\text{m/s} > U_{10} \geqslant 0.5\text{m/s}$)和静风($U_{10} < 0.5/\text{s}$)扩散参数的系数 γ_{01}、γ_{02}($\sigma_x = \sigma_y = \gamma_{01} T, \sigma_z = \gamma_{02} T$)

稳定度(P·S)	γ_{01}		γ_{02}	
	$u_{10} < 0.5\text{m/s}$	$1.5\text{m/s} > u_{10} \geqslant 0.5\text{m/s}$	$u_{10} < 0.5\text{m/s}$	$1.5\text{m/s} > u_{10} \geqslant 0.5/\text{s}$
A	0.93	0.76	1.57	1.57
B	0.76	0.56	0.47	0.47
C	0.55	0.35	0.21	0.21
D	0.47	0.27	0.12	0.12
E	0.44	0.24	0.07	0.07
F	0.44	0.24	0.05	0.05

4. 对于一、二级评价项目,当 $H_e > 200\text{m}$ 时也可选用更符合该项目实际条件的扩散参数。

(三) 有效源高(He)

烟囱的有效高度 $He = H + \Delta H$。ΔH 是指在烟气排出烟囱口之后因动力抬升和热力浮升作用继续上升的高度,这个高度可达几十米甚至上百米,对于减轻地面的大气污染有很大的作用。

确定烟气抬升高度的方法很多,一般情况下采用 HJ/T 2.2-93 推荐的方法。采用该法应分以下几种情况考虑。

1. 有风($u_{10} \geqslant 1.5\text{m/s}$),中性和不稳定条件的情况

(1) 当烟气热释放率 Q_h 大于或等于 2100kJ/s,且烟气温度与环境温度的差值 ΔT 大于或等于 35K 时,ΔH 采用下式计算

$$\Delta H = n_0 Q_h^{n_1} H^{n_2} u^{-1} \tag{4-72}$$

$$Q_h = 0.35 P_\alpha Q_v \frac{\Delta T}{T_s} \tag{4-73}$$

$$\Delta T = T_s - T_a \tag{4-74}$$

式中 n_0——烟气热状况及地表系数,见表 4-15;

n_1——烟气热释放率指数,见表 4-15;

n_2——排气筒高度指数,见表 4-15;

Q_h——烟气热释放率,kJ/s;

H——排气筒距地面几何高度,m ,超过 240m 时,取 $H=240$m;

P_a——大气压力,hP_a,如无实测值,可取邻近气象台(站)季或年平均值;

Q_v——实际排烟率,m^3/s;

ΔT——烟气出口温度与环境温度差,K;

T_s——气出口温度,K;

T_a——环境大气温度,K,如无实测值,可取邻近气象台(站)季或年平均值;

u——排气筒出口处平均风速,m/s,如无实测值,可用幂指数法计算。

表 4-15 n_0、n_1、n_2数值的选取

Q_h/(kJ/s)	地表状况(平原)	n_0	n_1	n_2
$Q_h \geqslant 21\ 000$	农村或城市远郊区	1.427	1/3	2/3
	城市及近郊区	1.303	1/3	2/3
$2100 \leqslant Q_h < 21\ 000$ 且 $\Delta T \geqslant 35$K	农村或城市远郊区	0.332	3/5	2/5
	城市及近郊区	0.292	3/5	2/5

(2) 当 1700 kJ/s < Q_h <2100kJ/s 时,ΔH 采用下式计算

$$\Delta H = \Delta H_1 + (\Delta H_2 - \Delta H_1)\frac{Q_h - 1700}{400} \tag{4-75}$$

$$\Delta H_1 = 2(1.5V_sD + 0.01Q_h)/u - 0.048(Q_h - 1700)/u \tag{4-76}$$

式中 V_s——排气筒出口处烟气排出速度,m/s;

D——排气筒出口直径,m;

ΔH_2——按式(4-72)方法计算,n_0、n_1、n_2按表 4-15 中 Q_h值较小的一类选取;

其他符号意义同前。

(3) 当 $Q_h \leqslant 1700$kJ/s 或者 $\Delta T < 35$K 时,ΔH 采用下式计算

$$\Delta H = 2(1.5V_sD + 0.01Q_h)/u \tag{4-77}$$

式中符号意义同前。

2. 有风($u_{10} \geqslant 1.5$m/s),稳定条件的情况

$$\Delta H = Q_h^{1/3}\left(\frac{\mathrm{d}T_a}{\mathrm{d}Z} + 0.0098\right)^{-1/3} u^{-1/3} \tag{4-78}$$

式中 $\mathrm{d}T_a/\mathrm{d}Z$——烟囱几何高度以上的大气温度梯度,K/m。

3. 静风和小风($U_{10} < 1.5$m/s)条件时

$$\Delta H = 5.50Q_h^{1/4}\left(\frac{\mathrm{d}T_a}{\mathrm{d}Z} + 0.0098\right)^{-3/8} \tag{4-79}$$

式中符号意义同前，但 dT_a/dZ 取值不宜小于 0.01K/m。当 $-0.0098 < dT_a/dZ < 0.01K/m$ 时，取 $dT_a/dZ = 0.01K/m$；当 $dT_a/dZ \leqslant -0.0098K/m$ 时，ΔT 按式(4-72)计算，但公式中所用的 u_{10} 一律取 1.5m/s。

(四) 混合层厚度

混合层厚度通常与大气稳定度、风速等条件有关，在缺乏实测资料的情况下，可按下式估算混合层的厚度 h。

1. 当大气稳定度为 A、B、C 和 D 时

$$h = a_s u_{10}/f \tag{4-80}$$

2. 当大气稳定度为 E 和 F 时

$$h = b_s \sqrt{u_{10}/f} \tag{4-81}$$

$$f = 2\Omega\sin\varphi \tag{4-82}$$

式中 h——混合层厚度(E、F 时指近地层厚度)，m；

u_{10}——10m 高度处平均风速，m/s；大于 6m/s 时取为 6m/s；

a_s，b_s——混合层系数，见表 4-16；

f——地转参数；

Ω——地转角速度，取为 7.29×10^{-5} rad/s；

φ——地理纬度，deg。

表 4-16 我国各地区 a_s 和 b_s 值

地区	a_s				b_s	
	A	B	C	D	E	F
新疆 西藏 青海	0.090	0.067	0.041	0.031	1.66	0.70
黑龙江 吉林 辽宁 内蒙古 北京 天津 河北 河南 山东 山西 陕西（秦岭以北）宁夏 甘肃(渭河以北)	0.037	0.060	0.041	0.019	1.66	0.70
上海 广东 广西 湖南 湖北 江苏 浙江 安徽 海南 台湾 福建 江西	0.056	0.029	0.020	0.012	1.66	0.70
云南 贵州 四川 甘肃（渭河以南）陕西(秦岭以南)	0.073	0.048	0.031	0.022	1.66	0.70

注：① A、B、C、D、E 和 F 定义同前；

② 静风区各类稳定度的 a_s 和 b_s 可取表中的最大值。

第四节 大气环境影响评价

一、概述

大气环境影响评价的主要任务是从保护环境的目的出发，通过调查、预测等手

段,分析、判断建设项目在建设施工期和建成后生产期所排放的大气污染物对大气环境质量影响的程度和范围,为建设项目的厂址选择、污染源设置、制定大气污染防治措施以及其他有关的工程设计提供科学依据或指导性意见。

(一) 大气环境影响评价的工作程序

大气环境影响评价工作可分为三个阶段。第一为准备阶段。主要工作为研究有关文件,进行初步的工程分析和环境现状调查,确定评价工作等级和编制评价大纲;第二为正式工作阶段。其主要工作包含三大部分,它们依次为调查、预测和评价;第三为报告书编制阶段。其主要工作为给出结论,完成环境影响报告书中大气部分的编写。详见图 4-7。

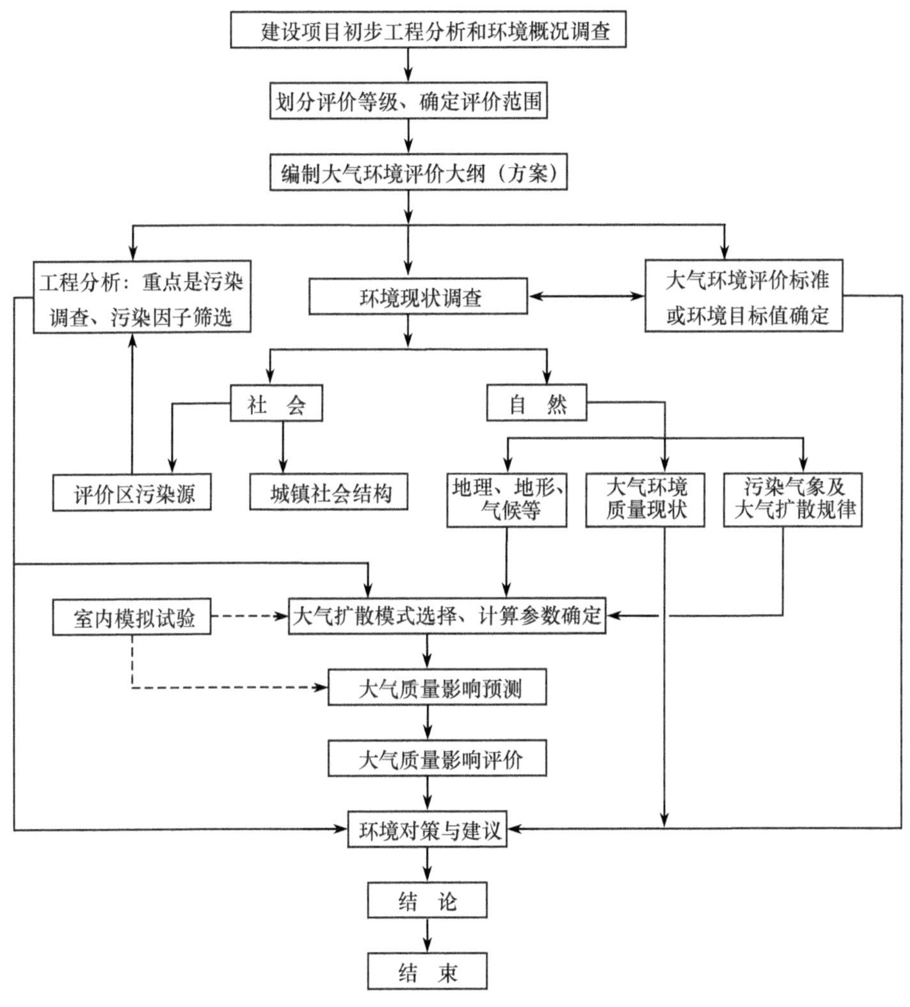

图 4-7　大气环境影响评价技术工作程序

（二）工作等级的划分

划分评价等级的目的是为了区别对待不同的评价对象，在保证评价工作质量的前提下，尽可能节约经费和时间。区别的原则主要有两点：①对环境质量的影响大小；②评价工作的难易程度。

根据评价项目的主要污染物排放量、周围地形的复杂程度以及当地执行的大气环境质量标准等因素，将大气环境影响评价工作划分为一、二、三级。

（1）经过对建设项目的初步工程分析，选择 1 ~ 3 个主要污染物，计算其等标排放量 P_i（下标 i 为第 i 个污染物），P_i的定义为

$$P_i = \frac{Q_i}{C_{oi}} \cdot 10^9 \tag{4-83}$$

式中 P_i——等标排放量，m^3/h；

Q_i——单位时间排放量，t/h；

C_{oi}——大气环境质量标准，mg/m^3。

C_{oi}一般选用 GB3095 中二级标准的 1h 采样浓度允许值，对该标准中未包含的项目，可以照 GBZ1 中的相应值选用，如已有地方标准，应选用地方标准中的相应值，对某些上述标准中都未包含的项目，可参照国外有关标准选用，但应做出说明，报环保部门批准后执行。Q_i应符合国家或地方大气污染物排放标准。

（2）项目周围地表特征可分为平原和复杂地形两类。复杂地形系指山区、丘陵、沿海、大中城市的城区等。

（3）评价工作的级别。按表 4-17 划分，P_i按式（4-83）计算。如污染物数大于 1，取 P_i值中最大者。

表 4-17　评价工作级别（一、二、三级）

$P_i/(m^3/h)$	复杂地形	平　原
$P_i \geqslant 2.5 \times 10^9$	一	二
$2.5 \times 10^9 > P_i \geqslant 2.5 \times 10^8$	二	三
$P_i < 2.5 \times 10^8$	三	三

（4）根据项目的性质，总投资和产值，周围地形的复杂程度，环境敏感区的分布情况，以及当地大气污染程度，对评价工作的级别作适当调整，但调整的幅度上下不应超过一级。对于三级评价项目，如果 $P_i < 2.5 \times 10^7$，其评价内容可按有关规定进一步从简。调整或从简结果应征得环保主管部门同意。

（三）评价范围的确定

评价范围主要根据评价级别确定。此外还应考虑评价区内和评价区边界外有关区域（以下简称界外区域）的地形、地理特征及该区域内是否包括大中城区、自

然保护区、风景名胜区等环境保护敏感区。一般可取项目的主要污染源为中心，主导风向为主轴，按正方形或矩形划定评价区的范围。如无明显主导风向，可取东西或南北向为主轴。

对于一、二、三级评价项目，评价范围的边长一般分别不应小于16～20km、10～14km、4～6km。平原取上限，复杂地形取下限，对于少数等标排放量较大的一、二级项目，评价范围应适当扩大。

考虑到界外区域对评价区的影响，对于地形、地理特征和排放高度、排放量较大的点源的调查，还应扩大到界外区域。各方位的界外区域的边长大致为评价区域边长的0.5倍。

如果界外区域包含有环境保护敏感区，则应将评价区扩大到界外区域。如果评价区包含有荒山、沙漠等非环境保护敏感区，则可适当缩小评价区的范围。

（四）环境目标值的选择

环境目标值主要指环境质量标准，也包括环境质量标准中未规定的项目，采用其他方法确定的相当于标准的值。环境目标值是环境评价的基准参数。评价污染因子的环境目标值可按《环境空气质量标准》（GB 3095-1996）和《工业企业设计卫生标准》（GBZ1-2002）的规定执行，二者不一致之处以GB 3095为准。有的污染因子，在上述标准中未包含长期（季、期或年）平均浓度的允许最大值，其目标值可按“累积频率法”或换算法估算。

二、影响评价内容与方法

（一）对厂址和总图布置评价

（1）根据建设项目各主要污染因子的全部排放源在评价区的超标区（或I_i值的最大区域）中或关心点上的污染分担率K_{ij}，同时结合评价区的环境特点、工业生产现状和发展规划，以及环境质量水平和可能的改造措施等因素，从大气环保角度，对厂址选择是否合理，提出评价和建议。

（2）根据建设项目各类（如点、面源；各分厂或车间等）污染源在评价区（主要指超标区和关心点）以及本项目的厂区、办公区、职工生活区的污染分担率，同时结合环境、经济等其他因素，对总图布置从大气环保角度提出评价和建议。

（3）如果在该评价区内有几种厂址选择的方案或总图布置方案，则应给出各种方案的预测结果（包括浓度分布图和污染分担率），再结合环境、经济等方面的各种因素，全面权衡利弊，从大气环保角度，提出最佳选择方案的建议。

（二）对污染源的评价

GB/T 13201-91中对新建、改建和扩建工程的排气筒做出了规定。

1. 对排气筒出口处烟气速度的要求

排气筒出口处烟气速度 V_s不得小于按下式计算出的风速 V_c的 1.5 倍

$$V_c = V \times (2.303)^{1/K} / \Gamma(1 + \frac{1}{K}) \tag{4-84}$$

$$K = 0.74 + 0.19 \overline{V} \tag{4-85}$$

式中 $\overline{V}$——排气筒出口高度处环境风速的多年平均风速,m/s ;

K——韦伯斜率;

$\Gamma(\lambda)$——Γ 函数,$\lambda = 1 + 1/K$。计算出 λ 值后,可查 $\Gamma(\lambda)$ 函数表,如果表中有未列出的函数值,可按照下式计算

$$\Gamma(\lambda + 1) = \lambda \Gamma(\lambda) \tag{4-86}$$

2. 对排气筒高度(H)的要求

工矿企业点源排气筒高度(H)不得低于它所从属建筑物高度的 2 倍,并且不得直接污染邻近建筑物。

若排气筒周围有需要保护的建筑群(其平均高度为 H_0),由排气筒的实际高度应设计为 $H + 2/3H_0$。

(三) 对预测结果的评价

1. 评价指数

评价指数 I_i的定义如下

$$I_i = C_i / C_{oi} \tag{4-87}$$

式中 C_i——某种污染因子不同取样时间的浓度预测值,mg/m^3;

C_{oi}——评价标准值(i 为污染因子的序号),mg/m^3。

$I_i \geqslant 1$ 为超标,否则为未超标。

2. 污染分担率

$$K_{ij} = \frac{C_{ij}}{C_i} \times 100\% \tag{4-88}$$

式中 C_{ij}——i 类污染因子的第 j 类(或个)源在同一接收点上所产生的地面浓度,mg/m^3;

C_i——某种污染因子不同取样时间的浓度预测值,mg/m^3。

给出各计算点(包括关心点)的 K_{ij}值以及超标区、各功能区和全评价区的 K_{ij}平均值。

3. 评价结果分析

计算出各计算点处的 I_i值和 K_{ij}值后,对超标情况进行分析,包括最大超标倍数、超标气象条件、超标区分布情况等。

分析超标气象条件(或不利气象条件)的目的,主要是为了配合对厂址、总图布置以及污染源的评价,以便分析和判断厂址及污染源的布局是否合理。而对于

那些出现频率不高的不利气象条件(例如,小于全年小时数的5%),则应考虑在环保对策中采取相应的措施。

(四) 卫生防护距离估算

凡不通过排气筒或通过15m高度以下排气筒的有害气体排放,均属无组织排放。工业企业应采用合理的生产工艺流程,加强生产管理与设备维护,最大限度地减少有害气体的无组织气体排放。在无组织排放的气体进入呼吸带大气时,如果其浓度超过GB 3095与GBZ1-2002规定的居住区容许浓度限值,则无组织排放源所在的生产单元(生产区、车间或工段)与居住区之间应设置卫生防护距离。各类工业、企业卫生防护距离可按下式计算

$$\frac{O_c}{C_m}=\frac{1}{A}(BL^c+0.25r^2)^{0.05}L^D \tag{4-89}$$

式中 C_m——标准浓度限值,取GB 3095规定的二级标准1h平均浓度限值(mg/m^3)。该标准未规定浓度限值的大气污染物,取GBZ1规定的居住区1次最高容许浓度限值(mg/m^3),若标准只规定日平均容许浓度限值的大气污染物,一般可取其日平均容许浓度限值的3倍,但对于致癌物质,毒性可积累的物质,如苯、汞、铅等,则可直接取其日平均容许浓度限值。

L——工业企业所需卫生防护距离,m;

r——有害气体无组织排放源所在生产单元的等效半径,m。可根据该生产单元占地面积$S(m^2)$计算;

$A、B、C、D$——卫生防护距离计算系数,无因次。根据工业企业所在地区近五年平均风速及工业企业大气污染源构成类别从《制定地方大气污染物排放标准的技术方法》(GB/T 13201-91)中的表5查取。

Q_c——工业企业有害气体无组织排放量可以达到的控制水平。Q_c取同类企业中生产工艺流程合理、生产管理与设备维护处于先进水平的工业企业,在正常运行时的无组织排放量。当按式(4-89)计算的L值在两级之间时,取偏宽的一级。

无组织排放多种有害气体的工业企业,按Q_c/C_m的最大值计算其所需卫生防护距离;但当按两种或两种以上的有害气体的Q_c/C_m值计算的卫生防护距离在同一级别时,该类工业企业的卫生防护距离级别应该高一级。

地处复杂地形条件下的工业企业所需卫生防护距离,应由建设单位主管部门与建设项目所在省、市、自治区的卫生与环境保护主管部门,根据环境影响评价报告书共同确定。

卫生防护距离在100m以内时,级差为50m;超过100m,但小于或等于1000m时,级差为100m;超过1000m以上,级差为200m。

（五）环境经济损益分析

环境经济损益分析是以定量的货币形式表示工程对环境资源的损害、环境污染所造成的损失及保护环境设施的社会经济效益。但这种方法至今仍不成熟。因为很多环境影响不可能用货币表示，例如，环境恶化与改善对人们健康和心理的影响。即使可用货币表示的环境影响，本身也有极大的不确定性。常用的环境经济损益分析方法见第十二章“社会经济环境影响评价”。

环境费用包括两大部分：①内部费用，是指建设项目为防治污染而安装的防治设备的投资，例如消声器、除尘器等；②外部费用，是指建设项目排放污染物造成对自然资源及环境质量的损害费用，包括社会的（例如因污染而致害的赔偿费）、经济的（例如因污染致使农作物减产）、自然的（例如因污染造成生态破坏）三个方面。

环境收益的确定要比环境费用的确定复杂些，大致可分为货币收益和非货币收益两种：①货币收益，指可以用市场价格直接估算的部分。这里又可分为直接收益（例如回收物的收益）和间接收益（例如沸腾锅炉炉渣可作水泥原料，降低水泥生产成本）；②非货币收益，是指市场规律失效的部分。例如，太原钢铁公司的矿渣山经治理后变成供人们游览。

（六）环境保护对策建议

制定的环境保护对策应力求减轻建设项目对大气环境质量的不良影响，并使环境效益、社会效益、经济效益达到统一。所提建议尽量做到具体、可行，以便对建设项目的环境工程设计和环境管理起到指导作用。环境保护对策一般包括污染物削减措施建议和环保管理措施建议两部分。具体建议内容应包括以下几个方面：①改变原燃料结构；②改进生产工艺；③对重点污染源加强环保治理（应提出具体治理方案）；④加强能源、资源综合利用；⑤重点污染源的合理烟囱高度选择；⑥无组织排放的控制途径；⑦减少非正常排放等事故发生的措施；⑧区域污染物排放的总量控制；⑨当地土地的合理利用或调整；⑩厂区及评价区的绿化，必要时可提出防护林带的设置方案；⑪环境监测大纲的建议，包括监测项目、监测布点方案、监测制度的确定、监测资料的统计分析要点等；⑫关于环境管理机构的设置及生产管理制度的建议。

（七）评价结论的编写

根据评价中确定的“环境目标值”和“环境保护对策建议”各条的评价或分析结果，结合调查中的各项资料，全面分析建设项目最终选择的设计方案（一种或几种）对评价区大气环境质量的影响，并给出这一影响的综合性估计和评价结论。如果大气环境影响评价作为分册或单独成册，则应编写分册结论。否则，一、二级评价项目应编写大气的小结；三级评价项目可酌情省略小结，可以直接在报告书的结论部分叙述与大气环境影响评价有关的问题。结论与小结的内容基本相同，但小结内容可以从简。主要内容应包括三个方面：①应包括大气环境现状概要，建设项目工程分析概要；②建设项目对大气环境影响预测和评价的结果，环保措施对策和建议等；③大气环境影响评价的最终结果，应得出建设项目在各生产阶段能否满足预定的大气环境质量要求的结论。

下面各种情况应做出可以满足大气环境质量要求的结论：①建设项目实施过程中的不同生产阶段除很小范围以外，大气环境质量均能达到预定的标准要求；②在建设项目实施过程的某个阶段，非主要的个别大气污染物参数在较大范围内不能达到预定的标准要求，但采取一定的环保措施后可以满足大气环境质量要求。

下面的各种情况应做出不能满足大气环境质量要求的结论：①大气环境现状已经超标；②污染削减量大以至于削减措施在技术、经济上明显不合理。

有些情况不宜做出明确的结论。如建设项目大气环境的某些方面起了恶化作用的同时又改善了其他某些方面，对于这种情况应说明建设项目对大气环境的正影响、负影响及其程度和评价者的意见。

需要在评价过程中确定建设项目与大气环境有关部分的方案比较时，应在小结中确定推荐方案，并说明其理由。

第五节 大气环境影响评价案例分析

以某新建化工厂大气环境影响评价为例。

一、概论

（一）评价目的

依据工程分析和环境影响预测结果，并结合大气现状质量调查与评价结果，通过工程建设对大气环境的影响评价，明确工程大气污染源对评价区大气环境和环境敏感点的影响程度、范围，分析造成影响的原因，从大气环境保护角度出发给出工程建设是否可行的明确结论，为环保工程设计和环保管理提供科学依据。

（二）评价标准、评价因子、评价等级及评价范围

1. 评价标准　以当地环境管理部门下达的执行标准为准。

2. 评价因子　根据大气环境质量调查与评价结果、工程污染特征和当地环境管理部门要求，确定预测评价因子为 SO_2、H_2S 和 PM_{10}。

3. 评价等级与评价范围　根据本工程分析结果，计算出各污染物等标排放

量，最大为 $P_{H2S}=2.72\times10^8 m^3/h$，且项目地处平原地区，评价等级为三级。按照评价等级，并考虑当地年主导风向及主要保护目标分布情况，确定评价范围为：以拟建厂址内排气筒地面位置为中心，向东、西、南、北各延伸 3km，总评价面积 $36km^2$。

二、工程概况与工程分析

某化工厂属新建企业，位于平原地区某中等城市西南工业园区内，距离城市中心约 5km。主要产品为 2-硫醇基苯并噻唑（简称 M）和 N-环己基-2-苯并噻唑次磺酰胺（简称 CZ），生产规模分别为 4500t/a 和 1500t/a。

该项目总生产规模 6000t/a，总投资约 2300 万元，占地约 41 $350m^2$。年工作 333d，日工作 24h。生产定员 150 人。

M 生产采用高压法，可基本实现高压连续化生产。CZ 采用国内通用的次氯酸钠氧化法生产工艺。工艺流程略。

工程投产后的主要大气污染物为 H_2S、SO_2 和烟尘。生产过程中有无组织废气排放，主要无组织废气为 H_2S。

有组织排放源排放强度：废气排放总量 40 $284m^3/h$；SO_2 排放量 12.79kg/h，烟尘排放量 1.56kg/h，H_2S 排放量 2.718kg/h；烟囱高度 50m，烟囱出口截面积 $1.77m^2$，排烟温度 80℃。

无组织排放源排放强度：H_2S 排放量 0.33 kg/h，平均排放高度 8.5m，无组织排放源面积 $1440m^2$。

三、大气环境质量现状评价

项目所在区域全年主导风向为 S 风，冬季主导风向为 NE 风；年平均风速为 3.0m/s；全年 D、E、F 稳定度出现频率高达 83.1%。此外，低空污染气象控测结果说明，本地出现贴地逆温和低层逆温的几率较大，不利于污染物的稀释扩散。

环境空气现状监测结果表明，SO_2 1 小时平均浓度和日均浓度最大值分别为 $0.054mg/m^3$ 和 $0.047mg/m^3$；TSP 和 PM_{10} 日均浓度最大值分别为 $0.24mg/m^3$ 和 $0.1mg/m^3$；H_2S 各监测点位均未检出。评价区各因子污染指数值均小于 1，按大到小依次排列为：TSP、PM_{10}、SO_2、H_2S，环境空气质量符合二级标准要求。

四、环境影响预测

（一）预测内容

预测内容主要包括：①1h 和 24 取样时间时地面最大浓度和位置；②不利气象

条件(小风静风和熏烟状态)下评价区内的浓度分布图及其出现频率;③非正常排放时污染物浓度分布图;④评价区季均浓度分布图。

(二) 预测前的准备

1. 评价区网格化

建立地理坐标系,将评价区划分为正方形网格,格距250m,共划分出2500个网格。

2. 气象参数处理

选择3个风速段(1.5m/s、3m/s、5m/s)和3种大气稳定度(稳定、中性和不稳定)状态预测1h取样时间的污染物地面浓度。

选取4个典型日,并采集每日8次观测时间的气象参数,预测24h取样时间时的污染物地面浓度。典型日的选取略。

根据气象资料归纳出评价区季,风向、风速、稳定度联合频率分布情况,运用联合频率法预测季均浓度。风向、风速和大气稳定度联合频率略。

3. 源强参数处理

根据工程分析结果,确定污染源排放强度、排气筒高度、出口横截面积、排烟温度等参数,此处略,见"工程分析"部分。

4. 选取预测模式

采用高斯模式,略。

5. 扩散参数选取

按照要求对稳定度进行提级处理和取样时间订正后查表计算。

6. 有效源高的确定

面源按冷排放考虑,忽略热力抬升高度;高架点源按热排放考虑。抬升高度计算公式略。

7. 排气筒出口风速

按照《环境影响评价技术导则——大气环境》(HJ/T 2.2-93)推荐的风速廓线幂指数方程计算。公式略。

8. 敏感点(关心点)的确定

根据评价区内敏感点的性质及敏感点的分布情况,选择本项目大气环境敏感点。结果见本案例表1。

表1 预测关心点基本参数一览表

关心点名称	坐标(x、y)	距离排气筒地面原点/m	与排气筒相对位置	功能(性质)
牛 墩	1050, 0	1050	E	居住区
浅 河	430, -920	1015	SE	居住区
杨 岗	0, -1800	1800	S	居住区
辛 仓	-830, -1850	2030	SSW	居住区

续表

关心点名称	坐标(x、y)	距离排气筒地面原点/m	与排气筒相对位置	功能(性质)
杨 寨	-1600,0	1600	W	居住区
刘 寺	-615,1275	1420	NW	居住区
南郊中学	240,1650	1670	NNE	学 校

(三) 预测结果

预测结果包括表和图两部分内容。

预测表:对预测结果统计,编制预测结果表格。主要有:不同气象条件下各污染物对评价区的1h平均浓度最大贡献值及其出现位置;各污染物对评价区内敏感点的1h平均浓度最大贡献值及其出现时的气象条件表;无组织排放对厂界监控点处的污染贡献值表;小风静风条件下污染物对评价区及评价区内敏感点的污染贡献最大值;熏烟状态下污染物对评价区敏感点的污染贡献最大值;非正常排放发生时不同气象条件下,不同时刻污染物的最大落地浓度及其出现距离;非正常排放发生时对评价区敏感点污染贡献最大值及其出现的气象条件和持续时间;典型日各污染物对评价区的日均浓度最大贡献值及其出现位置;典型日各污染物对评价区内敏感点的日均浓度最大贡献值;各污染物对评价区的季均浓度最大贡献值及其现出位置,各污染物对评价区内敏感点的季均浓度最大贡献值;不同取样时间时污染物对评价区及敏感点的污染贡献值与背景浓度叠加结果等。

预测图:不同风速、不同稳定度条件下排气筒下风向轴线上污染物1h平均浓度分布曲线;典型日污染物日均浓度分布图及与背景浓度叠加后的分布图;不同污染物季均浓度分布图及与背景浓度叠加后的浓度分布图等。

五、环境影响评价

(一) 评价内容

评价内容主要包括:①统计分析预测结果,并分析超标气象条件;②排气高度合理性分析;③估算卫生防护距离;④提出环保措施与建议。

(二) 预测结果分析与评价

对预测结果的评价采用污染指数法。评价结果如下:

1. 污染源正常排放时

(1) 各污染物对评价区内各关心的1h平均浓度最大贡献值的污染指数均小于1,但评价区内H_2S 1小时平均浓度最大值的污染指数为2.1,严重超标,出现在C稳定度、0.5m/s风速的气象条件下,距源约100m。

(2) 典型日条件下,污染源对评价区最大浓度贡献值和对关心点的最大浓度贡献值的污染指数均小于1,不超标;在与背景浓度叠加后污染指数仍小于1,符合《环境空气质量标准》二级标准要求。

(3) 评价区内的季日均浓度最大贡献值与背景浓度叠加后,污染指数均小于1。

(4) 厂界监控点处 H_2S 最大浓度的污染指数仅为0.47,不超标。

2. 熏烟状态下各关心点处 SO_2 浓度均不超标,最大值出现在浅河关心点处,污染指数仅有0.1;但牛墩和浅河关心点处 H_2S 污染指数分别为1.107和1.10,超标。

3. 事故排放时不同气象条件下 H_2S 地面浓度均存在超标现象,其中1.5m/s、E稳定度条件下超标面积最大,约1.72km^2,持续超标时间约65min;事故排放对各关心点 H_2S 的最大贡献值均严重超标,其中以浅河最严重,超标4.35倍,出现的几率约0.25%;事故排放发生时各关心点中以杨寨出现高浓度 H_2S 污染的几率最大,约1.51%。

(三) 排气筒高度合理性分析

经计算,$V_s < 1.5V_c$ 不能满足 $V_s \geq 1.5V_c$ 的要求。建设单位应对排气筒设计参数进行调整。

(四) 卫生防护距离估算

经计算,$L_c = 752m$,按照有关要求卫生防护距离应为800m。

(五) 大气污染防治措施及建议

1. 排气筒高度由原设计的50m升高至60m,出口内径由原设计的1.5m缩至1m;

2. 采取有效措施杜绝事故排放,并设置事故废气(主要为 H_2S 气体)吸收装置;

3. 安装 H_2S 在线自动监测装置,及时监控的 H_2S 排放状况。

4. 设置800m的卫生防护距离,在卫生防护距离以内不得建设居住、学校、医院等环境敏感点。

5. 加强厂区内及厂区周边区域绿化,以对 H_2S 有较强阻隔和吸收作用的高大乔木和常绿灌木等树种为主,构建立体绿化防护"墙"。

六、环境影响评价结论

1. 评价区大气环境现状主要污染因子为 PM_{10}、SO_2、H_2S,污染指数值均小于1,环境空气质量符合二级标准要求。

2. 项目主要产品为 M 和 CZ,总生产规模 6000t/a,总投资约 2300 万元,占地约 41 350m^2。M 生产采用高压法, CZ 采用国内通用的次氯酸钠氧化法生产工艺。工程主要污染物为 H_2S、SO_2 和烟尘。无组织废气排放为 H_2S。废气排放总量 40 284m^3/h;SO_2 排放量 12.79kg/h,烟尘排放量 1.56kg/h,H_2S 排放量 2.718kg/h;H_2S 无组织排放 0.33 kg/h。

3. 污染源正常排放时对评价区和敏感点的污染影响不大,污染物最大贡献值与背景浓度叠加后仍符合大气环境质量二级标准要求。熏烟状态下关心点处 SO_2 不超标,但 H_2S 在牛墩和浅河关心点处超标。非正排放发生时,评价区污染较为严重。

4. 环境保护对策建议(略)。

综上所述,在确保废气污染防治设施及有关措施落实的基础上,并充分考虑本评价提出的对策及建议后,从大气环境保护角度分析,本评价认为该工程的建设是可行的。

复习与思考

1. 描述不同大气层结下烟流的扩散特征及其可能出现的时间。

2. 简述大气污染源的分类,并说明污染源现状调查应包括的内容和常用的调查方法。

3. 简述常见的不利气象条件及其特点。

4. 简述大气环境质量现状监测布点原则。常用的大气环境质量现状监测的布点方法有哪些?

5. 制定一个比较完善的大气环境质量现状监测方案,通常应考虑哪些方面的内容?

6. 简述大气环境影响预测的目的与内容?

7. 在选取大气环境预测方法时,应考虑哪些方面的因素?

8. 简述高斯模式的应用条件,并解释说明有风时连续点源高斯模式中各项符号的物理意义。

9. 在应用高斯模式预测前应需要做好哪些准备?

10. 某化工厂排放 SO_2 气体,有效源高 60m,源强 80g/s,风速 6m/s,计算冬季上午 8 点时正下风向 500m 处 SO_2 的地面浓度(查得 $\sigma_y=35.3\text{m}$,$\sigma_z=18.1\text{m}$)。

11. 某工厂烟囱有效源高 50m,SO_2 排放量 120kg/h,排口风速 4.0m/s,求 SO_2 最大落地浓度($P_1=40$)。若使最大落地浓度下降至 0.010mg/m^3,其他条件相同的情况下,有效源高应为多少?

12. 根据卫生防护距离的计算公式,简述影响卫生防护距离大小的因素,并说明公式中标准浓度选取时应注意的问题。

13. 判定大气环境影响评价工作等级的依据有哪些? 简述之。

14. 简述各等级评价大气环境影响的预测内容及要求。

15. 简述大气环境影响评价的主要内容和方法。

第五章　地表水环境影响评价

本章重点：水体自净机理，地表水环境现状调查内容、方法及现状监测点位布设；预测评价因子的确定，水质模型及其应用，水质模型参数的标定；评价范围的确定和评价等级的划分。

第一节　基本概念

水是地球上分布最广的物质，是人类环境的一个重要组成部分，以气、液、固三种聚集状态存在，地球水的总量约有 $1.36\times10^{9}km^{3}$，如果全部铺在地球表面上，水层厚度可达到约3000m。海洋中聚集着绝大部分水，占地球总水量的97.2%，覆盖着地球表面的70%以上。地表水总量约为 $2.3\times10^{5}km^{3}$，其中淡水约一半，只占地球水总量的万分之一。地下土壤和岩层中含有多层地下水，总量估计有 $8.4\times10^{6}km^{3}$；在高山和冰冻地区还积存着巨量冰雪和冰川，占陆地水总量的四分之三。由此可见，水在地球上几乎是无处不在，它在整个自然界和人类社会中发挥着不可估量的巨大作用。

一、水体污染

（一）水体污染的定义

水体污染主要指人类活动排放的污染物进入水体，引起水质下降，利用价值降低或丧失的现象。水体的组成包括水体中的水、水中溶解物质、悬浮物质、水体底质和水中生物。水体污染的研究内容包括水体的污染过程、污染程度，污染物质的迁移、转化的机制和规律等。

严格来说造成水的污染原因有两类：一类是人为因素造成的，主要是工业排放的废水。此外，还包括生活污水、农田排水、降雨淋洗大气中的污染物以及堆积在大地上的垃圾经降雨淋洗流入水体的污染物等。另外还有自然因素造成的水体污染，诸如岩石的风化和水解，火山喷发、水流冲蚀地面、大气降尘的降水淋洗。生物（主要是绿色植物）在地球化学循环中释放物质都属于天然污染物的来源。由于人类因素造成的水体污染占大多数，因此通常所说的水体污染主要是指人为因素造成的污染情况。

（二）水体污染源

1. 水体污染源的定义

指造成水体污染的污染物的发生源。通常是指向水体排入污染物或对水体产生有害影响的场所、设备和装置。按污染物的来源可分为天然污染源和人为污染源两大类。输入的物质和能量称为污染物或污染因子。

2. 水体污染源的分类

水体污染源根据不同的分类方法，可以有不同的分类形式：(1)按污染物的发生源地，可分工业污染源、生活污染源、农业污染源和天然污染源。工业污染源，即由工矿企业把生产过程中产生的废水、废渣等排入水体；生活污染源，主要指城市的生活污水排入水体；农业污染源，是农田的灌溉排水和农田上的降雨径流把农田的化肥、农药等污染物质带入水体；天然污染源，指在某些地球化学异常地区富集的某些化学元素进入水体，或天然植物在腐烂过程中产生的有毒物质进入水体等。这些污染源对水体的污染作用，以工业污染源为主。(2)按排放污染的种类，可分为有机污染源、无机污染源、热污染源、噪声污染源、放射性污染源和同时排放多种污染物的混合污染源等。(3)按排放污染物空间分布方式，可以分为点污染源(点源)和非点污染源(面源)，这也是一种常见的水体污染源分类方式。水污染点源是指以点状形式排放而使水体造成污染的发生源。一般工业污染源和生活污染源产生的工业废水和城市生活污水，经城市污水处理厂或经管渠输送到水体排放口，作为重要污染点源向水体排放。这种点源含污染物多，成分复杂，其变化规律依据工业废水和生活污水的排放规律，有季节性和随机性的特点。水体非点源污染(Non-point SourcePollution, NPS)，在我国多称为水污染面源，面源污染的特点是没有固定污染排放点。非点源污染有广义和狭义两种理解，广义指各种没有固定排污口的环境污染，狭义通常限定于水环境的非点源污染。美国清洁水法修正案(1997)对非点源污染的定义为：污染物以广域的、分散的、微量的形式进入地表及地下水体。这里的微量是指污染物浓度通常较点源污染低，但非点源污染的总负荷却是非常巨大。目前造成湖泊等水体的富营养化，主要是由面源带来的大量氮、磷等所造成。如我国滇池发生的水体污染，主要是由于面源污染造成的。与点源污染相比，非点源污染起源于分散、多样的地区，地理边界和发生位置难以识别和确定，随机性强、成因复杂、潜伏周期长，因而防治十分困难。如美国非点源污染量占污染总量的2/3，而农业生产活动是最大的非点源污染，占非点源污染的68%～83%。随着各国政府对点源污染控制的重视，点源污染在包括我国在内的许多国家已经得到较好的控制和治理，而非点源污染，由于涉及范围广、控制难度大，目前已成为影响水体环境质量的重要污染源。目前非点源污染已经成为国际上环境问题研究的活跃领域，几乎现在所有的环境问题都与非点源污染有关。

（三）水体污染物

水体污染物是指进入水体后使水体的正常组成和性质发生直接或间接有害于人类的变化的物质。这种物质有的是人类活动产生的，也有天然的。是否成为水体污染物，主要看其进入水体后是否对人类产生危害。有的物质进入水体后通过化学反应、物理和生物作用会转变成新的危害更大的污染物质，也可能降解成无害的物质。常见的水体污染物的种类有：

1. 酸、碱、盐等无机物污染及危害

水体中酸、碱、盐等无机物的污染，主要来自冶金、化学纤维、造纸、印染、炼油、农药等工业废水及酸雨。水体的pH小于6.5或大于8.5时，都会使水生生物受到不良影响，严重时造成鱼虾绝迹。水体含盐量增高，影响工农业及生活用水的水质，用其灌溉农田会使土地盐碱化。

2. 重金属污染及危害

污染水体的重金属有：汞、镉、铅、铬、钒、钴、钡等。其中汞的毒性最大，镉、铅、铬也有较大毒性。重金属在工厂、矿山生产过程中随废水排出，进入水体后不能被微生物降解，经食物链的富集作用，能逐级在较高级生物体内千百倍地增加含量，最终进入人体。如20世纪50年代发生在日本的水俣病，就是因为水俣市一家化工厂排出的含汞废水进入水俣湾，并经水中生物链的富集、浓缩，最终导致甲基汞在人体内蓄积而致病。另外，鱼体表面黏液中的微生物可直接把无机汞转化为甲基汞使其毒性增强。

3. 耗氧物质污染及危害

生活污水、食品加工和造纸等工业废水，含有碳水化合物、蛋白质、油脂、木质素等有机物质。这些物质悬浮或溶解于污水中，经微生物的生物化学作用而分解。在分解过程中要消耗氧气，因而被称为耗氧污染物。这类污染物造成水中溶解氧减少，影响鱼类和其他水生生物的生长。水中溶解氧耗尽后，有机物将进行厌氧分解，产生H_2S、NH_3和一些有难闻气味的有机物，使水质进一步恶化。

4. 植物营养物质污染及危害

生活污水和某些工业废水中，经常含有一定量的氮和磷等植物营养物质；施用磷肥、氮肥的农田水中，常含有磷和氮；含洗涤剂的污水中也有不少的磷。水体中过量的磷和氮，为水中微生物和藻类提供了营养，使得蓝绿藻和红藻迅速生长，它们的繁殖、生长、腐败，引起水中氧气大量减少，导致鱼虾等水生生物死亡、水质恶化。这种由于水体中植物营养物质过多蓄积而引起的污染，叫做水体的“富营养化”。这种现象在海湾出现叫做“赤潮”。我国的许多湖泊已经出现了富营养化的趋势。

5. 石油污染及危害

在石油的开采、贮运、炼制及使用过程中，由于原油和各种石油制品进入环境而造成污染。当前,石油对海洋的污染,已成为世界性的严重问题。近年来,一般每年排入海洋的石油及其制品高达1000万吨左右,石油污染带来严重后果。因为石油的各种成分都有一定毒性,同时它还会破坏生物的正常生活环境,造成生物机能障碍。石油在海水中形成油膜,影响海洋绿色植物的光合作用。“风化”石油中所含的多环芳烃类物质,可能对水体安全造成潜在的威胁。

6. 病原微生物污染

生活污水、饲养场污水,制药、洗毛、屠宰等工厂和医院排出的废水常含有病毒、病菌和寄生虫等各种病原体,这种废水污染水体并传播疾病,是一种最早由人类活动引起的水体污染。

7. 放射性污染

在陆地水中,放射性物质主要来源于核动力工厂排出的冷却水,其次是开采、提炼和使用时放射性物质的流失。

8. 热污染

它是工厂向水体排放大量温度高的废水造成的,主要来源是各类发电厂排出的冷却水。热污染使水体水温升高,溶解氧减少,水中生物的生存和繁殖受到影响和破坏。水温升高还会加剧水中毒物的毒性。水生生物对温度变化的敏感性很高,许多鱼类能区别0.1℃的温差,大多数鱼类在持续35℃的水温下无法生存。

9. 持久性有机物污染物

持久性有机污染物(Persist Organic Pollutants,POPs)。它是一类化学物质,这类化学物质可以在环境里长期的存留,可以在全球广泛的分布,它可以通过食物链蓄积,逐级的传递,进入到有机体的脂肪组织里聚积。最终会对生物体、人体产生不利的影响。

2001年联合国召开的斯德哥尔摩会议上通过的一个公约——《斯德哥尔摩公约》里提到,为了保护人类的健康和环境,对12种持久性污染物限制或禁止生产和使用,主要是针对12种化学物质或者是化学物质的家族。持久性有机污染物并不仅仅是这12种,只是由于各方面的原因,由于人类对它认识的情况、研究的情况在《斯德哥尔摩公约》里只规定了12种,在这12种持久性污染物里,前9种基本上都属于有机农药或者是杀虫剂,主要是在农业生产或者其他方面应用的,这些物质也在我们国家应用了很多年。

1962年,美国的Rachel Carson女士出版了《寂静的春天》(Silent Spring),引起了人们对广泛使用DDT(双氯-双苯-三氯乙醛)杀虫剂带来的后果的忧虑;1996年3月由三名美国学者Colborn,Dumanoski和Myers编著,由美国副总统戈尔作序的环境著作《失窃的未来》(Our Stolen Future)出版,从那以后“环境荷尔蒙”这个新的环境名词几乎在一夜之间为人们所熟知。目前联合国环境规划署(UNEP)、世界卫生组织(WHO)、世界自然基金会(WWF)、欧洲联盟(EU)、美国白宫和环保署

(USEPA)、日本环境厅(JEA)以及许多发达国家相继投入大量的人力物力对包括二噁英和呋喃类非故意制造的副产品或者二次污染物质在内的内分泌干扰物质进行研究。

二、水体自净

(一) 水体自净的概念

水体自净,即水体中的污染物在没有人工净化措施的情况下,它的浓度随时间和空间的推移而逐渐降低直至恢复到污染以前状态的特性水体自净能力是有限度的。研究水体自净,就是要探索水体自净的规律,正确计算和评价水体的自净能力,依据最优化设计方案确定所排入污水必须处理的程度,达到有效防止水体污染的目的。

流水不腐的年代,正是水体的自净能力可以满足人们向水中排污的需要,污染和自净达到平衡的一种状态。事实上这种平衡一直保持得很好,直到工业革命之后人们向水中排污的速度超过了水体的自净能力,才使越来越多的水体出现了污染问题。水体的自净特性也是我们进行地面水环境影响预测的基本原理和依据。

(二) 水体自净的分类

影响水体自净过程的因素很多,主要有:河流、湖泊、海洋等水体的地形和水文条件;水中微生物的种类和数量;水温和复氧(大气中的氧接触水面溶入水体)状况;污染物的性质和浓度等。水体自净大致可分为物理净化、化学净化和生物净化三种。它们往往同时发生、相互影响、共同作用。

1. 物理净化

污水或污染物排入水体后,可沉性固体逐渐沉至水底形成污泥。悬浮体、胶体和溶解性污染物则因混合稀释而逐渐降低浓度。主要的物理自净形式有两种:

(1) 混合稀释。污染物的扩散作用,扩散能力的大小用“扩散系数”描述,稀释扩散只能造成浓度的降低,总量不会改变。

混合过程又可以分为如下几个阶段:竖向混合阶段:污染物排入河流后因分子扩散、湍流扩散、弥散作用逐步向河水中分散,由于一般河流的深度与宽度相比较小,所以首先在深度方向上达到浓度分布均匀,从排放口到深度上达到浓度分布均匀的阶段称为竖向混合阶段,同时也存在横向混合作用。

横向混合阶段:当深度上达到浓度分布均匀后,在横向上还存在混合过程。经过一定距离后污染物在整个横断面上达到浓度分布均匀,这一过程称为横向混合阶段。

断面充分混合后阶段:在横向混合阶段后,污染物浓度在横断面上处处相等。河水向下游流动的过程中,持久性污染物的浓度将不在变化,非持久性污染物浓度将不断减少。

（2）自然沉淀。污染物自身重力作用,沉淀能力的大小用“沉降系数”描述,沉淀作用只能造成污染物的转移,由水中转移到底泥中。

2. 化学净化

化学净化是指污染质由于氧化还原、酸碱反应、分解化合和吸附凝聚等化学或物理化学作用而降低浓度。流动的水体从水面上大气中溶入氧气,使污染物中铁、锰等重金属离子氧化,生成难溶物质析出沉降。某些元素在一定酸性环境中,形成易溶性化合物,随水漂移而稀释;在中性或碱性条件下,某些元素形成难溶化合物而沉降。天然水体中含有各种各样的胶体,如硅、铝、铁等的氢氧化物、黏土胶粒和腐殖质等,吸附和凝聚水中污染物,随水流移动或逐渐沉降。

3. 生物净化

生物净化又称生物化学净化。是指生物活动尤其是微生物对有机物的氧化分解使污染物质的浓度降低。工业有机废水和生活污水排入水域后,即产生分解转化,并消耗水中溶解氧。水中一部分有机物消耗于腐生微生物的繁殖,转化为细菌机体;另一部分转化为无机物。细菌又成为原生动物的食料。有机物逐渐转化为无机物和高等生物,水同时等到净化。如果有机物过多,氧气消耗量大于补充量,水中溶解氧不断减少,直至缺氧,有机物由好氧分解转为厌氧分解,于是水体变黑发臭。事实上狭义的水体自净即指水体中微生物氧化分解有机污染物而使水体净化的作用。由此可见水体的生物净化是非常普遍发生的一种情况。

三、水体的耗氧与复氧

有机污染物进入水体后在微生物作用下逐渐氧化分解为无机物质,从而使有机污染物的浓度大大减少的过程就是水体的生化自净作用。

生化自净作用需要消耗水中的溶解氧,所消耗的氧如得不到及时的补充,生化自净过程就要停止,水体水质就要恶化。因此,生化自净过程实际上包括了氧的消耗(耗氧)和氧的补充(复氧)两方面的作用。

（一）水体耗氧过程

水体中的溶解氧的消耗,主要表现在如下几个过程:

1. 碳化需氧量

水中有机污染物生化降解过程需氧,取决于有机污染物的量及其可生化程度,一般用生化需氧量 BOD 表示。

2. 含氮化合物硝化耗氧

水中含氮化合物硝化过程消耗的溶解氧。

3. 水生植物呼吸耗氧

主要指水中藻类等水生植物在光合作用停止阶段的呼吸作用耗氧。

4. 水体底泥耗氧

主要因素应该是底泥中还原性物质返回水中以及底泥表层耗氧物质的氧化分解所致。

（二）水体复氧过程

随着水体中溶解氧的消耗，水中溶解氧浓度逐渐降低，此时水体的复氧机制启动。水体复氧主要由大气复氧和水生植物的光合作用复氧。

1. 大气复氧

大气复氧指氧由大气向水中的传质过程，这是水体复氧一种主要形式。氧气由大气进入水体的传质速率与水体的氧亏量成正比。

大气复氧系数是与河流水深、河水流态以及温度有关的函数，一般可由经验公式求得。20℃的复氧系数可按下述经验公式计算：

$$K_{2,20} = 5.34\frac{u^{0.67}}{H^{1.85}} \qquad 0.1 \leqslant H \leqslant 0.6\text{m}, u \leqslant 1.5\text{m/s} \tag{5-1}$$

$$K_{2,20} = 5.03\frac{u^{0.696}}{H^{1.673}} \qquad 0.6 \leqslant H \leqslant 8\text{m}, 0.6 \leqslant u \leqslant 1.8\text{m/s} \tag{5-2}$$

任一温度 t 下的复氧系数可通过下式求得：

$$K_{2,t} = K_{2,20}\theta^{(t-20)} \tag{5-3}$$

式中 H——河流的平均水深，m；

u——河水流速，m/s；

$K_{2,20}$——20℃时复氧速率系数；

θ——复氧系数的温度系数，通常取 $\theta = 1.024$。

2. 光合作用复氧

水生植物的光合作用是水体复氧的另外一个重要来源，由于光合作用受光照强度的影响，因此夜间没有光照时，通过光合作用复氧停止，此时水生植物处于呼吸耗氧阶段。

（三）河流氧垂曲线方程

1. 氧垂曲线

指水体受到污染后，水体中溶解氧逐渐被消耗，到临界点后又逐步回升的变化过程，如图 5-1 所示。

进入河流的 BOD 在衰减过程中不断地消耗溶解氧 DO，而同时水体又发生着复氧过程，H. Streeter 和 E. Phelps 早在 1925 年就提出来模型描述河流中 BOD 和 DO 之间变化关系，被称为 S—P 模型。以后又在此基础上发展出多种修正模型，

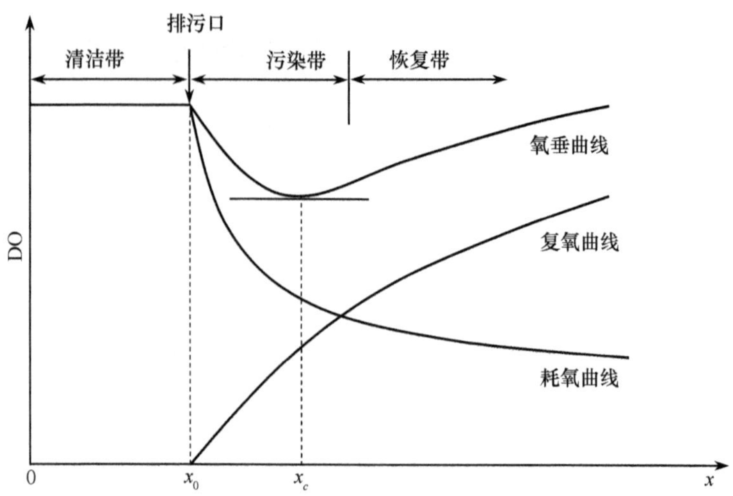

图 5-1　溶解氧沿程变化示意图

至今仍经常使用。

2. S—P 模型

S—P 模型主要研究河流中 DO 与 BOD 间的关系，是反映河流水体中 DO 与 BOD 变化规律及其影响因素间相互关系的数学表达式。S—P 模型的基本假设是：耗氧和复氧都是一级反应；反应速率常数定常；氧亏的净变化仅是水中有机物耗氧和通过液－气界面的大气复氧的函数，在忽略离散作用时，河流的一维稳态混合衰减基本方程为

$$u\frac{\mathrm{d}C}{\mathrm{d}x} = -K_1 C \tag{5-4}$$

式中　u——河流断面平均流速，m/s；

x——沿程距离，m；

K_1——耗氧系数，1/d；

C——沿程浓度，mg/L。

将 $u = \mathrm{d}x/\mathrm{d}t$ 代入式（5-5），得到

$$\frac{\mathrm{d}C}{\mathrm{d}t} = -K_1 C \tag{5-5}$$

积分得到

$$C = C_0 e^{-K_1 t} \tag{5-6}$$

式中　C_0——初始时刻污染物浓度；

t——两个断面之间的流动时间。

水中的溶解氧变化取决于有机物的耗氧和大气复氧，而复氧速率与亏氧量成正比，得到公式

$$\frac{\mathrm{d}D}{\mathrm{d}t} = K_1 C - K_2 D \tag{5-7}$$

式中 D——氧亏量，即饱和溶解氧浓度与实际溶解氧浓度的差值（$DO_f - Do$），mg/L；

DO_f——为一定水温下水体的饱和溶解氧浓度，mg/L，可由下式计算，

$$DO_f = \frac{468}{31.6 + T}$$

T——水的温度，℃；

DO——水体中的实际溶解氧浓度 mg/L；

K_1——耗氧速率系数 1/d；

K_2——复氧速率系数 1/d。

在 $x = 0$、$C = C_0$、$D = DO_0$ 的初始条件下，S—P 模型的解为：

$$C = C_0 \exp\left(-K_1 \frac{x}{86\,400u}\right) \tag{5-8}$$

$$D = \frac{K_1 C_0}{K_2 - K_1}\left[\exp\left(-K_1 \frac{x}{86\,400u}\right) - \exp\left(-K_2 \frac{x}{86\,400u}\right)\right] + D_0 \exp\left(-K_2 \frac{x}{86\,400u}\right) \tag{5-9}$$

式中

$$C_0 = \frac{C_p Q_p + C_h Q_h}{Q_p + Q_h} \tag{5-10}$$

$$D_0 = \frac{D_p Q_p + D_h Q_h}{Q_p + Q_h} \tag{5-11}$$

式中 C_h——上游来水中污染物浓度，mg/L；

C_p——污染物排放浓度，mg/L；

Q_h——上游河水来水流量，m^3/s；

Q_p——污水排放量，m^3/S；

D_0——计算初始断面亏氧量，mg/L；

D_P——污水中溶解氧亏值，mg/L；

D_h——上游来水中溶解氧亏值，mg/L。

氧垂曲线的最低点，称之为“临界氧亏点”，此时耗氧和复氧达到平衡，该点的亏氧量为最大亏氧量。对有机耗氧污染物来说，这一点的水质是最差的，如果水质在这一点能够达标，那么以后的各点都会达标，临界氧亏点 x_c 的计算公式为：

$$x_c = \frac{86\,400u}{K_2 - K_1} \ln\left[\frac{K_2}{K_1}\left(1 - \frac{D_0}{C_0} \cdot \frac{K_2 - K_1}{K_1}\right)\right] \tag{5-12}$$

上述方程是 S—P 模型的基本形式，使用水质模型最重要的一环是参数估计，水质模型应用的成败在很大程度上取决于参数估计是否正确，S—P 模型最重要的两个参数是耗氧系数和复氧系数，这两个参数的获取方法，由于一、二、三级评价预测精度要求不同，在“地面水环境影响评价技术导则”中也有不同的要求，一般采

用实验室测定法、两点法、多点法、经验公式法等等。

在实际发生污染的河流中，往往有不止一个排污口向水体中排污，此时会出现水中溶解氧还没有恢复正常水平就有新的污染物排入水体的情况（如图 5-2 所示）。导致水中污染物积累和溶解氧持续下降的情况发生。严重污染的河段甚至出现水中溶解氧完全消耗的情况，此时河水变黑、发臭，微生物的好氧降解作用停止，水体质量严重恶化。

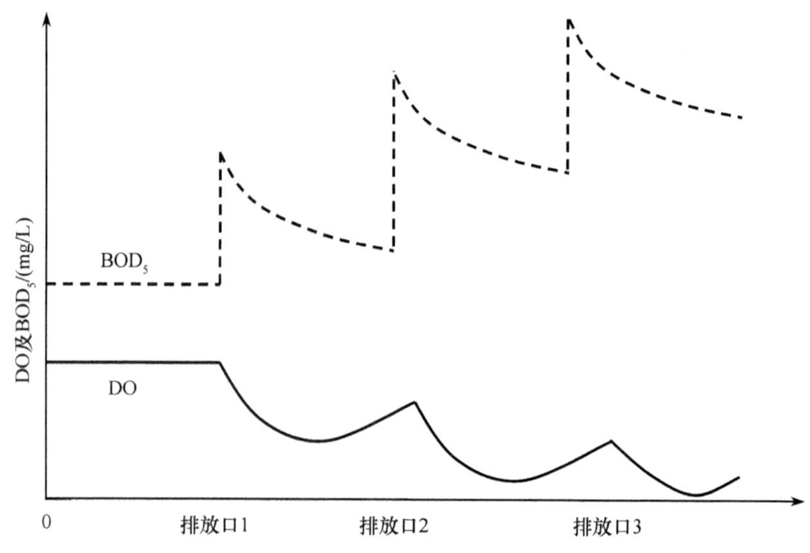

图 5-2 发生多次污染河流中 BOD_5 和 DO 变化情况

四、环境目标

环境组织管理部门为了改善、管理、保护环境而设定的，拟在一定期限内力求达到的环境质量水平与环境结构状态。它必须与社会经济发展的目的相适应或相匹配。环境目标也是制定环境战略、环境规划的前提和出发点。在制定环境目标时，必须既充分尊重自然环境的运动规律、变化规律，又切实考虑现实的社会经济条件和科学技术水平，否则，目标过低，不能满足社会发展需要；目标过高，超过了客观条件的许可，难以达到。常见的环境目标有：

（一）环境质量目标

环境质量目标是指预期要达到的环境质量要求。对于划定地面水环境功能区的水域，目标由功能区划决定；而在没有划定地面水环境功能区的水域，根据水域的实际功能，按照国家《地面水环境质量标准》确定。

环境质量目标所涉及的水质指标可分为三类，即：物理参数：水温、浊度等等；

化学参数:无机指标和有机指标等;生化参数:大肠菌群等。

(二) 污染源排放目标

污染源排放目标是对排污单位环境保护管理的要求和总量控制要求。主要是指国家法规确定的基本要求(如必需达标排放),以及根据所在地区环境特点,由国家或地方政府所提出的特定管理要求,如:总量控制、污染物削减率、污水处理率、达标率、污水回用率等等。

第二节 地表水环境现状调查与评价

一、现状调查目的、范围与时间

(一) 调查目的

1. 了解项目所在区域和相关区域的水环境质量状况。
2. 了解区域水环境特点和环境敏感目标。
3. 为预测模型的选择提供依据和获取基础数据。
4. 决定评价的主要方向和重点。

(二) 调查范围

环境现状的调查范围,应能包括建设项目对周围地面水环境影响较显著的区域。在此区域内进行的调查,能全面说明与地面水环境相联系的环境基本状况,并能充分满足环境影响预测的要求。在确定调查范围时应注意以下两点:

(1) 在确定某具体建设开发项目影响较显著的地面水环境现状调查范围时,应尽量按照将来污染物排放后可能的达标范围,并参考评价等级的高低(评价等级高时取偏大值,较低时取偏小值。如表5-1中所示,进行一级评价时,调查范围取最大值)决定。

表5-1 不同污水排放量对应的河流环境现状调查范围参考表

河流规模 / 调查范围/km / 污水排放量/(m^3/d)	大河	中河	小河
>50 000	15~30	20~40	30~50
50 000~20 000	10~20	15~30	25~40
20 000~10 000	5~10	10~20	15~30
10 000~5000	2~5	5~10	10~25
<5000	<3	<5	5~15

（2）当下游附近有环境敏感区时，调查范围应考虑延长到敏感区上游边界，以满足预测敏感区所受影响的需要。

（三）调查时间

（1）根据当地的水文资料初步确定河流、河口、湖泊、水库的丰水期、平水期、枯水期，同时确定最能代表这三个时期的季节或月份。遇气候异常的年份，要根据流量实际变化情况确定。对有水库调节的河流，要注意水库放水或不放水时候水量的变化。对于海湾，应确定评价期间的大潮期和小潮期。

（2）评价等级不同，对各类水域调查时间的要求也不同。表 5-2 列出了不同评价等级时各类水域的水质调查时期。

（3）当调查区域面源污染严重，丰水期水质劣于枯水期时，一、二级评价的各类水域应调查丰水期，若时间允许，三级评价也应调查丰水期。

（4）冰封期较长的水域，且作为生活饮用水、食品加工用水的水源或渔业用水时，应调查冰封期的水质、水文情况。

需要注意的一点是：调查时段要与预测时段相吻合。

表 5-2　各类水域在不同评价等级时水质的调查时期

水域	一级	二级	三级
河流	一般情况，为一个水文年的丰水期、平水期和枯水期；若评价时间不够，至少应调查平水期和枯水期	条件许可，可调查一个水文年的丰水期、平水期和枯水期；一般情况，可只调查枯水期和平水期；若评价时间不够，可只调查枯水期	一般情况，可只在枯水期调查
河口	一般情况，为一个潮汐年的丰水期、平水期和枯水期；若评价时间不够，至少应调查平水期和枯水期	一般情况，应调查平水期和枯水期；若评价时间不够，可只调查枯水期	一般情况，可只在枯水期调查
湖泊（水库）	一般情况，为一个水文年的丰水期、平水期和枯水期；若评价时间不够，至少应调查平水期和枯水期	一般情况，应调查平水期和枯水期；若评价时间不够，可只调查枯水期	一般情况，可只在枯水期调查

二、调查内容

（一）水文调查和水文测量

1. 水文调查与水文测量的原则

（1）应尽量向有关的水文测量和水质监测等部门收集现有资料，当上述资料不足时，应进行一定的水文调查与水质调查同步的水文测量。

(2) 一般情况下，水文调查与水文测量在枯水期进行，必要时，其他时期(丰水期、平水期、冰封期等)可进行补充调查，其调查范围可根据表5-2确定。

(3) 水文测量的内容与拟采用的环境影响预测方法密切相关。在采用数学模式时应根据所选用的预测模式及应输入的参数的需要决定其内容。在采用物理模型时，水文测量主要应取得足够的制作模型及模型试验所需的水文要素。

(4) 与水质调查同步进行的水文测量，原则上只在一个时期内进行(此时的水质资料应尽量采用水团追踪调查法取得)。它与水质调查的次数不要求完全相同，在能准确求得所需水文要素及环境水力学参数(主要指水体混合输移参数及水质模式参数)的前提下，尽量精简水文测量的次数和天数。

2. 水文调查和水文测量的内容

(1) 河流。根据评价等级与河流的规模决定工作内容，其中主要有：丰水期、平水期、枯水期的划分，河流平直及弯曲情况(如平直段长度或弯曲段的弯曲半径等)、横断面、纵断面(坡度)、水位、水深、河宽、流量、流速及其分布、水温、糙率及泥沙含量等，丰水期有无分流漫滩，枯水期有无浅滩、沙洲和断流，北方河流还应了解结冰、封冻、解冻等现象。如采用数学模式预测时，其具体调查内容应根据评价等级及河流规模按照模式及参数的需要决定。河网地区应调查各河段流向、流速、流量的关系，了解它们的变化特点。

(2) 感潮河口。根据评价等级及河流的规模决定，其中除与河流相同的内容外，还有感潮河段的范围，涨潮、落潮及平潮时的水位、水深、流向、流速及其分布；横断面、水面坡度以及潮间隙、潮差和历时等。如采用数学模式预测时，其具体调查内容应根据评价等级及河流规模按照模式及参数的需要决定。

(3) 湖泊、水库。根据评价等级、湖泊和水库的规模决定工作内容，其中主要有：湖泊、水库的面积和形状(附平面图)，丰水期、平水期、枯水期的划分，流入、流出的水量，停留时间，水量的调度和贮量，湖泊、水库的水深，水温分层情况及水流状况(湖流的流向和流速，环流的流向、流速成及稳定时间)等。如采用数学模式预测时，其具体调查内容应根据评价的等级及湖泊、水库的规模按照参数的需要决定。

(4) 海湾。根据评价等级及海湾的特点选择下列全部或部分内容：海岸形状，海底地形，潮位及水深变化，潮流状况(小潮和大潮循环期间的水流变化、平行于海岸线流动的落潮和涨潮)，流入的河水流量、盐度和温度造成的分层情况，水温、波浪的情况以及内海水与外海水的交换周期等。如采用数学模式预测时，其具体调查内容应根据评价等级及海湾特点按照参数的需要决定。

(5) 降雨资料调查。需要预测建设项目的面源污染时，应调查历年的降雨资料，并根据预测的需要对资料进行统计分析。

（二）现有污染源调查

在调查范围内能对地面水环境产生影响的主要污染源均应进行调查。污染源包括两类：点污染源（简称点源）和非点污染源（简称非点源或面源）。

1. 调查目的

（1）了解评价水域现有污染源的分布、污染物的排放和水质污染原因。

（2）有时预测需要考虑污染物的叠加影响。

（3）为建设项目运行后，可能出现的新的污染问题提供背景资料。

2. 调查方法

一般情况下，以收集现有资料为主，必要时需进行补充调查和监测。

3. 点源调查

（1）点源调查的原则：①以搜集现有资料为主，只有在十分必要时才补充现场调查或测试。例如在评价改、扩建项目时，对此项目改、扩建前的污染源应详细了解，常需现场调查或测试。②点源调查的繁简程度可根据评价级别及其与建设项目的关系而略有不同。如评价级别较高且现有污染源与建成设项目距离较近时应详细调查，例如位于建设项目的排水与受纳河流的混合过程段以内，并对预测计算可能有影响的情况。

（2）点源调查的内容：根据评价工作的需要选择下述全部或部分内容进行调查。有些调查内容可以列成表格。①点源的排放。排放口的平面位置（附污染源平面位置图）及排放方向；排放口在断面上的位置；排放形式（分散排放还是集中排放）等。②排放数据。根据现有的实测数据、统计报表以及各厂矿的工艺路线等选定的主要水质参数，并调查现有的排放量、排放速度、排放浓度及其变化情况等数据。③用排水状况。主要调查取水量、用水量、循环水量及排水总量等。④废水、污水处理状况。主要调查废水、污水的处理设备、处理效率、处理水量及事故状况等。

4. 非点源调查

非点源调查基本上采用间接搜集资料的方法，一般不进行实测。有关调查内容包括：

（1）工业类非点源污染源。原料、燃料、废料、废弃物的堆放位置（主要污染源要求附污染源平面位置图）、堆放面积、堆放形式（几何形状、堆放厚度）、堆放点的地面铺装及其保洁程度、堆放物的遮盖方式等。排放方式、排放去向与处理情况：应说明非点源污染物是有组织的汇集还是无组织的漫流；是集中后直接排放还是处理后排放；是单独排放还是与生产废水或生活污水共同排放等。根据现有实测数据、统计报表以及根据引起非点源污染的原料、燃料、废料、废弃物的物理、化学、生物化学性质选定调查的主要水质参数，并调查有关排放季节、排放时期、排放量、排放浓度及其他变化等方面的数据。

(2) 其他非点源污染源。山林、草原、农地等非点源污染源，调查化肥、有机肥、农药的施用量及流失率等。对城市非点源污染，应调查雨水径流特点、初期城市暴雨径流污染物数量。

(三) 水质调查

1. 水质调查的原则

水质调查时应尽量利用现有数据资料，如资料不足时应实测。

2. 水质参数的选择

所选择的水质参数主要包括两类；一类是常规水质参数，它能反映水域水质一般状况；另一类是特征水质参数，它能代表建设项目将来排放的水质。某些情况下，还需要调查一些补充项目。

(1) 常规水质参数以 GB 3838 中所提出的 pH、溶解氧、高锰酸盐指数、五日生化需氧量、凯氏氮或非离子氨、酚、氰化物、砷、汞、铬(六价)、总磷以及水温为基础，根据水域类别、评价等级、污染源状况适当删减。

(2) 特征水质参数根据建设项目特点、水域类别及评价等级选定。选择时可根据具体情况适当删减。

(3) 其他水质参数。当受纳水域的环境保护要求较高(如自然保护区、饮用水源地、珍贵水生生物保护区、经济鱼类养殖区等)，且评价等级为一、二级时，应考虑调查水生生物和底质。其调查项目可根据具体工作要求确定，或从下列项目中选择部分内容：

水生生物方面主要调查浮游动植物、藻类、底栖无脊椎动物的种类和数量、水生生物群落结构等。

底质方面主要调查与拟建工程排水水质有关的易积累的污染物。

3. 水质取样原则与方式

第一，河流水质取样

(1) 取样断面的布设原则。在调查范围的两端、调查范围内重点保护对象附近水域应布设取样断面。水文特征突然化(如支流汇入处等)、水质急剧变化处(如污水排入处等)、重点水工构筑物(如取水口、桥梁涵洞等)附近、水文站附近等应布设取样断面，并适当考虑需要进行水质预测的地点。在拟建项目排污口上游 500m 处应设置一个取样断面。

(2) 取样断面上取样点的布设

a. 取样垂线的确定。当河流断面形状为矩形或相近于矩形时，可按下列原则布设。

小河：在取样断面的主流线上设一条取样垂线。

大、中河：河宽小于 50m 者，在取样断面上各距岸边三分之一水面宽处，设一条取样垂线(垂线应设在有较明显水流处)，共设两条取样垂线；河宽大于 50m 者，在取样断面的主流线上及距两岸不少于0.5m，并有明显水流的地方，各设一条取样垂线即共设三条取样垂线。

特大河（例如长江、黄河、珠江、黑龙江、淮河、松花江、海河等）：由于河流过宽，取样断面上的取样垂线数应适当增加，而且主流线两侧的垂线数目不必相等，拟设置排污口一侧可以多一些。

如断面形状十分不规则时，应结合主流线的位置，适当调整取样垂线的位置和数目。

b. 垂线上取样水深的确定

在一条垂线上，水深大于5m时，在水面下0.5m水深处及在距河底0.5m处，各取样一个；水深为1~5m时，只在水面下0.5m处取一个样；在水深不足1m时，取样点距水面不应小于0.3m，距河底也不应小于0.3m。对于三级评价的小河不论河水深浅，只在一条垂线上一个点取一个样，一般情况下取样点应在水面下0.5m处，距河底不应小于0.3m。

c. 水样的对待

二、三级评价：需要预测混合过程段水质的场合，每次应将该段内各取样断面中每条垂线上的水样混合成一个水样。其他情况每个取样断面每次只取一个混合水样，即在该断面上各处所取的水样混匀成一个水样。

一级评价：每个取样点的水样均应分析，不取混合样。

第二，河口水质取样

（1）取样断面的布设原则：当排污口拟建于河口感潮段内时，其上游需设置取样断面的数目与位置，应根据感潮段的实际情况决定，其下游取样断面的布设原则同河流。

（2）取样断面上取样点的布设以及水样的对待同河流部分。

第三，湖泊、水库水质取样

（1）取样位置的布设原则、方法和数目：在湖泊、水库中布设的取样位置应尽量覆盖整个调查范围，并且能切实反映湖泊、水库的水质和水文特点（如进水区、出水区、深水区、浅水区、岸边区等）。取样位置可以采用以建设项目的排放口为中心，沿放射线布设的方法。每个取样位置的间隔可参考下列数字。

a. 大、中型湖泊、水库

当建设项目污水排放量小于50 000m^3/d时，一级评价：每1~2.5km^2布设一个取样位置；二级评价每1.5~3.5km^2布设一个取样位置；三级评价每2~4km^2布设一个取样位置。

当建设项目污水排放量大于50 000m^3/d时，一级评价：每3~6km^2布设一个取样位置；二、三级评价：每4~7km^2布设一个取样位置。

b. 小型湖泊、水库

当建设项目污水排放量小于50 000m^3/d时，一级评价每：0.5~1.5km^2布设一个取样位置；二、三级评价：每 1 ~ $2km^2$ 布设一个取样位置。

当建设项污水排放量大于 50 000m^3/d 时，各级评价均为每 0.5 ~ 1.5km^2 布设一个取样位置。

（2）取样位置上取样点的确定

a. 大、中型湖泊、水库

当平均水深小于 10m 时，取样点设在水面下 0.5m 处，但此点距底不应小于 0.5m。

平均水深大于等于 10m 时，首先要根据现有资料查明此湖泊（水库）有无温度分层现象，如无资料可供调查，则先测水温。在取样位置水面下 0.5m 处测水温，以下每隔 2m 水深测一个水温值，如发现两点间温度变化较大时，应在这两点间酌量加测几点的水温，目的是找到斜温层。找到斜温层后，在水面下 0.5m 及斜温层以下，距底 0.5m 以上处各取一个水样。

b. 小型湖泊、水库

当平均水深小于 10m 时，水面下 0.5m，并距底不小于 0.5m 处设一取样点；当平均水深大于或等于 10m 时，水面下 0.5m 处和水深 10m，并距底不小于 0.5m 处各设一取样点。

（3）水样的对待

小型湖泊、水库，如水深小于 10m 时，每个取样位置取一个水样；如水深大于等于 10m 时则一般只取一个混合样，在上下层水质差距较大时，可不进行混合。大、中型湖泊、水库各取样位置上不同深度的水样均不混合。

4. 水质调查取样的次数

表 5-2 已列出不同评价等级时各类水域的水质调查时期。一般情况下取样时应选择流量稳定、水质变化小、连续晴天、风速不大的时期进行。不同评价等级、各类水域每个水质调查时期取样的次数及每次取样的天数按国家标准执行。

第一，河流的取样次数

（1）在所规定的不同规模河流、不同评价等级的调查时期中，每期调查一次，每次调查三、四天；至少有一天对所有已选取定的水质参数取样分析；其他天数根据预测需要，配合水文测量对拟预测的水质参数取样。

（2）不预测水温时，只在采样时测水温；在预测水温时，要测日平均水温，一般可采用每隔 6 小时测一次的方法求平均水温。

（3）一般情况，每天每个水质参数只取一个样，在水质变化很大时，应采用每间隔一定时间采样一次的方法。

第二，河口的取样次数

（1）在所规定的不同规模河口、不同评价等级的调查时期中，每期调查一次，每次调查两天；一次在大潮期，一次在小潮期；每个潮期的调查，均应分别采集同一天的高低潮水样；各监测断面的采样，尽可能同步进行；两天调查中，要对已选定的所有水质参数取样。

（2）不预测水温时，只在采样时测水温；在预测水温时，要测日平均水温，一般可采用每隔4～6小时测一次的方法求平均水温。

第三，湖泊、水库取样次数

（1）在所规定的不同规模湖泊、水库，不同评价等级的调查时期中，每期调查一次，每次调查三、四天；至少有一天对所有已选取定的水质参数取样分析；其他天数根据预测需要，配合水文测量对拟预测的水质参数取样。

（2）表层溶解氧每隔6小时测一次，并在调查期内适当检测藻类。

第四，水质调查取样要注意的特殊情况

（1）对设有闸坝受人工控制的河流，其流动状况，在排洪时期为河流流动；用水时期，如用水量大则类似河流，用水量小时则类似狭长形水库；在蓄水期也类似狭长形水库。这种河流的取样断面、取样位置、取样点的布设以及水质调查的取样次数等可参考前述河流、水库部分的有关规定酌情处理。

（2）我国的一些河网地区，河水流向、流量经常变化，水流状态复杂，特别是受潮汐影响的河网，情况更为复杂。遇到这类河网，应按照各河段的长度比例布设水质采样、水文测量断面。至于水质监测项目、取样次数、断面上取样垂线的布设等可参照河流、河口的有关规定。调查时应注意水质、流向、流量随时间的变化。

三、地面水环境现状评价

（一）评价的原则

现状评价是水质调查的继续。评价水质现状主要采用文字分析与描述，并辅之以数学表达式。在文字分析与描述中，有时可采用检出率、超标率等统计值。数学表达式分两种：一种用于单项水质参数评价，另一种用于多项水质参数综合评价。在水环境质量评价中，当有一项指标超过相应功能的标准值时，就表示该水体已经不能完全满足该功能的要求，因此单因子评价法可以非常简单明了地了解水域是否满足功能要求，是水环境影响评价中最常用的方法。在单项水质参数评价中，一般情况下某水质参数的数值可采用多次监测的平均值，但如该水质参数变化甚大，为了突出高值的影响可采用内梅罗（Nemerow）平均值，或其他计算高值影响的平均值，下式为内梅罗平均值的表达式

$$C = \left(\frac{C_{\max}^2 - \bar{C}^2}{2}\right)^{1/2} \tag{5-13}$$

式中　C——内梅罗平均值，mg/L；

$C_{\max}$——水质参数的最大监测值，mg/L；

$\bar{C}$——水质参数的平均监测值，mg/L。

多项水质参数综合评价只在调查的水质参数较多时方可应用。此方法只能了解多个水质参数的综合现状与相应标准的综合情况之间的某种相对关系。

(二) 评价依据

地面水环境质量标准和有关法规及当地的环保要求是评价的基本依据。地面水环境质量标准应采用 GB 3838 或相应的地方标准,海湾水质标准应采用 GB 3097,有些水质参数国内尚无标准,可参照国外或建立临时标准,所采用的国外标准和建立的临时标准应按国家环保局规定的程序报有关部门批准。评价区内不同功能的水域应采用不同类别的水质标准。

综合水质的分级应与 GB 3838 中水域功能的分类一致,其分级判据与所采用的多项水质参数综合评价方法有关。

所选用的标准均应报相应的环境保护行政主管部门审查认定。

第三节　地表水环境影响预测

地表水环境影响预测是地表水环境影响评价的中心环节,它的主要任务是通过一定的技术方法,预测项目在不同实施阶段对地表水的环境影响,并为采取相应的环境管理措施做准备。

一、预测范围和预测点布设

(一) 预测范围的确定

地表水环境预测的范围与地表水环境现状调查的范围相同或略小(特殊情况也可以略大)。确定预测范围的原则与现状调查相同。

(二) 预测点的布设

在预测范围内应布设适当的预测点,通过预测这些点所受的环境影响来全面反映建设项目对该范围内地面水环境的影响。预测点的数量和预测点的布设应根据受纳水体和建设项目的特点、评价等级以及当地的环保要求确定。

(1) 虽然在预测范围以外,但估计有可能受到影响的重要用水地点,也应设立预测点。

(2) 环境现状监测点应作为预测点。水文特征突然变化和水质突然变化处的上、下游,重要水工建筑物附近,水文站附近等应布设预测点。当需要预测河流混合过程段的水质时,应在该段河流中布设若干预测点。

(3) 当拟预测溶解氧时,应预测最大亏氧点的位置及该点的浓度,但是分段预测的河段不需要预测最大亏氧点。

(4) 排放口附近常有局部超标区,如有必要可在适当水域加密预测点,以便确定超标区的范围。

二、常用水质预测方法

(一) 预测方法简介

1. 数学模式法

此方法是利用表达水体净化机制的数学方程预测建设项目引起的水体水质变化。这种方法可以给出定量的预测结果,在许多水域有成功应用水质模型的范例。一般情况此法比较简便,应首先考虑。但这种方法需要一定的计算条件和输入必要的参数,且污染物在水中的净化机制尚不能完全用数学模式表达,因此也给该方法的应用造成了一定的限制。

2. 物理模型法

此方法是依据相似理论,在一定比例缩小的环境模型上进行水质模拟实验,以预测由建设项目引起的水体水质变化。此方法能反映比较复杂的水环境特点,且定量化程度高,再现性好。但需要有相应的试验条件和较多的基础数据,而且复杂模型的制作要耗费大量的人力、物力和时间。一般只有在无法利用数学模式法预测,或评价级别较高,对预测结果要求较严时选用此方法。另外污染物在水中的化学、生物净化过程难于在模型试验中模拟。

3. 类比调查法

调查与建设项目性质相似,且纳污水体的规模、流态、水质也相似的工程。根据调查结果,分析预估拟建设项目的水环境影响。虽然已建的相似工程可能会找到,但与拟建项目有相似水环境状况的却不容易找到,因此这类预测一般属于定性或半定量性质。该方法所得结果也比较粗略,一般用于评价工作级别较低,且评价时间较短,无法获取足够参数、数据的情况下,用类比法取得数学模式中所需的若干数据和参数。

(二) 预测条件的确定

预测方法选定以后,需要从工程和环境两方面确定必需的预测条件。工程方面的预测条件是筛选拟预测的水质参数和考虑工程实施过程不同阶段对水环境的影响;环境方面的预测条件是确定预测范围、布设预测点和根据环境的净化能力确定预测时段。

1. 筛选拟预测的水质参数

根据对建设项目的初步工程分析,可知此项目排入水体的污染源与污染物情况。结合水环境影响评价的级别,工程与水环境两者的特点,即可从将要排入水体的污染物中筛选水质预测参数。筛选的数目既要说明问题又不宜过多,使所选水质参数的影响预测能基本反映建设项目的地面水环境影响。

2. 建设项目环境影响时段划分

所有建设项目均应预测生产运行阶段对地面水环境的影响。该阶段的地面水环境影响应按废水、污水正常排放和不正常排放两种情况进行预测。根据建设项目的特点、评价等级、地面水环境特点和当地环保要求,个别建设项目应预测服务期满后对地面水环境的影响。如矿山开发项目一般应预测此种环境影响。

3. 确定地表水环境影响预测的时段

地表水环境影响预测应考虑水体自净能力不同的各个时段。通常可将其划分为自净能力最小、一般、最大三个阶段。自净能力最小的时段通常在枯水期(结合建设项目设计的要求考虑水量的保证率),个别水域由于面源污染严重也可能在丰水期。自净能力一般的时段通常在平水期。冰封期的自净能力很小,情况比较特殊,如果冰封期较长可单独考虑。评价等级为一、二级时,应分别预测建设项目在水体自净能力最小和一般两个时段的环境影响。冰封期较长的水域,当其水体功能为生活饮用水、食品工业用水水源或渔业用水时,还应预测此时段的环境影响。评价等级为三级或评价等级为二级但评价时间较短时,可以只预测自净能力最小时段的环境影响。

三、常用水质预测模式

水质预测模式有很多种,分类方法也多种多样,常见的分类方式有如下几种:根据水体性质的不同分为河流模式、河口模式、湖泊模式、海洋模式;从水质组分多少可以划分为单组分模式、耦合模式、生态综合模式等;从系统状态可分为动态模式和静态模式;根据研究对象不同可以划分为水质模式、pH 模式、温度模式、水土流失模式等;从空间尺度可以分为零维、一维、二维、三维模式。

零维模型用于最简单、理想状态下的水质预测;一维模型用于断面平均流量参数并考虑参数在纵向方向上的变化;二维模型不仅具有一维的特点,同时还考虑在横向方向上的参数变化;三维模型用“点”流量参数,不仅考虑纵、横两个方向上的参数变化,还考虑垂直方向上的变化。零维是一种理想状态,把所研究的水体如一条河或一个水库看成一个完整的体系,当污染物进入这个体系后,立即完全均匀地分散到这个体系中,污染物的浓度不会随时间的变化而变化。在同时满足以下情况下,可以把预测水体简化为“零维”进行预测:①上游来水流量稳定、水质是均匀的;②河水流量与污水流量之比大于 10 ~ 20;③不考虑污水进入水体的混合距离。当预测因子比较稳定,难降解或降解项可以忽略不计、且评价等级比较低时,也可以考虑采用零维模型。

一维模型适用的假设条件是横向和垂直方向混合相当快,认为断面中的污染物浓度是均匀的。

污水进入河流后,不能在短距离内达到全断面均匀混合的河流都应当采用二维模型预测,或者说当必须考虑排放口混合区范围时,要选用二维模型计算。二维模型除要考虑纵向扩散外,还要考虑横向扩散,同时考虑横向和垂向扩散的,为三维模型。

在进行环境影响预测时经常遇到四种污染物需要用到不同的预测模式,即:持久性污染物、非持久性污染物、酸碱污染和废热。

持久性污染物是指在地表水中不能或很难由于物理、化学、生物作用而分解、沉淀或挥发的污染物,例如在悬浮物甚少,沉降作用不明显水体中无机盐类、重金属等。

非持久性污染物是指在地表水中由于生物作用而逐渐减少的污染物,例如耗氧有机物。

酸碱污染物有各种废酸、废碱等。表征酸碱污染物的水质参数是 pH 值。

废热主要由排放热废水所引起,表征废热的水质参数是水温。

预测范围内的河段可以分为充分混合段、混合过程段和上游河段。充分混合段是指污染物浓度在断面上均匀分布的河段。混合过程段是指排放口下游达到充分混合以前的河段。上游河段是排放口上游的河段。

其中混合过程段在环境影响预测中是一个非常重要的概念。

(一) 混合过程段

1. 混合过程段概念

当污水排入河流后,在河流横向断面上要经过横向混合一定距离后与河水充分混合,这个距离称之为“混合过程段”,也就是排放口下游达到充分混合以前的河段(如图 5-3 所示)。

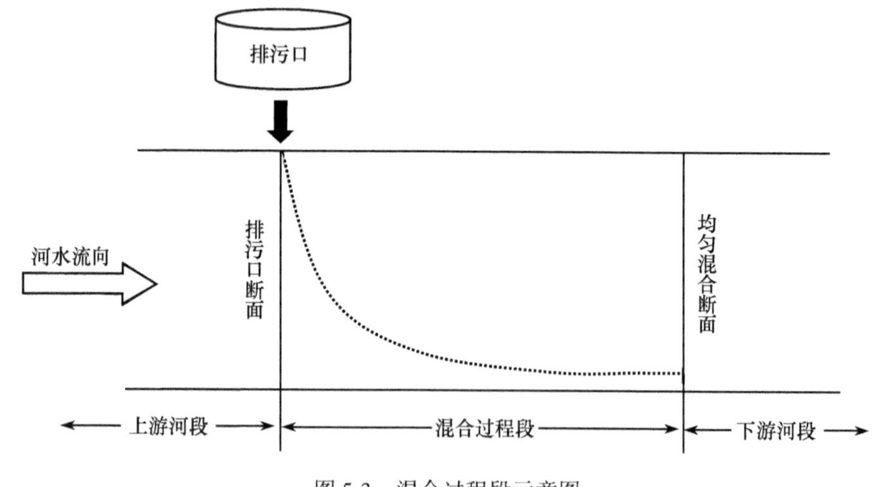

图 5-3　混合过程段示意图

2. 均匀混合断面的判定

当断面上任一点浓度与断面平均浓度之差小于平均浓度的5%时,可以认为达到均匀混合。

3. 注意两个问题

(1) 混合过程段不执行地面水环境质量标准或者说可以超过水质标准。

(2) 在应加以保护的重要功能区范围内不允许混合区的存在。

混合过程段的长度可由下式估算

$$L = \frac{(0.4B - 0.6a)Bu}{(0.058H + 0.0065B)(gHI)^{1/2}} \tag{5-14}$$

式中 L——混合过程段的长度,m;

B——河流的宽度,m;

a——排放口到岸边的距离,m;

H——河流的深度,m;

u——流速,m/s;

g——重力加速度,m/s^2;

I——河流的坡度,m/m。

(二) 采用数学模式法进行预测的工作程序

采用数学模式进行地表水环境影响预测是最常用的方法之一,这里边最主要的环节是选用正确的模式和选择合适的参数,并对所用模式的合理性进行验证。用数学模式法进行地表水环境影响预测的工作程序见图5-4。

(三) 河流常用预测模式简介

1. 持久性污染物

(1) 充分混合段。充分混合段一、二、三级评价均采用河流完全混合模式。

$$C = \frac{C_pQ_p + C_hQ_h}{Q_p + Q_h} \tag{5-15}$$

式中 C——污染物浓度,mg/L;

C_p——污染物排放浓度,mg/L;

Q_p——污水排放量,m^3/s;

C_h——上游河水污染物浓度,mg/L;

Q_h——上游河水来水流量,m^3/s。

【例】某一建设项目,建成投产后废水排放量为1.0m^3/s,废水排放源强COD_{Cr}=58mg/L,废水排入一条河流中,已知河流上游来水流量8.7m^3/s,COD_{Cr}=14.5mg/L,问废水排入河水中后,其污染程度如何?

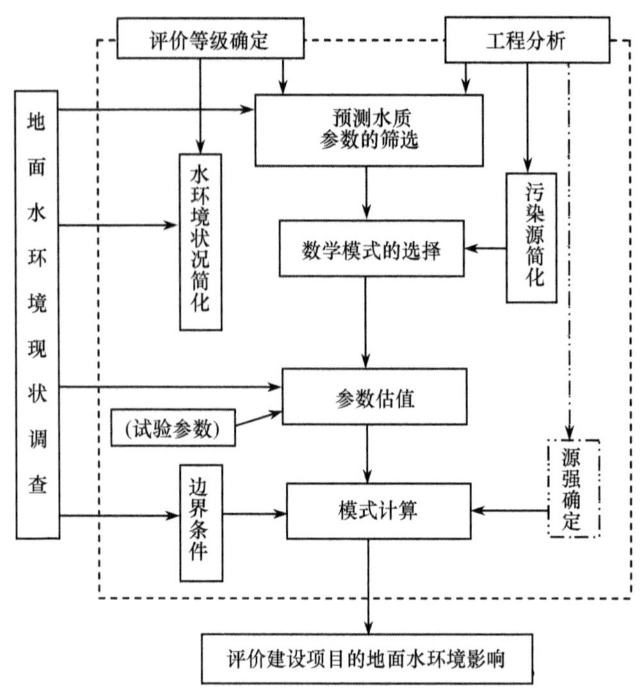

图 5-4 采用数学模式法预测地面水环境影响工作程序

注：[虚线框] 环境影响预测的范围 [点划线框] 属于工程分析的工作

解:按河流完全混合模式计算:

$C = (C_p Q_p + C_h P_h)/(Q_p + Q_h) = (8.7 \times 14.5 + 1.0 \times 58)/(1.0 + 8.7) = 18.98\mathrm{mg/L}$

(2) 平直河流混合过程段

① 二维稳态混合模式

a. 岸边排放

$$C(x,y) = C_h + \frac{C_p Q_p}{H\sqrt{\pi M_y x u}}\left\{\exp\left(-\frac{uy^2}{4M_y x}\right) + \exp\left[-\frac{u(2B-y)^2}{4M_y x}\right]\right\} \quad (5\text{-}16)$$

b. 非岸边排放

$$C(x,y) = C_h + \frac{C_p Q_p}{H\sqrt{\pi M_y x u}}\left\{\exp\left(-\frac{uy^2}{4M_y x}\right) + \exp\left[-\frac{u(2a+y)^2}{4M_y x}\right] + \exp\left[-\frac{u(2B-2a-y)^2}{4M_y x}\right]\right\} \quad (5\text{-}17)$$

式中 u——x 方向流速(断面平均流速),m/s;

M_y——横向混合系数,$\mathrm{m^2/s}$;

a——排放口到岸边的距离,m;

B——河流宽度,m。

② 弗罗模式

$$C_N = \frac{C_p}{N} + \frac{N-1}{N}C_h \tag{5-18}$$

式中　N——稀释倍数，由下式计算

$$N = \frac{\gamma Q_h + Q_p}{Q_p} \tag{5-19}$$

式中　γ——稀释比（混合系数），由下式计算

$$\gamma = \frac{1 - \exp(-\beta x^{\frac{1}{3}})}{1 + \frac{Q_h}{Q_p}\exp(-\beta x^{\frac{1}{3}})} \tag{5-20}$$

式中　β——中间变量，由下式计算

$$\beta = 0.604\varepsilon\left(\frac{Hun}{R^{\frac{1}{6}}Q_p}\right)^{\frac{1}{3}} \tag{5-21}$$

式中　ε——排放口位置系数，岸边1.0，中间1.5，其余部分通过内插法求得；

n——粗糙系数，0.02～0.04；不同类型河道不同，可通过手册查得；

R——水力影响半径，R＝过水面积/湿周长。

（3）弯曲河流混合过程段。建议采用稳态混合衰减累积流量模式。

a. 岸边排放

$$C(x,q) = C_h + \frac{C_pQ_p}{\sqrt{\pi M_q x}}\left\{\exp\left(-\frac{q^2}{4M_q x}\right) + \exp\left[-\frac{(2Q_h - q)^2}{4M_q x}\right]\right\} \tag{5-22}$$

b. 非岸边排放

$$C(x,q) = C_h + \frac{C_pQ_p}{2\sqrt{\pi M_q x}}\left\{\exp\left(-\frac{q^2}{4M_q x}\right)\exp\left[-\frac{(2aHu+q)^2}{4M_q x}\right] + \exp\left[-\frac{(2Q_h - 2aHu - q)^2}{4M_q x}\right]\right\} \tag{5-23}$$

式中　q——累积流量，$q = Huy$；

M_q——横向混合累积流量混合系数，$M_q = H^2uM_y$，m^2/s；

H——预测年平均水面到河底的深度，m。

2. 非持久性有机物

（1）充分混合段。建议采用斯特里特—菲立浦（Streetr-Phelps，简称S—P）模式（如前文所述）。其中K_1的确定对于一级评价建议采用多点法或多参数优化法，对于清洁河流（现状水质为Ⅰ、Ⅱ、Ⅲ级水体）可以采用实验室测定法；K_2的确定建议采用多参数优化法，对于清洁河流可以采用经验公式法。二级评价其中K_1的确定建议采用两点法，也可以采用多点法或多参数优化法，对于清洁河流可以采用实验室测定法；K_2的确定建议采用经验公式法。清洁河流可以不预测溶解氧。三级评价K_1的确定可以采用两点法，实验室测定法或相似河道类比调查法；K_2的确定建议采用经验公式法。三级评价也可以不预测溶解氧。

(2) 平直河流混合过程段。

① 二维稳态混合衰减模式

a. 岸边排放

$$C(x,y)=\exp\left(-K_1\frac{x}{86\ 400u}\right)\left\{C_h+\frac{C_pQ_p}{H\sqrt{\pi M_y xu}}\left[\exp\left(-\frac{uy^2}{4M_y x}\right)+\exp\left(-\frac{u(2B-y)^2}{4M_y x}\right)\right]\right\} \tag{5-24}$$

b. 非岸边排放

$$C(x,y)=\exp\left(-K_1\frac{x}{86\ 400u}\right)\left\{C_h+\frac{C_pQ_p}{2H\sqrt{\pi M_y xu}}\left[\begin{array}{l}\exp\left(-\frac{uy^2}{4M_y x}\right)+\exp\left(-\frac{u(2a+y)^2}{4M_y x}\right)\\+\exp\left(-\frac{u(2B-2a-y)^2}{4M_y x}\right)\end{array}\right]\right\} \tag{5-25}$$

② 弗罗衰减模式

$$C_N=\left(\frac{C_p}{N}+\frac{N-1}{N}C_h\right)\exp\left(-K_1\frac{x}{86\ 400u}\right) \tag{5-26}$$

式中参数同上。

(3) 弯曲河流混合过程段。建议采用稳态混合衰减累积流量模式。

① 岸边排放

$$C(x,q)=\exp\left(-K_1\frac{x}{86\ 400u}\right)\left\{C_h+\frac{C_pQ_p}{\sqrt{\pi M_q x}}\left[\exp\left(-\frac{q^2}{4M_q x}\right)+\exp\left(-\frac{(2Q_h-q)^2}{4M_q x}\right)\right]\right\} \tag{5-27}$$

② 非岸边排放

$$C(x,q)=\exp\left(-K_1\frac{x}{86\ 400u}\right)\left\{C_h+\frac{C_pQ_p}{2\sqrt{\pi M_q x}}\left[\begin{array}{l}\exp\left(-\frac{q^2}{4M_q x}\right)+exp\left(-\frac{2aHu+q}{4M_q x}\right)^2\\+\exp\left(-\frac{(2Q_h-2aHu-q)^2}{4M_q x}\right)\end{array}\right]\right\} \tag{5-28}$$

(4)沉降作用明显的河流。这类河流目前尚无通用、成熟的模式。混合过程段可以近似采用沉降作用不明显河流相应的预测模式,但注意应将 K_1 改为综合消减系数 K。K 的确定可以近似采用 K_1 的确定方法:评价等级为一、二级时采用多点法或多参数优化法;三级采用两点法。其他参数的确定可以近似采用沉降作用不明显河流相应的方法。

充分混合段可以采用托马斯模式。当预测的参数不包括溶解氧时,可以采用确定 K_1 的方法确定 K_1+K_3:一、二级评价采用多点法,三级评价采用两点法。当预测的水质参数包括溶解氧时,一、二级评价可以采用多参数优化法确定 K_1、K_2、K_3。三级评价可以不预测溶解氧。

托马斯模式

$$C = C_0 \exp\left(- (K_1 + K_3) \frac{x}{86\,400u} \right) \tag{5-29}$$

$$D = \frac{K_1 C_0}{K_2 - (K_1 + K_3)} \left[\exp\left(- (K_1 + K_3) \frac{x}{86\,400u} \right) - \exp\left(- K_2 \frac{x}{86\,400u} \right) \right] + D_0 \exp\left(- K_2 \frac{x}{86\,400u} \right) \tag{5-30}$$

$$x_c = \frac{u}{K_2 - (K_1 + K_3)} \ln\left[\frac{K_2}{K_1 + K_3} + \frac{D_0}{C_0} \cdot \frac{K_2 (K_1 + K_3 - K_2)}{K_1 (K_1 + K_3)} \right] \tag{5-31}$$

$$C_0 = \frac{C_p Q_p + C_h Q_h}{Q_p + Q_h}, D_0 = \frac{D_p Q_p + D_h Q_h}{Q_p + Q_h} \tag{5-32}$$

3. 酸碱污染物质

(1) 完全混合段:

排放酸性物质时

$$\mathrm{pH} = \mathrm{pH}_h + \lg\left[\frac{C_{bh}(Q_p + Q_h) - C_{ap} Q_p}{C_{bh}(Q_p + Q_h) + Q_p C_{ap} K_{a1} \cdot 10\mathrm{pH}_h} \right] \tag{5-33}$$

排放碱性物质时

$$\mathrm{pH} = \mathrm{pH}_h + \lg\left[\frac{C_{bh}(Q_p + Q_h) + C_{bp} Q_p}{C_{bh}(Q_p + Q_h) - Q_p C_{bp} K_{a1} \cdot 10\mathrm{pH}_h} \right] \tag{5-34}$$

式中 pH_h——河流上游来水的 pH;

C_{bh}——河流中的碱度,mg/L;

C_{ap}——污水中的酸度,mg/L;

C_{bp}——污水中的碱度,mg/L;

K_{a1}——碳酸一级平衡常数,见表 5-3。

表 5-3 碳酸一级平衡常数 K_{a1}

温度/℃	0	5	10	15	20	25	30	40
$K_{a1} \times 10^7$	2.65	3.04	3.43	3.80	4.15	4.45	4.71	5.06

(2) 混合过程段。当受纳水体水质要求较高时可按下述方法预测:假设拟排入的酸碱污染物在河流中只有混合作用,则可按照持久性污染物模式预测混合过程段各点的该酸碱物的浓度,然后通过室内试验找出该污染物浓度与 pH 的关系曲线,最后根据各点污染物的计算浓度查曲线以近似求得相应点的 pH。

4. 废热

(1) 充分混合段。一维日均水温模式:

$$T = T_e + (T_0 - T_e) \exp\left(- \frac{K_{TS} x}{\rho C_p H u} \right) \tag{5-35}$$

$$T_e = T_d + \frac{H_s}{K_{TS}}, T_0 = T_h + \frac{Q_p (T_p - T_h)}{Q_h + Q_p} \tag{5-36}$$

$$K_{TS} = 15.7 + [0.515 - 0.00425(T_s - T_d) + 0.000051(T_s - T_d)^2] \cdot (70 + 0.7W_z^2) \tag{5-37}$$

式中 T_s——表面水温，℃；

T_e——平衡水温，℃；

T_0——初始断面水温，℃；

T_d——露点温度，℃，北方地区一般 $T_d = 5$℃；

T_h——上游河水水温℃；

T_p——废水水温，℃；

ρ——水的密度，mg/m^3；

K_{TS}——表面热交换系数，W/(m·℃)；

C_p——水的比热，4.18×10^3J/(kg·℃)；

W_z——水面以上10m高处的风速，m/s；

H_s——太阳短波辐射，一般取600W/m^2。

(2) 混合过程段。目前尚无成熟的简单模式，一、二级评价可参考水电部门采用的方法。

(四) 河口常用数学模式(适用于河流感潮段)

1. 持久性污染物

(1) 充分混合段。

一级评价：大河可以采用一维非恒定流方程数值模式(偏心差分解法)计算流场，采用一维动态混合数值模式预测任意时刻的水质；小河和中河采用欧康那(O'Connor)河口模式，计算潮周平均、高潮平均和低潮平均水质。其中M_l可以采用淡水含量百分比法确定。

二级评价：可以采用欧康那河口模式。其中M_l的确定，可用鲍登(Bowden)法，荷贝-哈百曼-费希尔(Hobbey-Harbemen-Fisher，简称荷-哈-费)法，海福林-欧康奈尔(Hefling-O'Connell，简称海-欧)法或狄欺逊(Diachishon)法计算。

三级评价：可以采用河流完全混合模式预测潮周平均、高潮平均和低潮平均水质。以下是欧康那河口模式：

均匀河口上溯时($x<0$，自$x=0$处排入)

$$C = C_h + \frac{C_pQ_p}{Q_h + Q_p}\exp\left(\frac{u}{M_l}x\right) \tag{5-38}$$

均匀河口下泄时($x>0$)

$$C = \frac{C_pQ_p + C_hQ_h}{Q_h + Q_p} \tag{5-39}$$

式中 M_l——纵向扩散系数，m^2/s。其中

鲍登法 $M_l = 0.295uH$

荷—哈—费法 $M_l = 63nuH^{0.833}$

海福林—欧康奈尔法 $M_l = 0.48u_{max}^{3/4}$

狄欺逊法 $M_l = 1.23u_{max}^2$。

（2）混合过程段。可以采用河流相应情况的模式预测潮周平均情况。

2. 非持久性污染物

（1）充分混合段。

① 一级评价用一维动态混合衰减模式

$$\frac{\partial C}{\partial t} + u\frac{\partial C}{\partial x} = \frac{1}{F}\frac{\partial}{\partial x}\left(FM_l\frac{\partial C}{\partial x}\right) - K_1 C + S_p \tag{5-40}$$

② 欧康那河口衰减模式预测均匀河口潮周平均、高潮平均和低潮平均水质

上溯（$x<0$，自 $x=0$ 处排入）时

$$C = \frac{C_p Q_p}{(Q_h + Q_p)M}\exp\left[\frac{ux}{2M_l}(1+M)\right] + C_h \tag{5-41}$$

下泄（$x>0$）时

$$C = \frac{C_p Q_p}{(Q_h + Q_p)M}\exp\left[\frac{ux}{2M_l}(1-M)\right] + C_h \tag{5-42}$$

其中 M 为中间变量，

$$M = (1 + 4K_1 M_l/u^2)^{1/2} \tag{5-43}$$

③ 断面面积与距离成正比，即 $F = \frac{F_0}{x_0}x$ 的河口

上溯（$x<x_0$）时

$$C = \frac{C_p Q_p x_0}{F_0 M_l}N_E\left[x_0\sqrt{\frac{K_1}{M_l}}\right]J_E\left[x\sqrt{\frac{K_1}{M_l}}\left(\frac{x}{x_0}\right)^E\right] + C_h \tag{5-44}$$

下泄（$x>x_0$）时

$$C = \frac{C_p Q_p x_0}{F_0 M_l}J_E\left[x_0\sqrt{\frac{K_1}{M_l}}\right]N_E\left[x\sqrt{\frac{K_1}{M_l}}\left(\frac{x}{x_0}\right)^E\right] + C_h \tag{5-45}$$

式中　$E = \frac{Q_h x_0}{2F_0 M_l}$；

F_0——$x = x_0$ 时的河流断面面积，m^2；

N_E——第二类 E 阶贝塞尔函数；

J_E——第一类 E 阶贝塞尔函数。

（2）混合过程段。

二维动态混合衰减数值模式

$$\frac{\partial C}{\partial t} + u\frac{\partial C}{\partial x} = M_x\frac{\partial^2 C}{\partial x^2} + M_y\frac{\partial^2 C}{\partial y^2} - K_1 C \tag{5-46}$$

3. 酸碱污染物（以 pH 表征）

可采用河流相应情况模式预测潮周平均、高潮平均和低潮平均水质。

4. 废热(以水温表征)

参照河流相关模式处理。

(五) 湖泊水库常用数学模式

1. 持久性污染物

(1) 小湖(库)

采用湖泊完全混合平衡模式,如下

$$C = \frac{W_0 + C_p Q_p}{Q_h} + \left(C_h - \frac{W_0 + C_p Q_p}{Q_h}\right)\exp\left(-\frac{Q_h}{V}t\right) \tag{5-47}$$

平衡时

$$C = (W_0 + C_p Q_p)/Q_h \tag{5-48}$$

式中 W_0——现有污染物的排入量,g/s;

Q_h——湖水的流出量,m^3/s;

V——湖水体积,m^3。

(2) 无风时的大湖(库)

采用卡拉乌舍夫模式,如下

$$C_r = C_p - (C_p - C_{r_0})\left(\frac{r}{r_0}\right)^{Q_p/\Phi H M_r} \tag{5-49}$$

式中 Φ——湖心排放,取 2π 弧度;平直湖岸排放,取 π 弧度;

r_0——取距排污点足够远处的某点,m;

C_{r_0}——r_0处实测浓度值,mg/L;

H——湖平均水深,m;

M_r——径向混合系数,通过示踪法确定,m^2/s。

(3) 近岸环流显著的大湖(库)

采用湖泊环流二维稳态混合模式。

① 岸边排放

$$C(x,y) = C_h + \frac{C_p Q_p}{H\sqrt{\pi M_y x u}}\exp\left(-\frac{u y^2}{4M_y x}\right) \tag{5-50}$$

② 非岸边排放

$$C(x,y) = C_h + \frac{C_p Q_p}{2H\sqrt{\pi M_y x u}}\left\{\exp\left(-\frac{u y^2}{4M_y x}\right) + \exp\left(-\frac{u(2a+y)^2}{4M_y x}\right)\right\} \tag{5-51}$$

(4) 分层湖(库)

采用分层湖(库)集总参数模式。

① 分层期($0 < t/86\,400 < t_1$)

$$C_{E(l)} = C_{pE} - (C_{pE} - C_{M(l-1)})\exp\left(-\frac{Q_{pE}t}{V_E}\right) \tag{5-52}$$

$$C_{H(l)} = C_{pH} - (C_{pH} - C_{M(l-1)})\exp\left(-\frac{Q_{pH}t}{V_H}\right) \tag{5-53}$$

式中　$C_{M(0)} = C_h$

Q_{pE}——排入分层湖上层的废水量，m^3/s；

Q_{pH}——排入分层湖下层的废水量，m^3/s；

C_{pE}——向分层湖上层排放的污染物浓度，mg/L；

C_{pH}——向分层湖下层排放的污染物浓度，mg/L；

V_E——分层湖上层体积，m^3；

V_H——分层湖下层体积，m^3。

翻转时上下两层瞬时完全混合：

$$C_{T(l)} = \frac{C_{E(l)}V_E + C_{H(l)}V_H}{V_E + V_H} \tag{5-54}$$

② 非分层期（$t_1 < t/86\,400 < t_2$）

$$C_{M(l)} = C_p - (C_p - C_{T(l)})\exp\left(-\frac{Q_p(t - t_1)}{V}\right) \tag{5-55}$$

2. 非持久性污染物

（1）小湖（库）

① 湖泊完全混合衰减模式

$$C = \frac{W_0 + C_pQ_p}{VK_h} + \left(C_h - \frac{W_0 + C_pQ_p}{VK_h}\right)\exp(-K_ht) \tag{5-56}$$

② 平衡时

$$C = \frac{(W_0 + C_pQ_p)}{VK_h}, K_h = \frac{Q_h}{V} + \frac{K_1}{86\,400} \tag{5-57}$$

式中　V——湖的体积，m^3；

K_1——耗氧系数，1/d。

（2）无风时的大湖（库）

可采用湖泊推流衰减模式。其中 Φ 可根据湖（库）岸边形状和水流状况确定，中心排放取 2π 弧度，平直岸边取 π 弧度；K_1 的确定同小湖库模式。

$$C_r = C_p\exp\left(-\frac{K_1\Phi Hr^2}{172\,800Q_p}\right) + C_h \tag{5-58}$$

（3）近岸环流显著的大湖（库）

用湖泊环流二维稳态混合衰减模式。

① 岸边排放

$$C(x,y) = \left[C_h + \frac{C_pQ_p}{H\sqrt{\pi M_y xu}}\exp\left(-\frac{uy^2}{4M_yx}\right)\right]\exp\left(-K_1\frac{x}{86\,400u}\right) \tag{5-59}$$

② 非岸边排放

$$C(x,y) = \left\{C_h + \frac{C_pQ_p}{2H\sqrt{\pi M_y xu}}\left[\exp\left(-\frac{uy^2}{4M_y x}\right) + \exp\left(-\frac{u(2a+y)^2}{4M_y x}\right)\right]\right\}\exp\left(-K_1\frac{x}{86\,400u}\right) \tag{5-60}$$

(4) 分层湖(库)

① 分层期($0 < t/86\,400 < t_1$)

采用分层湖集总参数衰减模式。其中 K_1 的确定同小湖库模式。

$$C_{E(l)} = \frac{C_{pE}Q_{pE}/V_E}{K_{hE}} - \frac{(C_{pE}Q_{pE}/V_E - K_{hE}C_{M(l-1)})}{K_{hE}}\exp(-K_{hE}t) \tag{5-61}$$

$$C_{H(l)} = \frac{C_{pH}Q_{pH}/V_E}{K_{hE}} - \frac{(C_{pH}Q_{pH}/V_E - K_{hE}C_{M(l-1)})}{K_{hE}}\exp(-K_{hH}t) \tag{5-62}$$

式中
$$K_{hE} = \frac{Q_{pE}}{V_E} + \frac{K_1}{86\,400}, K_{hH} = \frac{Q_{pH}}{V_H} + \frac{K_1}{86\,400} \tag{5-63}$$

翻转时上下两层瞬时完全混合时

$$C_{T(l)} = \frac{C_{E(l)}V_E + C_{H(l)}V_H}{V_E + V_H} \tag{5-64}$$

② 非成层期($t_1 < t/86\,400 < t_2$)

$$C_{M(l)} = \frac{C_pQ_p/V}{K_h} - \frac{(C_pQ_p/V - K_hC_{T(l)})}{K_h}\exp(-K_ht) \tag{5-65}$$

式中
$$C_{M(0)} = C_h, K_h = \frac{Q_p}{V} + \frac{K_1}{86\,400} \tag{5-66}$$

(5) 顶端入口附近排入废水的狭长湖(库)

$$C_l = \frac{C_pQ_p}{Q_h}\exp\left(-K_1\frac{V}{86\,400Q_h}\right) + C_h \tag{5-67}$$

(6) 循环利用湖水的小湖(库)

采用部分混合水质模式。其中 K_1 的确定可采用实验室测定法确定,三级评价也可以采用类比调查法。

$$C = \frac{C_pR_c}{(R_c+1)\exp\left(\frac{K_1V}{86\,400Q_c(R_c+1)}\right) - 1} + C_h \tag{5-68}$$

式中 $R_c = Q_p/Q_c$。

3. 酸碱污染物(以 pH 表征)

小湖可近似采用河流 pH 模式。

四、数学模式的验证

采用数学模式法预测环境影响过程中,若出现下列情况之一时,应对所采用的数学模式进行验证:

(1) 国内新开发的数学模式；

(2) 国外开发,国内首次应用的数学模式；

(3) 由其他领域首次引入环境影响预测领域的数学模式；

(4) 国内虽有个别应用,但不够成熟的数学模式并且评价等级为一级时；

(5) 环境的实际情况不能充分满足所采用数学模式的适用条件时。

数学模式的验证一般根据实测或现有的水文、水质资料进行。其对水文、水质资料的要求与环境水力学参数估值时的要求相同。用于验证数学模式的水质数据与用于估值环境水力学参数的水质数据之间应具有较大的独立性。

第四节　地表水环境影响评价

一、地表水环境影响评价的主要任务

(一) 明确工程项目性质

全面了解建设项目的背景、进度和规模,调查其生产工艺和可能造成的环境影响因素,明确工程及环境影响性质。

(二) 划分评价等级

依据《环境影响评价技术导则》的要求,结合建设项目特点和当地的水环境问题特征,对地表水环境影响评价工作进行分级。

(三) 地表水环境现状调查与评价

通过水质与水文调查、现有污染源调查,弄清水环境现状,确定环境问题的性质和类型,并绘制保护目标区域示意图和污染源和水质现状示意图。运用水质评价方法对地面水环境现状进行评价。

(四) 建设项目工程污染分析

了解拟建项目与地表水环境有关的各种情况,弄清评价项目所产生的污染量、污染指标和可能造成地表水污染的范围,调查项目的生产工艺,确定污染负荷。

(五) 环境影响预测与评价

利用环境现状调查和工程分析的有关数据,确定水质参数和计算条件,选择合适的水质模型,建立水质输入响应关系,设计各种计算情景,预测建设项目对地表水环境的影响。根据环境影响预测结果,依据国家污染物排放标准和环境质量标准,对建设项目环境影响进行综合分析和评价。

（六）提出控制方案和环保措施

根据环境影响预测和评价结果，比较优化建设方案，评定与估算建设项目对地表水影响的程度和范围，预测受影响水体的环境质量和达标率，为了实现环境质量保护目标，提出环境保护的建议和措施。

二、地面水环境影响评价的工作程序

环境影响评价工作程序如图5-5所示，环境影响评价工作大体分为三个阶段。

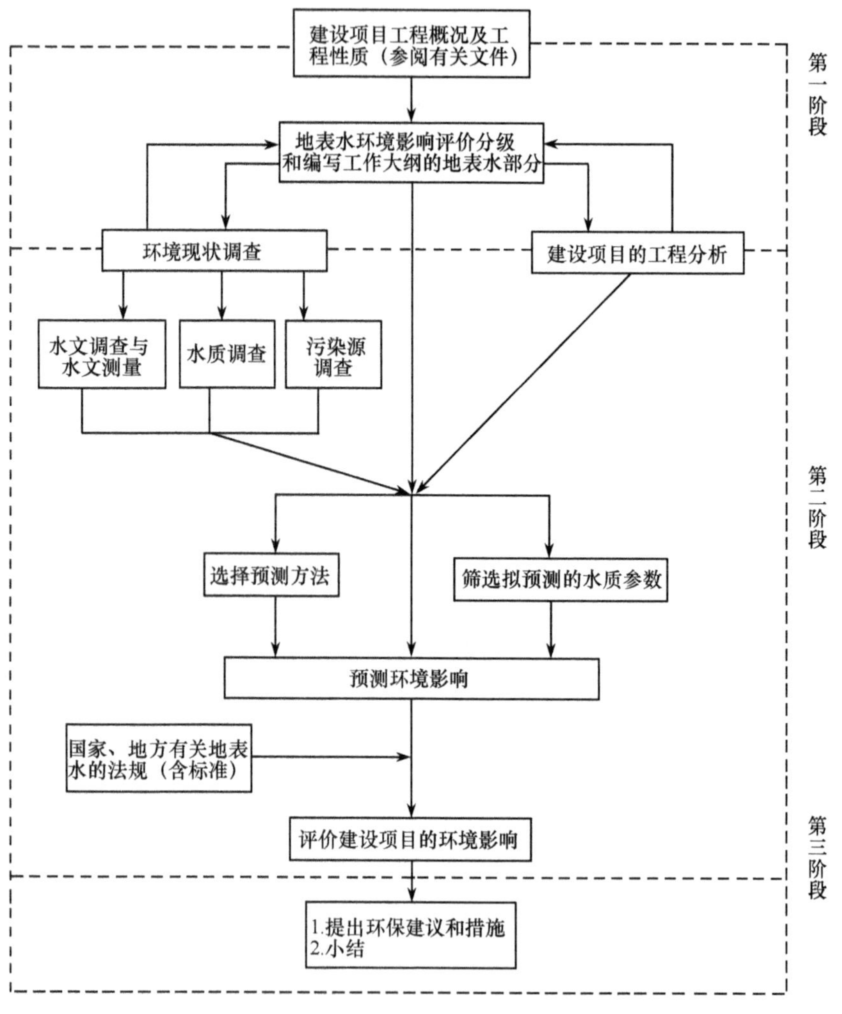

图5-5　地面水环境影响评价工作程序

第一阶段为准备阶段，主要工作为研究有关文件，进行初步的工程分析和环境现状调查，筛选重点评价项目，确定各单项环境影响评价的工作等级，编制评价大纲；第二阶段为正式工作阶段，其主要工作为进一步做工程分析和环境现状调查，并进行环境影响预测和评价环境影响；第三阶段为报告书编制阶段，其主要工作为汇总、分析第二阶段工作所得的各种资料、数据，给出结论，完成环境影响报告书的编制。

三、地表水环境影响评价工作等级

（一）工作等级的划分

地表水环境影响评价工作等级的划分根据下列条件进行，即：建设项目的污水排放量，污水水质的复杂程度，各种受纳污水的地表水域的规模以及对它的水质要求。其分级判据见表5-4和表5-5。

表5-4　地表水环境影响评价分级判据

建设项目污水排放量/(m^3/d)	建设项目污水水质的复杂程度	一级		二级		三级	
		地面水域规模（大小规模）	地面水水质要求（水质类别）	地面水域规模（大小规模）	地面水水质要求（水质类别）	地面水域规模（大小规模）	地面水水质要求（水质类别）
≥20 000	复杂	大	Ⅰ～Ⅲ	大	Ⅳ、Ⅴ		
		中、小	Ⅰ～Ⅳ	中、小	Ⅴ		
	中等	大	Ⅰ～Ⅲ	大	Ⅳ、Ⅴ		
		中、小	Ⅰ～Ⅳ	中、小	Ⅴ		
	简单	大	Ⅰ、Ⅱ	大	Ⅲ～Ⅴ		
		中、小	Ⅰ～Ⅲ	中、小	Ⅳ、Ⅴ		
<20 000 ≥10 000	复杂	大	Ⅰ～Ⅲ	大	Ⅳ、Ⅴ		
		中、小	Ⅰ～Ⅳ	中、小	Ⅴ		
	中等	大	Ⅰ、Ⅱ	大	Ⅲ、Ⅳ	大	Ⅴ
		中、小	Ⅰ、Ⅱ	中、小	Ⅲ～Ⅴ		
	简单			大	Ⅰ～Ⅲ	大	Ⅳ、Ⅴ
		中、小	Ⅰ	中、小	Ⅱ～Ⅳ	中、小	Ⅴ
<10 000 ≥5000	复杂	大、中	Ⅰ、Ⅱ	大、中	Ⅲ、Ⅳ	大、中	Ⅴ
		小	Ⅰ、Ⅱ	小	Ⅲ、Ⅳ	小	Ⅴ
	中等			大、中	Ⅰ～Ⅲ	大、中	Ⅳ、Ⅴ
		小	Ⅰ	小	Ⅱ～Ⅳ	小	Ⅴ
	简单			大、中	Ⅰ、Ⅱ	大、中	Ⅲ～Ⅴ
				小	Ⅰ～Ⅲ	小	Ⅳ、Ⅴ

续表

建设项目污水排放量/(m^3/d)	建设项目污水水质的复杂程度	一级		二级		三级	
		地面水域规模(大小规模)	地面水水质要求(水质类别)	地面水域规模(大小规模)	地面水水质要求(水质类别)	地面水域规模(大小规模)	地面水水质要求(水质类别)
<5000 ≥1000	复杂			大、中	Ⅰ~Ⅲ	大、中	Ⅳ、Ⅴ
		小	Ⅰ	小	Ⅱ~Ⅳ	小	Ⅴ
	中等			大、中	Ⅰ、Ⅱ	大、中	Ⅲ~Ⅴ
				小	Ⅰ~Ⅲ	小	Ⅳ、Ⅴ
	简单					大、中	Ⅰ~Ⅳ
				小	Ⅰ	小	Ⅱ~Ⅴ
<1000 ≥200	复杂					大、中	Ⅰ~Ⅳ
						小	Ⅰ~Ⅴ
	中等					大、中	Ⅰ~Ⅳ
						小	Ⅰ~Ⅴ
	简单					中、小	Ⅰ~Ⅳ

表5-5　海湾环境影响评价分级判据

污水排放量/(m^3/d)	污水水质的复杂程度	一级	二级	三级
≥20 000	复杂	各类海湾		
	中等	各类海湾		
	简单	小型封闭海湾	其他各类海湾	
<20 000 ≥5000	复杂	小型封闭海湾	其他各类海湾	
	中等		小型封闭海湾	其他各类海湾
	简单		小型封闭海湾	其他各类海湾
<5000 ≥1000	复杂		小型封闭海湾	其他各类海湾
	中等或简单			各类海湾
<1000 ≥500	复杂			各类海湾

(二)工作等级划分依据具体说明

1. 污水排放量中不包括间接冷却水、循环水以及其他含污染物极少的清净下水的排放量,但包括含热量大的冷却水的排放量。

2. 根据污染物在水环境中输移、衰减特点以及它们的预测模式,将污染物分为四类。持久性污染物;非持久性污染物;酸和碱(以 pH 表征);热污染(以温度表征)。

污水水质的复杂程度按污水中拟预测的污染物类型以及某类污染物中水质参

数的多少划分为复杂、中等和简单三类。

复杂：污染物类型数≥3，或者只含有两类污染物，但需预测其浓度的水质参数数目≥10。

中等：污染物类型数＝2，且需预测其浓度的水质参数数目＜10；或者只含有一类污染物，但需预测其浓度的水质参数数目≥7。

简单：污染物类型数＝1，需预测浓度的水质参数数目＜7。

3. 各类地面水域的规模是指地面水体的大小规模，按以下标准执行。

（1）河流与河口，按建设项目排污口附近河段的多年平均流量或平水期平均流量划分为

大河：$\geq 150m^3/s$；中河：$15 \sim 150m^3/s$；小河：$<15m^3/s$。

（2）湖泊和水库，按枯水期湖泊或水库的平均水深以及水面面积划分为

当平均水深≥10m时：大湖（库）：$\geq 25km^2$；中湖（库）：$2.5 \sim 25km^2$；小湖（库）：$<2.5km^2$。

当平均水深＜10m时：大湖（库）：$\geq 50km^2$；中湖（库）：$5 \sim 50km^2$；小湖（库）：$<5km^2$。

（3）具体应用上述划分原则时，可根据我国南、北方以及干旱、湿润地区的特点进行适当调整。

4. 对地面水域的水质要求（即水质类别）以GB 3838为依据。GB 3838－2002地表水水域环境功能和保护目标，按功能高低依次划分为五类：

Ⅰ类主要适用于源头水、国家自然保护区；

Ⅱ类主要适用于集中式生活饮用水地表水源地一级保护区、珍稀水生生物栖息地、鱼虾类产卵场、仔稚幼鱼的索饵场等；

Ⅲ类主要适用于集中式生活饮用水地表水源地二级保护区、鱼虾类越冬场、洄游通道、水产养殖区等渔业水域及游泳区；

Ⅳ类主要适用于一般工业用水区及人体非直接接触的娱乐用水区；

Ⅴ类主要适用于农业用水区及一般景观要求水域。

对应地表水上述五类水域功能，将地表水环境质量标准基本项目标准值分为五类，不同功能类别分别执行相应类别的标准值。水域功能类别高的标准值严于水域功能类别低的标准值。同一水域兼有多类使用功能的，执行最高功能类别对应的标准值。

如受纳水域的实际功能与该标准的水质分类不一致时，以当地环保部门对其水质提出的具体要求为准。

四、评价标准简介

依照我国环境标准体系环境标准大体上可以分为：环境质量标准、污染物排放标准、环境方法标准、环境基础标准、环境样品标准、环境保护行业标准。这里主要

介绍环境质量标准和污染物排放标准。

（一）环境质量标准

由综合性水环境质量标准——地表水环境质量标准和各种专项水环境质量标准(如生活饮用水卫生标准、渔业水质标准、景观娱乐水质标准、农田灌溉水质标准、海水水质标准、地下水水质标准等)组成。地表水环境质量标准与专项水环境质量标准之间的关系如下：

1. 与渔业水质标准的关系

凡是由地方政府根据《地表水环境质量标准》功能分类要求,批准划定的单一渔业保护区或鱼虾产卵场的水域执行渔业水质标准,非单一的渔业保护区执行《地表水环境质量标准》。

2. 与景观娱乐水质标准的关系

凡是由地方政府根据《地表水环境质量标准》功能分类要求,批准划定的单一景观娱乐用水水域执行景观娱乐水质标准,非单一的景观娱乐用水水域执行《地表水环境质量标准》。

3. 与农田灌溉水质标准的关系

农田灌溉水质标准只能用来评价用作农灌的水是否符合要求,不能用来评价农业用水区,以地表水为水源的农田灌溉用水应执行《地表水环境质量标准》。

4. 生活饮用水水质标准的关系

自来水厂出水和其他直接饮用的水执行生活饮用水卫生标准,生活饮用水水源地的水质执行《地表水环境质量标准》。

（二）污染物排放标准

1. 根据颁布机关可分为两类

(1) 由国务院环境保护行政主管部门颁布的综合排放标准、行业排放标准或专项污染物的排放标准。

(2) 由省、自治区、直辖市人民政府颁布的地方排放标准。

2. 不同排放标准之间的关系为:

(1) 根据水污染防治法的规定,凡是有地方排放标准的,应当执行地方标准,地方标准中没有的项目执行国家标准。

(2) 综合排放标准和行业排放标准之间的关系是“不交叉执行”,有行业标准的执行行业标准,没有行业标准的执行综合排放标准。

五、地表水环境影响评价的内容

（一）地表水环境影响评价的基本思路

1. 按照区域水质标准和可持续发展要求,明确环境质量目标;

2. 根据国家排污控制标准,界定建设项目可能产生的源强;

3. 选择水质模型,进行水环境影响预测;

4. 优化污染源控制方案,实现达标排放和总量控制;

5. 综合分析得出建设项目的环境可行性结论。

(二) 大纲阶段应完成的主要基础工作

1. 明确水环境保护目标

水环境敏感目标:社会影响大或在自然生态系统中具有特殊重要性的保护目标。例如:生活饮用水水源地,各类保护区、风景名胜区,珍稀和特有水生生物、两栖动物,野生鱼类的产卵场、孵化场、索饵场,水产养殖与农业灌溉水源地,工业用水和城市用水水源地,文物古迹、历史遗迹等等。

2. 确定评价重点

有可能受到较大影响的水环境保护目标应当作为水环境评价的重点,确保实现水环境质量目标和管理目标,环境保护敏感目标功能不受影响。

3. 确定评价范围(调查范围、预测范围)

(1) 调查范围的确定原则:①工程水污染物外排后可能达标的河段;②评价等级要求;③下游有敏感目标时,评价河段要延长到敏感区上游边界。

(2) 预测范围的确定:①当下游存在水环境敏感目标时,预测范围必须把该目标包括在内;②当下游不存在水环境敏感目标时,预测范围应到估计污染源排放后,有可能达标的范围。

一般情况下,调查范围应当大于预测范围。

4. 推荐评价标准

(1) 水环境质量标准。在已经划定水环境功能区的水域,根据水域功能提出。在没有划定水环境功能区的水域,根据水域现状环境质量评价的结果或当地环境保护部门的要求提出。

(2) 水污染物排放标准。排放标准依据环境质量标准或当地环境保护部门的要求提出。注意:标准要得到项目所在地相应级别的环境保护部门确认。

5. 确定评价因子

(1) 调查指标。调查指标从常规水质因子、特殊水质因子和其他方面的因子中选取。①常规水质因子:从地表水环境质量标准中选取;②特殊水质因子:从建设项目的特征污染物中选取(某类企业所排放的对环境影响突出的污染物称之为该类企业的特征污染物);③其他方面的因子:如浮游动植物、水生生物、底栖动物等等。

(2) 评价指标。①国家或地方环境保护部门有管理要求的指标;②对纳污水体影响危害大的污染因子;③特征污染物中的主要指标。

(3) 预测指标。预测指标的选择要在调查和评价的基础上确定,原则上只预测与废水排放有关的因子，根据项目的具体情况，从持久性污染物指标、非持久性污染物指标、酸和碱、DO、热污染中选取。预测指标不宜过多（一般最多2～3项即可），指标选取可参照污染物排序指标ISE进行。

$$ISE = C_p Q_p / (C_s - C_h) Q_h \tag{5-69}$$

式中 C_p——污染物排放浓度，mg/L；

C_h——河流上游污染物浓度，mg/L；

Q_p——废水排放量，m^3/s；

Q_h——河流流量，m^3/s；

C_s——预测断面污染物浓度，mg/L。

6. 确定评价等级

可分为三个评价等级，划分的原则是：

（1）能反映建设项目的污水排放特征；

（2）能体现项目所在地的水环境特征；

（3）有关判据资料在“大纲”阶段容易获取；

（4）形式简单。

一般情况下，污水排放量越大，水质越复杂，评价等级越高；受纳水体水域规模越小，水质要求越严格，评价等级越高。

（三）达标分析与防治措施

1. 达标分析内容

（1）判断水污染源是否达标排放；

（2）明确特征污染物的总量控制指标；

（3）进行清洁生产工艺论述；

（4）分析受纳水体的水质达标情况。

2. 水污染防治措施

水污染防治措施可概括为：削减污染负荷产生量、污水处理和选择替代方案。在环境影响评价报告书中，污染防治措施必须具体、可行，要明确措施内容、设施规模、工艺、实施部位、实施的保证措施、预期效果等等，并在此基础上提出环保投资估算。

3. 防治措施的环境经济可行性分析

应对提出的污染防治措施进行环境经济可行性分析，要求各种污染防治措施能够做到：

（1）排放达标：能够保证长期稳定做到达标排放；

（2）技术可行：技术比较成熟，故障率低，便于管理；

（3）经济可行。

（四）地表水环境影响评价步骤

1. 项目的初步审查

判断建设项目是否符合国家和地方的法律法规，其中最主要的要注意两个问题：

（1）产业政策（参考国家经贸委分批颁布的《淘汰落后生产能力、工艺和产品的目录》）；

（2）选址的合法性（特别注意饮用水水源保护区、自然保护区、风景名胜区、国家基本农田保护区等）。

2. 编制环境影响评价大纲

（1）环境影响评价大纲是具体指导环境影响评价工作的技术文件，其内容应当尽量具体、详细；

（2）大纲应当在初步的工程分析和现状调查的基础上编写；

（3）大纲的主要内容：总则、建设项目概况、拟建地区的环境简况、建设项目工程分析的内容与方法、建设项目周围地区的环境调查、拟进行的环境影响预测（内容与方法）、工作成果清单、组织计划安排、工作经费等。

3. 编制环境影响报告书

地面水环境影响评价报告书主要内容：

（1）明确工程项目性质；

（2）划分评价等级；

（3）地表水环境现状调查和评价；

（4）建设项目工程污染分析；

（5）环境影响的预测与评价；

（6）提出控制方案和环保措施。

4. 审查与报批

报告书文本编制完成后，要经专家的技术审查并按照审查意见进行补充修改，修改的文本交建设单位上报审批。

5. 报告书最终要明确回答的问题

建设项目在所推荐的地址建设“可行”还是“不可行”或者“在满足什么样的条件下可行”，无论是三种情况中的哪一种情况，都要把理由充分地讲清楚。对于所要采取的环境保护措施，要进行环境经济可行性论证。

6. 在结论中要正面回答的问题

（1）是否符合国家法规和产业政策；

（2）是否符合项目所在地总体规划和行业规划（产业调整规划和行业发展规划）；

（3）能否做到达标排放；

（4）是否符合总量控制要求；

（5）是否符合清洁生产原则；

(6) 对环境的主要影响和能否接受(重点回答会不会造成环境功能的恶化和对环境敏感点的影响程度);

(7) 必须采取什么措施避免或减轻环境损害。

第五节　地表水环境影响评价案例分析

以某纸业有限公司年产 14 400t 再生纸生产线项目环境影响评价为例。

一、评价标准

(一) 环境质量标准

根据城市规划项目所在地区环境功能分别为一般工业用水区及地表水源地二级保护区,执行地表水Ⅲ类标准和Ⅴ类标准。

(1)《地表水环境质量标准》(GB 3838－2002)Ⅲ类和Ⅴ类标准;

(2)《环境空气质量标准》(GB 3095－1996)二级标准 2;

(3)《城市区域环境噪声标准》(GB 3096－93)2 类标准。

(二) 排放标准

(1)《造纸工业水污染物排放标准》(GB 3544－2001);

(2)《锅炉大气污染物排放标准》(GB 13271－2001)二类区二时段;

(3)《工业企业厂界噪声标准》(GB 12348－90)Ⅱ类标准。

(三) 参考标准

(1)《农田灌溉水质标准》(GB 5084－92);

(2)《工业企业设计卫生标准》(TJ 36－79)。

二、评价等级

根据本项目废水特征以及水体规模大小和区划功能要求,按照 HJ/T2.3－93《环境影响评价技术导则》的等级划分规定,确定本项目地表水环境评价等级为三级。

三、水污染源源强核算

根据生产工艺流程的分析及同类行业的调查,本评价估算出该项目投产后的水污染物排放情况。分别见本案例表 1 和本案例表 2。

表1　废水非正常排放时污染物排放量一览表(事故源强)

废水产生量/(m^3/d)	治理前污染物浓度/(mg/L)				非正常时污染物排放量/(kg/d)		
	pH	COD_{Cr}	BOD_5	SS	COD_{Cr}	BOD_5	SS
3178.2	7.26	1000	350	900	3178.2	1112.4	2860.4

表2　废水达标时污染物排放量一览表

废水排放量/(m^3/d)	治理后达标污染物浓度/(mg/L)				达标时污染物排放量/(kg/d)		
	pH	COD_{Cr}	BOD_5	SS	COD_{Cr}	BOD_5	SS
780	6～9	100	60	100	78	46.8	78

四、水环境现状调查与评价

(一) 监测断面设置与监测因子确定

本次评价共涉及地表河流三条,即A河、B河和C河。河流的分布情况及河流水文基本特征略。

本次监测共设置水质现状监测断面5个,其中A河上2个、B河上1个、C河上2个,断面位置图略。

根据评价区水环境特征和本项目工程特点,拟选6个水质因子进行现状监测,即水温、pH、DO、COD_{Cr}、BOD_5和SS。

(二) 监测结果与评价

1. 河流水质现状监测结果

见本案例表3。

表3　河流水质监测结果一览表

河流名称	监测断面	水温/℃	pH	DO/(mg/L)	COD_{Cr}/(mg/L)	BOD_5/(mg/L)	SS/(mg/L)
A河	1#	26	7.24	0.76	147.7	174	87
		25	7.40	0.84	158.0	203	89
		均值	7.32	0.80	153.0	188.5	88
	2#	26	7.10	0.64	148.5	161	94
		25	6.69	0.91	387.5	441	89
		均值	6.89	0.78	268.0	301	91.5
B河	3#	26	7.52	7.61	15.0	5.84	21
		25	7.23	8.30	18.3	6.61	13
		均值	7.28	7.96	17.0	6.33	17

续有

河流名称	监测断面	水温/℃	pH	DO/(mg/L)	COD_{Cr}/(mg/L)	BOD_5/(mg/L)	SS/(mg/L)
C 河	4#	19.0	7.35	7.89	7.1	0.39	1
		20.0	7.25	7.96	5.8	0.47	2
		均值	7.30	7.92	6.5	0.43	6
	5#	19.0	7.09	6.25	5.1	1.33	12
		19.9	6.94	5.70	6.4	0.24	7
		均值	7.02	5.98	7.0	0.78	10

2. 现状评价

(1) 评价因子:pH、DO、COD_{Cr}、BOD_5。

(2) 评价标准:A 河和 B 河以《地表水环境质量标准》(GB 3838－2002) V 类水质标准作为评价标准,而 C 河以该标准中的Ⅲ类水质标准作为评价标准。

(3) 评价方法:采用单因子标准指数法加超标率法进行水质量现状评价,评价公式如略。

(4) 评价结果及分析。河流水质现状评价结果列于本案例表 4。

表 4　河流水质现状评价结果

河流名称	断面编号	水质因子标准指数			
		pH	DO	COD_{Cr}	BOD_5
A 河	1#	0.21	8.56	3.83	18.8
	2#	0.22	8.60	6.70	30.1
B 河	3#	0.19	0.03	0.42	0.63
M 江 C 河	4#	0.20	0.19	0.32	0.11
	5#	0.013	0.45	0.35	0.20

从表 4 计算结果可知:①在 A 河 2 个断面中,除了 pH 外,DO、COD_{Cr}和BOD_5均严重超标,属劣 V 类水质,已丧失使用功能;②B 河水质各项指标均符合 GB 3838－2002 的 V 类标准;③C 河两个监测断面中各项监测指标均符合 GB 3838－2002 Ⅲ类标准。

很显然,评价区 A 河已经没有环境容量;B 河和 C 河水质良好。

五、水环境影响预测

(一) 预测因子

预测因子为 COD_{Cr}。

(二) 预测结果与评价

预测结果略。由预测结果可知:

1. 在项目正常排放的条件下,B 河水质不会受到明显影响。

2. 在项目发生非正常排放的条件下,B 河在 M 江汇入口处的 COD_{Cr} 浓度为 319mg/L,超Ⅲ类水质标准 15 倍,将对 M 江 C 河水环境将产生影响。

3. 在项目发生非正常排放的条件下,B 河在 M 江汇入口处沿 M 江 B 河右岸的下游方向,宽 20m、长 50m 范围内的水质受到一定的影响;1m 宽、2m 长范围内的水面 COD_{Cr} 将大于 20mg/L,超过《地表水环境质量标准》Ⅲ类标准,其他水面的水质基本不会受其影响。

六、结论与建议

(1) 项目制浆车间产生的废水经处理达标后,75.6% 回用的正常排放条件下,对地表水环境不会产生明显影响。但在发生事故性排放的情况下,将对 B 河和 C 河产生明显影响。

(2) 鉴于当前以废纸为原料的制浆造纸厂有不少已经实现“零排放”,建议建设单位采取废水封闭循环和零排放技术措施。

该项目是利用废纸再生造纸的建设项目,符合国家及省产业政策,也符合国家环境保护政策及可持续发展战略的要求;项目污染源主要为生产废水,经治理后必须达标排放;在区域环境实现污染物总量控制的条件下,建设单位认真落实报告中提出的各项环保措施,加强生产和环境管理,从水环境保护的角度考虑,本项目的建设是可行的。

复习与思考

1. 什么是水体自净? 水体自净的重要性是什么?

2. 列举你身边常见的水体污染情况。

3. 什么是氧垂曲线?

4. 简述污水综合排放标准与行业标准的关系。

5. 一个拟建项目将排放含 BOD、酚、氰等污染物的废水 12 000m^3/d,水温为 40℃,pH 为 5.5。排入一条平均流量为 50m^3/s 的河流,该河为Ⅲ类水体。问该项目的水环境影响评价等级? 如果此废水将排入一个平均水深为 12m、面积为 20km^2 属于Ⅱ类水体的水库,评价等级如何?

6. 某污水特征为 $Q_h = 19\ 440m^3/d$, $COD_{Cr(h)} = 100mg/L$,河流水环境参数值为 $Q_p = 6.0m^3/s$, $COD_{Cr(P)} = 12mg/L$, $u = 0.1m/s$, $K_c = 0.5/d$,忽略污染物到达均匀混合断面之前的降解,在距均匀混合断面下游 10km 的某断面处,河水中的 COD_{Cr} 浓度是多少?

第六章　声环境影响评价

本章重点：分贝的概念及噪声级的运算；环境噪声评价量及其应用；点声源及线声源在传播中的发散衰减模型；声环境现状的调查内容与调查方法；声环境影响评价等级的划分原则与评价范围的确定；声环境影响评价工作的主要内容；环境噪声污染防治对策应遵循的原则。

第一节　概　　述

一、声音的物理特性

声音是由物体振动而产生的，其中包括固体、液体和气体，这些振动的物体通常称为声源或发声体。物体振动产生的声能，通过周围的介质（可以是气体、液体或者固体）向外界传播，并且被感受目标所接受，例如人耳是人体的声音接受器官。在声学中，把声源、介质（传播途径）、接收器（或称受体）称为声音三要素。

二、声源及其分类

噪声是指人们不需要的，频率在 20 ~ 20 000Hz 范围内的可听声。

噪声源可按以下几个方法分类。

按产生的机理分，有机械噪声、空气动力性噪声和电磁噪声三大类。若要控制和治理噪声源强，需从产生机理上考虑研究。

按产生来源分，可分为工业噪声、建筑噪声、交通噪声、社会生活噪声及自然界噪声等。环境噪声管理应重点考虑前四类噪声。

噪声按其随时间的变化来分，又可分为稳态噪声和非稳态噪声两大类。稳态噪声是指噪声强度不随时间变化或变化幅度很小的噪声，非稳态噪声是指噪声强度随时间变化的噪声。

按噪声的空间分布形式来分，在声学研究中常把各种声源简化为点声源、线声源和面声源。声环境的预测评价需要从点、线、面声源分类上考虑判断。

三、环境噪声及其危害

环境噪声是感觉公害。噪声是一种能量污染，与工业“三废”一样，是危害人类环境的公害。噪声影响的评价有其显著的特点，是取决于受害人的生理与心理因素。因此，环境噪声标准也要根据不同时间、不同地区和人处于不同行为状态来决定。

环境噪声指在工业生产、建筑施工、交通运输和社会生活中所产生的、干扰周围生活环境的声音。环境噪声具有局限性和分散性特征。这里是指环境噪声影响范围上的局限性和环境噪声源分布上的分散性，噪声源往往不是单一的。此外，噪声是暂时性的，噪声源停止发声，噪声过程随即消失。

环境噪声污染则指所产生的环境噪声超过国家规定的环境噪声标准，并干扰他人正常生活、工作和学习的现象。

长期在噪声环境中工作，可使人的听力损伤，甚至导致噪声性耳聋。噪声会影响人的睡眠质量和数量，连续噪声可以加快熟睡到轻睡的回转，使人熟睡时间缩短，突然的噪声可使人惊醒。噪声对人的交谈、工作思考也有干扰，国内外大量的主观评价的调查，噪声超过 55dB(A)，人们感到吵闹。噪声引起的心理影响主要是烦恼，使人激动、易怒、甚至失去理智。吵闹环境中儿童智力发育比安静环境中低 20%。噪声还可导致胎儿畸形、鸟类不产卵等。

第二节　环境噪声评价基础

一、噪声的物理量

当物体在空气中振动，使周围空气发生疏密交替变化并向外传递，且这种振动频率在 20 ~ 20 000Hz 之间，人耳可以感觉，称为可听声，简称声音。频率低于 20Hz 的叫次声，高于 20 000Hz 的叫超声，它们作用到人的听觉器官时不引起声音的感觉，所以不能听到。

声源在一秒钟内振动的次数叫频率，记作 f，单位为 Hz。

振动一次所经历的时间叫周期，记作 T，单位为 s。显然，频率和周期互为倒数，即

$$T = 1/f$$

沿声波传播方向，振动一个周期所传播的距离，或在波形上相位相同的相邻两点间的距离称作波长，记为 λ，单位为 m。

一秒钟内声波传播的距离叫声波速度，简称声速，记作 c，单位为 m/s。

频率、波长和声速三者的关系是：$c = f \cdot \lambda$

（一）声功率、声强和声压

1. 声功率

声功率是指声源在单位时间内向外辐射出的总声能，单位为 W。

2. 声强(I)

声强是在声波传播方向上，与该方向垂直的单位面积、单位时间内通过的声能

量,常用 I 表示,单位是 W/m²。声强与声压有密切关系。在自由声场中,对于平面波和球面波,某处的声强与该处声压的平方成正比,即

$$I = P^2/(\rho_0 c_0) \tag{6-1}$$

式中 P——有效声压,Pa;

ρ_0——空气密度,kg/m³;

c_0——空气中的声速。在常温 $\rho_0 c_0$ 为 415N · s/m²。

3. 声压(P)

声压分为瞬时声压和有效声压。瞬时声压是指某瞬时媒质中内部压强受到声波作用后的改变量,即单位面积的压力变化,单位为 Pa,即 N/m²,关系为

$$1\text{Pa} = 1\text{N/m}^2, 1\text{atm(大气压)} = 10^5\text{Pa}$$

瞬时声压的均方根值称为有效声压。通常所说声压,即指有效声压,用 P 表示。正常人刚刚听到的最微弱的声音的声压为 2×10^{-5}Pa。如使人耳刚刚听到的蚊子飞过的声音的声压,称为人耳的听阈。使人耳产生疼痛感觉的声压,如飞机发动机噪声的声压为 20Pa,称为人耳的痛阈。

(二)分贝和声压级、声强级、声功率级

声压从听阈到痛阈,即从 2×10^{-5}Pa 到 20Pa,声压的绝对值相差 10^6 倍,声强则相差 10^{12} 倍。因此,用声压或声强的绝对值表示声音的强弱很不方便。另外,人对声音响度感觉是与声音的强度的对数成比例的。为了方便起见,引用了声压比或者能量比的对数来表示声音的大小,这就是声压级、声强级和声功率级。好像用级来表示风力的大小、地震的强度一样。其单位为分贝,符号为"dB"。

1. 分贝

所谓分贝是指两个相同的物理量(例如 A_1 和 A_0)之比为底的对数并乘以 10(或 20),即

$$N = 10\lg \frac{A_1}{A_0} \tag{6-2}$$

分贝是无量纲的。在噪声预测中是很重要的参量。式中 A_0 是基准量(或参考量),A_1 是被量度的量。被量度量和基准量之比取对数,对数值称为被量度量的"级"。亦即用对数标度时所得到的比值,代表被量度量比基准量高出多少"级"。

2. 声功率级

$$L_W = 10\lg \frac{W}{W_0} \tag{6-3}$$

式中 L_W——声功率级,dB;

W——声功率,W;

W_0——基准声功率,为 10^{-12}W。

3. 声强级

$$L_I = 10\lg \frac{I}{I_0} \tag{6-4}$$

式中 L_I——声强级,dB;

I——声强,W/m^2;

I_0——基准声强,为 $10^{-12}W/m^2$。

4. 声压级

$$L_p = 10\lg \frac{P^2}{P_0^2} = 20\lg \frac{P}{P_0} \tag{6-5}$$

式中 L_p——声压级,dB;

P——声压,Pa;

P_0——基准声压,为 2×10^{-5} Pa,该值是对 1000Hz 声音人耳刚能听到的最低声压。

(三) 噪声级(分贝)的运算

1. 分贝的叠加

在实际工作中,进行噪声的叠加计算就是进行噪声的相加或求分贝和。分贝的相加一定要按能量来相加。如果已知两个声源在某一预测点单独产生的声压级(L_1,L_2),这两个声源合成的声压级(L_{1+2})就要进行声级(分贝)的相加。在具体计算时可应用公式法或查表法。

(1) 公式法。求两个声压级的合成声压级 L_{1+2},可按下列步骤计算:

① 由于 $L_1 = 20\lg \frac{\rho_1}{\rho_0}$和 $L_2 = 20\lg \frac{\rho_2}{\rho_0}$,运用对数换算得

$$P_1 = P_0 10^{\frac{L_1}{20}} 和 P_2 = P_0 10^{\frac{L_2}{20}}$$

② 合成声压 P_{1+2},按能量相加则

$$(P_{1+2})^2 = P_1^2 + P_2^2 = P_0^2(10^{\frac{L_1}{10}} + 10^{\frac{L_2}{10}}) 或 \left(\frac{P_{1+2}}{P_0}\right)^2 = 10^{\frac{L_1}{10}} + 10^{\frac{L_2}{10}}$$

③ 按声压级的定义,合成的声压级为

$$L_{1+2} = 20\lg \frac{P_{1+2}}{P_0} = 10\lg\left(\frac{P_{1+2}}{P_0}\right)^2$$

即
$$L_{1+2} = 10\lg(10^{\frac{L_1}{10}} + 10\lg^{\frac{L_2}{10}}) \tag{6-6}$$

例:$L_1 = 80$dB,$L_2 = 80$dB,求 L_{1+2}

解:$L_{1+2} = 10\lg(10^{\frac{80}{10}} + 10\lg^{\frac{80}{10}}) = 10\lg2 + 10\lg10^8 = 3 + 80 = 83$(dB),即两个相同的声压级相加,总声压级增加 3dB。

n 个声压级相加的通用式为

$$L_{总} = 10\lg\left(\sum_{i=1}^{n} 10^{0.1L_i}\right) \tag{6-7}$$

式中 $L_{总}$——总声压级,dB;

L_i——第 i 个声源的声压级,dB;

n——声源数量。

(2)查表法。利用分贝和的增值表直接查出不同声级值加和后的增加值,然后计算加和结果。分贝和的增值简表见表6-1。

表6-1 分贝和的增值表

声压级差(L_1-L_2)/dB	0	1	2	3	4	5	6	7	8	9	10
增值$\triangle L$	3.0	2.5	2.1	1.8	1.5	1.2	1.0	0.8	0.6	0.5	0.4

例如,$L_1=100$dB,$L_2=98$dB,求两者的和。

先算出两个声音的分贝差,$L_1-L_2=2$dB,再查表6-1,找出2dB对应的增值$\triangle L=2.1$dB,然后在分贝数大的L_1上加上$\triangle L$,得到的即为所求的值102.1dB。

2. 分贝的平均值

噪声级的平均值计算有两种方法,即公式法和查表法。

(1)公式法。

$$\overline{L} = 10\lg\left(\frac{1}{n}\sum_{i=1}^{n} 10^{0.1L_i}\right) = 10\lg\sum_{i=1}^{n} 10^{0.1L_i} - 10\lg n \tag{6-8}$$

式中 $\overline{L}$——n 个噪声源的平均声级,dB;

L_i——第 i 个噪声源的声级,dB;

n——噪声源的个数。

(2)查表法。先按求和的方法,把几个噪声源相加,再减去$10\lg n$,如将105、103、100、98四个分贝值平均,则在表6-1中查得

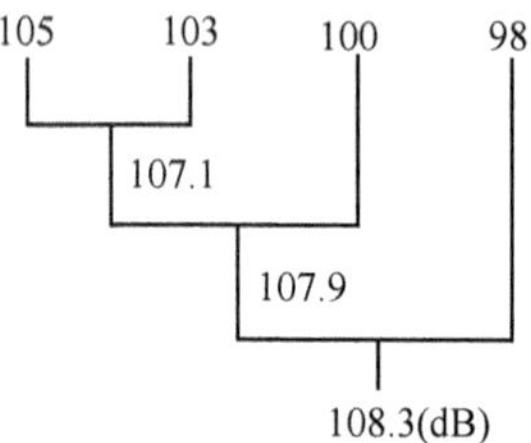

然后将108.3dB再减去10lg4(10lg4≈6),即108.3-6=102.3dB,经四舍五入得平均数为102dB。

二、环境噪声评价量

(一)A声级

环境噪声的度量,不仅与噪声的物理量有关,还与人对声音的主观听觉有关。人耳

对声音的感觉不仅和声压级大小有关,而且也和频率的高低有关。声压级相同而频率不同的声音,听起来不一样响,高频声音比低频声音响,这是人耳的听觉特性所决定。因此根据听觉特性,人们在声学测量仪器——声级计中设计安装了一种特殊的滤波器,叫计权网络。通过计权网络测得的声压级,已经不再是客观物理量的声压级,而叫计权声压级或计权声级,简称声级。通常有 A、B、C 和 D 计权声级。计权网络是一种特殊的滤波器,当含有各种频率的声波通过时,它对不同频率成分有不同的衰减程度,ABC 计权网络的主要差别在于对频率成分衰减程度,其中"A 计权网络",使接收到的噪声在低频有较大的衰减而高频甚至稍有放大。这样 A 网络测得的噪声值较接近人耳的听觉,其测得值单位称为 A 声级(L_A),记作分贝(A)或 dB(A)。由于 A 声级与人耳对噪声强度和频率的感觉最相近,因此 A 声级是应用最广的评价量。

(二) 等效连续 A 声级

A 计权声级能够较好地反映人耳对噪声的强度与频率的主观感觉,因此对一个连续稳态噪声,它是一种较好的评价方法,但不适合起伏或不连续的噪声。因此提出了一个用噪声能量按时间平均方法来评价噪声对人影响的问题,即等效连续声级,符号"L_{eq}"。在声场内的一定点位上,将某一段时间(T)内连续暴露的不同 A 声级变化,用能量平均的方法以 A 声级表示该段时间内的噪声大小,这个声级称为等效连续 A 声级,简称等效声级,单位为 dB(A),也可以记为 L_{eq}(A)。在评定非稳态噪声能量的大小时,常用等效连续 A 声级作为其评价量。

等效连续 A 声级的数学表达式

$$L_{eq} = 10\lg\left(\frac{1}{T}\int_0^T 10^{0.1L_A(t)}\mathrm{d}t\right) \tag{6-9}$$

式中 L_{eq}——在 T 段时间内的等效连续 A 声级,dB(A);

$L_A(t)$——t 时刻的瞬时 A 声级,dB(A);

T——连续取样的总时间,min。

由上式可以看出,某一段时间的稳态不变噪声,其 A 声级就是等效连续 A 声级。

关于噪声的测量方法则应根据噪声的实际情况而定。如果一日之内的声级变化较大,而每天确有相同的规律,则应选择具有代表性的一天测量其等效连续声级即可。若噪声级不但在日内变化,而且日间变化也较大,但按周期却表现有明显的规律,此时可选择具有代表性的一周期测量其等效连续声级。

由于噪声测量实际上是采取等间隔取样的,所以等效连续 A 声级又可按式(6-10)计算

$$L_{eq} = 10\lg\left(\frac{1}{N}\sum_{i=1}^{N}10^{0.1L_i}\right) \tag{6-10}$$

式中 L_i——第 i 次读取的 A 声级,dB(A);

N——取样总数。

（三）昼夜等效声级

昼夜等效声级是考虑了噪声在夜间对人影响更为严重，将夜间噪声另增加 10dB 加权处理后，用能量平均的方法得出 24h A 声级的平均值(L_{dn})，单位为dB(A)。计算公式为

$$L_{dn} = 10\lg\left\{\frac{1}{24}\left[\sum_{i=1}^{16}10^{0.1Li} + \sum_{j=1}^{8}10^{0.1(Lj+10)}\right]\right\} \quad (6\text{-}11)$$

式中 L_i——昼间(6:00～22:00)16h 的等效声级；

L_j——夜间(22:00～次日 6:00)8h 的等效声级。

（四）统计噪声级

统计噪声级是指在某点若噪声级有较大波动时，用于描述该点噪声随时间变化状况的统计物理量。一般用 L_{10}，L_{50}，L_{90}表示。

L_{10}表示在取样时间内 10% 的时间超过的噪声级，相当于噪声平均峰值。

L_{50}表示在取样时间内 50% 的时间超过的噪声级，相当于噪声平均中值。

L_{90}表示在取样时间内 90% 的时间超过的噪声级，相当于噪声平均底值。

其计算方法是：将测得的 100 个或 200 个数据按从大到小顺序排列，第 10 个数据或总数 200 个的第 20 个数据即为 L_{10}，第 50 个数据或总数为 200 个的第 100 个数据即为 L_{50}，同理第 90 个数据或第 180 个数据即为 L_{90}。

美国也常用 L_{10}作为公路噪声评价量，日本则用 L_{50}。英国等欧洲国家对于公路交通噪声常用交通噪声指数(TNI)和噪声污染级(PNL)作为评价量。其中，$TNI = 4L_{10} - 3L_{90} - 30$；$PNL = L_{50} + (L_{10} - L_{90}) + (L_{10} - L_{90})^2/60$。

（五）计权有效连续感觉噪声级

计权有效连续感觉噪声级是在有效感觉噪声级的基础上发展起来的，用于评价航空噪声的方法。其特点在既考虑了在 24h 的时间内，飞机通过某一固定点所产生的总噪声级，同时也考虑了不同时间内的飞机对周围环境所造成的影响。我国现行的《机场周围飞机噪声环境标准》即规定采用此法进行评价。

一日计权有效连续感觉噪声级的计算公式如下：

$$\text{WECPNL} = \overline{\text{EPNL}} + 10\lg(N_1 + 3N_2 + 10N_3) - 39.4 \quad (6\text{-}12)$$

式中 $\overline{\text{EPNL}}$——N 次飞行的有效感觉噪声级的能量平均值，dB；

N_1——7 时到 19 时的飞行次数；

N_2——19 时到 22 时的飞行次数；

N_3——22 时到次日 7 时的飞行次数。

计算式中所需参数如飞机噪声的 EPNL 与距离的关系，采用设计数据和飞机制造厂家的实测声学参数或通过类比实测。

三、噪声在传播过程中的衰减与反射

在环境影响评价中,经常是根据靠近声源的某一位置处的已知声级来计算距声源远处敏感点的声级,并和本底值叠加后,看其是否超过有关部门规定的功能区划所应保证的标准限值。

噪声从声源传播到受声点,因传播发散、空气吸收、阻挡物的反射与屏障等因素的影响,会使其产生衰减。为了保证噪声影响预测和评价的准确性,对于由上述各因素所引起的衰减值需认真考虑,不能任意忽略。

(一)噪声随传播距离的衰减

噪声在传播过程中由于距离增加而引起的发散衰减与噪声固有的频率无关。

1. 点声源

在自由声场(自由空间)条件下,点声源的声音向外发散遵循球面分布规律,按声功率级作为点声源评价量,其衰减量公式为

$$A_{div} = 10\lg \frac{1}{4\pi r^2} \tag{6-13}$$

式中 A_{div}——距离增加产生衰减值,dB;

r——点声源至受声点的距离,m。

在距离点声源 r_1 处至 r_2 处的衰减值为

$$A_{div} = 20\lg(r_1/r_2) \tag{6-14}$$

当 $r_2 = 2r_1$ 时,$A_{div} = -6$dB,即点声源声传播距离增加一倍,衰减值是6dB。

点声源的几何发散衰减实际应用可分为无指向性和有指向性两大类。

(1)无指向性点声源几何发散衰减的基本公式为

$$L(r) = L(r_0) - 20\lg(r/r_0) \tag{6-15}$$

式中 $L(r)$,$L(r_0)$分别是 r,r_0处的声级。

如果已知点声源的A声功率级 L_{WA},且声源处于自由空间,则式(6-15)等效为

$$L_A(r) = L_{WA} - 20\lg r - 11 \tag{6-16}$$

如果声源处于半自由空间,则式(6-15)等效为

$$L_A(r) = L_{WA} - 20\lg r - 8 \tag{6-17}$$

(2)具有指向性点声源几何发散衰减的计算为

$$L(r) = L(r_0) - 20\lg(r/r_0) \tag{6-18}$$

式中 $L(r)$,$L(r_0)$必须是在同一方向上的声级。

2. 线声源

在自由声场(自由空间)条件下,线声源的声音向外发散遵循圆柱体分布规

律，按声功率级作为线声源评价量，其衰减量公式为

$$A_{div} = 10\lg \frac{1}{2\pi rl} \tag{6-19}$$

式中 r——线声源至受声点的垂直距离，m；

l——线声源的长度，m。

当 $r/l < 1/10$ 时，可视为无限长线声源。此时，在距离声源 r_1 处至 r_2 处的衰减值为

$$A_{div} = 10\lg(r_1/r_2) \tag{6-20}$$

当 $r_2 = 2r_1$ 时，$A_{div} = -3\text{dB}$，即线声源传播距离增加一倍，衰减值是 3dB。

当 $r/l \gg 1$ 时，可视为点声源。

线声源的几何发散衰减可按两个种类分别计算。

(1) 无限长线声源。

无限长线声源（如一条延伸很长的公路）几何发散衰减的基本公式为

$$L(r) = L(r_0) - 10\lg(r/r_0) \tag{6-21}$$

无限长线声源的衰减值为

$$A_{div} = 10\lg(r/r_0) \tag{6-22}$$

(2) 有限长线声源（如一个路段）。

设线状声源长 l_0，单位长度线声源辐射的声功率级为 L_W。在线声源垂直平分线上距声源 r 处的声级为

$$L_P(r) = L_W + 10\lg\left[\frac{1}{r}\text{arctg}\left(\frac{l_0}{2r}\right)\right] - 8 \tag{6-23}$$

或

$$L_P(r) = L_P(r_0) + 10\lg\left[\frac{\frac{1}{r}\text{arctg}\left(\frac{l_0}{2r}\right)}{\frac{1}{r_0}\text{arctg}\left(\frac{l_0}{2r_0}\right)}\right] \tag{6-24}$$

① 当 $r > l_0$ 且 $r_0 > l_0$ 时，式(6-24)近似简化为

$$L_P(r) = L_P(r_0) - 20\lg(r/r_0) \tag{6-25}$$

即在有限长线声源的远场，有限长线声源可当作点声源处理。

② 当 $r < l_0/3$ 且 $r_0 < l_0/3$ 时，式(6-24)近似简化为

$$L_P(r) = L_P(r_0) - 10\lg(r/r_0) \tag{6-26}$$

即在近场区，有限长线声源可当作无限长线声源处理。

③ 当 $l_0/3 < r < l_0$ 且 $l_0/3 < r_0 < l_0$ 时，可作近似计算

$$L_P(r) = L_P(r_0) - 15\lg(r/r_0) \tag{6-27}$$

3. 面声源衰减值

面声源随传播距离的增加，引起的衰减值与面源形状有关。例如，一个有许多建筑机械的施工场地：设面声源短边是 a，长边是 b，随着距离的增加，其衰减值与距离 r 的关系为

当 $r < a/\pi$ 时,在 r 处 $A_{div} = 0dB$;

当 $b/\pi > r > a/\pi$ 时,距离 r 每增加一倍,$A_{div} = -(0 \sim 3)dB$;

当 $b > r > b/\pi$ 时,距离 r 每增加一倍,$A_{div} = -(3 \sim 6)dB$;

当 $r > b$ 时,距离 r 每增加一倍,$A_{div} = -6dB$。

4. 噪声从室内向室外传播的声级差计算

如图 6-1 所示,当声源位于室内,设靠近开口处(或窗户)室内和室外的声级分别为 L_1 和 L_2。若声源在室内声场近似扩散声场,则声差级为

$$NR = L_1 - L_2 = TL + 6 \tag{6-28}$$

式中 TL——隔墙(或窗户)的传输损失。

其中 L_1 可以是测量值或计算值,若为计算值时,按下式计算

$$L_1 = L_{W1} + 10\lg\left(\frac{Q}{4\pi r_1^2} + \frac{4}{R}\right) \tag{6-29}$$

式中 L_{W1}——某个室内声源在靠近围护结构处产生的倍频带声功率级;

r_1——某个室内声源在靠近围护结构处的距离;

R——房间常数;

Q——方向性因子[若声源分别位于房内中央、地面(墙)中央、两墙交线、房角,相应的 Q 分别等于 1,2,4,8];

L_1——靠近围护结构处的倍频带声压级。

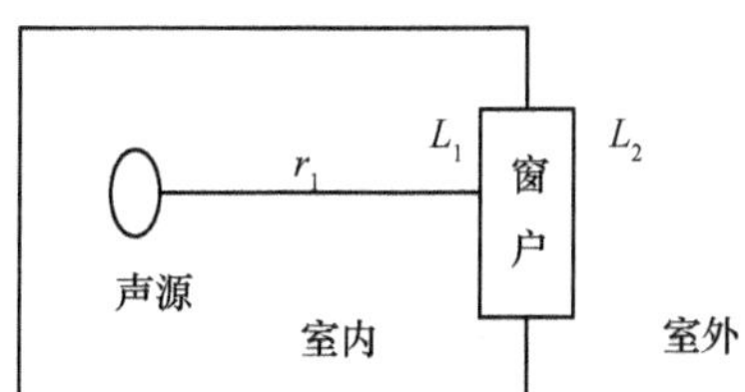

图 6-1 噪声从室内向室外传播

(二) 空气吸收衰减

空气吸收声波而引起的衰减与声波频率、大气压、湿度、温度有关,被空气吸收的衰减值可由式(6-30)计算

$$A_{atm} = ar \text{ 或 } A_{oct\ atm} = \frac{a(r - r_0)}{100} \tag{6-30}$$

式中 A_{atm}——空气吸收造成的衰减值,dB;

$A_{oct\ atm}$——空气吸收造成的倍频带衰减值,dB;

a——每 100m 空气吸声系数,其值与湿度、温度有关;

r_0——参考位置距声源距离,m;

r——声波传播距离,m。

当 $r<200\text{m}$ 时，A_{atm} 近似为零。

（三）遮挡物衰减

位于声源和预测点之间的实体障碍物，如围墙、建筑物、土坡或地堑等都起声屏障作用。声屏障的存在使声波不能直达某些预测点，从而引起声能量的较大衰减。在环境影响评价中，一般可将各种形式的屏障简化为具有一定高度的薄屏障。

如图 6-2 所示，S、O、P 三点在同一平面内且垂直于地面。

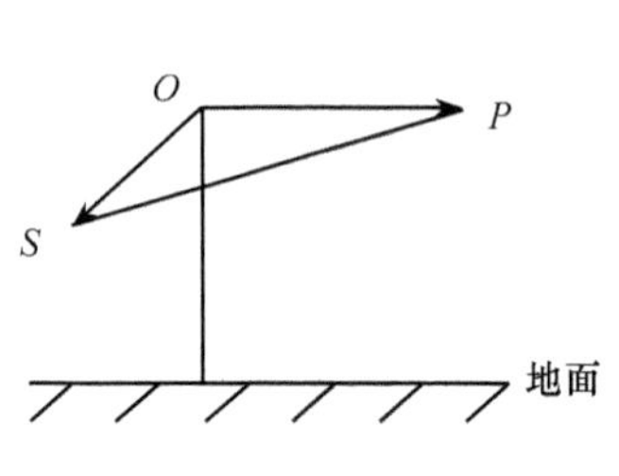

图 6-2　声屏障示意图

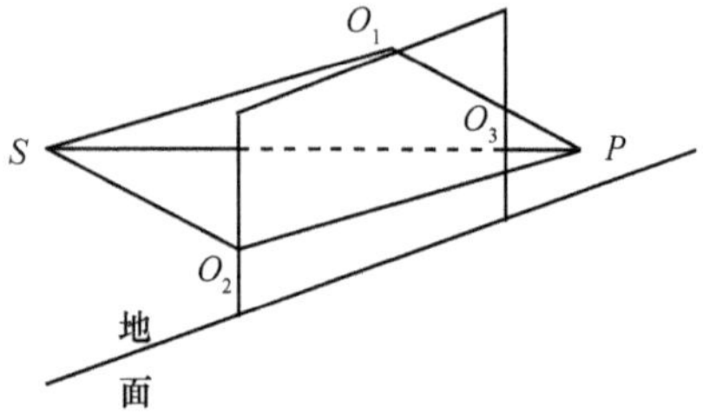

图 6-3　有限长薄屏，点声源

定义 $\delta=SO+OP-SP$ 为声程差，$N=2\delta/\lambda$ 为菲涅尔数，其中 λ 为声波波长。因与波长有关，原则上应用倍频带声级的中心频率分别计算后再叠加。当无法取得倍频带声功率时，用代表频率估算。对于一般的公路噪声，代表频率可取 600Hz。

声屏障插入损失的计算方法很多，大多是半理论半经验的，有一定的局限性。因此在噪声预测中，需要根据实际情况简化处理。

1. 有限长薄屏障在点声源声场中引起的声衰减计算

如图 6-3 所示，计算方法为：

（1）首先计算三个传播途径的声程差 δ_1、δ_2、δ_3 和相应的菲涅尔数 N_1、N_2、N_3。

（2）声屏障引起的衰减量按式(6-31)计算

$$A_{\text{octbar}}=-10\lg\left[\frac{1}{3+20N_1}+\frac{1}{3+20N_2}+\frac{1}{3+20N_3}\right] \tag{6-31}$$

当屏障很长（作无限处理）时，则

$$A_{\text{octbar}}=-10\lg\left[\frac{1}{3+20N_1}\right] \tag{6-32}$$

2. 无限长薄屏障在无限长线声源声场中引起的声衰减计算

对于线声源，仅考虑屏障和线源都是无限长的情况。其他情况在理论上过于复杂，且实际中出现并不多。无限长薄屏障在无限长线声源声场中引起的衰减计算，推荐的计算方法是：

（1）首先计算菲涅尔数 N；

（2）查菲涅尔数与衰减量的关系曲线，由 N 值查出相应的衰减量。

注：对铁路列车、公路上汽车流，在近场条件下，可作无限长声源处理；当预测点与声屏障的距离远小于屏障长度时，屏障可当无限长处理。当计算出的衰减量超过 25dB，实际所用的衰减量应取其上限衰减量 25dB。

（四）植物吸收衰减

声波通过高于声线 1m 以上的密集植物丛时，即会因植物阻挡而产生衰减。密集的林带对宽带噪声典型的附加衰减量是每 10m 衰减 1 ~ 2dB(A)，取值的大小与树种、林带结构和密度等因素有关。密集的绿化林带对噪声的最大附加衰减量一般不超过 10dB(A)。在一般情况下，松树林带能使频率为 1000Hz 的声音衰减 3dB/10m；杉树林带为 2.8dB/10m；槐树林带为 3.5dB/10m；高 30cm 的草地为 0.7dB/10m；阔叶林地带为 3dB/10m。

（五）附加衰减

附加衰减包括声波传播过程中由于云、雾、温度梯度、风引起的声能量衰减以及地面效应（指声波在地面附近传播时由于地面的反射和吸收，以及接近地面的气象条件引起的声衰减效应）引起的声能量衰减。在噪声环境影响评价中，不考虑风、温度梯度以及雾引起的空气附加衰减。

如果满足下列条件，需考虑地面附加衰减：①预测点距声源 50m 以上；②声源（或声源的主要发声部位）距地面高度和预测点距地面高度的平均值小于 3m；③声源与预测点之间的地面被草地、灌木等覆盖（软地面）。若不满足上述条件，则不考虑地面效应。

地面效应引起的附加衰减量按下式计算

$$A_{exc} = 5\lg(r/r_0) \tag{6-33}$$

不管传播距离多远，地面效应引起的附加衰减量的上限为 10dB。如果在声屏障和地面效应同时存在的条件下，声屏障和地面效应引起的衰减量之和的上限为 25dB。

（六）阻挡物的反射效应

声波在传播过程中，若遇到建筑物、地表面、墙壁、大型设备等阻挡时，便会在这些物体的表面发生反射而产生反射效应，对某些位置的受声点，其声级是直达声与反射声叠加的结果，使原来的声级增高 ΔL_r，采用镜像源法来处理阻挡物的反射效应。

在下列情况下须考虑反射体引起的声级增高：①反射体表面是平整、光滑、坚硬的；②反射体尺寸远大于所有声波的波长；③入射角 $\theta < 85°$。

由图 6-4 可见，被 O 点反射而到达 P 点的声波相当于从虚声源 I 辐射的声波，即 $\overline{SP} = r$，$\overline{OP} = r_r$。因反射而引起的声级增高值 ΔL_r 可按以下关系确定（$a = r/r_r$）：

当 $a \approx 1$ 时，$\triangle L_r = 3\text{dB}$；当 $a \approx 1.4$ 时，$\triangle L_r = 2\text{dB}$；当 $a \approx 2$ 时，$\triangle L_r = 1\text{dB}$；当 $a > 2.5$ 时，$\triangle L_r = 0$。

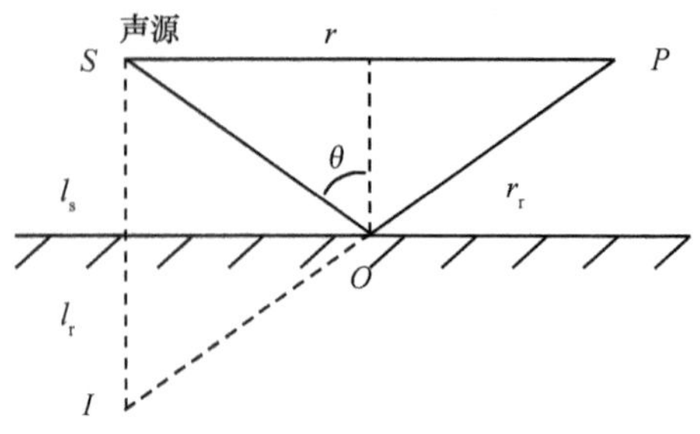

图 6-4　反射体的影响

第三节　声环境现状调查与评价

一、环境噪声现状调查

（一）调查目的

掌握评价范围内环境噪声现状，噪声敏感目标和人口分布情况，为环境噪声现状评价和预测评价提供基础资料，也为管理决策部门提供环境噪声现状情况，以便与项目建设后的噪声影响程度进行比较和判别。

（二）调查内容

1. 评价范围内现有噪声源种类、数量及相应的噪声级

现有噪声源构成评价范围内背景噪声，主要是指工业噪声、交通噪声、施工噪声和社会生活噪声四类。调查中注意避开自然界声响影响，如蛙叫、虫叫、狗叫、蝉鸣等；注意避开学校正常教学活动的声音。背景噪声值准确与否非常重要，它直接影响声环境预测结果。如背景值测量时未避开自然界噪声，测量值为 53.0dB（A），交通噪声预测值此时也为 53.0dB（A），则声环境综合值（叠加值）为 56.0dB（A），超过四类功能区夜间 55.0dB（A）标准。如避开自然界噪声，背景值实测为 41.0dB（A），而此时声环境综合值为 53.0dB（A），符合四类 55.0dB（A）标准要求。

交通噪声源应给出相应的种类、流量、速度、路况等；工业企业应给出厂界噪声达标与超标情况。

2. 评价范围内现有敏感目标及环境噪声功能区划分情况

现有敏感目标应调查其名称、行政区域、数量及户数人数等，环境噪声功能区应调查当地政府关于功能区划文件，以确认环境噪声功能区类别。

3. 评价范围内声环境质量情况

要调查各环境噪声功能区声环境现状,达标及超标情况以及受噪声影响的人口分布情况。

(三) 调查方法

环境噪声现状调查的基本方法是收集资料法、现场调查测量法,实际工作中,应根据噪声评价工作等级相应的要求确定采用其中一种方法,或两种方法结合进行。在进行声环境现状测量时,应注意测量点的布设以及测量量和测量时段的确定。

1. 声环境现状测量布点原则

(1) 声环境现状测量点布置一般要覆盖整个评价范围,但重点要布置在现有噪声源对敏感区有影响的那些点上。楼房建筑要增加垂直声场分布测点,视情况可间隔一层、二层布点或逐层布点。绘制监测点示意图,明确敏感目标与工程之间的相对位置(方位、距离、高差)及环境特征。

(2) 声环境现状测量点布置要考虑建设项目声源性质。对于点声源性质建设项目,靠近声源处测量点密度应高于距声源较远处的测点密度;对于线声源性质建设项目,可根据噪声敏感区域分布状况和工程特点,贯彻"以点代线,点段结合,反馈全线"的原则,确定若干有代表性的典型噪声测量断面。

(3) 声环境现状测量点布置要考虑现状声源源强特性。对于新建工程,当评价范围内没有明显的噪声源且声级较低时,现状测量点可以大幅度减少;对于改、扩建工程可按室内和室外声源分别给出主要噪声源的源强;若要绘制环境现状等声级线图,也可以采用网格法布点。

2. 声环境现状测量的测量量和测量时段

(1) 测量量。①环境噪声测量量为 L_{Aeq};②高声级的突发性噪声测量量为 L_{Amax} 及噪声持续时间;③机场噪声的测量量为 L_{WECPN};④噪声源的测量量有倍频带声压级、总声压级、A 声级或声功率级等;⑤脉冲噪声应同时测量 A 声级及脉冲周期。

(2) 测量时段。①现状测量时应在声源正常运转或运行工况的条件下测量;②每一测量点,应分别进行昼间、夜间的测量。测量时间与时段应有代表性,要符合各类声源环境的监测技术规范. 对于噪声起伏较大的情况,应增加昼间、夜间的测量次数,或进行昼夜 24h 连续监测以取得较为客观、准确的现状值;机场噪声必要时进行一个飞行周期(一般为一周)的噪声监测。

(四) 典型工程环境噪声现状水平调查方法

1. 工矿企业环境噪声现状水平调查

对工矿企业类环境噪声现状水平调查方法为:现有车间的噪声现状调查,重点为处于 85dB(A)以上的噪声源分布及声级分析。厂区内噪声水平调查一般采用网格法,每间隔 10 ~ 50m 划正方形网格,在交叉点(或中心点)布点测量,测量结果标在图上供数据处理用。

厂界噪声水平调查测量点布置在厂界外 1m 处，间隔可以为 50～100m，大型项目也可以取 100～300m，具体测量方法参照相应的标准规定。

生活居住区噪声水平调查，也可将生活区划成网格测量，进行总体水平分析，或针对敏感目标，参照《城市区域环境噪声测量方法》(GB/T 14623－93) 布置测点，调查敏感点处噪声水平。

所有调查数据按有关标准选用的参数进行数据统计和计算，所得结果供现状评价用。

2. 公路、铁路环境噪声现状水平调查

公路、铁路为线路型工程，其噪声现状水平调查应重点关注沿线的环境噪声敏感目标，其具体方法为：

调查评价范围内有关城镇、学校、医院、居民集中区或农村生活区在沿线的分布和建筑情况以及相应执行的噪声标准。

通过测量调查环境噪声背景值，若敏感目标较多时，应分路段测量环境噪声背景值(逐点或选典型代表点布点)。若存在现有噪声源(包括固定源和流动源)，应调查其分布状况和对周围敏感目标影响的范围和程度。

环境噪声现状调查一般测量等效连续 A 声级。必要时，除给出昼间和夜间背景噪声值外，还需给出既有噪声源影响的距离、超标范围和程度，以及全天 24h 等效声级值，作为现状评价和预测评价依据。

3. 飞机场环境噪声现状水平调查

在机场周围环境调查时，须调查评价范围内声环境功能区划、敏感目标和人口分布，噪声源种类、数量及相应的噪声级。当评价范围内没有明显噪声源，且声级较低时(≤45dB)，噪声现状监测点可依据评价等级分别选择 3～6 个测点，测量等效连续 A 声级。

改扩建工程应根据现有飞机飞行架次、飞行程序、机场周围敏感点分布，分别选择 5～12 个测点进行飞机噪声监测；无敏感点的可在机场近台、远台设点监测。在每个测点分别测量不同机型起飞、降落时的最大 A 声级、持续时间或 EPNL，每种机型测量的起降状态不得少于 3 次，对于飞机架次较多的机场可实施连续监测，并根据飞越该测点的不同机型和架次，计算出该测点的 WECPNL，同时给出年日平均飞行架次和机型，绘制现状声级线图。

二、声环境现状评价

(一) 声环境现状评价内容

1. 评价范围内现有噪声敏感区、保护目标的分布情况，与建设项目之间的方位、距离及高差关系，环境噪声功能区的划分情况等。以表格、示意图和文字相结合的方式说明。

2. 声环境现状的调查和测量方法，包括测量仪器、参照或参考的测量方法线、评价标准、测量点位、测量时段、读数方法等。

3. 评价范围内现有噪声源种类、数量及相应的噪声级、噪声时空分布特征，主要噪声源分析等。

4. 评价范围内声环境现状。包括：①各环境噪声功能区噪声级、达标与超标状况及主要噪声源；②评价范围边界或工业企业厂界噪声级、达标与超标状况及主要噪声源；③典型测点昼夜24h连续监测声级分布图表及楼房垂直声场分布图表；④机场改、扩建工程应给出各监测点主要机型的L_{Amax}、L_{EPN}和该点的L_{WECPN}值，给出现状L_{WECPN}值70dB、75dB、80dB、85dB、90dB声级的等值曲线。

5. 评价范围内受噪声影响的人口分布。

（二）环境噪声现状评价的方法

环境噪声现状评价包括噪声源现状评价和声环境质量现状评价，其评价方法是对照相关标准评价达标或超标情况并分析其原因，同时评价受到噪声影响的人口分布情况。

环境噪声现状评价结果应当用表格和图来表达清楚。说明主要噪声源位置，各边界测量点和敏感目标测量点位置，给出相关距离和地面高差。对于改扩建飞机场，需要绘制现状WECPNL的等声级线图，说明周围敏感目标受不同声级影响的情况。

第四节　声环境影响预测

一、声环境影响预测的内容

（一）收集基础资料

主要包括：确定声源的种类（包括设备型号）与数量及其声学性能参数，声源和建筑布局，各声源的噪声级与发声持续时间、声波传播条件，有关气象参数等。

（二）确定预测范围

一般预测范围与所确定的评价范围相同，可视建设项目声源特征（声级大小特征，频率分布特征和时空分布特征等）和周围敏感目标分布特征（集中与分散，地面水平与楼房垂直分布，建筑物使用功能等）可适当扩大预测范围。

（三）合理设置预测点

所有的环境噪声现状监测点和环境敏感目标都应作为预测点。对于地面水平分布的敏感目标,注意按其所属的环境噪声功能区分不同的距离段预测;对于楼房垂直分布的敏感目标,注意按不同层数按垂直声场分布来预测;预测点可根据评价等级和环境管理需求不同,可以是一个评价点也可以是一栋楼房或一个区域。

为了便于绘制等声级线图,可以用网格法确定预测点位。网格的大小应根据具体情况确定,对于拟建项目包含呈线状声源特征的情况,平行于线状声源走向的网格间距可大些(如 100 ~ 300m),垂直于线状声源走向的网格间距应小些(如 20 ~60m);对于建设项目包含点声源特征的情况,网格的大小一般在 20m×20m ~ 100m×100m 范围。

(四) 说明噪声源噪声级数据的获取途径

一般有两个途径:类比测量法(即测定类似项目的对应数据作为依据)和引用已有的数据(包括国外的资料)获取。一级评价必须采用类比测量法。

(五) 选用恰当的预测模式和参数

选用恰当的噪声预测模式和参数进行影响预测计算,说明具体参数选取的依据,计算结果的可靠性及误差范围。

(六) 按每间隔 5dB 绘制等声级图(曲线)

对于 L_{Aeq} 一般从最高声级画到相邻噪声功能区要求的标准(分昼、夜);而对 L_{WECPN} 应有 70dB、75dB、80dB、85dB、90dB 的等值线。用等声级图表示项目噪声影响的分布,分析超标范围和程度及直接受影响人口的情况,为针对性采取有效降噪措施和城市规划提供依据。

二、声环境影响预测方法及步骤

(一) 工业噪声环境影响预测方法和步骤

工矿企业中的噪声源可以分成室内声源和室外声源两种,其中噪声预测应分别对待。

1. 室外声源

(1)计算某个室外声源在预测点的倍频带声压级($L_{oct(r)}$)

$$L_{oct(r)} = L_{oct(r_0)} - 20\lg(r/r_0) - \Delta L_{oct} \quad (6\text{-}34)$$

式中 $L_{oct(r_0)}$——第 i 个噪声源在参考位置 r_0 处的倍频带声压级;

r——预测点距声源的距离,m;

r_0——参考位置距声源的距离,m;

ΔL_{oct}——各种因素引起的衰减量(包括声屏障、遮挡物、空气吸收、地面效应引起的衰减量,计算方法见本章相关内容)。

如果已知噪声源的倍频带声压级为 L_{woct},并假设声源位于地面上(半自由声场),则

$$L_{oct(r_0)} = L_{woct} - 20\lg r_0 - 8 \tag{6-35}$$

(2) 由各倍频带声压级合成计算该声源产生的 A 声级 L_A。

2. 室内声源

设某厂房内共有 K 个噪声源,这些室内声源对预测点的影响可看作是相当于若干个等效室外声源,计算方法与步骤如下

(1) 计算厂房内第 i 个声源在室内靠近围护结构处的声级 $L_{oct,i}$

$$L_{oct,i} = L_{wi} + 10\lg\left(\frac{Q}{4\pi r_i} + \frac{4}{R}\right) \tag{6-36}$$

式中 L_{wi}——该厂房内第 i 个声源的声功率级;

r_i——室内点距声源的距离;

Q——声源的方向性因数(在一般情况下,位于地面上的声源 Q 值等于2);

R——房间常数。

(2) 计算厂房 N 个声源在室内靠近围护结构(如门、窗、墙等)处的声级 L_{p1}

$$L_{p1} = 10\lg\left(\sum_{i=1}^{k} 10^{0.1L_{pi}}\right) \tag{6-37}$$

(3) 计算厂房外靠近围护结构(如门、窗、墙等)处的声级 L_{p2}

$$L_{p2} = L_{p1} - (TL + 6) \tag{6-38}$$

式中 TL——墙壁总隔声量。

(4) 把围护结构当作室外等效声源,再根据声级 L_{p2} 和围护结构的面积,计算等效室外声源的声功率级。

(5) 按照上述室外声源的计算方法,计算该等效室外声源在第 j 个预测点的声级 $L_{ij(in)}$。如果室外声源 $L_{ij(out)}$ 有 n 个,等效室外声源为 m 个,则第 j 个预测点的总声级为

$$L_j = 10\lg\left[\sum_{i=1}^{n} 10^{0.1L_{ij(out)}} + \sum_{k=1}^{m} 10^{0.1L_{kj(in)}}\right] \tag{6-39}$$

(二) 公路噪声环境影响预测方法和步骤

《公路建设项目环境影响评价规范(试行)》(JTJ 005-96)中推荐了一种有关噪声预测的半经验模式。实践中该模式应用广泛。该模式在使用时应注意几个问题:

(1) 不分车道。原则上是用于双向四车道的高速路,但在使用时以整条道路的车流量进行预测,不分车道进行。

(2) 车型分成大、中、小三种。不允许其他车型划分方法,因为其重要的参数—平均行车速度是以大、中、小车型为基础的。车速以交通量估计出,因为是半经验性质,不允许以其他方式提供车速。

(3) 预测模式的适用范围。预测点在距噪声等行车线 7.5m 以远处；车辆平均行驶速度在 20～100km/h 之间；预测精度为 ±2.5dB。

1. 公路上行驶机动车辆的分类

规范中将公路上行驶的机动车辆分为三类，即大型车(L)、中型车(M)、小型车(S)。车型分类标准如表 6-2。

表 6-2　机动车辆分类

车型	标定载重	标定座位
小型车	2t 以下货车	19 座以下客车
中型车	2.5～7.0t 货车	20～49 座客车
大型车	7.5t 以上货车	50 座以下客车

2. 第 i 型车辆行驶于昼间或夜间，预测点接收到小时交通噪声值计算

$$(L_{Aeq})_i = L_{W,i} + 10\lg\left(\frac{N_i}{v_i T}\right) - \Delta L_{距离} + \Delta L_{纵坡} + \Delta L_{路面} - 13 \tag{6-40}$$

式中　$(L_{Aeq})_i$——第 i 型车辆行驶于昼间或夜间，预测点接收到的小时交通噪声值，dB；

$L_{W,i}$——第 i 型车辆的平均辐射声级，相当于 7.5m 处的 A 声级，dB；

N_i——第 i 型车辆的昼间或夜间的平均小时交通量，辆/h；

v_i——第 i 型车辆的平均行驶速度，km/h；

T——L_{Aeq} 的预测时间，在此取 1h；

$\Delta L_{距离}$——昼间或夜间，第 i 型车辆行驶噪声在距噪声等效行车线距离为 r 的预测点处的距离衰减量，dB；

$\Delta L_{纵坡}$——公路纵坡引起的交通噪声修正量，dB；

$\Delta L_{路面}$——公路路面引起的交通噪声修正量，dB。

3. 各型车辆昼间或夜间使预测点接收到的交通噪声值计算

$$L_{Aeq,交} = 10\sum_{i=1}^{n} 10^{0.1 L_{Aeq,i}} - \Delta L_1 - \Delta L_2 \tag{6-41}$$

式中　$L_{Aeq,i}$——第 i 型车辆昼间或夜间，预测点接收到的交通噪声值，dB；

$L_{Aeq,交}$——预测点接收到的昼间或夜间的交通噪声值，dB；

ΔL_1——公路曲线或有限长路段引起的交通噪声修正量，dB；

ΔL_2——公路与预测点之间的障碍物引起的交通噪声修正量，dB；

4. 模式中有关参数的确定

(1) 汽车行驶平均速度计算。

① 小型车平均速度计算公式(适用于小型车占总交通量的 50% 以上和小型车小时交通量 70～3000 车次/h)

$$Y_S = 237X^{-0.1602} \tag{6-42}$$

式中　Y_S——小型车的平均行驶速度，km/h；

X——预测年总交通量中的小型车小时交通量，辆/h。

② 中型车速度计算公式（适用于中型车小时交通量 25～2000 辆/h）

$$Y_M = 212X^{-0.1747} \tag{6-43}$$

式中　Y_M——中型车的平均行驶速度，km/h；

X——预测年总交通量中的中型车小时交通量，辆/h。

③ 大型车平均行驶速度按中型车车速的 80% 计算

上述汽车平均速度计算公式适用于高等级公路双向四车道、设计车速（小型车）为 120km/h 的昼间平均行驶速度的计算。但是，当设计车速小于 120km/h，公式计算平均车速可按比例递减；当小型车交通量小于总交通量的 50% 时，每减少 100 车次，其平均车速以 30% 递减，不足 100 车次按 100 车次计；按式（6-42）、式（6-43）计算得出车速后，折减 20% 作为夜间平均车速。

（2）各类型车（相当于在 7.5m 处）平均辐射声级 $L_{W,i}$ 的获取，可按下式计算，也可以通过实测或参考文献中公布的数据确定（如表 6-3）。

$$\left.\begin{aligned} &\text{大型车}: L_{W,L} = 77.2 + 0.18v_L \\ &\text{中型车}: L_{W,M} = 62.6 + 0.32v_M \\ &\text{小型车}: L_{W,S} = 59.3 + 0.23v_S \end{aligned}\right\} \tag{6-44}$$

式中　v_L——表示大型车平均行驶速度，km/h；

v_M——表示中型车平均行驶速度，km/h；

v_S——表示小型车平均行驶速度，km/h。

表 6-3　几种车辆发射的参考平均能量级（参考距离为 15m）

车型	车速/（km/h）										
	50	55	60	65	70	75	80	85	90	95	100
汽车（A）	62.4	63.8	65.2	66.8	67.9	69.0	70.0	71.0	71.9	72.7	73.5
卡车（MT）	72.4	74.3	76.0	77.5	78.8	80.0	81.1	81.9	82.5	82.8	82.9
重型卡车（HT）	80.5	81.4	82.5	83.2	84.0	84.6	85.2	85.8	86.3	86.7	86.8

注：卡车指载重 5～10t 或六轮车，重型卡车指载重量超过 10t 的十轮卡车。

（3）距离衰减量 $\Delta L_{距离}$ 的计算

$$\left.\begin{aligned} &\text{当 } r_2 \leqslant d_i/2 \text{ 时}: \Delta L_{距离,i} = K_1 K_2 20\lg\frac{r_2}{7.5} \\ &\text{当 } r_2 > d_i/2 \text{ 时}: \Delta L_{距离,i} = 20K_1\left[K_2\lg\frac{0.5d_i}{7} + \lg\sqrt{\frac{r_2}{0.5d_i}}\right] \end{aligned}\right\} \tag{6-45}$$

式中　K_1——预测点至公路之间地面状况常数：硬地面（经过铺筑路面，如：沥青混凝土、水泥混凝土、条石、块石及碎石地面等）可取 0.9，一般地面可取 1.0，绿化草地地面可取 1.1；

K_2——与车间距 d_i 有关的常数，应按表 6-4 取值；

r_2——预测点至噪声等效行车线的距离，可按式（6-46）计算；

d_i——第 i 型车昼间或夜间的车间距,可按式(6-47)计算。

表 6-4 与车间距有关的常数(K_2)

d_i/m	20	25	30	40	50	60	70	80	100	140	160	250	300
K_2	0.170	0.500	0.617	0.716	0.780	0.806	0.833	0.840	0.855	0.880	0.885	0.890	0.908

$$r_2 = \sqrt{D_N D_F} \qquad (6\text{-}46)$$

式中 D_N——预测点至近车道的距离,m;

D_F——预测点至远车道的距离,m。

$$d_i = 1000\frac{v_i}{N_i} \qquad (6\text{-}47)$$

式中 N_i——第 i 型车昼间或夜间平均小时交通量,辆·h^{-1}。可依据相关资料确定,或通过实际调查确定。实际调查的测量时间一般分为:昼间(06:00~22:00)和夜间(22:00~06:00)两部分。

(4) 公路纵坡引起的交通噪声修正量 $\Delta L_{纵坡}$ 可按下式计算

$$\left.\begin{aligned}\text{大型车}:L_{纵坡} &= 98\times\beta\\ \text{中型车}:L_{纵坡} &= 73\times\beta\\ \text{小型车}:L_{纵坡} &= 50\times\beta\end{aligned}\right\} \qquad (6\text{-}48)$$

式中 β——公路的纵坡坡度,%。

(5) 公路路面引起的交通噪声修正量 $\Delta L_{路面}$,沥青混凝土路面取 0,水泥混凝土取 1~2,当小型车比例占 60% 以上时取上限,否则取下限。

(三) 机场噪声环境影响预测方法和步骤

飞机场活动产生的噪声分两类,即飞机起降运动噪声和地勤噪声。地勤噪声主要由机械操作和车辆运行产生,其预测类似于工业建设项目和施工噪声。这里仅介绍飞机噪声的预测方法。

1. 计算斜距,查取 EPNL

以飞机起飞或降落点为原点、跑道中心线为 x 轴、垂直地面为 z 轴、垂直于跑道中心线为 y 轴建立坐标系。设预测点的坐标为(X,Y,Z),飞机起飞、爬升、降落时与地面所成角度为 θ,则飞机与预测点之间的斜距为

$$R = \sqrt{y^2 + (x\tan\theta\cos\theta)^2} \qquad (6\text{-}49)$$

如果可以查得离起飞或降落点不同位置飞机距地面的高度 H,则斜距为

$$R = \sqrt{y^2 + (H\cos\theta)^2} \qquad (6\text{-}50)$$

根据飞机机型、起飞或降落、斜距可以查出飞机飞过预测点时在预测点产生的有效感觉噪声级 *EPNL*。

噪声预测时间一般是以一昼夜 24h 为单位,因此应查出一天当中所有飞行事

件的 EPNL。一个飞行事件包括一次起飞和一次降落,即一个起飞和降落过程。

2. 计算平均有效感觉噪声级

一昼夜按白天、晚上和夜间三个时段来考虑飞行架次的影响,对于某预测点一日的平均有效感觉噪声级按下式计算

$$\overline{\mathrm{EPNL}} = 10\lg\left(\frac{1}{N_1 + N_2 + N_3}\sum_{i=1}^{N} 10^{0.1\mathrm{LEPN},i}\right) \tag{6-51}$$

式中 N_1、N_2、N_3——分别为白天(07:00 ~ 19:00)、晚上(19:00 ~ 22:00)和夜间(22:00 ~ 07:00)通过该预测点的飞行次数 $N = N_1 + N_2 + N_3$;

$\overline{\mathrm{NPNL}}$——某 i 次飞行事件的有效感觉噪声级。

3. 计算某点一日的计权等效连续感觉噪声级 WECPN

$$\mathrm{WECPN} = \overline{\mathrm{EPNL}} + 10\lg(N_1 + 3N_2 + 10N_3) - 40 \tag{6-52}$$

4. 按沿主航道方向不大于 1km、侧向不大于 1km ~ 500m 的间隔划分网格,网格各交点作为预测点,分别按上述计算方法和步骤计算各网格交点和环境敏感目标点处的一日平均 WECPN,绘制机场周围飞机噪声暴露图;按 5dB 间隔绘制噪声等值线图。

(四) 建筑施工噪声环境影响预测方法和步骤

施工过程发生的噪声与其他重要的噪声源不同。其一是,噪声由许多不同种类的施工机械设备发出的;其二是,这此设备的运作是间歇性的,因此所发噪声也是间歇性和短暂的;其三是,法规规定施工应在白天进行,因此对睡眠干扰较少。施工噪声的影响预测与评价应充分考虑上述特点。

1. 应用表 6-5 确定各类工程在各个施工阶段的场地上发出的等效声级 L_{eq}

表 6-5 施工场地上的能量等效级(dB)的典型范围

工程类型	住房建设		办公建筑、旅馆、学校、医院、公用建筑		工业小区、停车场、宗教、娱乐、休息、商店、服务中心		公共工程、道路与公路、下水道和管沟	
施工阶段	Ⅰ①	Ⅱ②	Ⅰ	Ⅱ	Ⅰ	Ⅱ	Ⅰ	Ⅱ
场地清理	83	83	84	84	84	83	84	84
开挖	88	75	89	79	89	71	88	78
基础	81	81	78	78	77	77	88	88
上层建筑	81	65	87	75	84	72	79	78
完工	88	72	89	75	89	74	84	84

注:① Ⅰ:所有重要的施工设备都在现场;② Ⅱ 只有极少数必需的设备在现场。

2. 确定整个施工过程中场地上的 L_{eq}

$$L_{eq} = 10\lg\frac{1}{T}\sum_{i=1}^{N} T_i 10^{0.1L_i} \tag{6-53}$$

式中 L_i——第 i 阶段(表 6-5)的 L_{eq};

T_i——第 i 阶段延续的总时间；

T——从开始阶段到施工结束的总延续时间；

N——施工阶段数。

3. 离施工场地 xm 处的 $L_{eq(x)}$

$$L_{eq(x)} = L_{eq} - \text{ADJ} \tag{6-54}$$

式中 x——离场地边界处的距离，m；

ADJ——$L_{eq(x)}$ 的修正系数，可按下式计算

$$\text{ADJ} = -20\lg\left(\frac{x}{0.328} + 250\right) + 48 \tag{6-55}$$

4. 根据预测计算结果，在适当的地图上绘制场地周围 L_{eq} 的廓线。

第五节　声环境影响评价

一、评价工作程序

我国颁布的《环境影响评价技术导则——声环境》(HJ/T 2.4-1995)规定了声环境影响评价工作程序，如图 6-5。

声环境影响评价工作一般分为四个阶段。第一阶段是开展现场踏勘、了解环境法规和标准的规定、确定评价级别与评价范围和编制环境噪声评价工作大纲；第二阶段是开展工程分析、收集资料、现场监测调查噪声的基线水平及噪声源的数量、各声源噪声级与发声持续时间、声源空间位置等；第三阶段是预测噪声对敏感点人群的影响，对影响的意义和重大性作出评价，并提出削减影响的相应对策；第四阶段是编写环境噪声影响的专题报告。

二、评价等级的划分

(一) 划分依据

1. 建设项目规模

按投资额可将建设项目分为大、中、小型不同的等级，但不同时期大中小型分类的标准不同。

2. 噪声源种类及数量

噪声源的种类和数量是声环境影响评价等级确定的重要依据，近年来对噪声源强度的分析常采用“每公顷的 A 声功率级/声源数量”的方式来表达。

3. 项目建设前后噪声级的变化程度

用建设项目运行期声环境影响预测值与该环境声背景值来进行比较分析，确定声环境变化大小。

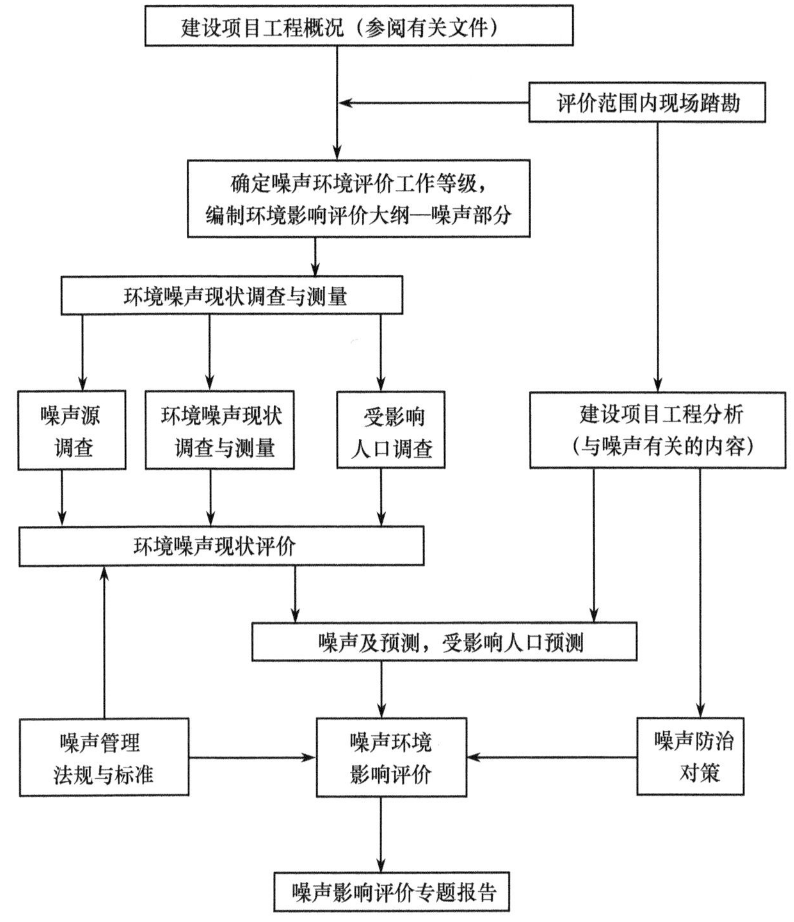

图 6-5　噪声环境影响评价技术工作程序

4. 建设项目噪声有影响范围内的环境敏感目标、环境噪声标准和受影响人口数量及人口分布情况。

（二）划分原则

噪声评价工作等级一般划分为三个等级，划分的基本原则如下：

1. 一级评价

① 对于大、中型建设项目，属于规划区内的建设工程，或受噪声影响的范围内或边界外附近有执行 0 类环境噪声标准及以上的需要特别安静的地区（如特殊住宅区、温泉、疗养院、医院、风景游览、名胜古迹等），以及对噪声有限制的保护区等噪声敏感目标；②项目建设前后噪声级有显著增高（增量 5 ~ 10dB（A）或以上）或受影响人口显著增多。

2. 二级评价

① 对于新建、扩建及改建的大、中型建设项目，若其所在功能区属于一、二类噪声功能区；②项目建设前后噪声级有较明显增高（增量3～5dB（A））或受噪声影响人口增加较多。

3. 三级评价

① 处于3类环境噪声标准及以上的地区（指允许的噪声标准值为65dB（A）及以上的区域）的中型建设项目，以及处在1、2类环境噪声标准地区的小型建设项目；②大中型建设项目建设前后噪声级增加很小（增量在3dB（A）以内）且受影响人口变化不大。

4. 等级的调整

如果固定声源布置较集中，且相邻环境敏感目标，评价等级可提高一级；噪声源数量较多，每公顷A声功率级较大，而敏感点数量比较多时可提高一个等级；对于新出现的噪声源如高速铁路、磁悬轨道交通、大城市周边的国际机场等项目可提高一个等级。

环境噪声影响评价等级的要求列于表6-6。

表6-6 建设项目环境噪声影响评价的等级要求

建设项目	评价工作等级			
	敏感地区		非敏感地区	
	大中型	小型	大中型	小型
机场	1		1	
铁路	1		2	
高速公路	1		2	
公路干线	1	2	2	3
港口	1	2	2	3
工矿企业	1	2	2	3

三、评价范围的确定

声环境影响评价范围可以根据评价工作等级和建设项目类别确定。

（一）含有多个点状声源性质的建设项目

对于建设项目含有多个点状源性质的情况，如工厂、港口、施工工地、铁路的场站等，沿厂（场）边界外延200m的评价范围一般能满足一级评价的要求；相应的二级和三级评价的范围可根据实际情况适当缩小。若建设项目周围较为空旷而较远处有敏感区域，则评价范围应适当放宽到敏感区附近。

（二）呈现线状声源性质的建设项目

对于建设项目呈现线声源性质的情况，如铁路线路、公路等，线状声源两侧各

200m 的评价范围一般可满足一级评价的要求;二级和三级评价的范围可根据实际情况相应缩小。若建设项目周围较空旷且较远有敏感区域,则评价范围应适当放宽到敏感区附近。

(三) 机场建设项目

对建设项目是机场的情况,可根据飞行量计算到 WECPNL 为 70dB 的区域。一般沿主要飞行轨迹下离跑道两端各 15km、侧向 2km 的评价范围一般可满足一级评价的要求;二级和三级评价的范围可根据实际情况相应缩小。

四、评价工作的基本要求和方法

(一) 基本要求与方法

声环境影响评价的基本要求和方法因评价等级不同而有差别。一级评价要求进行深入细致的分析与评价;二级评价要求对重点内容进行详细评价,对一般内容进行粗略评价;三级评价为简略评价。

1. 一级评价的基本要求与方法

(1) 声环境现状监测全部要求实测;

(2) 声环境预测要覆盖全部敏感目标,绘制工程运行期等声级线图并给出预测噪声级的误差范围;

(3) 给出项目建成后各噪声级范围内受影响的人口分布、噪声超标范围和程度;

(4) 对工程项目噪声级变化应分阶段分析评价(如建设期、投产运行后的近期、中期、远期);

(5) 对于项目建设而引起周边地域或时域声环境变化给予分析(如机场建设引起相关道路车流量增多噪声升高);

(6) 对建设项目设计中或环评中提出的不同选址方案、选线方案、建设方案等所引起的声环境变化,进行同等级的定量评价分析;

(7) 针对建设项目工程特点和环境特征提出噪声防治对策,并进行经济与技术可行性分析,给出最终降噪声效果。

2. 二级评价的基本要求和方法

(1) 声环境现状监测以实测为主,可有针对性适当利用当地已有的环境监测资料;

(2) 声环境预测要覆盖全部敏感目标,绘制项目建设对城镇规划区影响的声等值线图;

(3) 分析项目建成后各噪声级范围内的人口分布、噪声超标范围和程度;

(4) 按工程不同阶段分析评价声环境影响情况;

(5) 针对建设工程特点和环境特征提出噪声防治措施并分析其降噪效果。

3. 三级评价的基本要求和方法

(1) 声环境现状调查可利用当地已有环境监测资料,并给予说明;

(2) 针对重点敏感点进行预测评价,对项目建成后噪声级分布进行分析并给出受影响的范围和程度;

(3)针对建设工程特点提出噪声防治措施并进行降噪效果分析。

(二) 不同类型建设项目环境影响评价需着重说明的问题

1. 工矿企业噪声

除上述的评价基本要求和方法,工矿企业噪声环境影响评价还需着重分析说明以下问题。

(1) 按厂区周围敏感目标所处的环境功能区类别评价噪声影响的范围和程度,说明受影响人口情况。

(2) 分析主要影响的噪声源,说明厂界和功能区超标原因。

(3) 评价厂区总图布置和控制噪声措施方案的合理性与可行性,提出必要的替代方案。

(4) 明确必须增加的噪声控制措施及其降噪效果。

2. 公路、铁路声环境影响评价

除上述的评价基本要求和方法,公路、铁路项目噪声环境影响评价还需着重分析说明以下问题。

(1) 针对项目建设期和不同运行阶段,评价沿线评价范围内各敏感目标(包括城镇、学校、医院、集中生活区等)按标准要求预测声级的达标及超标状况,并分析受影响人口的分布情况。

(2) 对工程沿线两侧的城镇规划受到噪声影响的范围绘制等声级曲线,明确合理的噪声控制距离和规划建设控制要求。

(3) 结合工程选线和建设方案布局,评述其合理性和可行性,必要时提出环境替代方案。

(4) 对提出的各种噪声防治措施需进行经济技术论证,在多方案比选后规定应采取的措施并说明措施降噪效果。

3. 机场飞机噪声环境影响评价

除上述的评价基本要求和方法,机场飞机噪声环境影响评价还需着重分析说明以下问题。

(1) 针对项目不同运行阶段,依据《机场周围飞机噪声环境标准》(GB 9660-88)评价 WECPNL 评价量 70dB、75dB、80dB、85dB、90dB 等值线范围内各敏感目标(城镇、学校、医院、集中生活区等)的数目,受影响人口的分布情况。

(2) 结合工程选址和机场跑道方案布局，评述其合理性和可行性，必要时提出环境替代方案。

(3) 对超过标准的环境敏感地区，按照等值线范围的不同提出不同的降噪措施，并进行经济技术论证。

五、噪声污染防治对策

噪声环境影响评价中的噪声污染防治应遵循以下原则：以从声源上或从传播途径上控制噪声为主，而以对受影响对象保护为最终选择；以城市规划为首，避免产生环境噪声污染影响；管理手段和技术手段相结合控制环境噪声污染；关注敏感人群的保护，体现“以人为本”的理念；具有针对性、具体性、经济合理和技术可行性。

根据上述原则，噪声污染防治对策应从以下三个方面考虑：

1. 科学统筹进行城乡建设规划，明确土地使用功能分区，合理安排城市功能区和建设布局，预防环境噪声污染

在进行规划建筑布局时，划定建筑物与交通干线合理的防噪声距离，采取相应的建筑设计要求，避免产生环境噪声影响。

2. 从声源上降低噪声

(1) 改进机械设计以降低噪声。如在设计和制造过程中选用发声小的材料来制造机件，改进设备结构与形状、改进传动装置以及选用已有的低噪声设备都可以降低声源的噪声。

(2) 对高噪声产品规定噪声限值标准。

(3) 改进生产工艺和加工操作方法，降低工艺噪声。如用压力式打桩机代替柴油打桩机，把铆接改为焊接、液压代替锻压等。

(4) 保持设备良好运转状态，以避免或减少因设备运行状态不良而引起的高噪声等。

3. 从传播途径上降低噪声

这是一种最常见的防治环境噪声污染的手段。它是以噪声敏感目标达标为目的，具体方法有：

(1) 合理安排建筑物功能和建筑物平面布局使敏感建筑物远离噪声源，实现“闹静分开”；

(2) 采用声学控制措施或技术，如对声源采用隔振、减振降噪或消声降噪措施，在声源和敏感目标间增设吸声、隔声措施等设施，也可以利用天然地形或建筑物(非敏感的)作声障遮挡。

以上各类防治环境噪声污染的措施和手段，应当通过声环境影响评价明确需要降低噪声的要求和通过经济技术论证分析实际可达到的效果，必须符合针对性、具体性、经济合理性和技术可行性原则。

六、评价结论

在环境噪声现状调查与评价和工程分析的基础上,通过影响预测、评价和采取一定的防治对策后,确定推荐的拟建项目方案的环境噪声影响是可以接受的、可行的或不可接受的、不可行的,给出明确的结论。

第六节　声环境影响评价案例分析

一、某火力发电厂一期工程项目声环境影响评价

(一) 项目概况

拟建发电厂一期工程(2×600MW 超临界燃煤机组),拟选厂址位于某市以东约 40km 处,厂址所在地为该市主要煤炭矿区之一,区内煤炭和石灰石资源丰富,工业以煤炭、水泥为主。该项目则以当地丰富的煤炭资源为原料,将输煤变为输电。本期工程拟采用目前世界上先进的超临界发电设备,同时配套安装全烟气脱硫和脱氮装置。

(二) 评价等级、范围、因子及评价标准

1. 评价等级:本工程声环境影响评价等级为二级。
2. 评价范围:评价范围为厂界外 200m 及附近村庄。场界噪声为场界外 1m。
3. 评价因子:等效 A 声级。
4. 评价标准:①《城市区域环境噪声标准》(GB 3096—93) 2 类标准,白天 60dB(A),夜间 50dB(A)。②厂址临国道一侧厂 dB(A)界执行《工业企业厂界噪声标准》(GB 12348—90)中Ⅳ类标准:昼间 70dB(A),夜间 55dB(A)外,其他厂界执行标准中的Ⅱ类标准:昼间 60dB(A),夜间 50dB(A)。③《建筑施工厂界噪声限值》:昼间:打桩 85dB(A),结构施工 70dB(A),装修施工 65dB(A);夜间 55dB(A)。

(三) 主要设备噪声水平

该工程主要发电设备噪声水平见本案例表 1。

表 1　该工程主要设备噪声水平一览表

设备名称	数　量	噪声值/dB(A)	备　注
锅炉对空排汽		110	炉顶(偶发)
汽轮机	2	92	距声源 1m 处
发电机	2	92	距声源 1m 处

续表

设备名称	数　量	噪声值/dB(A)	备　注
中速磨煤机	10	90	距声源1m处
主变压器	2	80	距声源1m处
空压机	6	85	距声源1m处
引风机	4	90	进风口前3m
送风机	4	90	吸风口前3m
冷却塔	2	85	塔进风口外3m
循环水泵	4	90	距声源1m处

(四) 声环境质量现状

现状监测:本评价共设置9个现状监测点,其中厂址厂界周围8个,敏感目标A处一个。监测一天,昼、夜各监测2次。

结果评价:厂址及敏感目标声环境质量良好,满足其声环境功能区划及相应标准要求。

(五) 声环境影响预测与评价

1. 预测模式

本期工程声环境影响评价采用《环境影响评价技术导则——声环境》中的工业噪声预测模式(略)。

2. 预测评价

本工程主要设备运行噪声影响和与本底噪声水平叠加后的预测结果见本案例表2。预测结果表明,本期工程建成投运后,西厂界靠近冷却塔侧和东厂界靠近主要发电设备一侧厂界夜间噪声超过标准要求,其中西厂界超标长度650m,超标最远距离约130m。东厂界超标长度约600m,超标最远距离约200m。对厂址附近敏感点A的声环境影响贡献值为43.8dB(A),其影响值与本底值叠加后,昼间噪声增加了2.3dB(A),夜间噪声增加了6.3dB(A),但仍可满足2类声功能区划的要求。

表2　本工程正常工况下噪声环境预测值与现状背景叠加结果

位置	现状监测结果/dB(A)		正常工况/dB(A)		
			预测贡献值	叠加值	达标情况
北厂界西	昼间	42.3	48.0	49.1	达标
	夜间	38.4		48.5	达标
北厂界东	昼间	42.3	45.0	46.9	达标
	夜间	38.4		45.9	达标
东厂界北	昼间	45.2	46.5	48.9	达标
	夜间	39.2		47.2	达标

续表

位置	现状监测结果/dB(A)		正常工况/dB(A)		
			预测贡献值	叠加值	达标情况
东厂界南	昼间	43.5	65.5	65.5	超标
	夜间	39.1		65.5	超标
南厂界东	昼间	47.2	49.0	51.2	超标
	夜间	39.2		49.4	达标
南厂界西	昼间	47.2	47.75	50.5	达标
	夜间	38.6		48.2	达标
西厂界南	昼间	45.1	51.0	52.0	超标
	夜间	39.5		51.3	超标
西厂界北	昼间	44.3	58.0	58.2	超标
	夜间	39.6		58.1	超标
敏感点 A	昼间	45.2	43.75	47.5	达标
	夜间	38.6		44.9	达标

（六）噪声防治对策

1. 施工建设期噪声防治对策

（1）合理安排施工作业时间。严格按照施工噪声管理的有关规定执行，严禁夜间进行高噪声施工作业，如确需夜间施工必须取得有关环保部门的批准。

（2）施工机械放置于对周围敏感点造成影响较小的地点。

（3）在高噪声设备周围设置掩蔽物。

（4）施工过程中各种运输车辆的运行，会引起敏感点处噪声级的增加。因此，应加强对运输车辆的管理，压缩工区汽车数量和行车密度，控制汽车鸣笛。

2. 工程运营期噪声防治对策

控制噪声源是降低电厂噪声对环境影响最有效的方法。本期工程高噪声设备在订购时，均向供货方提出防治噪声要求，一般设备噪声不得超过 90dB(A)，汽轮发电机及磨煤机应配套提供隔声罩、隔声帘等设备。主厂房、脱硫综合楼等建筑物的隔声噪性要达到 20dB(A)以上，发出高频噪声的锅炉排气阀应配备高效排汽消声器，排口应朝向对环境影响较小的方向，在送风机吸风口可安装复合片式消声器，消声器消声不小于 30dB(A)的。

为治理西厂界噪声超标，根据噪声治理措施确定原则、自然通风冷却塔治理噪声设备的要求和对消声装置空气动力性能计算，本期工程将在冷却塔的西南沿圆周方向 1/2 范围内设置高度约为 14m 的消声装置，消声装置的侧部为相隔一定距离的消声片组成，消声装置的顶部为吸声隔声盖板。整个消声装置由混凝土基础支撑。消声片之间的通道,既可满足降噪的要求,同时又能达到通风的目的。

（七）结论

环境影响预测与评价结果表明,在采取了评价中提出的噪声污染防治措施后,本工程的厂界噪声和附近敏感点A处的噪声水平能够满足声环境功能区划的要求,同时工程拟采取的防噪降噪措施均具有较好的经济技术可行性。因此,从声环境保护方面分析,本工程的建设是可行的。

二、某公路改建工程声环境影响评价

（一）项目概况

某公路为当地一条主要的省级道路,因当地经济社会发展需要,对该公路进行分段改造建设。本工程涉及的线路总长度80.54km,公路等级为二级,路基宽27m,为沥青混凝土路面。设计行车速度为80km/h,设计交通量为7009辆/d,预计投资13 498万元。工程永久占地972亩[①],临时占地266亩。预计建设26个月。

（二）评价等级、范围与标准

(1) 评价等级:依照《环境影响评价技术导则》,确定本项目声环境评价为三级。

(2) 评价范围:公路中心线两侧各200m以内区域及其敏感点(学校、医院等)。

(3) 评价因子:等效A声级。

(4) 评价标准

施工期执行GB 12523-90《建筑施工场界噪声限值》标准(本案例表1)。营运期对于公路两侧评价范围内的居民集中建筑群,临路第一排建筑物前参考GB 3096-93《城市区域环境噪声标准》中4类标准执行;对学校的教室室外昼间按60dB(A)要求;对医院病房室外昼间按60dB(A)、夜间按50dB(A)要求。

表1　建筑施工场界噪声限值/dB(A)

施工阶段	主要噪声源	昼　间	夜　间
土石方	推土机、挖掘机、装载机	75	55
打　桩	各种打桩机	85	禁止施工
结　构	混凝土搅拌机、振捣棒、电锯等	70	55
其　他	吊车、升降机	65	55

① 亩为法定单位。1亩=666.6m^2,下同。

(5) 评价时段：建设期：从施工开始至工程竣工为止(约3.5年)。运行期：工程完工投入运行。

(6)保护目标：评价范围内的5所学校、2个乡镇医院和36个居民点。

(三) 噪声源源强

1. 施工期

施工期的噪声主要来源于施工机械，如推土机、压路机、装载机、挖掘机、搅拌机等。这些机械运行时在距离声源5m处的噪声可高达90～98dB(A)。这些突发性非稳态噪声源将对施工人员和周围居民产生不利影响。

2. 营运期

在公路上行驶的机动车辆的噪声源为非稳态源。公路投入营运后，车辆行驶时其发动机、冷却系统以及传动系统等部件均会产生噪声。另外，行驶中引起的气流湍动、排气系统、轮胎与路面的摩擦等也会产生噪声。由于公路路面平整度等原因而使行驶中的汽车产生整车噪声。

(四) 声环境现状监测与评价

1. 监测布点

采用"以点代线"的原则，选择具有代表性的声环境敏感区如学校、村落、集镇等，进行实地调查与监测，同时观测现有公路的交通状况，旷野区段不作监测。沿线共设立9个现状监测点，各点分布情况略，测点均位于敏感区前排敏感建筑物前1m处。

2. 监测时段与方法

监测方法与频率按照GB/T 14623-93《城市区域环境噪声测量方法》中有关规定进行。每个监测点测2天，分昼间和夜间两个时段，同时记录敏感点情况(人数规模、建筑物朝向等)、主要噪声源、周围环境特征、车流量等。

3. 声环境现状评价

临近道路的两个敏感点(均为学校)昼间噪声超标严重，其余监测点处声环境现状较好。从沿线现场踏勘分析，改造前的公路等级低、路况差，大型车比例高，且混合交通状况严重，一部分路段街道化严重。

(五) 声环境影响预测与评价

1. 施工期环境噪声影响预测与评价

预测模式(略)。

公路施工中施工机械噪声的影响预测结果见本案例表2。

预测结果表明，①昼间施工机械(装载机、平地机)噪声昼间在距施工场地40m处和夜间距施工场地300m处符合标准限值，其他施工机械噪声昼间在距施工场地

20m 处和夜间距施工场地 200m 处符合标准限值;②施工机械噪声夜间影响严重,施工场地 300m 范围内有居民区的地方禁止夜间使用高噪声的施工机械,尽可能避免夜间施工。固定地点施工机械操作场地,应设置在 300m 范围内无学校和较大居民区的地方。在无法避开的情况下,采取临时降噪措施,如安置临时声屏障。

表 2　各种施工机械在不同距离处的噪声预测值

机械名称	噪声预测值 dB(A)									
	5m	10m	20m	40m	50m	60m	80m	100m	150m	300m
装载机	90	84	78	72	70	69	66	64	62	54
平地机	90	84	78	72	70	69	66	64	62	54
压路机	86	80	74	68	66	65	62	60	57	49
挖掘机	84	78	72	66	64	63	60	58	55	47
摊铺机	85	79	73	67	65	64	61	59	56	48
搅拌机	87	81	75	69	67	66	63	61	58	50
推土机	86	80	74	68	66	65	62	60	57	49

2. 营运期声环境影响预测与评价

(1) 预测模式。预测模式采用《公路建设项目环境影响评价规范》(TJ005-96)中推荐的有关模式,模式中相关参数的确定亦采用该规范推荐的方法计算。此处略。

(2) 预测结果与评价。本工程建成运营后,由车辆行驶所产生的交通噪声影响预测结果见本案例表 3。

表 3　营运期路交通噪声预测结果

路基宽/m 车速/(km/h)	营运期	时段	距离路中心不同水平距离处的交通噪声值/dB(A)								
			20m	30m	40m	50m	60m	80m	100m	150m	200m
12m 80km/h	2004 年	昼间	52.9	45.5	43.7	42.2	41.1	39.2	37.7	34.9	32.9
		夜间	51.8	47.3	45.5	44.1	42.9	41.0	39.5	36.7	34.7
	2016 年	昼间	63.3	55.9	54.1	52.6	51.5	49.6	48.0	45.3	43.3
		夜间	56.9	49.5	47.7	46.3	45.1	43.2	41.7	38.9	36.9
	2023 年	昼间	64.9	57.4	55.6	54.2	53.1	51.1	49.6	46.9	44.9
		夜间	61.6	54.2	52.4	50.9	49.8	47.9	46.4	43.6	41.6

根据上表预测结果,各路段交通噪声按照《城市区域环境噪声标准》中 4 类噪声标准(昼间 70dB(A)、夜间 55dB(A))推算出达标距离(见本案例表 4)。全路段昼间达标距离(距路中心)大于 20m;2004 年全路段夜间达标距离大于 20m,2016 年和 2023 年达标距离大于 30m。

表 4　营运期交通噪声 4 类噪声标准达标距离(距路中心)/m

2004 年达标距离		2016 年达标距离		2023 年达标距离	
昼间	夜间	昼间	夜间	昼间	夜间
>20	>20	>20	>30	>20	>30

3. 敏感点声环境影响预测与评价

(1) 预测方法。交通噪声对敏感点的贡献值与背景值为该点处的环境噪声预测值,公式略。

(2) 预测结果与评价。不同水平年的昼、夜间推荐线路交通噪声预测结果见本案例表 5。敏感点噪声等值线图。学校昼间按 1 类标准值评价,其余敏感点按 4 类标准值评价。

从表 5 可知,因营运初期的车流量小,噪声预测值不超标,交通噪声对敏感点的影响不大,营运中期和远期 5# 和 2# 的夜间噪声预测值超标;2#、5#、6#、8# 处敏感点噪声预测值呈超标现象。

表 5　交通噪声预测叠加结果一览表/dB(A)

敏感点编号	敏感点性质	离中线距离/m	噪声标准		噪声叠加值			噪声超标值		
					2004 年	2016 年	2023 年	2004 年	2016 年	2023 年
1#	居民点	右 100~200	昼间	70	54.6	55.0	55.2			
			夜间	55	38.2	40.4	44.2			
2#	医院	左 40	昼间	60	58.6	58.7	59.7			
			夜间	50	44.7	46.3	50.6			0.6
3#	学校	左 50	昼间	60	56.6	57.9	58.4			
			夜间		41.3	46.5	50.7			
4#	学校	右 80	昼间	60	59	59.3	59.4			
			夜间		42.2	43.5	46.4			
5#	医院	右 50	昼间	60	56.8	59.3	61.6			1.6
			夜间	50	47.5	52.8	54.2		2.8	4.2
6#	学校	右 60	昼间	60	65.8	65.9	66.0	5.8	5.9	6.0
			夜间		43.4	45.0	49.2			
7#	学校	右 70	昼间	60	55.7	56.4	55.6			
			夜间		41.2	43.4	47.2			
8#	学校	右 100	昼间	60	65.4	65.4	65.6	5.4	5.4	5.6
			夜间		44.5	45.1	46.7			
9#	居民点	左 50~200	昼间	70	64.2	64.3	64.5			
			夜间	55	41.7	43.0	49.3			

（六）噪声污染防治措施

1. 施工期噪声污染防治措施

（1）当施工场地位于敏感点附近时，禁止强噪声的机械夜间作业。如确因工艺需要必须连续施工时，必须先与受影响的居民取得联系，并进行适当的经济补偿。为减少施工机械噪声等的影响，可设置移动声屏障来消减噪声。

（2）尽量采用低噪声的施工机械。对强噪声施工机械采取临时性的噪声隔挡措施。料场、拌和场等设置于距离声环境敏感点 300m 外。

（3）按劳动卫生标准，控制施工人员的工作时间，对机械操作者及有关人员采取个人防护措施，如戴耳塞、头盔等。

（4）施工便道远离学校、医院、居民集中区，不得穿越声环境敏感点。当施工便道 50m 内有成片居民时，禁止夜间在该便道上运输施工材料。在现有道路上运输建筑材料的车辆，承包商要做好车辆的维修保养工作，使车辆的噪声级维持在最低水平。

2. 营运期噪声防护措施

建议公路两侧区域规划时，在距公路 50m 内不要修建学校、医院等对声环境要求高的建筑，20m 以内不建居民住宅区。

（1）控制行车噪声。加强公安交通、公路运输管理，禁止噪声超标车辆上行驶，并在集中居民区路段设禁止鸣笛标志。

（2）进行施工环境监理。为确保施工过程中环保措施的落实，建议对本工程建设实施全程环境监理。

（3）敏感点声环境保护。根据上述预测结果，对沿线敏感点采取相应的噪声防护措施，如安装声屏障、隔声窗、加高围墙、建设防护林带等。针对不同敏感点拟采取的措施略。

（七）结论

（1）声环境现状监测表明，评价区内除个别临路敏感点受机动车行驶噪声影响较大外，整体声环境状况较好。

（2）公路施工期间的噪声主要来自施工机械和运输车辆的运行。昼间施工机械噪声在距施工场地 40m 以外地方符合《建筑施工场界噪声限值》（GB 12523-90）标准限值；夜间距施工场地 300m 处符合标准限值。

（3）各路段交通噪声按照《城市区域环境噪声标准》中 4 类噪声标准衡量得出昼间全路段达标距离（距路中心）>20m；夜间全路段 2004 年达标距离 >20m，2016 年和 2023 年达标距离 >30m。

（4）营运近期和中期的车流量小，噪声预测贡献值较小，交通噪声对敏感点的影响不大;运营中远期,可能造成部分敏感点噪声超标,需要采取必要的噪声污染防护措施。

复习与思考

1. 什么是环境噪声?噪声源主要有哪些?判定环境噪声是否造成污染的依据是什么?

2. 常用的环境噪声评价量有哪些?

3. 为测定某车间中一台机器的噪声大小,从声级计上测得声级为104dB,当机器停止工作时,测得背景噪声为100dB,求该机器噪声的实际大小。

4. 测得距离某点声源5m处的声级为80dB,请计算距该声源15m处的声级值。(不考虑背景噪声影响)

5. 声环境现状调查与评价的主要内容有哪些?简述之。

6. 在声环境质量现状测量时,如何合理设置测量点和选择测量时段?

7. 声环境影响评价工作等级划分的主要依据是什么?

8. 试述声环境影响评价工作主要内容。

9. 在制订环境噪声污染防治对策时,应遵循哪些基本原则?

第七章　生态环境影响评价

本章重点：生态环境影响评价的概念，生态环境保护基本原理；生态环境调查内容，方法及应用；生态环境影响预测内容与基本要求，类比法和景观生态学法等预测方法的应用；生态环境影响识别内容和要点；生态环境影响评价内容与基本要求；生态保护措施等。

第一节　概　　述

一、基本概念

（一）生态环境影响评价

目前，国内外对于生态环境影响评价的认识还存在差异。美国 Walter E. Westman在其《生态、影响评价和环境规划》一书中对生态环境影响评价作了如下定义："通过许多生物和生态概念和方法，预测和估计人类活动对自然生态系统的结构和功能所造成的影响，这些概念和方法也适用于人工改造过的系统，如农田和城市。" 因而，常把生态环境影响评价称为"生物影响评价"、"生物环境影响评价"或直接称作"植物和野生动物影响分析"。毛文永在其主编的《生态环境影响评价》一书也对生态环境影响评价下了定义："生态环境影响评价是对人类开发建设活动可能导致的生态环境影响进行分析与预测，并提出减少影响或改善生态环境的策略和措施。例如，分析某生态系统的生产力和环境服务功能，分析区域主要的生态环境问题，评价自然资源的利用情况和评价污染的生态后果，以及某种开发建设行为的生态后果，都属于生态环境影响评价的范畴。"我国《环境影响评价技术导则——非污染生态影响》对生态影响评价下的定义为："通过定量揭示和预测人类活动对生态影响及对人类健康和经济发展的作用，分析确定一个地区的生态负荷或环境容量。"

因此，可以把目前对于生态环境影响评价的认识概括为两种。一种认识涉及范围较为狭窄，只对拟议开发建设活动对自然生态系统结构和功能的影响进行评价和描述，而不涉及社会、经济环境；还有一种认识所涉及的范围广泛，不仅评价人类开发建设活动对自然生态系统的影响，而且还分析和预测对经济、社会环境所造成的影响，其对象是自然——经济——社会复合生态系统。

（二）自然资源

在一定的技术经济条件下，自然界中对人类有用的一切物质和能量都称为自然资源，如土壤、水、草场、森林、野生动植物、矿物、阳光、空气等。可见，自然资源既是人类生态环境的构成成分，又是人类生产生活不可缺少的重要物质。因而，自然资源自古以来就与人类社会的生存与发展紧密地联系在一起，并随着人类对自然界的认识的不断加深和科学技术的进步，将有大量新的资源被发现。同时，自然资源也将扩大其利用范围和利用程度。

按照自然资源能否再生和恢复的特性，可将自然资源分为再生资源和非再生资源两大类型。再生资源又进一步分为生物资源和非生物资源。生物资源包括动物、植物和微生物，该类资源可不断地自我更新，但也会枯竭，甚至引起自然界生态失调。非生物资源包括水源、空气、太阳能、风力和潮汐能等，此类资源借助于自然循环，不断更新，保持一定储量，但会出现质量下降、功能耗竭等情况。非再生资源又可分为能源矿物、金属矿物和非金属矿物等。能源矿物包括煤炭、石油、天然气等，金属矿物包括矿石、铅锌矿等，非金属矿物包括石棉、石墨、黏土等。非再生资源不能再生，但可回收，重新利用，或用其他资源替代。

自然资源是生态环境的重要组成部分，也是生态环境影响评价的一个重要方面。自然资源是人类社会生产的物质基础。可以说，没有自然资源的存在，人类的劳动过程就不能进行，社会生产活动也不能实现。但是长期以来，人类对于自然资源的不合理开发利用导致了生态环境的破坏，引发了一系列生态环境问题如水土流失、草地退化、生物多样性损失等，严重影响到了国家的生态安全。

（三）生态承载力

在地球上各等级自然体系中，无论是大陆、区域、景观还是生态系统，尽管它们具备不同的生态学特征例如生态系统的相对同质和景观的异质化特征，但都是具有强大活力的自然体系。这些自然系统具有自我维持生态平衡的功能。这是因为系统功能的核心是生物，生物有适应环境变化的功能。生物的适应性是其细胞、个体、种群和群落在一定环境下的演化过程中逐渐发展起来的生物学特性，是生物与环境相互作用的结果。从植物和动物最初出现直到今天，在相对稳定的气候环境下，自然界存在着各种互相联贯的食物链和网络，并通过链网，进行着能量的流动和物质的循环，这种提供食物和取得食物的连锁关系，基本上没有变。所以直到工业化发达的今天，各个级别自然系统中的各种食物链网，即使部分受到破坏，但还有相当的自然系统存在下来。在地球上发挥着维系生态平衡功能。有些系统的链网，其未破坏或改变较轻的部分仍在行使机能，并为遭到破坏的部分提供重新修补的条件，以维护自身系统处于高亚稳定状态。因此，在理论上说，自然系统都是具有强大活力的系统，可以长期维持下去。

自然系统的生态平衡维护，是体系中的具有维持功能、自我调节功能并处于控制地位的组分维护了自己的主导地位。然而，自然系统的这种维持能力和调节能力是有一定限度的，也就是有一个最大容载量，超过最大容载量，自然体系将失去维持平衡的能力，遭到摧残或归于毁灭。可见，生态学平衡是某种类型自然系统自我维持的一种基本功能，但这种功能是有限度的，超过这个限度将使该自然体系发生质的改变。因此，可以说，自然体系对内外干扰的承受能力，或承载能力是其功能极限，或容载量的表达。因此，生态承载力是客观存在的某种类型自然体系调节能力的极限值。

自然系统的生态平衡是一种亚稳定状态。因为没有一个具有生命的系统是绝对稳定的。而自然系统的这种相对稳定状态叫亚稳定性。即系统围绕中心位置波动，有时可以偏离到不同的平衡位置，但总体看是在中心位置周围波动。因此，自然体系的生态平衡是亚稳定平衡。这种亚稳定平衡与物理系统的稳定性不同。亚稳定态不是稳定态和不稳定态的中间状态，而是一种具有新的性质的两者的结合。

在自然界中，最稳定的元素如岩石、道路等；低亚稳定性元素，代表恢复稳定性，有较低的生物量（如苔藓）和许多生命周期短但繁殖快的物种和种群；高亚稳定性元素，代表阻抗稳定性，具有较高的生物量和生命周期较长的物种和种群如树木、哺乳动物。

自然系统中包含了物理系统和生命系统。物理系统和生命系统代表了不同性质的稳定状态，它们有许多类似，但也存在明显差别。物理稳定有一个承受点或叫断裂点，外力超过断裂点则稳定状态毁坏，不再回到最初状态，而对生命系统来讲，在超过类似物理断裂点之前，物理系统将永久变形，而生命系统建立了新的波动平衡，一旦超过断裂点之后，物理系统毁灭，而生命系统被新的平衡取代。造成差异的原因是由于生物除了遵循物理和化学原理之外，生命系统在条件变化时自身具有可调整能力，通过繁殖、遗传变异、自然选择等可以适应这类变化，使生态系统具备恢复能力。当外力大于物理断裂点时，从结构上看，某种自然系统变了或消失了，但土地仍然存在，还有一些生态特征也存在，而且还可以通过再生重新发展。例如灌溉可以使荒漠变成农田，而切断水源农田也会演变成荒漠，都不是不可逆的变化。

可见，自然系统的生态承载力是某种类型系统消亡之前的最大容载量，消亡之后，生命系统经过调整建立的自然系统又有了新的容载量，因此，终极的自然环境的承载力是不存在的，也是无法估计的。我们计算的生态承载力只能是现存生命系统的容载量，而不是终极自然承载力。而现存生命系统的容载量，或生态承载力才是有现实意义的，对人口容量和人类干扰方式、强度进行定量核算的有意义的标准值。

(四) 生物多样性

《生物多样性公约》认为,“生物多样性是指所有来源的形形色色生物体,这些来源除其他外包括陆地、海洋和其他水生生态系统及其所构成的生态综合体;这包括物种内部、物种之间和生态系统的多样性。”我国《环境影响评价技术导则——非污染生态影响》中的定义为:“生物多样性系指某一区域内遗传基因的品系、物种和生态系统多样性的总和。它涵盖了种内基因变化的多样性、生物物种的多样性和生态系统的多样性三个层次,完整地描述了生命系统中从微观到宏观的不同方面。”

(五) 生态演替

指在某个地段上,随着时间的改变,一个生态系统类型(或阶段)会被另一个生态系统类型(或阶段)所取代,最终建立一个稳定的生态系统或进入顶极稳定状态。生态系统结构和功能的这种改变过程即称为生态系统的演替。生态演替表现出两种形式,即逆向演替和正向演替。逆向演替,即生物量由多变少,由高亚稳定性变为低亚稳定性再变为物理稳定性,总的趋势是生命系统在衰败,走向灭亡。这种演变形式为当今自然体系普遍存在的一种演替形式。典型表现如森林由乔木向灌木再向灌草再向草被再向人工植被再向裸地发展,最后成土条件受到破坏,母质裸露,生命系统的调整、恢复能力丧失了。目前地球上荒漠化进程的加快就是这种演变的结果,而且这种逆向演变还在进行,是地球上自然系统演变的基本格局,也是对人类生存威胁极大的演变格局。正向演变,即生物量由少变多由物理系统稳定性过渡到低亚稳定性再过渡到高亚稳定状态,其趋势是生命系统的重建。这种形式是几十年来人们在认识到自然衰败的趋势后对退化环境的重建。例如我国的三北防护林建设,西北荒漠地区的植树造林等。

二、生态环境影响评价的目的与原则要求

生态环境影响评价的主要目的是认识开发建设项目所在区域的生态系统特点与环境服务功能,研究开发建设项目对生态环境影响的性质、程度以及生态环境对影响的反应和敏感程度,确定应采取的生态环境保护措施。通过评价,明确开发建设者的环境责任,同时为区域生态环境管理提供科学依据。

根据生态环境影响的特点和保护要求,评价中一般应遵循如下基本原则。

(一) 以可持续发展为指导思想

从可持续发展要求出发,要注重保护土地资源(尤其是耕地)和水资源,因为水土资源是关系区域可持续生存与发展的关键性资源。要注重研究和保护生态系

统对区域的环境功能，尤其应防止因干扰生态系统而带来或加剧区域自然灾害，确保区域生态安全。

（二）遵循生态环境保护的基本原理

遵循生态环境保护的基本原理，科学地认识生态系统，识别敏感保护目标，分析生态影响，寻求符合生态学规律的保护措施，提高生态保护的有效性。对于生态环境保护，首要的是预防干扰和破坏，贯彻“预防为主”、“预防第一”的思想，为此科学的规划和全过程生态管理是十分必要的，然后才是减轻措施、恢复措施、重建措施等。认识生态系统及其环境功能应从区域的角度着眼；评价内容和保护措施应特别关注生物多样性和地域特别性。

（三）建设项目生态环境影响评价应具有针对性

即针对具体的开发建设项目，反映工程的影响特点；针对具体的生态环境及生态影响，反映生态系统的地域性特点。针对工程的特点，一是工程分析内容要全面；二要分析其直接影响和间接影响。针对生态特点，一是充分做好环境现场调查，二要深入进行生态分析。

（四）贯彻执行环境保护的政策和法规

生态环境影响评价实质上是一个贯彻执行环保政策和资源环境保护法规的过程，应体现政策的指导性和法规的严肃性。

（五）综合考虑环境与社会经济的协调发展关系

由于生态环境和自然资源与社会经济的关系极其密切，协调生态环境保护与资源利用、社会经济发展的关系既是环评的目的，也是提高环保措施可行性的重要方面。从长远来看和从国家利益出发，生态环境保护与社会经济发展利益是一致的，协调的；但从局部利益来看，二者往往是矛盾的。环境影响评价就是通过一系列科学的论证来寻求协调的途径。根据我国生态环境现状和可持续发展要求，所有开发建设活动都应通过补偿措施消除其环境影响，并对改善区域生态环境有所助益。那种每项开发建设活动仅仅做到“可接受的环境影响”的程度，不足以保障区域的可持续发展。

三、生态环境保护的基本原理

根据人类对自然生态系统的影响特征和自然生态系统在人类干预下可能发生的退行性变化，从有效的保护生态环境出发，在生态环境影响评价中和实施生态环境保护措施时，一般要充分认识下述问题并遵循如下基本原理。

（一）保护生态系统的整体性

生态系统是有层次的结构整体，因此任何一个生态系统都有自己特定结构和功能。生态系统的保护，首先应保护其结构的完整性。生态系统结构完整性主要指如下几方面。

1. 地域分布的连续性

分布地形的连续性是生态系统存在和长久维持的重要条件。但人类许多开发建设活动（如交通道路、拦河大坝等）使自然生态系统分割成一个个处于人类包围中的“岛屿”。岛屿是最为脆弱的生态系统。近代已灭绝的哺乳动物和鸟类，大约有75%是生活在岛屿上的物种。人为导致生态系统完整性的破坏势必会加速物种灭绝。

2. 物种多样性

维持物种多样性，是使生态系统稳定和生态保持平衡的重要条件。在自然生态系统中物种的多样性是各种生物与其环境长期作用的结果，因而打破物种间的平衡，常会招致意想不到的后果。在干旱、多风、高寒等环境条件十分严酷的生态系统中，生物多样性低，有时仅靠一种或少数几种植物维持系统的存在，这类植物受损后，很容易招致整个生态系统的崩溃。

3. 生物组成的协调性

植物之间、动物之间以及动植物之间，在长期的进化过程中，形成的相生相克关系，保持着生态的平衡。这种平衡一旦被打破，会使生态系统发生巨大改变。例如，本世纪初，北美大草原灭狼导致鹿群增殖过多，使草原生态遭到巨大破坏。另外，值得注意的是植物与动物之间的平衡关系，特别是单一食性的动物，或筑巢栖息有特别要求的动物，可能因某种植物受损而导致动物亦随之受到危害，甚至灭绝。实际上，任何生态系统当植物受到影响时，都会不同程度地影响到有关动物的生存。

4. 环境条件的匹配性

人类活动对生态系统的无机环境因子影响最多的主要是水、土壤及其营养物质。水是影响生态系统的决定性因子，水分供应充足、均匀或应时，水质好，植物生长好，生态系统就稳定、繁荣。人类竞争性用水减少对生态系统水分的供应，或污染导致水质恶化，都可能严重影响生态系统。土壤对生态系统的影响很复杂，土壤氮、磷、钾的适当配比、土壤结构、性质和有机质含量，土壤是否受污染，都对生态系统有重要影响。

（二）保护生物多样性

生物多样性对维持人类生存和发展有着重大意义，因此生物多样性保护已成为全世界环境保护的核心问题，被列为全球重大环境问题之一。人类活动正在迅速而大量地导致地球生物多样性的消亡,从开发建设活动的生态影响及采取相应的针对性措施出发,应特别关注以下问题。

(1) 保护生态系统的完整性。

(2) 避免影响濒危物种。采取建立保护区或保护地、人工繁殖、引种等措施保护物种多样化,避免物种濒危和灭绝。

(3) 保护野生动植物生境的多样性,减少人类活动对物种和生态系统的"均化"过程。

(4) 保护自然保护区,避免影响自然保护区,注意保持自然保护区的自然性。

(5) 管理导致生物多样性减少的破坏行为如猎杀稀有野生生物,过度捕捞水生生物,过度收获生物资源而损害其再生产能力,砍伐森林,围垦湿地以及破坏重要的生态系统等。

(6) 恢复和重建被破坏的生态系统。人类开发建设活动可能造成生态系统的破坏和退化,恢复受到破坏和已经退化的土地和水域的生产能力,重建退化的生态系统,可以更好地满足社会经济发展对资源的需求,并且可以改善生态环境和减轻对残余自然生态系统的开发压力。

(三) 保护特殊性目标

生态环境保护必须有重点地实施,或者说要重点关注一些必须重视的问题如重要生境、脆弱生态系统、生态安全区和生态敏感目标等。

1. 保护重要生境

重要生境是指生物物种特别丰富的生境或有珍稀濒危野生生物生存的生境。热带森林、原始森林、湿地生态系统、受人类影响甚少的荒野地、珊瑚礁、红树林等都属于此类生境。我国植物特有种属分布区集中,大致有川东—鄂西、川西—滇西、滇东南—桂西三个特有现象中心。上述这些重要生境和植物特有种集中分布区是开发建设活动中应予特别注意保护的地区。

2. 保护脆弱的生态系统和生态脆弱带

脆弱生态系统是指那些受到外力作用后恢复十分艰难的生态系统。其一般特征表现为:生物生产力低,生态系统制约性外力强,或存在敏感的生态因子易受外力影响,使生态系统处于十分不稳定状态。例如,岛屿生态系统,荒漠生态系统,高寒带生态系统等。另外,海陆交界带,山地平原过渡带,农牧交错带,绿洲外围带等地带,由于受到多种外力作用可能变得很脆弱。

3. 保护生态安全区

环境功能服务于人类被称为环境服务功能,如防风固沙、水源涵养、水土保持、养分循环等。但有些生态系统对于维持区域生态安全起着决定性作用,如江河源头区和对城市或人口经济集中区有重要保护作用的地区。在我国,长江源头区和黄河源头区的作用是不言而喻的,所有内陆河源都是绿洲的生命线,所有北方河流源头区，都对流域有重大影响。华北北部的草原农耕生态系统，是华北农业区和京津城市带、沈辽城市带区的生态屏障。

4. 保护地方性敏感生态目标

生态系统具有强烈的地域性特点，也因之造就了地域性特殊自然资源和需要特别加以保护的目标。如自然景观与风景名胜；水源地，井，泉，水源林与集水区等；各种特有自然物（如温泉、火山口、溶洞等），地质遗迹、分水岭、界域标志物等；各种文化纪念物，如历史纪念地、文物古迹、古树名木、民族文化纪念物如寺庙、坟墓、圣地圣物等；特殊生物保护地，如动物园、植物园、果园、苗圃、驯化繁殖基地、育种地、农业特产地、城市菜篮子工程等；特别人群保护目标，如学校、医院、文教科研基地、疗养地、集中居民区等。

（四）注意解决区域性生态环境问题

区域性生态环境问题是制约区域可持续发展的主要因素。水土流失、沙漠化和自然灾害等在我国呈现加剧趋势，这些区域生态环境问题已成为局部地区持续稳定发展的障碍。而造成这一问题的主要原因就是不合理的开发建设活动。因此，生态环境影响评价应持区域性观点，注重区域性生态环境问题的阐明和寻求解决途径。

（五）保持生态系统的再生产能力

自然生态系统都有一定的再生和恢复功能。一般来讲，越复杂的系统，受干扰后恢复其功能的自调节能力就越强。由于许多生态系统的退化是人类过度开发利用其资源造成的，因而合理利用可再生资源，是保持生态系统再生产能力不受损害的主要措施。可再生资源、主要生物资源，应遵循如下的利用原则：开发利用生物资源的规模和强度应限制在资源的再生产能力之下；鼓励生物资源利用对象的多样化，减轻对某些种资源的开发压力；依靠科技进步增殖生物资源，变猎获野生资源为人工培植与增殖；改善生物资源的养育环境，提高资源的生产能力；提高可再生资源的利用效率，减轻对资源的开发压力。

保持或恢复自然生态系统再生产能力时应注意：保护生物群落的建群种；保护尽可能多样性的生境，以利于生态系统的重建；保护属于食物链顶端的生物及其生境，以维护生态系统的平衡；创造生态系统恢复或重建所必需的无机环境条件等。

（六）保护生存性资源

水资源和土地资源是人类生存和发展所依赖的基本物质基础，也是保障区域可持续发展的决定性条件。由于人口众多和经济的快速发展，水资源和土地资源已成为我国两项最紧缺的资源，几近危机的程度。在开发建设活动中，促进土地资源和水资源的合理开发与利用，有效措施保护这两项资源，是生态环境影响评价必须坚持的原则。

四、生态环境评价的分类

（一）回顾性评价

回顾性评价是通过各种手段获取某区域环境或生态系统的历史生态资料，对该生态系统的组成、结构和功能变化以及已经发生的演替过程进行评价。进行回顾评价时，一方面收集过去积累的生态环境资料，同时进行生态效应的模拟，或者进行采样分析，推算出过去的生态环境状况，其主要涉及污染影响程度的评估。比如，通过污染物在树木年轮中的含量分析可以推知该地区污染物对树木的危害情况；通过对某个区域人群健康的回顾调查，推知该地区生态环境质量的变化情况。回顾性评价作为事后评价，可以对生态环境变化预测的结果进行检验。

（二）现状评价

根据污染物的不同，污染生态效应现状评价的内容有所不同，一般应包括污染物对生态系统的生物成分（生物个体、种群和群落等）和非生物成分（大气、水分和土壤等）产生的变化进行评价，对生态系统整体结构与功能进行评价，对区域生态环境恶化以及自然资源的消耗进行评价。污染生态效应现状评价，一方面需要阐明被评价生态系统的类型、基本结构和特点，评价区域内不同生态系统间的相关关系（空间布局、能流和物流等）及连通情况，各生态因子之间的相关关系（食物链关系等），明确区域生态系统主要约束条件以及所评价生态系统的特殊性；另一方面，需要阐明污染物的种类、物理化学特性、对生物体的毒性，阐明污染物对生态系统中的生物（动物、植物、微生物）个体、种群、群落乃至整个生态系统已经造成的影响，以及污染生态效应发生的机制，从而判定污染生态效应发生的程度。

（三）生态环境影响评价

生态环境影响评价是在影响识别与现状评价的基础上进行的。

由于建设项目的所有活动都可能对生态环境造成影响，生态影响评价首先要注意全面性，即应包括主要工程、辅助工程、配套工程和公用工程的全部影响。

由于建设项目的全过程都可能对生态环境造成影响，生态影响评价应包括从选址勘探设计、施工期、营运期直至工程报废的全部过程。其中，很多工程在施工期是对生态环境有直接和重大影响时期，因而值得特别关注。

建设项目对生态环境的影响方式有集中作用与分散作用、长期作用与短期作用、物理作用、化学或生物作用。影响的性质有正影响或负影响、可逆影响或不可逆影响、一次性影响或累积性影响，还有直接作用和间接作用。许多建设项目中，其间接作用或间接影响比直接作用还要长久和严重。对所有这些影响，在影响评价中都应阐明。

影响对象的敏感性和重要性是决定影响评价工作深度的重要依据,此类影响常需做定量评价。

对区域和流域性影响,应从可持续发展的角度对生态环境功能变化做出评价,特别是不能加剧区域性自然灾害。重大的开发建设活动还应做生态风险预测评价。

影响评价的内容由建设项目产生影响的特点、性质和生态环境对影响的反应(生态效应)决定。一般评价中比较重视直接影响而忽视间接影响,重视显现性影响而忽视潜在影响,重视局地影响而忽视区域性影响,重视单因子影响而忽视对生态系统整体影响的分析,这种倾向应在提高生态意识的基础上逐步克服。一般而言,生态环境影响评价包括生态系统结构和功能的变化及发展趋势,生态环境问题的恶化或好转,自然资源的变化态势以及其他影响,如污染的生态效应等。很多项目可能只影响生态系统的一些组成因子,而且也不会因此构成对生态系统整体的影响,此时,可针对受影响因子进行单因子影响评价。

针对生物多样性影响评价包括:拟建项目将会影响的生态系统的类别(如热带森林或盐沼地等);其中有关特别值得关注的荒地或具有国家或国际重要意义的自然景区;生态系统的重要特征是什么,如濒临灭绝的物种的生境或特殊物种的繁殖筑巢的地方;确定拟建项目对生态系统的冲击,如砍伐森林、水淹、排水、改变水文状况、便利行人出入、交通噪声等;估计损失的生态系统总面积(如占国家剩余的同类生态系统的百分数);估计生态累积效应和趋势等。

由于拟建项目类型、对环境作用方式以及评价等级和目的要求等不同,生态影响评价采用的方法、内容和侧重也不尽相同:有的用定性描述评价,有的用定量或半定量的方法评价;有的侧重对生态系统中生物因子的评价,有的侧重对生态系统中物理因子的评价;有的着重对拟建项目的生态系统效应进行评价,有的着重对生态系统污染水平变化进行评价。这里很难用一个统一的模式予以概括。

第二节　生态环境现状调查与评价

一、生态环境现状调查

(一)生态环境现状调查范围

生态系统在自然和人类影响下发生的变化十分复杂,要为生态影响评价划定一个确定的地域范围是很困难的。对于道路和管线工程,生态环境影响评价可取沿线200~400m范围(重点区域要扩展)。对其他开发建设项目,生态影响评价范围应根据项目地址与自然、人工生态系统的相对位置关系、项目影响生态系统的方式、受影响生物种群的具体情况等确定。一般应包括直接作用区、间接作用区和对照区。

一般生态调查的范围宜大不宜小,调查与评价范围应大于直接影响区。确定生态影响评价范围主要应考虑地表水系特征、地形地貌特征、生态系统特征（如动物活动范围等）以及开发建设项目工程特征。

（二）生态环境现状调查内容

1. 自然环境调查

调查地形地貌、地质、水文、气象、土壤基本情况。调查中须特别注意与环境保护密切相关的极端问题，如最大风级、最大洪水。

2. 生态系统调查

生态环境现状调查首先须分辨生态系统类型，包括陆地生态与水生生态系统，自然生态与人工生态系统，然后对各类生态系统按识别和筛选确定的重要评价因子进行调查。陆地自然生态系统的调查包括植被（覆盖率、生产力、生物量、物种组成）；动、植物物种特别是珍稀濒危、法定保护生物和地方特有生物的种类、种群、分布、生活习性、生境条件、繁殖和迁徙行为的规律；生态系统的整体性、特点、结构及环境服务功能，稳定性与脆弱性；与其他生态系统关系及生态限制因素等。

3. 区域资源和社会经济状况调查

包括人类干扰程度（土地利用现状等）、资源赋存和利用，如果评价区存在其他污染型工、农业，或具有某些特殊地质化学特征时，还应该调查有关的污染源或化学物质的含量水平。

4. 区域敏感保护目标调查

即调查地方性敏感保护目标及其环保要求。

5. 区域土地利用规划、发展规划、环境规划的调查。

6. 区域生态环境历史变迁情况、主要生态环境问题及自然灾害等。

（三）生态环境现状调查方法

（1）收集现有资料。从农、林、牧、渔业资源管理部门、专业研究机构收集生态和资源方面的资料，包括生物物种清单和动物群落，植物区系及土壤类型地图等形式的资料；从地区环保部门和评价区其他工业项目环境影响报告书中收集有关评价区的污染源、生态系统污染水平的调查资料、数据。

（2）收集各级政府部门有关土地利用、自然资源、自然保护区、珍稀和濒危物种保护的规划或规定、环境保护规划、环境功能区划、生态功能规划及国内国际确认的有特殊意义的栖息地和珍稀、濒危物种等资料，并收集国际有关规定等资料。

（3）野外调查。生态环境影响评价需要进行评价区现场调查。评价区生态资源、生态系统结构的调查可采用现场踏勘考察和网格定位采样分析的传统自然资源调查方法。在评价区已存在污染源的情况下，或对于污染型工业项目评价，需要进行污染源调查。根据现有污染源的位置和污染物环境输送规律确定采样布点原则，采集大气、水、土壤、动植物样品，进行有关污染物的含量分析。采样和分析按标准方法或规范进行，以满足质量保证的要求和便于几个栖息地、几个生态系统之间的相互比较。景观资源调查需拍照或录像，取得直观资料。

（4）收集遥感资料，建立地理信息系统，并进行野外定位验证（"3S"技术），可采集到大区域、最新最准确的信息。

（5）咨询专家。通过访问专家，可以帮助解决调查和评价中高度专业化问题（如物种分类鉴定）和疑难问题。

（6）采取定位或半定位观测。如候鸟迁徙等。

（四）自然环境特征和生态环境问题调查

自然环境基本特征的调查内容包括：评价区内气象气候因素、水资源、土地资源、动植物资源，评价区内人类活动历史对生态环境的干扰方式和强度，自然灾害及其对生境的干扰破坏情况，生态环境演变的基本特征等，如表 7-1 所列。

在生态环境调查中，除表 7-1 所列的调查内容外，还有两类重要的调查：一是区域生态环境问题调查，二是生态环境特别保护目标调查。生态环境问题主要指水土流失、沙漠化、盐渍化以及环境污染的生态影响，见表 7-2。这类问题须重视其动态和发展趋势，许多生态环境问题发展到一定程度就以灾害的形式表现出来，如严重的水土流失导致洪灾和泥石流灾害，土地沙漠化导致沙尘暴和土地与城镇的沙埋等。

表 7-1　自然环境基本特征调查主要内容

调查内容	指　标	评价作用
气候与气象调查		
降雨	降雨量及时间分布	确定生态类型、分析蓄水滞洪功能需求等
蒸发	蒸发量、土壤湿度	分析生态特点、脆弱性或稳定程度
光与温	年日照时数、年积温	分析生态类型、生物生产潜力等
风	风向、风速、风频	分析侵蚀、风灾害、污染影响
灾害气候	台风、风暴、霜冻、暴雨等	分析系统稳定性和气候灾害、减灾功能要求
地理地质与水土条件调查		
地形地貌	类型、分布、比例、相对关系	分析景观系统特点、稳定性、主要生态问题、物流
土壤	成土母质、演变类型、性状、理化性质、厚度，物质循环速度，肥分、有机质、土壤生物特点，外力影响	分析生产力，生态环境功能（如持水性、保肥力、生产潜力）等
土地资源	类型、面积、分布、生产力、利用情况等	分析景观特点、系统相互关系、生产力与生态承载力等

续表

调查内容	指　标	评价作用
耕地	面积、肥力、生产力、人均量等,水利状况	生产力、区域人口承载力与可持续发展能力
地表水	水系径流特点,水资源量、水质、功能、利用等	分析生态类型、水生生态、水源保护目标等
地理地质与水土条件调查		
地下水	流向、资源量、水位、补排、水质、利用等	分析采水生态影响,确定水源保护范围
地质	构造结构、特点	生态类型与稳定性
地质灾害	方位、面积、历史变迁	分析生态建设需求,确定防护区域
生物因子调查		
植被	类型、分布、面积、盖度、建群种与优势种,生长情况,生物量,利用情况,历史演化,组成情况	分析生态结构、类型,计算环境功能。分析生态因子相关关系,明确主要生态问题
植物资源	种类、生产力、利用情况、历史演变与发展趋势	计算社会经济损失,明确保护目标与措施
动物	类型、分布、种群量、食性与习性,生殖与居栖地历史演变	分析生物多样性影响,明确敏感保护目标
动物资源	类型、分布、生消规律、历史演变,利用情况	分析资源保护途径与措施

表 7-2　生态环境问题调查主要内容

生态问题	指　标	评价作用
水土流失	历史演变,流失面积与分布,侵蚀类型、侵蚀模数,水分肥分流失量,泥沙去向,原因与影响	分析生态系统动态变化,环境功能保护需求,控制措施与实施地
沙漠化	历史演变,面积与分布,侵蚀类型、侵蚀量,原因与影响	分析生态系统动态变化,环境功能需求,改善措施方向
盐渍化	历史演变,面积与分布,程度、原因与影响	分析生态系统敏感性。水土关系,寻求减少危害和改善途径
污染影响	污染来源,主要影响对象,影响途径,影响后果	寻求防止污染,恢复生态系统的措施
自然灾害	类型、地区、面积、历史变迁、发生率、危害等	评价规划布局、确定防护区域、编制生态建设方案和管理计划

（五）植被的样方调查和物种重要值

自然植被经常需进行现场的样方调查，样方调查中首先须确定样地大小，一般草本的样地在 $1m^2$ 以上；灌木林样地在 $10m^2$ 以上，乔木林样地在 $100m^2$ 以上，样地大小依据植株大小和密度确定。其次须确定样地数目，样地的面积须包括群落的大部分物种，一般可用种与面积的关系曲线确定样地数目。样地的排列有系统排列和随机排列两种方式。样方调查中"压线"植物的计量须合理。

在样方调查（主要是进行物种调查、覆盖度调查）的基础上，可依下列方法计算植被中物种的重要值：

（1）密度＝个体数目/样地面积

$$相对密度=\frac{一个种的密度}{所有种的密度}\times 100\%$$

（2）优势度＝底面积（或覆盖面积总值）/样地面积

$$相对优势度=\frac{一个种的优势度}{所有种的优势}\times 100\%$$

（3）频度＝包含该种样地数/样地总数

$$相对频度=\frac{一个种的频度}{所有种的频度}\times 100\%$$

（4）重要值＝相对密度＋相对优势度＋相对频度

（六）生态完整性调查

生态完整性调查包括自然系统生产能力估测和稳定状况两个方面。

1. 陆地生态系统生产能力估测

生态系统生产力、生物量是其环境功能的综合体现。生态系统生产力的本底值或理论生产力，理论的净第一性生产力，可以作为生态系统现状评价的类比标准。而生态系统的生物量，又称"现存量"，是指一定地段面积内（单位面积或体积内）某个时期生存着的活有机体的数量。生长量或生产量则用来表示"生产速度"。生物量是衡量环境质量变化的主要标志。生物量的测定，采用样地调查收割法。表7-3列出了地球上生态系统的净生产力和植物生物量。

表7-3 地球上生态系统的净生产力和植物生物量

生态系统	面积/$10^6 km^2$	平均净生产力/[$g/(m^2\cdot a)$]	世界净生产量/($10^9 t/a$)	平均生物量/(kg/m^2)
热带雨林	17	2000	34	44
热带季雨林	7.5	1500	11.3	36
温带常绿林	5	1300	6.4	36
温带阔叶林	7	1200	8.4	30

续表

生态系统	面积/$10^6 km^2$	平均净生产力 /[g/(m^2·a)]	世界净生产量 /(10^9t/a)	平均生物量 /(kg/m^2)
北方针叶林	12	800	9.5	20
热带稀树干草原	15	700	10.4	4.0
农田	14	644	9.1	1.1
疏林和灌丛	8	600	4.9	6.8
温带草原	9	500	4.4	1.6
冻原和高山草甸	8	144	1.1	0.67
荒漠灌丛	18	71	1.3	0.67
岩石、冰和沙漠	24	3.3	0.09	0.02
沼泽	2	2500	4.9	15
湖泊和河流	2.5	500	1.3	0.02
大陆总计	149	720	107.3	12.3
藻床和礁石	0.6	2000	1.1	2
港湾	1.4	1800	2.4	1
水涌地带	0.4	500	0.22	0.02
大陆架	26.6	300	96	0.01
海洋	332	127	420	1
海洋总计	361	153	53	0.01
整个地球	510	320	162.1	3.62

表中资料来源:自 Smith,1976.

生产能力估测是通过对自然植被净第一性生产力的估测来完成的。净第一性生产力估测方法很多,但还没有公认的模式。下面介绍三种方法。

(1)参考权威著作提供的数据。

(2)区域蒸散模式。模型的推导和数学表达式如下

$$NPP = RDI^2 \cdot \frac{r \cdot (1 + RDI + RDI^2)}{(1 + RDI) \cdot (1 + RDI^2)} \times \exp[-\sqrt{9.87 + 6.25RDI}]$$

$$RDI = (0.629 + 0.237PER - 0.00313PER^2)^2$$

$$PER = PET/r = BT \times 58.93/r$$

$$BT = \sum t/365 \text{ 或 } \sum T/12 \tag{7-1}$$

式中 RDI——辐射干燥度;

r——年降水量,mm;

NPP——自然植被净第一性生产力,t/(hm^2·a);

PER——可能蒸散率;

PET——年可能蒸散量,mm;

BT——年平均生物温度,℃;

t——小于30℃与大于0℃的日均值;

T——小于30℃与大于0℃的月均值。

(3)生物量实测。生物量的测定采用样地调查收割法。样地面积:森林选用1 000m^2;疏林及灌木林选用500m^2;草本群落选用100m^2。

由于生产的发展和对自然资源开发利用的需要,在森林群落中测定生产力的方法,仍旧采用过去测树学和群落学的方法已不能满足当前的需要。目前虽然测定方法很多,但按照生态系统的要求,仍然是比较粗放的。测定生产力的理想方法,最好是测定通过生态系统的能量流,但迄今为止,使用这种作法仍然存在困难。下面是几种当前通用的办法。

a. 皆伐实测法。为了精确测定生物量,或用作标准来检查其他测定方法的精确程度,采用皆伐法。林木伐倒之后,测定其各部分的材积,并根据比重或烘干重换算成干重。各株林木干重之和,即为林木的植物生物量。

b. 平均木法。采伐并测定具有林分平均断面积的树木的生物量,再乘以总株数。为了保证测定的精度,可采伐多株具平均断面积的样木,测定其生物量,再计算单位面积的干重。

c. 将研究地段的林木按其大小分级,在各级内再取平均木,然后再换算成单位面积的干重。

d. 随机抽样法。研究地段上随机选多株样木,伐倒并测定其生物量。将样木生物量之和($\sum W$)乘以研究地段总胸高断面积(G)与样木胸高断面积之和($\sum g$)之比,全林的生物量(W)可以表示为

$$W = \sum W \frac{G}{\sum g} \tag{7-2}$$

测定森林生物量时,除应计算树干的重量外,还包括林木的枝量、叶量和根量的测定。由于过去对这方面的研究较少,且测定的手续繁琐,成为森林生物测定中最困难的环节。过去研究森林的生产量不测定地下部分的根系,会产生相当大的误差。因为树木的根系能占全部生物量的17%~23%。图7-1和图7-2。

上述测得的生物量表示为单位面积、单位时间的重量如g/(m·a),即为林分的生产力。假如所测定的有机物质知道其准确热量,生产力可以转换为热量,用能量cal/(cm^2·a)表示。森林里取得的收获物,不仅是木材,通常是很多种类的混合物(如花、果、种子、树皮以及灌木等),能量的粗略估算,可以根据陆生植物每克干重含能量约为4.5 kcal。

收获法最大的局限性是不能计算因草食性动物所吃掉的物质,更无法计算绿色植物用于自身代谢、生长和发育所耗费的物质。实际上所测量的部分是现在生物量,即测定当时绿色植物有机物质的数量。假如把呼吸的损失量和其他方面的

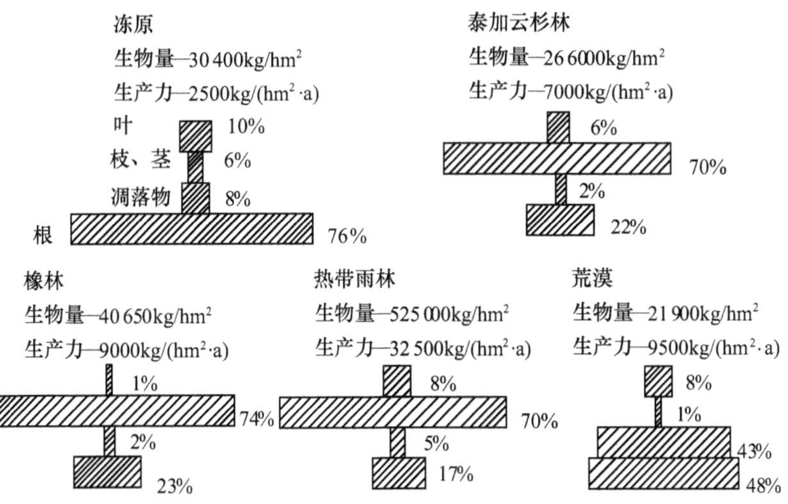

图 7-1 几种主要生态系统生产力、生物量的地上和地下部分的分配格式

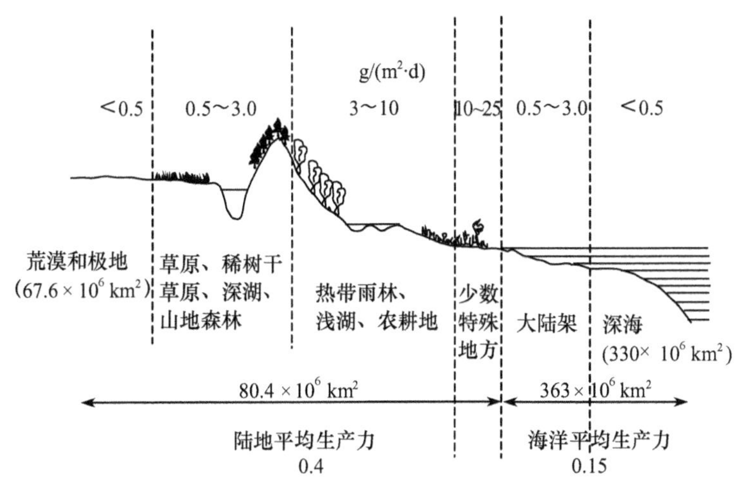

图 7-2 世界总生产力分布图[g/(m² · d)](引自 Dajoz,1997)

损失(如草食动物吃掉的量)加进去修正收获量,才可估测出总生产量或总生产力。生产力的测定,主要是通过测定森林生态系统的光合作用来计算生物量。

2. 稳定状况的调查

稳定状况的调查包括恢复稳定性和阻抗稳定性。

(1) 恢复稳定性。恢复(或回弹)是系统被改变后返回原来状态的能力,用返回所需要的时间来衡量。生态系统是由具备不同稳定性和不稳定性的元素构成。有三种基本的稳定元素类型,即最稳定元素、低亚稳定性元素和高亚稳定性元素。

最稳定元素是封闭系统,而两类亚稳定元素属于开放系统。因此,对生态系统恢复稳定性的度量，是采取对植被生物量进行度量的方法来进行的。

（2）阻抗稳定性的调查。阻抗稳定性与高亚稳定性元素的数量、空间分布及其异质化程度密切相关。

景观以上的自然等级系统都需要有高的异质性，异质性使人类生存的自然系统具有长期的稳定性和必要的抵御干扰的柔韧性。人类社会需要利用自然系统中所固有的异质性，并且提高自然系统的异质化程度。景观以上的自然等级体系的异质性包括时间异质性和空间异质性，多维空间异质性，时空耦合异质性。空间异质性带有边缘效应，与该系统功能状况密切相关。由于异质性的组分具有不同的生态位，给动物物种和植物物种的栖息、移动以及抵御内外干扰提供了复杂和微妙的相应利用关系。

异质化程度高时，当某一特定嵌块是干扰源时，而相邻的嵌块就可能形成了障碍物，这种内在异质化程度高的生态体系或组分，很容易维护自己的地位，从而达到增强生态体系抗御内外干扰，增强该体系生态稳定性的作用。

（七）水生生态环境调查

水生生态系统有海洋生态系统和淡水生态系统两大类别。淡水生态系统又有河流（流水）生态系统和湖泊（静水）生态系统之别。

建设项目的水生生态环境调查，一般应包括水质、水温、水文和水生生物群落的调查，并且应包括鱼类产卵场、索饵场、越冬场、洄游通道、重要水生生物及渔业资源等特别问题的调查。水生生态调查一般按规范的方法进行，如海洋水质和底泥监测须按《海洋监测规范》（GB 17378.3）和 GB 17378.4-98 执行，海洋生物调查按《海洋调查规范》（GB 12763-91）执行，该规范对样品采集、保存和分析方法等，都进行了规定。

水生生态调查一般包括初级生产力、浮游生物、底栖生物、游泳生物和鱼类资源等，有时还有水生植物调查等。

1. 初级生产量的测定方法

（1）氧气测定法。黑白瓶法。用三个玻璃瓶，一个用黑胶布包上，再包以铅箔。从待测的水体深度取水，保留一瓶（初始瓶 IB）以测定水中原来溶氧量。将另一对黑白瓶沉入取水样深度，经过 24 h 或其他适宜时间，取出进行溶氧测定。根据初始瓶（IB）、黑瓶（DB）、白瓶（LB）溶氧量，即可求得

$$\mathrm{LB}-\mathrm{IB}=\text{净初级生产量} \tag{7-3}$$

$$\mathrm{IB}-\mathrm{DB}=\text{呼吸量} \tag{7-4}$$

$$\mathrm{LB}-\mathrm{DB}=\text{总初级生产量} \tag{7-5}$$

昼夜氧曲线法是黑白瓶方法的变型。每隔 2～3 h 测定一次水体的溶氧量和水温，作成昼夜氧曲线。白天由于水中自养生物的光合作用，溶氧量逐渐上升；夜间由于全部好氧生物的呼吸，溶氧量逐渐减少。这样，就能根据溶氧的昼夜变化，来分析水体群落的代谢情况。因为水中溶氧量还随温度而改变，因此必须对实际

观察的昼夜氧曲线进行校正。

(2) CO_2测定法。用塑料帐将群落的一部分罩住,测定进入和抽出的空气中CO_2含量。如黑白瓶方法比较水中溶氧量那样,本方法也要用暗罩和透明罩,也可用夜间无光条件下的CO_2增加量来估计呼吸量。测定空气中CO_2含量的仪器是红外气体分析仪,或用古老的KOH吸收法。

(3) 叶绿素测定法。通过薄膜将自然水进行过滤,然后用丙酮提取,将丙酮提出物在分光光度计中测量光吸收,再通过计算,化为每m^2含叶绿素多少克。叶绿素测定法最初应用于海洋和其他水体,较用^{14}C和氧测定方法简便,花费时间也较少。

有很多新技术正在发展,其中最著名的包括海岸区彩色扫描仪、先进的分辨率很高的辐射计、美国专题制图仪或欧洲斯波特卫星(SPOT)等遥感器。

2. 浮游生物调查

浮游生物包括浮游植物和浮游动物,也包括鱼卵和仔鱼。许多水生生物在幼虫期,都是以浮游状态存在。浮游生物调查指标包括:①种类组成及分布,包括种及其类属和门类,不同水域的种类数(种/网);②细胞总量,平均总量(个/m^3)及其区域分布、季节分析;③生物量,单位体积水体中的浮游生物总重量(mg/m^3);④主要类群,按各种类的浮游生物的生态属性和区域分布特点进行划分;⑤主要优势种及分布,细胞密度(个/m^3)最大的种类及其分布;⑥鱼卵和仔鱼的数量(粒/网或尾/网)及种类、分布。

3. 底栖生物调查

底栖生物活动范围小,常可作为水环境状态的指示性生物;底栖生物也是很多鱼类的饵料生物,它的丰富与否与水生生态系统的生产能力密切相关。在水生生态环境调查与评价中,底栖生物的调查与评价是必不可少的。底栖生物的调查指标包括:①总生物量(g/m^2)和密度(个/m^2);②种类及其生物量、密度,各种类的底栖生物及其相应的生物量、密度;③种类,组成、分布;④群落与优势种,群落组成、分布及其优势种;⑤底质,类型。

4. 潮间带生物调查

海洋生态环境中,潮间带是一个特殊生境,也因而养育了特殊的潮间带生物。很多海岸建设工程会强烈地影响到潮间带生态环境,因而潮间带生物调查是很重要的。潮间带生物调查的采样和标本处理按《海洋调查规范》进行,一般按不同的潮区进行调查,其主要调查指标是:①种类组成与分布,鉴定潮间带生物种和类属;②生物量(g/m^2)和密度(个/m^2)及其分布,包括平面分布和垂直分布;③群落,群落类型和结构,按潮区分别调查;④底质,相应群落的底质类型(砂、岩、泥)。

5. 鱼类

鱼类是水生生态调查的重点,一般调查方法有网捕,也附加市场调查法等。鱼类调查既包括鱼类种群的生态学调查,也包括鱼类作为资源的调查。一般调查指标有：①种类组成与分布，区分目、科、属、种，相应的分布位置；②渔获密度、组成与分布，渔获密度（尾/网），相应的种类、地点；③渔获生物量、组成与分布，渔获生物量（g/网）及相应的种类、地点；④鱼类区系特征，不同温度区及其适宜鱼类种类，不同水层（上、中、底层）中分布，不同水域（静水、流水、急流）鱼类分布；⑤经济鱼类和常见鱼类，种类、生产力；⑥特有鱼类，地方特有鱼类种类、生活史（食性、繁殖与产卵、洄游等）、特殊生境要求与利用，种群动态；⑦保护鱼类，列入国家和省级一、二级保护名录中的鱼类、分布、生活史、种群动态及生境条件。

二、生态环境现状评价

生态环境现状评价是对调查所得到的信息资料进行梳理分析，判别轻重缓急，明确主要问题及其根源的过程。生态环境评价一般须按照一定的指标和“标准”并采用科学的方法作出。

（一）生态环境现状评价内容与要求

生态环境现状评价内容根据建设项目的影响和环境特点有所不同，一般包括对生态系统的生物成分（生物种、种群、群落等）和非生物成分（水分、土壤等）的评价，即生态系统因子层次上的状况评价；生态系统整体结构与环境功能的评价；区域生态环境问题以及自然资源的评价等。

生态环境现状评价一般要求为：阐明生态系统的类型、基本结构和特点（整体性特点、稳定性等），评价区内居优势的生态系统及其环境功能或生态功能规划；阐明域内自然资源赋存和优势资源及其利用状况；明确区域内不同生态系统间的相关关系（空间布局、物流等）及连通情况，各生态因子间的相关关系（注意食物链关系）；明确区域生态系统主要约束条件（限制生态系统的主要因子）以及所研究的生态系统的特殊性如脆弱性问题；阐明主要的或敏感的保护目标以及评价区生态环境目前所受到的主要压力、威胁和存在的主要问题等。

（二）生态环境现状评价方法

生态系统评价方法大致可分两种。一种是生态系统质量的评价方法，主要考虑的是生态系统属性的信息，较少考虑其他方面的意义。例如早期的生态系统评价就是着眼于某些野生生物物种或自然区的保护价值，指出某个地区野生动、植物的种类、数量、现状，有哪些外界（自然的、人为的）压力，根据这些信息提出保护措施建议。现在关于自然保护区的选址、管理也属于这种类型。另一种评价方法是从社会—经济的观点评价生态系统，估计人类社会经济对自然环境的影响，评价人类社会经济活动所引起的生态系统结构、功能的改变及其改变程度，提出保护生态系统和补救生态系统损失的措施，目的在于保证社会经济持续发展的同时保护生态系统免受或少受有害影响。两类评价方法的基本原理相同,但由于影响因子和评价目的不同,评价的内容和侧重点不同,方法的复杂程度也不尽相同。

目前,生态环境评价方法正处于研究和探索阶段。大部分评价采用定性描述和定量分析相结合的方法进行,而且许多定量方法由于不同程度的人为主观因素而增加了其不确定性。因此对生态环境影响评价来说,起决定性作用的是对评价的对象(生态系统)有透彻地了解,大量而充实的现场调查和资料收集工作,以及由表及里、由浅入深的分析工作,在于对问题的全面了解和深入认识。

生态环境现状评价方法很多如列表清单法、综合评分法、生态机理分析法、生态图法、景观生态学分析法、生产力分析法、系统分析法等。其中,景观生态分析法是发展最快,应用越来越广的方法。生态环境评价方法的选用,应根据评价问题的层次特点、结构复杂性、评价目的和要求等因素决定。

(三) 生物种群及群落评价

1. 生物种群评价

(1) 生物种群指标。

① 种群密度和大小。种群密度是指一定时间内,单位面积上或单位空间内的某种群的个体数目。计算密度可以推知种群的动态变化、种群的生物量和生产力,以及食物链网中的能流和物质循环。一般来讲,污染物质会导致种群密度变小。种群大小的变化常与个体的生死过程和迁入、迁出活动有关,一般种群大小变化可用下式表示

$$N_{i+1}=N_i+(\text{出生}-\text{死亡})+(\text{迁入}-\text{迁出}) \tag{7-6}$$

式中 N_i——t 时间内的个体数;

N_{i+1}——t 时间后的个体数。

② 种群结构。种群中个体的性别和年龄的分配以及各种年龄的个体的估计寿命是种群的结构特征。根据年龄组成可将种群分为三种类型,即

Ⅰ. 生长种群 幼体 + 成体 > 老年;

Ⅱ. 静止种群 幼体 + 成体 = 老年;

Ⅲ. 老龄种群 幼体 + 成体 < 老年。

污染物质将导致种群结构不合理。

③ 种群数量。种群数量是种群的特别是自然种群的主要生态变化特征。一般来说,环境变化越大,种群数量变化也越大。研究种群的目的,在于更深入地了解和分析群落,特别是研究种群不同生长发育阶段对环境污染的反应,有助于在群落的控制和利用方面采取具体措施。近年来工业污染物成为影响种群增长的重要因素。污染物可以直接杀死部分有机体,有的有机体虽然没被杀死,但具有伤害繁殖的灾难性后果,使种群处于衰减趋势。

(2) 物种优先保护顺序及评价。

① 确定评价依据或优先保护物种的指标。一般认为,以下几类野生生物具有

较大保护价值;具有经济价值的物种;对于研究人类和行为学有意义的物种(如人猿);有助于进行科学研究的物种如活化石;能给人以某种美的享受的物种。而有利于研究种群生态学的物种则主要有两类,即已经广泛研究并有文件规定属于保护对象的物种和某些正在把自己从原来的生存范围内向其他类型栖息地延伸、扩展的物种。

②保护价值评价与优先排序。自然资源保护的决策要求对物种或栖息地的评价即使不能定量化,也要给出一种保护价值的优先排序。Perring 和 Farrell(1971 年)根据英国自然资源保护委员会(NCC)生物记录中心(BRC)评价野生植物种群的方法,用一个"危险序数"来表达物种的保护价值。其计算方法如下:

首先,对物种的下列特征确定价值:

物种在 10 年观察期间的退化速率排序 a 为

0　退化率 <33%

1　退化率在 33%~66%

2　退化率 >66%

生物记录中心已知的该物种存在地方数(可能生境数)排序 b 为

0　>16 个地方

1　10~15 个地方

2　6~9 个地方

3　3~5 个地方

4　1~2 个地方

对物种诱惑力的主观估计排序 c 为

0　没有诱惑力

1　具有中等程度诱惑力

2　具有高度诱惑力

物种"保护指数"——该物种所在地占自然区面积的百分数排序 d 为

0　占自然区面积的 66% 以上

1　占自然区面积的 33%~66%

2　占自然区面积的 33% 以下

3　占自然区面积的 33 以下,而且属于非常危险的地区

遥远性——指人类抵达该物种所在地的难易程度排序 e 为

0　不易抵达

1　中等程度容易抵达

2　容易抵达

易接受性——指人类一旦抵达该物种所在地后,接近该物种的难易程度排序 f 为

0　不易接近

1　中等程度容易接近

2　容易接近

然后，按下式计算危险序数 TN

$$TN = a + b + c + d + e + f \tag{7-7}$$

所得“危险序数”的最大值是15，和IUCN的分类结构相对应：$TN = 7 \sim 11$ 时属脆弱类，$TN > 12$ 属濒危类。

2. 生物群落评价

(1) 生物群落指标。生物群落是在一定时间内居住于一定环境中的各种群所组成的生物系统，例如一片草原或一片橡树林就是一个群落。因为生物群落反映出生活在一个地区的各种生物和环境之间的关系，因此无论在种类组成或群体结构上都较复杂。群落具有以下主要特征：

①群落的结构：每个群落都由一定的生物种类组成，具有一定的结构和一定的物质生产量；②群落的生态：每一群落都有适应外界环境、改变环境的特殊作用；③群落的动态：每一群落在时间上都有它发展变化的规律；④群落的分布：每一个群落在空间上都有其分布规律；污染物对生物群落的影响包括污染物对生物群落结构、生态、动态和分布特征等方面的影响。

生物群落结构指标主要有生物多样性指数，这个指数以种类的多少及其数量或生物量之间的关系来表示，它含两个基本要素：一是生物种类的丰度，一是个体在种内分布的均匀度。在正常的生态系统中，群落的组成多种多样，其多样性指数值较大，而重复性较小。环境污染将导致群落中生物种类减少，耐污种类个体数增多，种类组成由复杂到简单，种类数由多到少，生物多样性减少或丧失。如在受到污染的水生生态系统中，高等植物种类减少，正常的浮游植物为污水类型的藻类所代替。

(2) 生物群落评价。群落评价的目的是确定需要特别保护的种群及其生境，一般采用定性描述的方法。对个别珍稀、濒危或有其他特殊意义的物种须进行重点评价。

将群落的群种或特别关心的物种，按照丰富度、频率、濒危程度(危险度)等来分级、打分，可以评价群落的保护类别；列出群落的功能，确定各功能的权重因子，并对具体群落按功能的强弱程度打分，可以评价群落的环境功能。

A. 群落保护类别评价

Ⅰ. 对某项工程拟建场址3 km范围内不同栖息地(水体、废料、农田、草原、洼地、森林)的主要哺乳动物按照丰度定为以下四类：

A——丰富类，当人们在适当季节来栖息地视察时，每次看到的数量都很多。

C——普遍类，人们在适当季节来访时，几乎每次都可以看到中等数量。

U——非普遍类，偶尔看到。

S——特殊关心类，珍稀的或者可能被管理部门列为濒危类的物种。

Ⅱ. 对 3 km 范围内的哺乳动物、鸟类、两栖类和爬行动物按其处境的危险程度分为如下四类：

E——濒灭类，有成为灭绝物种可能的。

T——濒危类，物种的种群已经衰退，要求保护以防物种遭受危险。

S——特殊类，局限在极不平常的栖息地的物种，要特殊的管理以维持栖息地的完整和栖息地上的物种。

B——由特别法律监督控制和保护的物种（如毛皮动物）。

为了便于计划者、项目的设计者和管理者理解和应用，特别是为了替代方案的比较选择，环境影响评价中可对栖息地、群落评价采用半定量的优化排序的方法。普遍做法是给各个生态特征因子打分，并按其在生态系统的结构、功能中的相对重要性确定权重因子，最后计算总分作为评价区生态系统相对价值的判定依据。

B. 植物群落环境功能评价 Gehlbach（1975）对植物群落保护价值方法中，对社会因素中人为影响因素给予了较大的权重。其步骤如下：

Ⅰ. 列出群落的五种效能：继承价值、教育效能、物种意义、群落代表性、人类影响，按其相对重要性依次确定权重因子为 1、2、3、4、5，各种效能再按程度依次打分。

a. 继承价值

晚期枯萎	1
鼎盛状态	2

b. 教育效能

具有 1 种特征	1
具有 2 种特征	2
具有 3 种以上特征	3

c. 物种意义

边缘种、杂种	1
珍稀的、残余的或地方特有的物种	2
濒危物种	3

d. 群落代表性

有两种或两种以上群落类型	1
群落或优势群落类型对保护系统具有新奇性	2
地方化的、残余的或新奇的群落类型	3

e. 人类影响

有影响的可能，但不紧迫	1
影响已在计划之中	2
影响已在进行之中，但通过有效管理尚可挽救	3

Ⅱ. 计算自然区分数，用效能特征权重因子乘植物群落环境功能分级分，将各乘积相加得评价区总分，以所得总分作为保护价值优化排序的依据。

(四) 栖息地(生境)评价

1. 分类法

将评价区各种生境按自然保护区标准分类方法归类、列表表达。例如，英国自然保护委员会将不同栖息地按自然保护价值分为三类。

第一类，野生生物物种最主要的栖息地：原生林，高山顶，未施用过肥料和除莠剂的永久性牧场与草原，低地湿地，未污染过的河流、湖泊、运河，永久性堤堰，大型沼泽地与泥炭地，海岸栖息地(峭壁、沙丘、盐沼等)。

第二类，对野生生物有中等意义的栖息地：人造阔叶林，新种植的针叶林，高沼地与粗放放养的农业池塘，公路和铁路路边，具有丰富野草植物区系的可耕地，大型森林，成年人造林，小灌木林，交错区人造林，树篱，砾石堆，小沼泽地和小泥炭地，废采石场，未管好的果园，高尔夫球场。

第三类，对野生生物意义不大的栖息地：没有地面覆盖层的人造针叶林，临时水体，改良牧场，机场，租用公地，园艺作物和商业性果园，城镇无主土地，各种污染水体，暂时牧场的可耕地，球场，小菜园，杂草很少的可耕地，工业和城市土地。

2. 相对生态评价图法

对研究区进行生态分域，确定各类栖息地的保护价值，评分并分级，将有关信息综合并绘制成相对生态评价图。例如，Tubbs 和 Blackwood(1971 年)为 Hampshire 郡委会规划部的土地利用提出如下评价方法。

(1) 将研究区分为若干个基本的生态带，生态带 1——未进行人工播种的植被(含天然林)；生态带 2——人造林；生态带 3——农业土地。

(2) 按三个概念评价各个生态带的价值：①未播种的或半天然栖息地在英国低地的分布有限，承受复垦和开发的压力，故保护价值高；②人造林和作为野生生物库的地区，也具有较高价值；③农业土地的生态意义大小随农业土地的利用强度以相反趋势变化。

由此，将生态带分别归类如下。

生态带 1 为Ⅰ类或Ⅱ类(最后区别取决于栖息地类型的稀有性和是否存在显著科学意义特征的主观估计)。

生态带 2 为Ⅰ类或Ⅲ类(根据栖息地作为野生生物库的价值的主观估计)。

生态带 3 其相对价值是栖息地多样性的函数。按特征定义的栖息地有：永久性草地，高、矮树篱，分界用的堤埂，路堑和路边斜坡，公园树木，果园(非商业生产)，池塘、沟渠、小河和其他水道，小块($<0.5\ km^2$)人工植被(包括林地)。按上述栖息地存在的情况打分：

0——生态带内没有或实际上没有

1——虽有存在但不十分醒目

2——很多(醒目)

3——丰富

(3) 生态带价值评价。根据以上特征打分的总和 >18 分为Ⅰ级，15 ~ 18 分为Ⅱ级，11 ~ 14 分为Ⅲ级，6 ~ 10 分为Ⅳ级，0 ~ 5 分为Ⅴ级。

(4) 制图。将生态带分级结果绘制成"相对生态评价图"，给出各生态带的边界和相对生态价值，同时还伴随一个报告来定义"用于区别各生态带的特征和保护政策价值需要的指征"。此评价方法被应用于英国低地自然资源评价，在用于其他土地评价时要根据当地生态特征修改。

3. 生态价值评价图法

这是 Goldsmith(1975 年)提出的评价方法，在英国应用较广。根据栖息地面积、稀有性、存在物种数和植被构造等特征进行客观评价，最后结果按网格(km^2)绘出生态环境的生态价值评价图，作图步骤如下。

(1) 将研究区分为若干个土地系统：系统 1 为开放高地(多数是 300m 以上的高沼地)；系统 2 是封闭的栽植地(多半是永久性牧场)；系统 3 是封闭的平地(多半是谷底可耕地)。

(2) 记录以下栖息地在各土地系统中的分布：可耕或暂作牧场的可耕地；永久性牧场；粗放放牧地；森林如落叶林和混交林，针叶林，灌木林，果林；树篱；溪流等。

(3) 对上述栖息地分别确定以下参数：范围(E)，栖息地 a ~ b 以每公顷内面积计，线形栖息地以 km/km^2 计；

稀有性(R)，R =(1 - 在土地系统中所占面积份额) × 100%；

植物物种丰度(S)，20 m × 20 m 采样小区中的物种数；

动物物种丰度(V)，鉴于动物物种数和植被分层性相关，故设 V = 植被垂直层次数(草地为 1，…，发育良好的树林为 4)。

(4) 按下式计算每个网格的生态价值指数(IEV)

$$\mathrm{IEV} = \sum_{i=1}^{N} (E_i \times R_i \times S_i \times V_i) \tag{7-8}$$

(5) 将 IEV 归一化到 0 ~ 20 范围，用归一化值按网格绘图。

4. 扩展的生态价值评价法

Watt 等(1975)对东安哥里亚的 Yare 河谷进行评价，除生态因子外，还综合考虑了社会、经济价值如科研、教育、美学等，评价步骤如下：

(1) 按 11 个特征标准给每个栖息地的保护价值打分(表 7-4)。

表 7-4 11 个特征标准及保护价值分值

特征标准	最大分值	特征标准	最大分值
存在珍稀物种	10	脊椎动物质量	15
物种多样性	10	无脊椎动物质量	10
存在稀有栖息地	5	研究价值	5
栖息地多样性	10	教育价值	5
高等植物质量	20	美学价值	5
低等植物质量	5	最大总分	100

(2) 计算各个栖息地的保护价值(CV)

$$\mathrm{CV} = \sum_{i=1}^{N} C_i \qquad (C_i\ \text{为各特征标准分}) \tag{7-9}$$

(3) 根据 CV 值,将栖息地分级:Ⅰ级 65~100,Ⅱ级 55~64,Ⅲ级 45~54,Ⅳ级 35~44,Ⅴ级 25~34,Ⅵ级 0~24。

(五) 生态系统整体性评价

1. 生态系统质量评价

我国学者曹洪法(1995 年)提出的生态系统质量评价系统,考虑了植被覆盖率、群落退化程度、自我恢复能力和土地适宜性等特征,并按 100 分制给各特征赋值。生态系统质量 EQ 按下式计算

$$\mathrm{EQ} = \sum_{i=1}^{N} A_i / N \tag{7-10}$$

式中 EQ——生态系统质量;

A_i——第 i 个生态特征的赋值;

N——参与评价的特征数。

按 EQ 值将生态系统质量分为五级:Ⅰ级 100~70,Ⅱ级 69~50,Ⅲ级 49~30,Ⅳ级 29~10,Ⅴ级 9~0。

对景观生态系统进行质量评价时,N 常取值为 4。其中 A_1 为土地生态适宜性,以土地的生态适宜性大小给分,分阈值 0~100;A_2 为植被覆盖度,以土地的实际覆盖度为权值,值阈按实际盖度除以 100 计;A_3 为抗退化能力赋值,群落抗退化能力强时赋值 100,较强者赋值 60,一般水平赋值 40,一般以下赋值为 0;A_4 为恢复能力赋值,群落恢复能力强赋值 80,较强赋值 60,一般赋值 40,一般以下赋值 0。

2. 生态完整性评价

生态完整性或生态系统整体性,是生态系统保持健康状态和发挥其最大环境功能的基础。生态完整性评价可采用综合评分法、景观生态学分析法以及列表清

单、生态机理分析法等。

(1) 生态完整性评价指标。①植被连续性。植被连续意味着生境连续,面积较大,干扰较少。景观连通性、生境破碎度、景观异质性和斑块分布,都可用于进行生态系统完整性评价。②生态系统组成完整。包括系统的生物组成成分协调性(种群大小适宜,无过大过少问题;食物链比较完整等);环境因素制约性,即不存在强烈的环境制约因素等。③生态系统空间结构完整性。森林植被保持成层分布特征,即保持生物地理区生态系统基本特征,水生生态系统则保持各层鱼类均有分布。④生物多样性。生物多样性高,接近自然本底水平,则生态完整性亦高。生物多样性是综合反映生态系统质量的因子。⑤生物量和生产力水平。生态系统生物量的高低或生产力水平的高低,标志着系统质量的高低和完整性状态。越接近自然生态系统第一性生产力(理论水平)者,其整体性水平亦越高。

(2) 景观生态学方法评价生态系统完整性。景观生态学方法评价生态系统完整性的主要指标是生态系统(植被)净生产力和稳定性分析。系统净生产力高低的判别以实际的植被生产力与理论计算的生态系统净第一生产力(标准)作比较。稳定性分析包括恢复稳定性和阻抗稳定性两个方面。

第三节　生态环境影响预测

一、概述

(一) 生态环境影响预测的目的

生态环境影响预测就是以科学的方法推断生态环境在某种外来作用下所发生的响应过程、发展趋势和最终结果,揭示事物的客观本质和规律。因此,生态环境影响预测的目的是对工程的生态影响进行类型、程度的判定,对工程的环境可行性进行判定,为生态影响评价提供依据,也为编制生态影响防护与恢复内容奠定基础。

生态环境影响预测应在项目实施后回答以下几个问题:①项目是否具有环境可行性;②是否带来生态损失,能否防护与恢复;③是否使某些生态影响严重化;④是否使生态问题发生时间与空间上的变更,能否可以使某些原来存在的生态问题向有利的方向发展;⑤是否有利于自然资源的持续利用;⑥对生态敏感目标的影响程度有多大。

(二) 生态环境影响预测的内容

生态环境影响预测包括三方面的分析:影响因素(如建设项目)分析,即工程影响因素分析;生态环境受体分析,即受影响对象的确定;生态影响效应的分析,即发生了什么问题。后两个问题往往因生态系统类型的不同而不同。

1. 生态系统整体性影响预测

生态整体性影响可从区域或流域、景观生态、生态系统或生物群落等不同的层次作分析。应用景观生态学方法作分析时,主要回答的问题是:对生态环境起控制作用的自然生态体系(生态系统或群落)稳定性如何、其生物总量增加还是减少、其第一性生产力是增加还是削弱。换句话说,其恢复稳定性(一般以植被生物量度量)是否增加,其阻抗稳定性(如物种多样性、景观多样性、连通性与面积等)是否增加等。

应用传统生态学方法作分析时,需要回答:系统是否毁灭或生态环境是否严重恶化,系统是否可正向演替或自然恢复,生物多样性(主要是生境多样性和物种多样性)是否减少。在作生态系统因子层次的影响分析时,还会涉及到是否影响关键性生态因子,如生态系统建群生物和生态系统限制性因子等。有无替代或可否恢复也是经常分析的问题。

2. 生态环境敏感性影响预测

生态环境敏感性问题常是影响预测的重点。这类敏感保护目标(或重点保护对象)有的是法定的,有的是科学评价认定的,还有来自社会或局部地域的。有的法定保护目标也需作科学评定,例如很多自然遗迹(地质学、地理学等的)因其内容复杂,法规难以一一列举,对其重要性的认识也有较大差距,都需在评价中科学地认识。

3. 自然资源影响预测

自然资源影响问题,有的有法律规定,如基本农田保护区,有的有规划,也纳入保护中。环评中最需作影响分析的是那些地域性特产、稀缺资源以及不可恢复性资源,如景观资源等。

4. 生态环境问题影响预测

区域或流域内存在的生态环境问题,如水土流失、沙漠化、自然灾害等,也都是影响分析的重要内容。任何开发建设活动,都不应加剧这类问题。

5. 其他

如生态环境脆弱性的分析,有时是十分重要的。

(三) 生态环境影响预测的基本要求

1. 持生态整体性观念

不要割裂整体性作“点”或“片段”分析。

2. 持生态系统为开放性、地域差异性和动态变化的系统观

不要把自然保护区当作封闭系统分析影响,不要以一般的普遍规律推断特殊地域的特殊性,也不要用一成不变的观念和过时资料为依据作主观推断。

3. 做好深入细致的工程分析

要做到把全部工程活动(包括主体工程、辅助工程、配套工程、公用工程和环保

工程等)都纳入分析;把工程活动的全过程(从勘探至闭矿、设备退役)都纳入分析;把各种不同的影响形式、内容都纳入分析,筛选重点影响问题作深入分析与研究。

4. 做好敏感保护目标的影响分析

要做到对敏感保护目标逐一进行影响分析,并结合上述的工程分析内容作全部活动、全过程和所有影响形式的影响分析;针对敏感保护目标的性质、保护要求做好影响分析。

5. 正确处理依法评价影响和科学评价影响的问题

建设项目的环境影响评价主要解决两类问题:一是贯彻执行环保政策与法规,将建设项目的影响限定在法规允许的范围内;二是科学地预测实际发生的影响。有时,建设项目能满足法规要求,但不一定实际影响是可以接受的。例如,可以通过调整自然保护区的功能区而解决建设项目不符合法规的问题,但“调整”并不等于消除了实际影响问题。科学地预测实际发生的生态环境影响是环境影响评价的真谛。

6. 正确处理一般评价和生态环境影响特殊性问题

一般评价比较重视直接影响而忽视甚至否认间接影响,重视显现性影响而忽视潜在影响,重视局地影响而忽视区域性影响,重视单因子影响而忽视综合性影响。生态环境影响分析中应充分重视间接性的、潜在的、区域性的和综合性的影响。

《环境影响评价技术导则　非污染生态影响》(HJ/T 19-1997)要求:3 级评价要对关键评价因子(如绿地、珍稀濒危物种、荒漠等)进行预测;2 级评价要对所有重要评价因子均进行单项预测;1 级评价除进行单项预测外,还要对区域性全方位的影响进行预测。要根据不同因子受开发建设影响在时间和空间上的表现和累积情况进行预测评估。从时间分布上可以表现为年内(月内)和年际(准备期、施工期、运转期)变化两个方面。从空间分布上可以划分为宏观(开发区域及其周边地区)和微观(影响因子分布)两个部分。

二、生态环境影响预测的方法

到目前为止,专门用于生态环境影响预测与评价的方法寥寥无几,生态环境影响预测与评价的方法正处在探索之中。但各种生物学和生态学方法都可借用于生态环境影响的预测与评价,如类比法、图形叠置法、生态机理分析法、列表清单法、综合指标法、景观生态学方法、系统分析法、生态评价法、数学评价方法、生物多样性定量评价法等。本教材将着重介绍类比法、图形叠置法、景观生态学方法、生产力评价法和生物多样性定量评价法。

(一) 类比法

类比法就是通过既有开发工程及其已显现的环境影响后果的调查结果来近似

地分析说明拟建工程可能发生的环境影响。由于生态环境影响的渐进性(量变到质变)、累积性、复杂性和综合性特点,使得许多生态环境影响的因果关系十分错综复杂,因而通过类比调查分析既有工程已经发生的环境影响,并类比分析拟建工程的环境影响,就成为一种十分重要的影响预测与评价方法。

1. 类比分析方法的技术要点

(1) 选择合适的类比对象。类比对象的选择(可类比性)应从工程和生态环境两个方面考虑:①工程方面,选择的类比对象应与拟建项目性质相同,工程规模相差不多,其建设方式也与拟建工程相类似。如,同是库坝式水电工程,同是引水发电方式等。②生态环境方面,类比对象与拟建项目最好同属一个生物地理区,最好具有类似的地貌类型,具有相似的生态环境背景,如植被、土壤、江河环境和生态功能等。如果能在同一个或同类生态系统中有类比对象,则最为理想,如在同一流域的梯级电站之间、同一工程(如灌溉、港口建设)的一期与二期之间、同一条公路的已建与续建工程之间,都具有良好的可类比性。不过,即使类比条件不完全近似,通过分析,说明差异,也可获得有效的类比分析结果。

(2) 选择可重点类比调查的内容。类比分析一般不会对两项工程作全方位的比较分析,而是针对某一个或某一类问题进行类比调查分析,因而选择类比对象时还应考虑类比对象对相应类比分析问题的有效性和深入性。例如,河流筑坝的阻隔效应对水生生态有重大影响,这些影响包括大坝对洄游性鱼类的阻隔、流态改变对适流水或急流鱼类的影响。对"三场"(产卵场、越冬场、索饵场)的破坏、氮饱和对下游生物的影响等。评价中可能只针对一种影响作评价,那就要选择对这种影响有一定记载的河流和工程作为类比对象。例如,只想类比调查大坝阻隔对洄游性鱼类的影响,那就要选择具有同类洄游性鱼类的河流,筑坝而且有事前的调查资料或环境影响报告书,即对同种洄游鱼类有明确记录者,甚至有后评价等前后对比的资料等。换句话说,类比分析是为了说明某一具有长期性影响而又不大好把握的问题。明确类比调查重点内容,选择可作重点问题类比的对象,可以减少盲目性。

实际工作中,应对类比选择条件进行必要的阐述,并对类比对象与拟建对象的差异进行必要的分析、说明。

2. 类比调查方法

类比调查实际上就是对类比对象作调查,调查方法可采用环境影响评价常规方法。

(1) 资料调查,查阅既有工程(类比对象)环境影响报告书和既有工程竣工环境保护验收调查与监测报告,必要时可参阅既有工程所在地区的环境科研报告和环境监测资料。

(2) 实地监测或调查,采用实地调查或监测方法,对类比对象进行调查。例如,公路、铁路的噪声与振动类比监测,500 kV 高压线的电磁辐射影响类比监测、河流水生生物实地调查、施工期环境影响类比调查(实地观察与记录)、移民安置区环境调查等。

(3) 景观生态调查法,利用"3S"技术,对区域性生态景观进行调查、解析与分析,说明区域性生态整体性变化。

(4) 公众参与调查法,通过访问公众、专家等,对某一项既有工程或生产建设活动产生的影响进行调查、分析,并同时了解公众对这种影响的态度和期望、建议等。

3. 类比调查分析

对类比调查资料进行分析,方可得出科学的结论。

(1) 统计性分析。针对某一问题或某一指标,通过调查多个类比对象,然后进行统计分析,可以对拟建工程的某一问题或某一指标进行科学的评价。例如,水电工程,可通过区域多个水电站的调查,统计分析单位产能的占地(主要是淹没)面积、占耕地面积、移民数量及投资额等,并与拟建项目比较,可以分析拟建项目社会影响的大小。

(2) 单因子类比分析。针对某一问题或某一环境因子,通过对可类比对象的监测或调查分析,可取得有针对性的评价依据,从而对拟建项目某一问题或某一环境因子的影响进行科学评价。例如,公路、铁路噪声影响、高压线路电磁辐射影响、水电工程对洄游性鱼类的阻隔影响等,都可作类比分析。

(3) 综合性类比分析。既可指生态系统整体性评价的综合性分析,也可指一项工程的整个影响的综合性分析。生态系统整体性影响评价的综合性分析,可以采用综合评价法由一组指标进行加和评价,也可选某一因子如植被的动态作为代表进行分析评价。许多科学研究和回顾性调查是属于综合性调查分析的,如对湿地减少及其相应的影响调查、对煤矿开采进行的回顾性调查,对灌溉不当造成的影响调查,对长江中上游地区森林砍伐与长江洪水相关性的调查分析等,都是一种综合性分析。

(4) 替代方案类比分析。从减轻生态环境影响或为克服某种重大的生态影响出发而提出替代方案,是贯彻生态环境保护"预防为主"、"保护优先"政策的重要措施。对不同的方案进行类比分析,找出各自的优劣,从而推荐或决策某种可行的方案,也是类比分析应用的重要领域。不经过类比分析论证的替代方案,常常是不允许的,往往缺乏科学性和说服力。

替代方案类比分析和论证一般是把不同的方案放在一起,按设定的一组环境指标进行比较分析。

(二) 图形叠置法(生态图法)

该方法把两个或更多的环境特征重叠表示在同一张图上,构成一份复合图,用以在开发行为影响所涉及的范围内,指明被影响的环境特性及影响的相对大小。

该方法使用简便,但不能作精确的定量评价。其基本意义在于说明、评价或预测某一地区的受影响状态及适合开发程度,提供选择的地点的线路。目前该方法被用于公路或铁路选线、滩涂开发、水库建设、土地利用等方面评价,也可将污染影响程度和植被或动物分布叠置成污染物对生物的影响分布图。

图形叠置法的实施步骤如下:

(1) 用透明纸作底图,在图上标出开发项目的位置及即将受项目影响的地区范围;

(2) 在底图上描出植被现状、动物分布或其他受影响因子的特征;

(3) 绘出每个影响因子影响程度的透明图;

(4) 将影响因子图和底图重叠,用不同的色彩和不同的色度表示不同的影响和不同的影响程度。

该方法的特点是预测结果直观,容易被人理解,如用带方格的透明纸还可以定量地估测受影响的地区的面积。但不易预测影响的时间上的延续。此外,此种方法需要大量的资料、经费和人力,使其应用受到一定的限制。由于其表达的环境特征大多为自然地理方面的,本方法应与计算机作图、地理信息系统等新技术结合起来,其应用范围必然更加广泛,效果也将得到提高。

(三) 景观生态学方法

景观生态学对生态环境质量状况的评判是通过两个方面进行的,一是空间结构分析,二是功能与稳定性分析。这是因为景观生态学认为,景观的结构与功能是相当匹配的,且增加景观异质性和共生性也是生态学和社会学整体论的基本原则。

空间结构分析基于景观是高于生态系统的自然系统,是一个清晰的和可度量的单位。景观由拼块、模地和廊道组成,其中模地是景观的背景地块,是景观中一种可以控制环境质量的组分。因此,模地的判定是空间结构分析的重要内容。判定模地有三个标准,即相对面积大、连通程度高、有动态控制功能。模地判定多借用传统生态学中计算植被重要值的方法。拼块的表征,一是多样性指数,二是优势度指数。决定某一拼块类型在景观中的优势,称优势度(D_o)。优势度值由密度(R_d)、频率(R_f)和景观比例(L_p)三个参数计算得出。其数学表达式如下

$$R_d = (\text{拼块 } i \text{ 的数目/拼块总数}) \times 100\% \tag{7-11}$$

$$R_f = (\text{拼块 } i \text{ 出现的样方数/总样方数}) \times 100\% \tag{7-12}$$

$$L_p = (\text{拼块 } i \text{ 的面积/样地总面积}) \times 100\% \tag{7-13}$$

$$D_o = 0.5 \times [0.5 \times (R_d + R_f) + L_p] \times 100\% \tag{7-14}$$

景观的功能和稳定性分析包括如下四方面内容:

(1) 生物恢复力分析。分析景观基本元素的再生能力或高亚稳定性元素能否占主导地位;

(2) 异质性分析。模地为绿地时,由于异质化程度高的模地很容易维护它的

模地地位,从而达到增强景观稳定性的作用;

(3) 种群源的持久性和可达性分析。分析动、植物物种能否持久保持能量流、养分流,分析物种流可否顺利地从一种景观元素迁移到另一种元素,从而增强共生性;

(4) 景观组织的开放性分析。分析景观组织与周边生境的交流渠道是否畅通。开放性强的景观组织可以增强抵抗力和恢复力。

景观生态学方法既可以用于生态环境现状评价,也可以用于环境变化预测,目前是国内外生态影响评价学术领域中较先进的方法。

(四) 生产力评价法

绿色植物的生产力是生态系统物流和能流的基础,它是生物与环境之间相互联系的最本质的标志。该方法的评价由下述分指数综合而成:

1. 生物生产力

生物生产力是指生物在单位面积和单位时间所产生的有机物质的重量,亦即生产的速度,以 $t/(hm^2 \cdot a)$ 表示。目前,全面地测定生物的生产力还有很多困难。因此,多以测定绿色植物的生产量代表生物的生产力,公式为

$$P_q = P_n + R \tag{7-15}$$

$$P_n = B_q + L + G \tag{7-16}$$

式中 P_q——总生产量;

P_n——净生产量;

R——呼吸作用消耗量;

B_q——生产量;

L——枯枝落叶损失量;

G——被动物吃掉的损失量。

由于生长量的变化极不稳定,因此在生态影响评价中需选用标定生长系数的概念,即生长量与标定生物量的比值,它是生态学评价的一个分指数,以 P_a表示

$$P_a = B_a / B_{mo} \tag{7-17}$$

式中 B_a——生长量;

B_{mo}——标定生物量。

P_a值增大,则环境质量的变化越来越好。

2. 生物量

生物量是指一定地段面积内某个时期生存着的活有机体的重量,以 t/hm^2 表示。它又称现有量。生物量的侧定,森林与草地不同,见本书“生态环境现状评价”。在生态影响评价中一般选用标定相对生物量的概念,它是各级生物量与标定生物量的比值,是生态学评价的又一个分指数,以 P_b表示

$$P_b = B_m / B_{mo} \tag{7-18}$$

式中　B_m——生物量；

B_{mo}——标定生物量。

P_b值增大，则环境质量越好。

3. 物种量

从生物与环境对立统一的进化观点看，生物种类成分的多样性及群落的稳定性是一定的，而群落的稳定性与种类成分之间互相利用环境的合理性也是一致的。在生态评价时，以群落单位面积内的物种作为标准，称为物种量（物种数/hm^2），而物种量与标定物种量的比值，称为标定相对物种量，这是生态学评价的又一指数，以 P_s表示

$$P_s = B_s / B_{so} \tag{7-19}$$

式中　B_s——物种量；

B_{so}——标定物种量。

P_s越大，则环境质量越好。

4. 生长量、生物量、物种量

与这三者密切相关的还有非生物学参数，如土壤中的有机质和有效水分含量等，这些参数分别导出来的标定生长系数、标定相对生物量、标定相对物种量、标定土壤有机质相对贮量、标定土壤有效水分含量，均是环境质量生态学评价的重要分指数，它们的综合（等权相加）便是生态学评价的综合指数，以 P 表示

$$\begin{aligned} P &= \sum P_i = P_a + P_b + P_s + P_m + P_w \\ &= \frac{B_q}{B_{mo}} + \frac{B_m}{B_{mo}} + \frac{B_s}{B_{so}} + \frac{S_m}{S_{mo}} + \frac{S_w}{B_{wo}} \end{aligned} \tag{7-20}$$

（五）生物多样性定量计算

生物多样性一般由多样性指数、均匀度和优势度三个指标表征。

(1) 物种多样性指数：Shannon—Winer 多样性指数

$$H = -\sum_{i=1}^{n} P_i \log_2 P_i \tag{7-21}$$

式中　P_i——第 i 种的个体数占个体数 N 的比例，即 $P_i = n_i / N$。

该式含义为以各个种的相对多度来反映群落的物种多样性，即反映群落的物种丰富度。

一般来说，北温带地区木本植物 H 值多小于 2；草本植物 H 值在 2 ~ 2.5 之间（长白山区木本植物 H = 2.28，草本植物 H = 2.98）。

本法亦可用于群落多样性、生态系统多样性的表达。

(2) 均匀度

$$E = H / H_{max} \tag{7-22}$$

式中　E——均匀度；

H_{max}——最大多样性。

设群落中物种总数为 T，当所有种都以相同比例 $(1/T)$ 存在时，将有最大的多样性，即 $H_{max} = \log_2 T$。

样地中各个种多度的均匀程度，即是每个种个体数量间的差异。种的多样性与种间个体分布的均匀程度有关。

(3) 优势度

$$D = \log_2 T + \sum_{i=1}^{n} P_i \log_2 P_i \tag{7-23}$$

式中　D——优势度；

T——总丰富度，即群落中物种总数。

优势度表明群落中占统治地位的物种及其分布。

三、土壤环境影响预测

(一) 水土流失预测

水土流失，又称土壤侵蚀，并且主要指水力侵蚀。一般有侵蚀模数[或侵蚀强度，$t/(km^2 \cdot a)$]、侵蚀面积和侵蚀量几个定量数据。侵蚀面积可通过资料调查或遥感解译而得出，侵蚀量可根据侵蚀面积与侵蚀模数的乘积计算得出，也可根据实测得出。本教材主要介绍侵蚀模数的预测模型。

(1) 通用水土流失方程式(USLE)。

$$A = R \cdot K \cdot L \cdot S \cdot C \cdot P \tag{7-24}$$

式中　A——单位面积多年平均土壤侵蚀量，t/km^2；

R——降雨侵蚀力因子，$R = EI_{30}$（一次降雨总动能 × 最大 30 min 雨强）；

K——土壤可蚀性因子，根据土壤的机械组成、有机质含量、土壤结构及渗透性确定；

L——坡长因子；

S——坡度因子，我国黄河流域试验资料，$LS = 0.067 L^{0.2} S^{1.3}$；

C——植被和经营管理因子，与植被覆盖度和耕作期相关；

P——水土保持措施因子，主要有农业耕作措施、工程措施、植物措施。

(2) 其他方法：①已有资料调查法，根据各地水土保持试验、水土保持研究站所的实测径流、泥沙资料，经统计分析和计算后作为该类型区土壤侵蚀的基础数据。②物理模型法，在野外和室内采用人工模拟降雨方法，对不同土壤、植被、坡度、土地利用等情况下的侵蚀量进行试验。③现场调查法，通过对坡面侵蚀沟和沟道侵蚀量的量测，建立定点定位观测，对沟道水库、塘坝淤积量进行实测，对已产生的水土流失量进行测算，计算侵蚀量。利用小水库、塘坝、淤地坝的淤积量进行量算，经来沙淤积折算，计算出土壤侵蚀量。④水文手册查算法，根据各地《水文手册》中土壤侵蚀模数、河流输沙模数等资料，推算侵蚀量。

水土流失预测还包括可能造成危害的预测，如土地退化问题、下游河道泥沙增加和淤积问题、对下游防洪的影响、地下水的影响以及区域生态环境的影响等。实际工作中应根据具体需求和要求进行。

（二）土壤中农药残留污染预测

$$R = C \cdot e^{-kt} \tag{7-25}$$

式中 R——农药残留，mg/kg；

C——农药施用量，mg/kg；

k——常数；

t——时间。

如一次施用时，土壤中农药浓度为 C_0，一年后的残留量为 C，则农药残留率 f 可用下式表达：

$$f = C/C_0 \tag{7-26}$$

如果每年一次连续施用，则数年后土壤农药残留总量（mg/kg）

$$R_n = (1 + f + f^2 + f^3 + \cdots + f^{n-1}) \cdot C_0$$

式中 f——残留率，%；

C_0——一次施用农药在土壤中的浓度，（mg/kg）；

n——连续施用年数。

当 $n \to \infty$ 时，则

$$R_n = \frac{1}{1+f} C_0 \tag{7-27}$$

用此式可计算农药在土壤中达到平衡时的残留量。

（三）污灌土壤中有害金属等污染物累积模式

$$W_i = k_i(B_i + R_i) \tag{7-28}$$

式中 W_i——污染物 i 在土壤中的年积累量，mg/ kg；

B_i——污染物 i 的区域土壤背景值，mg/ kg；

R_i——污染物 i 的年输入，mg/ kg；

k_i——污染物 i 在土攘中的残留率，%。

若污染年限为 n，每年的 k_i 和 B_i 不变，则污染物 i 在土壤中 n 年内的累积量为

$$W_{in} = B_i k_i^n + R_i k_i \frac{1 - k_i^n}{1 - k_i} \tag{7-29}$$

（四）土壤环境容量计算模式

土墩环境容量是指土壤接纳污染物而不会产生明显不良生态效应的最大数

量，计算公式为

$$Q = (C_R - B) \times 150 \tag{7-30}$$

式中 Q——土壤环境容量，g/亩；

C_R——土壤临界含量，mg/kg，指使作物污染物含量达到食品卫生标准或使作物生产发育产生障碍时的土壤污染物含量，此值通过栽培试验获得；

B——区域土壤背景值，mg/kg。

根据土壤环境容量计算结果可以估测评价区土壤的标准容量（按土壤环境标准计算土壤能够容纳的重金属总量）、允许容量（标准容量减去本底总量）、现存容量（允许容量减去现有重金属总量）、警戒容量（设定 70% 的允许容量为警戒容量）。

四、水体富营养化预测

水体富营养化主要指人为因素引起的湖泊、水库中氮、磷增加对其水生生态产生不良的影响。富营养化是一个动态的复杂过程。一般认为，水体磷的增加是导致富营养化的主因，但富营养化亦与氮含量、水温及水体特征（湖泊水面积、水源、形状、流速、水深等）有关。本书仅介绍因磷含量增加引起水体富营养化的预测方法。

（一）营养物质负荷法预测水体富营养化

Vollenweider1969 年提出湖泊营养状况与营养物质特别是与总磷浓度之间有密切关系。Vollenweider-OECD 模型表明，在一定范围内，总磷负荷增加，藻类生物量增加，鱼类产量也增加。这种关系受到水体平均深度、水面积、水力停留时间等因素的影响。将总磷负荷概化后，建立藻类叶绿素与总磷负荷之间的统计学回归关系。

总磷负荷规范化公式为

$$\mathrm{TP} = \frac{L(P)/q_s}{1 + \sqrt{T_w}}$$

式中 $L(P)$——单位面积年总磷负荷，mg/(m^2·a)；

q_s——湖水平均深度，m；

T_w——水力停留时间，a。

Dillon 根据总磷负荷 $[L(1-R)/p]$ 与平均水深 ($\bar{z}$) 之间的线性关系预测湖泊总磷浓度和营养状况。TP 浓度 $<10\mathrm{mg/m^3}$，为贫营养；$10\sim20\mathrm{mg/m^3}$，为中营养；$>20\mathrm{mg/m^3}$，为富营养。该方法简单、方便，但依据指标太少，难以准确反映水体富营养化真实状况及其时空变化趋势。

在此基础上，提出湖泊磷滞留的估计方法。设湖泊进出水相等、稳定，湖水充分混合，在稳态状况下，湖泊年均总磷浓度(C_p)可用年均输入磷浓度 p 和年均磷的沉积率(R_p)描述

$$C_p = (p)(1 - R_p) \tag{7-31}$$

式中 C_p——湖泊年均总磷浓度，μg/L；

p——年均输入磷浓度，即年磷输入量/年输入水量，μg/L；

R_p——年输入磷的沉积率。

其中磷的沉积率(R_p)是预测湖泊总磷浓度的关键。R_p 与单位面积湖泊供水(年输入水量/湖泊面积)或与湖水更新率(年湖水输出率/湖泊体积)有关。其表达式为

$$R_p = 0.854 - 0.142\ \ln q_s \tag{7-32}$$

式中 R_p——年输入磷的沉积率；

q_s——年湖水输入量/湖泊面积，m/a。

该公式适合于总磷浓度 <25μg/L 的湖泊，对于总磷浓度较高的湖泊不一定适合。

(二) 营养状况指数法预测富营养化

湖泊中总磷与叶绿素 a 和透明度之间存在一定的关系。Carlson 根据透明度、总磷和叶绿素三种指标发展了一种简单的营养状况指数(TSI)，用于评价湖泊富营养化的方法。TSI 用数字表示，范围在 0 ~ 100，每增加一个间隔(如 10、20、30、…)表示透明度减少一半，磷浓度增加一倍，叶绿素浓度增加近 2 倍。三种参数的营养状况指数值如表所示。TSI < 40，为贫营养；40 ~ 50 为中营养；>50，为富营养。该方法简便，广泛应用于评价湖泊营养状况。但这个标准是否适合于评价我国湖泊营养状况，还需要进一步研究。

表 7-5 Carlson 营养状况指数(TSI)参数值

TSI	透明度/m	TP/(μg/L)	Chl/(μg/L)	TSI	透明度/m	TP/(μg/L)	Chl/(μg/L)
0	64	0.75	0.04	60	1	48	20
10	32	1.5	0.12	70	0.5	96	56
20	16	3	0.34	80	0.25	192	154
30	8	6	0.94	90	0.12	384	427
40	4	12	2.6	100	0.06	798	1183
50	2	24	6.4				

在非生物固体悬浮物和水的色度比较低的情况下，叶绿素 a(Chl)和总磷(TP)与透明度(SD)之间高度相关。因此，指数值(TSI)也可根据某一参数计算

出来。计算式如下

透明度参数式：$TSI = 60 - 14.41\ln SD(m)$

叶绿素 a 参数式：$TSI = 9.81\ln Chl(mg/m^3) + 30.6$

总磷参数式：$TSI = 14.42\ln TP(mg/m^3) + 4.15$

湖水过于浑浊（非藻类浊度）或水草繁茂的湖泊，Carlson 指数则不适用。

有时用 TN/TP 比率评估湖泊或水库何种营养盐不足。对藻类生长来说，TN/TP 比率在 20∶1 以上时，表现为磷不足；比率小于 13∶1 时，表现为氮不足。绝对浓度也应考虑。pH 值和碱度对于湖泊中磷的固定和人工循环的恢复技术具有重要意义。另外，浮游植物、浮游动物、底栖动物、大型植物和鱼类种类组成、密度分布、体积、生物量或相对丰度等资料，对于评价湖泊营养水平、湖泊生态系统结构功能及湖泊环境变化状况有重要参考价值。

第四节　生态环境影响评价

生态环境影响评价是在生态环境调查、生态分析和影响分析及现状评价的基础上，有选择有重点地对某些受影响生态系统作深入研究，对某些主要生态因子的变化和生态环境功能变化作定量或半定量预测计算，以便把握开发建设活动导致的生态系统结构变化、相应的环境功能变化以及相关的环境与社会经济后果，由此进一步明确开发建设者应负的环境责任并指出为保护生态环境和维持区域生态环境功能不被削弱而应采取的措施及要求。

一、生态环境影响评价工作程序

生态环境影响评价的基本程序与环境影响评价是一致的，可大致分为生态环境影响识别、现状调查与评价、影响预测与评价、减缓措施和替代方案等四个步骤，其基本工作程序如图 7-3 所示。

二、评价等级划分和评价范围确定

（一）评价等级划分

划分评价等级是为了确定评价工作的深度和广度，体现对开发建设项目的生态环境影响的关切程度和保护生态环境的要求程度。根据评价项目对生态影响的程度和影响范围的大小，将生态环境评价工作等级划分为 1、2、3 三个等级（见表7-6）。

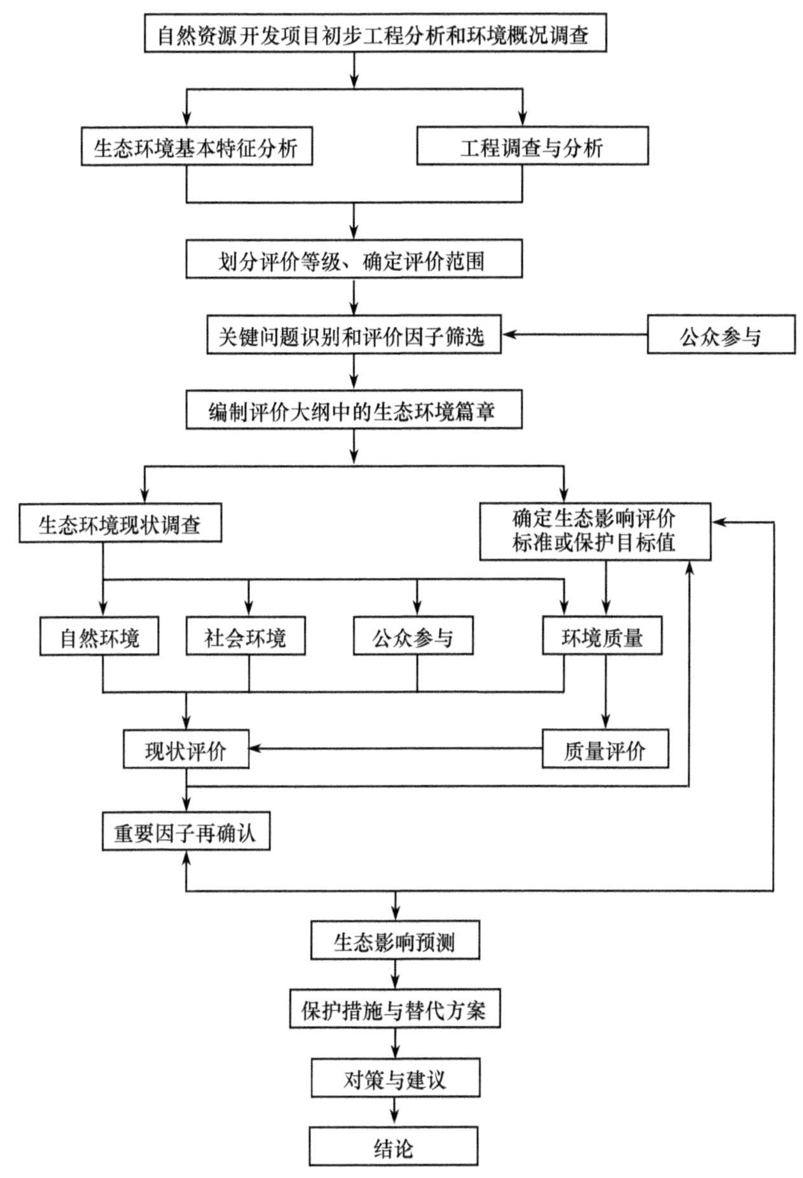

图 7-3　生态环境影响评价技术工作程序

表 7-6　生态环境影响评价工作等级划分

主要生态影响及其变化程度	工程影响范围		
	＞50km²	20～50km²	＜20km²
生物群落			
生物量减少(＜50%)	2	3	-
生物量锐减(≥50%)	1	2	3

续表

主要生态影响及其变化程度	工程影响范围		
	>50km²	20～50km²	<20km²
异质性程度降低	2	3	-
相对同质	1	2	3
物种的多样性减少(<50%)	2	3	-
物种的多样性锐减(≥50%)	1	2	3
珍稀濒危物种消失	1	1	1
区域环境			
绿地数量减少,分布不均,连通程度变差	2	3	-
绿地减少1/2以上,分布不均,连通程度极差	1	2	3
水和土地			
荒漠化	1	2	3
理化性质改变	2	3	-
理化性质恶化	1	2	3
敏感地区	1	1	1

经过对工程和项目所在区域环境进行初步分析,选择1～3个方面的主要生态影响,依据表7-5列出的生态影响及生态因子变化的程度和范围进行工作级别划分,如果选择的生态影响多于1个,则依据其中评价级别高的影响确定工作级别。

2级项目的生态环境影响评价,要满足生态完整性的需要,对生态影响是否超越了项目所在区域的生态负荷或环境容量进行分析确定。

3级项目的评价可以从简,但也要对主要生态影响进行分析确定。

可以根据项目的性质、总投资和产值,项目所在区域生态环境的敏感程度,生态影响的空间分布情况等,对评价的级别作适当调整,但调整幅度上下不应超过一级,调整应征得环保主管部门同意。

(二)评价范围确定

生态因子之间互相影响和相互依存的关系是划定范围的原则和依据。非污染生态影响评价的范围主要根据评价区域与周边环境的生态完整性确定。而生态系统结构的完整性、运行特点和生态环境功能,都是在较大的时空范围内才能完全和清晰地表现出来,因而生态环境影响评价的时空范围宜大不宜小。

对于1、2、3级评价项目,要以重要评价因子受影响的方向为扩展距离,一般不能小于8～30km,2～8km和1～2km。一般而言应包括:①直接作用区,指生态系统可能受到拟议项目各种活动的直接影响的地区;②间接作用区,指与环境污染物运输、食物链转移及动物的迁移或洄游行为有关的间接影响地区;③对照区,为了对比和提供某些背景资料而选择的与评价区自然生态条件相似的其他地区。

三、生态环境影响识别

生态环境影响识别是一种定性的和宏观的生态影响分析,其目的是明确主要影响因素、主要受影响的生态系统和生态因子,从而筛选出评价工作的重点内容。影响识别包括影响因素识别、影响对象识别、影响效应识别和重要生境识别。

(一) 影响因素识别

影响因素识别主要是识别影响作用的主体(开发建设活动),识别要点如下:

(1) 内容全面:要包括主工程、所有辅助工程(如施工辅道、作业场所、储运设施等)、公用工程和配套设施建设。

(2) 全过程识别:要从选址和勘探期到设计,施工期,运营期,直至死亡期(如矿山闭矿、渣场封闭)。

(3) 识别全部作用方式:如集中作用点与分散作用点,长期作用与短期作用,物理作用或化学作用等。

(二) 影响对象识别

影响对象识别主要是识别影响受体(生态环境),识别要点如下:

(1) 区域敏感环境保护目标:如水源相关目标、景观相关目标、自然与文化纪念物、特别生物保护地、敏感人群目标、法定保护目标、特别生境、脆弱生态系统、灾害易发区及防灾减灾体系与构筑物等。

(2) 生态系统及其主导因子:如生态系统主要限制性环境因子、生物群落建群种等,考察这些主导因子受影响的可能性。

(3) 主要自然资源:如水资源、耕地(尤其是基本农田保护区)资源、特产地与特色资源、景观资源以及对区域可持续发展有重要作用的资源。

(三) 影响效应识别

影响效应识别主要是对影响作用产生的生态效应进行识别,识别要点如下。

(1) 影响的性质:即正负影响,可逆与不可逆影响,可补偿或不可补偿影响,有替代方案或无替代方案,短期与长期影响,一过性与累积性影响等。

(2) 影响的程度:即影响范围之大小、持续时间之长短、作用程度之剧烈与缓和、是否影响敏感的目标或影响生态系统主导因子及主要自然资源。

(3) 影响的可能性:判别直接影响和间接影响,发生之可能性大或小。

影响识别常以列表清单法或矩阵表达,并辅之以必要的说明。

（四）重要生境识别

重要生境识别有一些生境对生物多样性保护是至关重要的。许多生物从一定的地域内消失，就是因为人类侵占或破坏了它们赖以生存的生境。生态影响识别和生态环境调查中，要认真识别这些重要的生境，并采取有效的措施加以保护。重要生境的识别原则如表 7-7。

表 7-7　生境重要性识别方法

生境性质	重要性比较
天然性	原始生境 > 次生生境 > 人工生境（如农田）
面积大小	同样条件下，面积大 > 面积小
多样性	群落或生境类型多、复杂区域 > 类型少、简单区域
稀有性	拥有稀有物种的生境 > 没有稀有物种者
可恢复性	不易天然恢复的生境 > 易于天然恢复者
完整性	完整性生境 > 破碎性生境
生态联系	功能上相互连系的生境 > 功能上孤立的生境
潜在价值	可发展为更具保存价值者 > 无发展潜力者
功能价值	有物种或群落繁殖、生长者 > 无此功能者
存在期限	存在历史久远者 > 新近形成者
生物丰度	生物多样性丰富者 > 生物多样性贫乏者

一般来说，下述生境均属于重要生境：天然林，包括原生林和次生林，森林公园等；天然海岸，尤其是沙滩，海湾等；潮间带滩涂；河口和河口湿地，无论大小都重要；湿地与沼泽，包括河湖湿地如岸滩或河心洲，淡水或赶潮沼泽等，红树林与珊瑚礁；无污染的天然溪流、河道；自然性较高的草原、草山、草坡；其他具有如表 7-7 所示性质的生境。

四、生态环境影响评价指标与评价标准的选择

（一）生态环境影响评价指标

对科学预测的生态环境影响进行评价时，可采用下述指标和基准。

1. 生态学评估指标与基准

这是从生态学角度判断所发生的影响可否为生态所接受。在生态学评估中，避免物种濒危和灭绝是一条基本原则，相应的可形成灭绝风险、种群活力、最小可存活种群、有效种群、最小生境区（面积）等评估指标和技术，也可评估出最重要生境区、最重要生态系统等以及需要优先保护的生态系统、生境和生物种群。生态学评估是一种客观科学的评估，反映影响的真实性，也是最重要的评估指标。

2. 可持续发展评估指标与基准

这是从可持续发展战略来判断所发生的影响是否为战略所接受，或是否影响

区域或流域的可持续发展。在可持续发展战略中，谋求经济与社会、环境、生态的协调（不使任何一个方面遭受不可挽回的严重损失），谋求社会公平（不使社会贫富差距扩大，保障受影响弱势群体的基本环境和资源权益），谋求长期稳定和代际间的利益平衡（不损害后代的生存与发展权益）等，都是基本原则。与此相应，评估资源的可持续利用性、生态的可持续性等，都是重要的评估基准。

3. 政策与战略作为评估指标与基准

党和国家确定的社会发展总目标和发展战略如国民经济和社会发展五年规划等，集中地反映了当代中国的发展战略与政策，可作为基本评估指标与基准。在此基础上产生的许多环境政策、资源政策、产业政策，都是重要的评价指标与标准。

4. 以环境保护法规和资源保护法规作为评估基准

法规有世界级、国家级和区域级之分。依据法律和规划进行评估，主要需注意法定的保护目标和保护级别，注意法规禁止的行为和活动、法律规定的重要界限等。

5. 以经济价值损益和得失作为评估指标和标准

经济学评估不仅评估价值大小与得失，还有经济重要度评价问题，如稀缺性、惟一性以及基本生存资源等，都具有较高的重要值。

6. 社会文化评估基准

以社会文化价值和公众可接受程度为基本依据。社会公众关注程度、敏感人群特殊要求、社会损益的公平性等，都是社会影响评估中应特别注意的。文化影响评估则以历史性、文化价值、稀缺性和可否替代等以及法定保护级别为依据进行评估。

（二）评价标准的选择

现行的环境影响评价以污染控制为宗旨，分为环境质量标准和污染排放标准两类。在进行环境影响评价时，以是否达到标准要求作为项目可行与否的基本度量。这是一种纯质量型评价。在进行生态环境影响评价时，也需要一定的判别基准。生态系统是一种类型和结构多样性很高、地域性特别强的复杂系统，其影响变化包括内在本质（生态结构）的变化和外在表征（环境功能）的变化，既有数量变化问题，也有质量变化问题，并且存在着由量变到质变的发展变化规律，还有系统重建、系统变换、生态功能补偿等复杂问题，因而评价的标准体系不仅复杂，而且因地而异。

此外，生态环评是分层次进行的，评价标准也是根据需要分层次决定的，即系统整体评价有整体评价的标准，单因子评价有单因子评价的标准。

1. 生态环境影响评价标准的基本要求

（1）能反映生态环境的优劣，特别是能够衡量生态环境功能的变化。

（2）能反映生态环境受影响的范围和程度，尽可能定量化。

(3) 能用于规制开发建设活动的行为方式,即具有可操作性。

目前除国家已制定的标准和行业规范与设计标准之外,生态环境影响评价的标准大多数尚处于探索阶段。

2. 生态环境影响评价标准来源

(1) 国家、行业和地方规定的标准。国家已发布的环境质量标准如农田灌溉水质标准(GB5804-92)、保护农作物大气污染物最高允许浓度(GB9137-88)、农药安全使用标准(GB4285-89)、粮食卫生标准(GB2715-81)、渔业水质标准(GB11607-89)以及地面水、海水水质标准等。

国家已发布的环境影响评价技术导则。

行业标准指行业发布的环境评价规范、规定、设计要求等。

地方政府颁布的标准和规划区目标,河流水系保护要求或规划功能,特别地域的保护要求,如绿化率要求、水土流失防治要求等,均是可选择的评价标准。

以上标准就是一般意义上的标准。以下为工作中使用但无法律地位的"标准"。

(2) 背景或本底值。以项目所在的区域生态环境的背景值或本底值作为评价"标准",如区域土壤背景值(曾长期用作标准)、区域植被覆盖率、区域水土流失本底值等。有时,亦可选取建设项目进行前项目所在地的生态环境背景值作为参照标准,如植被覆盖率、生物量、生物种丰度和生物多样性等。这类参照"标准"的应用体现一种基本要求:"建设项目实施后的环境不能比现状差"。

(3) 类比对象。以未受人类严重干扰的同类生态环境或以相似自然条件下的原生自然生态系统作为类比"标准";以类似条件的生态因子和功能作为类比"标准",如类似生境的生物生产力、植被覆盖率、蓄水功能、防风固沙能力等;以同类工程的影响作为影响评价参考数据;以类似的环境条件下发生的影响作为影响评价参考等。这类参照对象或数据不是严格意义上的标准,但在没有规定标准时,它们亦用作比较的尺度,起标准的作用。类比标准须根据评价内容和要求科学地选取。

(4) 科学研究已判定的生态效应。通过当地或相似条件下科学研究已判定的保障生态安全的绿化率要求,污染物在生物体内的最高允许量,特别敏感生物的环境质量要求,区域生态环境承载力如旅游区承载力、区域人口承载力等,亦可作为生态环境影响评价中的参考标准。

生态环境影响评价标准或评价参考标准的选取、应用,都是复杂的科学工作。一般的标准应能用某些指标值来定量地计量、表征,指标值应能反应地域性特点和具有先进性、超前性,能满足区域可持续发展对生态环境的要求。

生态环境影响评价应以评价其环境服务功能为主。因此在生态环境影响评价中,所有能反映生态环境功能和表征生态因子状态的参数或指标值,可以直接用作判别标准;大量反映生态系统结构和运行状态的指标,尚需按照功能与结构对应性原理，根据生态环境具体性状，借助于一些相关关系经适当计算而转化为反映环境功能的指标，方可用作功能判别标准。例如，植被覆盖率可直接用于生态环境优劣的判别，亦可用于计算水土保持功能。由于生态系统的多层次性特点，在生态环境质量的综合评价中，常常需要选取一组指标进行量化比较。此外，即使评价同一个生态系统，也可能采用完全不同的标准和指标，如判别土地沙漠化程度，可以用生态学指标体系，亦可以用地貌景观指标体系。由此可见，生态环境影响评价中标准和指标体系的应用是异常复杂的。

五、生态环境影响评价内容与要求

（一）生态环境影响评价的基本内容

1. 对生态系统结构与功能的影响评价

通过对影响预测结果包括整体性的变化、生物量的变化、净生产能力的变化、生物多样性的变化、景观多样性的变化、土地生态适宜性的变化等的分析，明确建设项目对生态系统结构与功能的影响。

2. 对敏感保护目标的影响评价

通过对建设项目对敏感保护目标影响的预测结果的深入分析，明确影响的性质和程度。

3. 对自然资源的影响评价

主要评价建设项目对区域土地资源、特殊性资源、稀缺资源和不可再生资源等的影响。明确这些资源受影响的范围，性质和受损的程度。

4. 对区域生态环境问题的影响评价

通过对预测结果的评价，给出建设项目是否加剧了区域生态环境问题，以及加剧的程度和可能产生的严重后果。

5. 对区域社会经济环境的影响评价

主要评价建设项目的实施对区域农业生产、经济结构和人群健康等方面的影响。

6. 对其他问题的影响评价

如生态限制因子与生态脆弱性、阻抗稳定性、区域投资环境等的影响。

7. 生态保护措施（减缓影响措施和替代方案）的经济技术可行性论证。

8. 提出合理可行且有效的对策与措施。

（二）生态环境影响评价的基本要求

生态环境影响评价是在影响识别、现状调查与评价的基础上进行的。

由于建设项目的所有活动都可能对生态环境造成影响，生态影响评价首先要注意全面性，即应包括主要工程、辅助工程、配套工程和公用工程的全部影响。

由于建设项目的全过程都可能对生态环境造成影响,生态影响评价应包括从选址选线、勘探设计、施工期、营运期直至工程报废的全部过程。其中,很多工程以施工期为对生态环境有直接和重大影响时期,因而值得特别关注。

建设项目对生态环境的影响方式有集中作用与分散作用、长期作用与短期作用、物理作用与化学或生物作用。影响的性质有正影响或负影响,可逆影响与不可逆影响、一过性影响或累积性影响、还有直接作用和间接作用。许多建设项目中,其间接作用或间接影响比直接作用还要长久和严重。对所有这些影响,在影响评价中都应有重点地阐明。

影响对象的敏感性和重要性是决定影响评价工作深度的重要依据,此类影响常需做定量的影响评价。

对区域和流域性影响,应从可持续发展的思想角度对生态环境功能变化做出评价结论,特别是不能加剧区域性自然灾害问题。重大的开发建设活动还应做生态风险预测评价。

影响评价的内容依建设项目产生影响的特点、性质和生态环境对影响的反应情况(生态效应)决定。一般而言,生态环境影响评价包括生态系统结构和功能的变化及发展趋势,生态环境问题的恶化或好转,自然资源的变化态势以及其他影响,如污染的生态效应等。很多项目可能只影响生态系统的一些组成因子,而且也不会因此构成对生态系统整体的影响,此时,可针对受影响因子进行单因子影响评价。

六、生态环境影响评价方法

前述的生态环境现状评价方法和生态环境预测方法均可用于对生态环境影响的评价,本节不再赘述。

第五节　生态环境保护措施

一、生态环境保护措施的基本要求

(一) 体现法规的严肃性

《中华人民共和国环境保护法》规定:“开发利用自然资源,必须采取措施保护生态环境。”“建设项目的环境影响报告书,必须对建设项目产生的污染和对环境的影响作出评价,规定防治措施……”由于环境影响报告书一经环境保护行政主管部门批准就具有了法律效力,对环保措施的编制应持严肃和负责任的态度,须从负有法律责任的高度对待这项工作。环评工作自始至终都须依照法律规定执行,体现法律的严肃性。

(二) 体现可持续发展思想与战略

可持续发展已确定为我国的发展战略。这是针对传统发展战略不可持续性而提出来的。可持续发展战略要求的经济发展不仅是数量增长,更要求提高发展的质量;要求社会发展达到公平、公正,不仅当代人不同群体之间应公平,不造成贫富差距拉大(或使一部分人受益而损害另一部分人的利益),而且要求代际公平,即当代人的发展或谋求福利不应损害后代人的利益;要求自然资源以持续的方式利用,要求生态环境稳定和持续性,能为一代又一代人提供良好的生态环境服务。为实现上述目的,需要配套的政策、法规,并需要建立综合决策机制和协调管理体制。总之,可持续发展谋求经济、社会和资源生态的协调,而不是传统的单一经济数量增长的发展;谋求发展的持续性,包括建设项目的持续存在和长期效益,而不是搞短命的应景项目。这些思想和战略都应体现到环保措施中。

(三) 体现产业政策方向与要求

政策包括环境政策、资源政策、产业政策等等。预防为主是首要的政策取向。生态环境保护战略特别注重保护三类地区:一是生态环境良好的地区,要预防对其破坏;二是生态系统特别重要的地区,要加强对其保护;三是资源强度利用,生态系统十分脆弱,处于高度不稳定或正在发生退行性变化的地区。根据不同的地区,贯彻实施各地生态环境保护规划,是生态环保措施必须实施的内容。

(四) 满足多方面的目的要求

建设项目环境影响评价基本服务于三个目的:一是明确开发建设者的环境责任;二是对建设项目环保工程设计提出具体要求和提供科学依据;三是为各级环保行政管理部门实行对项目的环境管理提供科学依据和具有法律约束力的文件。从达到第一个目的出发,评价中需阐明所有直接影响,并针对所产生的影响提出环保措施。为满足第二目的要求,需增加评价的科学性和考虑措施的技术可行性。为满足第三个目的,则除了上述要求外,还应评价建设项目的间接影响,考察其区域性影响和阐明区域可持续发展的有关问题,将建设项目管理纳入区域和流域的环境管理框架中,对所提措施进行替代方案论证、技术经济论证,提出一系列政策与管理措施。

(五) 遵循生态环境保护科学原理

生态系统的变化与发展有其特定的规律,生态环境保护措施必须遵循这些规律才符合实际,才能取得实效。注重保护生态系统的整体性,以保护生物多样性为核心,保护重要的生境,防止干扰脆弱的生态系统,对关系全局的重要生态系统(生态安全区)加强保护措施,保护具有地方特色的生态目标,注意缓解区域性生态问题和防止自然灾害,合理开发利用自然资源以保持其再生产能力,注重保护耕地和水资源,以及恢复、修复或重建破坏的生态系统,都是主要的措施取向。

(六) 全过程评价与管理

措施应包括勘探期、可行性研究(选址选线)、设计期、施工建设期、营运期及营运后期的措施。从有效保护生态环境出发,要贯彻预防为主的保护政策,加强监控和实施开发建设活动的全过程管理是至关重要的。许多大型开发建设项目都应编制全过程监控与管理计划,所有项目的施工建设队伍都应接受事前的环境管理培训,并在所有的工程建设委托书与契约中都应包含详细的生态环境保护内容与条款。

(七) 突出针对性与可行性

建设项目的生态环境保护措施必须针对工程的特点和环境的特点,必须充分体现特殊性问题。生态环境的地域性特点和保护生态环境的不同要求,决定了生态环境保护措施的多样性和各具特色的内容。例如,同是公路路基的土方工程,在平原区主要是取土破坏土地资源问题,在山区则是开挖和弃土造成水土流失问题;同是公路工程在山区的水土流失问题,不同的土质、不同的路段、不同的微地形条件,所采取的措施也不相同。这就要求措施到位,因地制宜,讲求实效。另外,环保措施还应做到技术可行、管理可达和经济可及。

二、生态影响的防护

(一) 生态影响的避免

生态影响的避免就是采取适当的措施、尽可能在最大限度上避免潜在的不利生态影响。因为有些类型的生态环境一经破坏就不能再恢复。而这类生态系统具重要保护价值或特别重要的生态功能作用。因此必须予以绝对的保护。采取的措施通常包括更改工程场址、修改工程设计、限制施工方法或时间、道路改线、变更规划或工程规模等。在极端情况下,当生态影响评价发现一些非常严重又不能避免的影响时,否决整个工程项目可能是唯一切合实际的避免方案。如工程建设涉及一些重要湿地、珊瑚礁、红树林、原始森林、水源地、地质遗址、重要栖息地等,一般要考虑采取避免措施。

(二) 生态影响的削减

生态影响的削减就是从工程项目自身的合理选址选线、合理的工程设计方案、合理的施工建设方式和有效的管理出发来减少生态环境影响。

1. 合理选址选线

(1) 选址选线避绕敏感的环境保护目标,不对敏感保护目标造成直接危害。这是“预防为主”的主要措施。

(2) 选址选线符合地方环境保护规划和环境功能(含生态功能)区划的要求,或者说能够与规划相协调,即不使规划区的主要功能受到影响。

(3) 选址选线地区的环境特征和环境问题清楚,不存在“说不清”的科学问题和环境问题,即选址选线不存在潜在的环境风险。

(4) 从区域角度或大空间长时间范围看,建设项目的选址选线不影响区域具有重要科学价值、美学价值或社会文化价值和潜在价值的地区或目标,即保障区域可持续发展的能力不受到损害或威胁。

2. 工程方案分析与优化

一切建设项目都须按照新的科学发展观审视其合理性。环境影响评价中,亦必须进行工程方案环境合理性分析,并在环保措施中提出方案优化建议。从可持续发展出发,工程方案的优化措施主要是:

(1) 选择减少资源消耗的方案。最主要的资源是土地资源、水资源。一切工程措施都须首先从减少土地占用尤其是减少永久占地进行分析。例如,公路的高填方段,采用收缩边坡或“以桥代填”的替代方案,需在每个项目环评中逐段分析用地合理性和采用替代方案的可行性。水电水利工程须从不同坝址、不同坝高等方面分析工程方案的占地类型、占地数据及占地造成的杜会经济损失,给出土地资源损失最少、社会经济影响最小的替代方案建议。

(2) 采用环境友好的方案。“环境友好”是指建设项目设计方案对环境的破坏和影响较少,或者虽有影响也容易恢复。这包括从选址选线、工艺方案到施工建设方案的各个时期。例如,公路铁路建设以隧道方案代替深挖方案;建设项目施工中利用城市、村镇闲空房屋、场地,不建或少建施工营地,或施工营地优化选址,利用废弃土地,少占或不占耕地、园地等等。环评中应对整体建设方案结合具体环境认真调查分析,从环境保护角度提出优化方案建议。

(3) 采用循环经济理念,优化建设方案。目前,在建设项目工程方案设计中采用的 些方法,如公路铁路建设中的移挖作填(用挖方的土石作填方用料),港口建设中的航道开挖做成陆填料,水利项目中用洞采废石做混凝土填料,建设项目中弃渣造地复垦等,都是一种简单的符合循环经济理念的做法。循环经济包括“3R”(Reduce 减少,Recycle 循环,Reuse 再利用)概念,也包括生态工艺概念,还包括节约资源、减少环境影响等多种含义。利用循环经济理念优化建设方案,是环评中需要大力探索的问题,应结合建设项目及其环境特点具体情况,创造性地发展环保措施。尤其需不断学习和了解新的技术与工艺进步,将其应用于环评实践中,推进建设项目环境保护的进步与深化。

(4) 发展环境保护工程设计方案。环境保护的需求使得工程建设方案不仅应考虑满足工程既定功能和经济目标的要求,而且应满足环境保护需求。这方面的技术发展十分薄弱,需要在建设项目环评和环保管理中逐步推进。例如,高速公路和铁路建设或对野生生物造成阻隔,有必要设计专门的生物通道;水坝阻隔了鱼类的洄游 需要设计专门的过鱼通道;古树名木受到建设项目选址选线的影响,不得不进行整体移植;文物的搬迁和易地重植,水生生物繁殖和放流等等,都是新的问题,都需要发展专门的设计方案,而且都需要在实践中检验其是否真有实际效果。因此,建设项目环评中不仅应提出专门的环境保护工程设计的要求,而且往往需要提出设计方案建议或指导性意见,并需要提出一些保障性措施,才可能使这些措施真正落实。

3. 施工方案分析与合理化建议

施工建设期是许多建设项目对生态环境发生实质性影响的时期,因而施工方案、施工方式、施工期环境保护管理都是非常重要的。

施工期的生态环境影响因建设项目性质不同和项目所处环境特点的不同会有很大的差别。在建设项目环境影响评价时需要根据具体情况作具体分析,提出有针对性的施工期环境保护工作建议。一般而言,下述方面都是重要的:

(1) 建立规范化操作程序和制度。以一定程序和制度的方式规范建设期的行为,是减少生态环境影响的重要措施。例如,公路、铁路、管线施工中控制作业带宽度,可大大减少对周围地带的破坏和干扰,尤其在草原地带,控制机动车行道范围,防止机动车在草原上任意选路行驶,是减少对草原影响的根本性措施。

(2) 合理安排施工次序、季节、时间。合理安排施工次序,不仅是环境保护需要的,也是工程施工方案优化的重要内容。程序合理可以省工省时,保证质量。

合理安排施工季节,对野生生物保护具有特殊意义,尤其在生物产卵、孵化、育幼阶段,减少对其干扰,可达到有效保护的目的。

合理安排时间,也是一样,例如学生上课、居民夜眠,都需要安静,据此安排高噪声设备的施工,就可大大减少影响。

(3) 改变落后的施工组织方式,采用科学的施工组织方法。建设项目的目标是明确的,并且一定可以实现,需要讲究的是项目实施过程的科学化、合理化,以收到省力省钱、高质高效的效果。要做到科学化、合理化,就必须精心研究、精心设计、精心施工,把功夫下在前期准备上。与此相反的做法就是“三边”工程,即“边勘探、边设计、边施工”,这种“目标不明干劲大,心中无数点子多”的做法,曾一度盛行,至今仍不时可见。更有甚者至今仍有“会战”式的施工方式,拿打仗的做法来搞建设,混淆了两类不同事物的性质,没有不失败的。因此,从环境保护出发,了解施工组织的科学性、合理性,提出必要的合理化建议,是十分必要的。

4. 加强工程的环境保护管理

加强工程的环境保护管理,包括认真做好选址选线论证,做好环境影响评价工作,做好建设项目竣工环境保护验收工作,做好“三同时”管理工作等。根据建设项目生态环境影响和生态环境保护的“过程性”特点，以及建设项目生态环境影响的渐进性、累积性、复杂性、综合性特点，有两项管理工作特别重要，即：施工期环境工程监理与施工队伍管理和营运期生态环境监测与动态管理。

（三）生态影响的补偿

这是一种重建生态系统以补偿因开发建设活动而损失的环境功能的措施。补偿有就地补偿和异地补偿两种形式。就地补偿类似于生态恢复，但建立的新生态系统与原生态系统没有一致性；异地补偿则是在开发建设项目发生地无法补偿损失的生态环境功能时，在项目发生地之外实施补偿措施，如在区域内或流域内的适宜地点或其他规划的生态建设工程中。补偿中最常见的是耕地和植被补偿，它们都是整个生态环境功能所依赖的基础。植被补偿按照生物质生产等当量的原理确定具体的补偿量，补偿措施的确定应考虑流域或区域生态环境功能保护的要求和优先次序，考虑建设项目对区域生态环境功能的最大依赖和需求。补偿措施体现社会群体平等使用和保护环境的权利，也体现生态环境保护的特殊性要求。

（四）替代方案

开发建设项目的替代方案主要有项目规模、场址或线路走向的替代，施工方式的替代，工艺技术的替代，生态保护措施的替代等。这些替代措施可以对生态影响起到避免、削减和补偿的作用，并达到生境损失最小、费用最少、生态功能最佳的效果。因此，生态影响的防护通常是以替代方案的形式来实现。《环境影响评价技术导则——非污染生态》（HJ/T 19-1997）中对1级评价项目要求进行替代方案比较，要对关键的单项问题进行替代方案比较，并对环境保护措施进行多方案比较，这些替代方案应该是环境保护决定的最佳选择。

1. 关于选线、选址的替代

当生态影响预测结果认为本项目建设将有重大生态影响时，如西气东输新疆段原方案穿越野骆驼自然保护区，生态影响评价应提出避让的选线替代方案。重大的生态影响可以分为两大类：

（1）当对评价区自然系统生态完整性的损害可能超过阈值（生态容量或生态承载力限值），即自然系统由原来的等级降到低一个级别时（如绿洲变为荒漠），生态影响评价应提出替代方案，避免对区域生态系统造成重大的整体性影响。农业垦殖项目类、水利工程项目类、林业开发项目类、区域性开发项目类、油气开发项目类等容易产生这种影响。

（2）当对评价区内敏感的生态保护目标的损害可能造成消失、灭绝时，要提出替代方案。例如扎龙湿地周边铁路、公路及输水干、支渠的建设不仅阻断了湿地水源来源，而且穿越了国家重点一级保护的候鸟繁殖地和育幼地。在项目生态评价中起码要提出选线的替代方案。

2. 关于项目组成和规模的替代

采掘项目生态影响很大时,要提出项目组成或规模的替代方案。水利水电项目,如大坝兴建改变江河的自然流态,可能使流水生活的水生生物,尤其鱼类中的土著种和特有种濒临灭绝,一般应提出过鱼设施或替代生境等替代方案。公路、铁路路基方案或取弃土占用土地,尤其是占用基本农田过多时,要提出优化的替代方案,保护土地和基本农田。

3. 关于施工工艺设计和施工方法的替代

由于工艺设计和施工方法不合理,造成生态损失时,要在评价中提出替代方案。例如南水北调中线经过河南百泉景区时,是深挖渠段,根据水文观测数据渠底板下地下水含水层有 7m 左右,一般来说影响不大,但当地下水位升高时仍可能部分阻隔地下水向百泉的补给,因此,生态评价提出改变工艺设计,渠底设计透水层以保证百泉不受工程的影响。再如公路、铁路建设项目一般注意了明显河道上的立交设计,但对漫流性质的生态用水的阻断没有设计立交,在生态评价中要提出设计上的替代方案。

施工方法的替代应用也十分广泛,如在生物多样性丰富地区爆破施工,戈壁地区不限定施工范围的施工,都会造成物种保护损失和激活沙丘等生态影响,评价应对施工方案提出替代。

4. 生态保护措施的替代

当项目可行性研究报告提出的生态保护措施不能满足生态影响防护和恢复要求时,评价应详细编制替代方案。替代方案要从生态影响的避免、消减和补偿的角度详细编制,避免重大的难以承受的生态损失,将生态损失的程度降到最低,对必须补偿的损失予以补偿。

三、生态影响的恢复

生态恢复是相对于生态破坏而言的。生态破坏可以理解为生态系统的结构发生变化、功能退化或丧失,关系紊乱。生态恢复就是恢复系统的合理结构、高效的功能和协调的关系。生态恢复实质上就是被破坏生态系统的有序演替过程,这个过程使生态系统可能恢复到原先的状态。但是,由于自然条件的复杂性以及人类社会对自然资源利用的取向影响,生态恢复并不意味着在所有场合下都能够或必须使恢复的生态系统都是原先的状态,生态恢复最本质的目的就是恢复系统的必要功能并达到系统自维持状态。环境影响评价应在判断生态影响的类别、程度和范围的基础上,提出生态恢复的要求、并依据建设项目所在区域的自然、社会及经济条件,提出具体的生态恢复建议方案。

一般说来,对于一个缺损或受损的生态系统,生物种类及其生长介质的丧失或改变是影响生态恢复的主要障碍。这正是大多数陆生生态系统的生态恢复所要解决的关键问题。因此,常用的生态恢复的关键技术包括:选择合适的植物种类改造介质,使之变得更适合植物的生长,以及利用物理或化学的方法直接改良介质,使之能够直接进行为达到最终目标所选择的生态恢复。这两种方法结合使用,可以大大加速自维持生态系统的重建。

在陆地生态系统恢复实践中,耐干旱、耐贫瘠、固氮、速生、高产的草本或灌木,通常是首选种类,这类植物可以迅速生长并获得永久的植被。固氮植物可以改善基质的养分状况。在种植过程中,根据土壤的元素组成与肥力,辅之一定的水肥,尤其是微生物肥是必要的,有利于植物的快速生长和土壤条件的改善。对于许多缺损地区,如皆伐或火烧迹地、弃耕地等,残留的植物种子和地下芽常常成为重要的"先锋植物"而首先萌芽。在基质的结构和功能完全丧失的地方,利用物理的或化学的方法直接改良土壤是生态恢复的必要手段。例如,在被酸沉降所酸化的地区,施加一定量的石灰可以快速改变土壤的 pH。石墨矿尾砂地掺加一定比例的熟土与风化土后每公顷再施加 45 ~ 135 t 农家肥后可形成适合小麦等粮食作物种植的土壤。稀土尾沙堆在不覆客土,施加有机肥和钙、镁、磷肥后直接种植乔木的一年实生苗亦可取得很好的恢复效果。

对另一类受损生态系统,特别是开采有色金属矿产生的废弃地,由于基质中残留的重金属可能对植物根系产生伤害或通过食物链转移,其生态恢复必须采用一些特殊的隔离技术。一般采用的隔离方法为:①用压实的粘土或高密聚乙烯膜将有害废物与基质完全隔离;②采用粗石砾将有害废物与基质隔离,粗石砾堆积厚度一般在 1.0 ~ 1.5 m。粗石砾的大孔隙可以避免重金属通过毛细管运动迁移到基质,垃圾填埋场的生态恢复要解决的关键技术是填埋气体(以甲烷为主)的排导问题,大量的填埋气体排挤基质中的氧气,使植物因根系缺氧而死亡。采用竖管和横管等工程措施可以有效地排除填埋气体。

在制订生态恢复规划方案时,应注意充分利用项目区地形地貌和其他自然特点,因地制宜。建筑工程中常用的"挖深埋浅"方法可以借鉴。即由于项目建设需要,有的地方已形成低洼坑地,有的地方已堆积了一定量的废渣或弃土。根据此类地形,可考虑把低洼处再挖深以形成水面,挖出的土、石堆积到已有的弃土堆上,形成人工"小山",然后再设计绿化或辅以园林建筑,形成有山有水的景区。

在考虑生态恢复时,还要特别注意尽量利用现场的资源,尤其是土壤资源和生物资源。一般情况建设项目,基本上都要涉及对土地资源的利用问题,其中一个特别明显的现象就是无论是永久占用还是临时占用,都将对表层土坡产生直接的破坏作用。表层土壤含有丰富的有机质和植物种子、块根、块茎等繁殖体,是可以利用的宝贵资源。因此,生态恢复规划应考虑充分利用表层土,制订表层土挖掘、保存和利用计划。

四、生态环境的管理

（一）生态环境管理方案

生态环境管理是政府环境保护机构依据国家和地方制订的有关自然资源与生态保护的法律、法规、条例、技术规范、标准等所进行的技术含量很高的行政管理工作。对自然资源开发项目的生态环境影响实施有效管理是其日常工作的一个重要组成部分。因此，在进行自然资源开发生态环境影响评价工作的过程中，应根据项目的性质、规模、生态影响的程度和范围、项目所在地的自然、社会、经济等一系列因素，提出相应的监督管理方案，供管理者和建设者参考。

1. 生态环境管理的目的与内容

（1）生态环境管理的目的。生态环境管理目的是为了保护生态环境，防止建设项目在施工和运行期间引起的生态破坏，促进社会的、经济的和生态的可持续发展。具体地讲，建设项目的生态环境管理是为了：①保护自然资源，保护自然资源的可持续供给能力；②保护生物多样性，特别强调保护珍稀、濒危物种和脆弱的生态系统；③为消除或削减建设项目可能引起的生态影响而制订行之有效的防护、补偿、替代、恢复的管理方案，使“谁开发谁保护、谁破坏谁恢复、谁利用谁补偿”的政策能在建设项目的生态管理过程中得到全面落实。

（2）建设项目生态环境管理的内容。生态环境管理的内容可分为自然资源的管理和生态环境质量的管理。生态环境管理的内容一般包括：①识别生态环境因素，特别要注意识别和判断具有重大影响的因素和具有一定敏感性的因素；②对照选择控制破坏因素、保护敏感因素的国家和地方的法律、法规和标准；③在法律、法规、标准或其他要求下，针对管理对象的特点，制订管理目标和指标；④制订旨在实现上述管理目标和指标的管理方案，管理方案应包括管理方法、时间和经费等详细情况；⑤落实机构和人员编制，进行职能和职责分工，进行必要的能力培训；⑥建立档案保存、查询制度和重大事件报告制度；⑦制订并实施生态环境监测计划，监测计划应包括监测时段、监测点位、监测项目、监测的仪器设备、监测人员、监测数据管理和报告的编写、上报及信息反馈。

2. 对重要的生态环境因素进行管理

生态环境管理应根据生态因素的重要性级别确定管理重点和管理力度。一般来说，在具体的建设项目中，应该主、次分明，对重要的生态因素进行管理。事实上，生态影响的识别与重要性评价在环评的早期阶段就已完成。重要的是在制订详细的生态管理措施之前，必须以极慎重的态度回顾前面的识别与评价的程序、方法和结果，以确定哪些重要因素需要在今后的管理中加以特别的注意，还应及时识别与评价在运行过程中出现的以前没有意料到的生态环境因素。

重要生态因素包括影响因素和对象因素。列为管理对象的重要生态因素应至少具有以下特征之一:①有重要或广泛影响的因素;②具有长期影响的生态因素,如果这些影响是累积性的则更应受到重视;③影响是不可逆转的或难以恢复的;④影响对象是受媒体和公众关注的或是非常敏感的(如历史文化遗产和名木古树等)。

3. 制订适当的管理目标与指标

管理目标的制订应综合考虑建设项目本身和与建设项目有关的各种条件,使之具有可达性和可操作性,有些目标可分步或分期制订。指标是实现环境目标的定量化依据。而制订指标的依据又是相关法律法规和标准。因此,生态环境管理指标一定要符合相关法律法规的要求和标准的要求,特别要注意地方标准的制约条件。在选择或制订生态标准时普遍要求符合:①能反映生态环境质量的优劣,特别能够衡量生态环境功能的变化;②能反映生态环境受影响的范围和程度,尽可能定量化;③能用于规定开发建设活动的行为方式,即具有可操作性。

4. 制订可行的管理方案

以法律、法规、标准和特殊要求为准绳,针对生态环境因素的管理目标和指标制订切实可行的管理方案,这是实现目标和达到指标要求的必要措施。管理方案中包含的因素很多,除了用足够的文字叙述外,还可以列成如下类似表格(表 7-8)的形式以便直观明了。

表 7-8　工程项目重要生态环境因素管理方案一览表

重大因素	某水利工程受破坏土地的复垦
现状	工程破坏土地累计将达到 1500hm^2
目标	运行五年复垦率达到 80%
指标	每年复垦面积为 250hm^2,复垦后的植被覆盖率达 70%
方法	植树种草
负责人	环保科长
时间	1998 年 6 月 ~2002 年 6 月
经费	总经费 4500 万元,分年度预算略
批准人	矿长(法人代表)
监督人	环保局

(二) 生态环境监理

许多建设项目在施工建设期发生实质性的生态环境影响,如公路铁路建设、水利水电工程等,因而进行施工期环境保护监理就成为这类项目环境管理的重要环节,环境影响评价也因此须编制施工监理方案。

环境监理应是整个工程监理的一部分,是对工程质量为主监理的补充。监理由第三方承担,受业主委托,依据合同和有关法律法规(包括批准的环境影响报告书),对工程建设承包方的环保工作进行监督、管理、监察。

环境监理目前尚无明确的法律规定，主要依据环境影响报告书执行，对报告书批准要求进行监理的项目实施监理。施工期环境保护监理范围应包括工程施工区和施工影响区。监理工作方式包括常驻工地实行即时监管，亦有定期巡视辅以仪器监控的。不管采取什么方式，都需建立严格的工作制度，包括记录制度、报告制度、例会制度等，要对每日发生的问题和处理结果记录在案，并应将有关情况通报承包商和业主。

生态环境监理是环境监理中的重点，不同的建设项目确定不同的重点监理内容和重点监理区域。这主要由环境影响报告书规定。一般而言，水源和河流保护、土壤保护、植被保护、野生生物保护、景观保护都是必然要纳入监理的。遇有生态环境敏感保护目标时，往往须编制更具针对性的监理工作方案。

负责监理工作的总监权力和环保意识、生态意识对监理工作的成效有很大作用。监理人员的环保培训是必不可少的。

（三）生态环境监测

生态环境的复杂性、生态影响的长期性和由量变到质变的特点，决定了生态监测在生态环境管理中具有特殊重要的意义，也是重要的生态环境保护措施。生态监测有施工期生态监测，亦有长期跟踪的生态监测。

1. 生态环境监测的目的

（1）了解背景：即继续对生态环境的观察和研究，认识其特点和规律。例如，对某些作为保护目标的野生生物及其栖息地的观察和研究，没有长期的过程是不可能完全把握的。

（2）验证假说：即验证环境影响评价中所做出的推论、结论是否正确、是否符合实际。这种验证不仅对评价的项目有益，而且对进行类比分析，推进生态环评工作是非常有意义的。

（3）跟踪动态：即跟踪监测实际发生的影响，发现评价中未曾预料到的重要问题，可以采取相应的补救措施。

2. 生态环境监测方案

长期的生态监测方案，应具备如下主要内容：

（1）明确监测目的或确定要认识或解决的主要问题。一般列入监测的问题都是敏感的、重要的而又是一时不能完全了解或把握的问题。监测只针对环境影响报告书中确定的问题，而不是做全面的生态环境监测。

（2）确定监测项目或监测对象。针对想要认识或解决的问题，选取最具代表性的或最能反映环境状况变化的生态系统或生态因子作为监测对象。例如，以法定保护的生物、珍稀濒危生物或地区特有生物为监测对象，可直接了解保护目标的动态；以对环境变化敏感的生物为监测对象，可判断环境的真实影响与变化程度；以土地利用或植被为监测对象，可了解区域城市化动态或土地利用强度，也可了解植被恢复措施的有效性等。

(3) 确定监测点位、频次或时间等，明确方案的具体内容。

(4) 规定监测方法和数据统计规范，使监测的数据可进行积累与比较。生态监测的方法规范化是一项严肃而科学细致的工作，在没有规范化的方法之前，一般可采用资源管理部门通用方法、生态学常规方法以及科研中常用方法，但一经规定，就要一直沿用下去。

(5) 确立保障措施。由于生态监测可能持续几年，有时可能伴随建设项目的始终，因而制定明确而详尽的实施保障措施是十分必要的。主要包括投资估算(如起始费用、维护费用、年度费用等)，确定实施单位(如自建还是委托，还包括技术装备、人员组成)，监督检查机制、保障措施以及特殊情况出现时的应对措施等。

第六节　生态环境影响评价案例分析

一、工程概况

(一) 概述

某抽水蓄能电站位于北京市东北部密云县白河干流青石岭河段，距北京市直线距离80km。电站装机容量1000MW。额定水头340m，年发电量13.38×10^{8}kW · h。电站建成后以两回500kW的出线联入北京电网，由电网统一调度，担负电网调峰填谷、调相、旋转备用及紧急事故备用的作用。本电站由上水库、输水系统、地下厂房、下水库、拦沙潜坝、开关站、放空排沙洞、道路、生活区、输电线路等组成，工程为一等工程，主要建筑物为一级。

(二) 施工规划

1. 施工布置

板桥峪抽水蓄能电站施工布置包括场内外交通运输、施工工厂设施、仓库系统、生活福利设施、渣场规划等。

施工工厂和其他设施：施工现场设置必需的混凝土拌和系统、砂石料加工系统、施工供风(水、电)系统、较小规模的汽修机修厂、钢筋、木材加工厂及其他施工工厂，另有一些仓库系统和生活福利设施。

上、下水库及厂区附近均有布置施工场地的缓坡地，其中有南北对峪沟、青龙背滩地、二平台缓坡地可供利用。拦沙坝施工场地布置在上游附近左岸的缓坡地上；上水库混凝土拌和系统位于上水库公路终点附近；地下厂房及下水库混凝土拌和系统布置在南对峪沟沟口坡地上；上水库生活区布置在西石片上水库公路旁；下水库及厂区生活区主要布置在二平台、南北对峪沟。

渣场规划：工程全部开挖弃渣量约200万m^3，渣场规划采取分区就近布置。

共布置5个弃渣场和1个倒渣场。

施工交通运输:工程对外公路3条,总长21.5km;场内临时公路分为上水库、下水库和地下系统施工区,总长约20km。

2. 工程占地

工程占地包括永久工程占地和施工占地两大部分,生产生活福利设施占地34.293hm^2;施工中永久占地面积137.8hm^2,施工中临时占地70.2hm^2,总计约242.293hm^2。

3. 施工总进度

根据《水利水电工程施工组织设计规范》(SDJ338—89)关于施工阶段划分的原则,工程建设分筹建期、准备期、主体工程施工期和完建期四个阶段。工程初步安排总工期为5.5年,其中筹建期1年,从准备工程开工至第一台机组发电为4.5年。

(三) 水库淹没与移民安置

1. 水库淹没指标

经水库淹没调查,该抽水蓄能电站共淹没耕地64.8hm^2,房屋24 935.13m^2(至2002年);需安置人口至规划水平年2002年为994人。此外,还淹没河滩未利用土地,数目不详。

2. 移民安置

板桥峪抽水蓄能电站水库淹没影响人口以外迁安置为主,安置途径主要以土地安置为基础,采取以大农业安置为主的原则,结合安置区的具体情况,适当发展其他行业。

二、影响因子识别、评价等级及评价范围

(一) 本工程环境影响重点因子识别

生态影响评价工作中重点评价因子的识别过程如本案例图1所示。

图中对生态完整性的评价是以植被作为指示物,这是由于在自然生态过程中,植被的变化可以综合地反映自然体系的功能状况和变化趋势。

对照该抽水蓄能电站工程,可见由于工程拟建区除了水土流失和移民引起的生态问题外,没有敏感的生态问题,因此环境影响重点因子是指因工程建设可能造成区域自然体系生态完整性受损和稳定状况变劣,即重点进行生态完整性评价。

该抽水蓄能电站的建设对环境的影响还应考虑以下几方面:

密云水库是北京市重要的城市生活水源地之一,本工程下水库坝址距密云水库末端(大关桥)河道距离约24km,工程兴建后是否会对密云水库水体水质带来不利影响,应引起足够的重视。

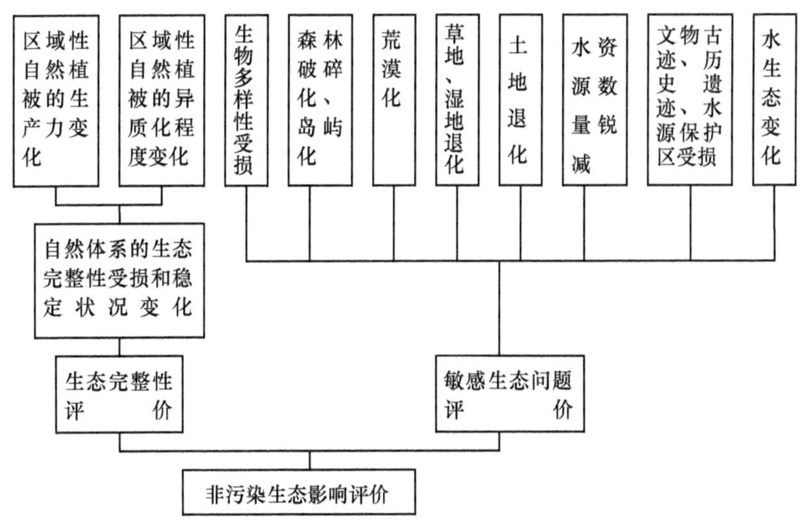

图1 工程生态影响评价中重点因子的识别过程

电站的兴建,施工期5年半,高峰人数4000人,工程施工期“三废一噪”对库区及周围是否产生较大影响,必须给予考虑。

此外,还有工程兴建对环境地质等方面的影响。

综上所述,本工程环境影响评价的重点因子为:对生态环境的影响、对水质的影响、施工期的环境影响和对环境地质的影响等。

(二) 评价范围与评价等级

根据可行性研究报告(1994年11月),该工程的实施和运行将对区域生境产生直接影响和间接影响。其中,直接影响区域包括5部分内容:①永久性工程占地,包括上水库区(35.33hm^2)下水库区和水道区(41.17hm^2);②拦沙坝区(8.15hm^2);③施工占地,包括临时道路(28.2hm^2),永久道路(43.8hm^2),生产及生活区(6.7hm^2),渣场(33.3hm^2);④淹没区,上水库(正常蓄水位620m,14.0hm^2),下水库(顺白河上溯到狼虎哨、双文铺和东峪,占用耕地32.7hm^2,宅基地等1.3hm^2);⑤移民区,移民将迁往怀柔县的北房镇和杨宋镇,该区域面积不详(移民问题另题评价)。直接影响区面积约15.52km^2。

根据工程直接影响区域的空间分布情况,加上本区内没有敏感的动植物保护目标,区域生态环境弹性较强,因此可以确定区域生态环境受工程直接和间接影响的范围为:N40°35′~40°40′,S116°40′~116°45′,大约90km^2(不包括移民区、临时输电线路区和输电线路区)。用此范围做评价范围。

生态影响评价等级定为三级。

三、生态环境现状调查与评价

（一）生态环境现状调查

1. 自然环境状况

地质地貌、气候、土壤状况略。

水文泥沙：本区内白河径流补给主要来源于降水，径流的年际变化大。电站下水库以上流域面积为8586km^2。白河堡水库坝址至青石岭水库坝址的区间流域面积4416km^2。白河堡至青石岭区间的多年平均径流量为4.39×10^{8}m^3，最大年径流量为15.8×10^{8}m^3（1956～1957年），最小年径流量1.05×10^{8}m^3（1984～1985年）。径流量在年内分布极不平衡，夏季6至9月，约占全年的60%～70%。下水库多年平均悬移质沙量为97×10^4 t，年平均含沙量为2.21kg/m^3。

动植物：区内主要植物有辽东栎、天然山杏、毛榛、榆、山胡桃、槲树等小乔木，荆条、兰桠绣线菊、三桠绣线菊、杭子梢、大花溲疏、孩儿拳头、酸枣、薄皮木、达呼里胡枝子等灌木，常见的草本植物有矮丛苔草、龙牙草、地榆、华北凤毛菊、蕨、糙苏、北苍术、隐子草、北柴胡、白羊草、远志等。区内动物是北方广布的鼠类、兔类和鸟类。

本区没有国家重点保护的Ⅰ、Ⅱ类植物和动物，缺少敏感的保护目标。

2. 水土流失

根据《密云县密云水库上游水土流失调查报告》（密云县水土保持工作站，1993年11月），工程区所在四合堂小流域土地总面积2915.9hm^2，其中农地占13.6%、林地占49.23%、草地占34.44%，林地中96.54%为灌木林，其余3.46%为散果林。坡度大于25°的面积占总面积的81.61%；土层厚度小于30cm的占58.41%；林草地占流域总面积的83.67%，林草地中89.43%的面积植被覆盖度大于70%，且林地中90.54%为灌木林，灌木林树体矮小，但它以根系庞大，固持土体能力强为优势，草地也起着固持土体的作用。据调查，流域内属微度侵蚀[小于500t/(km^2·a)]的占54.7%；轻度侵蚀[500～2500t/(km^2·a)]的占38.11%；中度侵蚀[2500～5000t/(km^2·a)]的占0.73%；极强侵蚀[大于8000t/(km^2·a)]的占6.46%。

3. 生态敏感问题

本区距北京约80km，是人类开发历史久远的地区之一。由于历史上人类的反复破坏和近年来的恢复重建，本区植被过渡性特征明显，因此动植物缺少敏感的重点保护种类。

本区由于地形切割破碎，常形成天然瀑布。天仙瀑即是位于南对峪沟内的天然瀑布，是北京市的县级景点之一，该景点距沟内渣场2km多，且有丘陵阻隔，工程对天仙瀑影响不大。

另外，本区是北京市泥石流发育区，泥石流的发生与多日降水后集中暴雨的出现相一致。

根据地质测绘(1:2000),在水库区未发现滑坡、泥石流等不良物理地质现象。库区周边库岸均为坚硬的片麻状花岗岩,所发育的断裂构造以裂隙为主,多为高倾角,对库岸边坡稳定有利。而在间接影响范围内有泥石流现象,如南对峪沟的山西村(距西石片渣场约2km)和青石岭村均发生过泥石流,青石岭村1939年的泥石流中死亡43人,大部分土地被冲。

本区分布有轻度土壤侵蚀区(大部)和中度土壤侵蚀区,因此水土流失是本区敏感的生态问题之一。

根据工程设计,拦沙坝下不出现脱水河段,因此,河流水量变化不大.但水生生物会发生变化,应作为敏感生态问题进行评价分析。

4. 社会经济状况

当地经济主要来源为种植业、林果业和畜牧业。农业以种植玉米、春小麦为主,并种植部分谷子、高粱、豆类及蔬菜。此外,山沟谷内还种植了杏、板栗、核桃、梨、苹果、桃、红果等果树;养殖有牛、羊、猪、鸡等畜禽。该区科学文化和教育事业发展相对滞后,这与交通不很便利密切相关。

5. 景观生态系统

(1) 石质中低山轻微侵蚀山杨为主的落叶阔叶林生态系统。属环境资源拼块,对区域生态系统质量起着控制作用。分布范围较广,连通程度较高,自然生产能力大约为1005g/($m^2 \cdot a$)。

(2) 石质中低山中度侵蚀疏林草地、栎类萌生从和灌丛为主的生态系统。属环境资源拼块,分布在山地阳坡半阳坡,海拔800m以下和阴坡半阴坡交通道路两侧及近居民点附近。由于人类反复砍伐,加之暴雨的冲刷,水土流失比较严重,多分布粗骨褐土,土层厚度低于30cm,自然生产能力约为250.5~800g/($m^2 \cdot a$)。

(3) 沟谷轻微侵蚀杂木林为主的生态系统。土层深厚,土壤湿润,生境条件优越,对维护本区生态环境质量起着重要作用,自然生产能力在1125g/($m^2 \cdot a$)左右。

(4) 台地河川滩地轻微侵蚀人工植被为主的生态系统。以种植玉米等杂粮为主,其余多为少石荒滩,小片果园、菜园等,是人类干扰比较严重的类型,自然生产能力约在300g/($m^2 \cdot a$)左右,而其中的人工植被由于人为补充了能源物质,因此玉米等作物的生产能力在500~800g/($m^2 \cdot a$)左右。

(5) 村庄等人工生态系统。受人干扰的景观中最显著的成分之一,是人造的拼块类型,聚居地生态系统典型的不稳定性反映了这一点。

(6) 河流生态系统。属于环境资源拼块类型。

上述生态系统之间有着相辅相成、相互制约和相互矛盾的特定的生态学关系。中低山的3类生态系统状况的优劣,决定了河流生态系统的状况,也决定了种植拼块和聚居地质量的好坏。因此,本区域生态环境质量的控制性组分是环境资源拼块类型,而环境资源拼块自然生产能力的维护和稳定状况的维护是本区生态环境质量控制的判定因素。

（二）生态环境现状评价

1. 植被类型的调查分析

植被类型的调查分析是在卫片解译的基础上进行的。用于目视解译的1∶50 000标准假彩色合成卫星像片是1998年8月23日的TM片。因是1998年8月的卫星照片,地面植被差异分明,加之进行了环境信息的综合分析,根据工作需要解译出了6种植被类型,即

(1) 河滩裸地是白河青石岭河段冲刷而成,由于砾石粗大,砂粒相间,只有少量灌草生长在两侧,生物量10～30g/(m^2·a)之间。面积1.47km^2,占评价区域的1.69%。

(2) 含干鲜果和农作物的农田主要有两种,以山杏、红果、桃、梨、苹果、板栗等为主的干鲜果经济林和以玉米、春小麦、谷子为主的农作物。主要分布在河流阶地上和沟谷中土层深厚的地方。面积2.73km^2,占评价区面积的3.0%。

(3) 含栎、柏的疏林草地,这是人类对植被反复破坏后的阳坡、半阳坡山地,有稀疏矮小的蒙古栎,辽东栎和侧柏分布其中,林木郁闭度在0.2～0.4;林下灌草主要组成种类有荆条、酸枣、白羊草等。面积15.3km^2,占评价区域的17.0%。

(4) 含山杨、栎类萌生丛的三娅绣线菊、二色胡枝子灌从主要分布在低山、丘陵阴坡半阴坡,影像呈桃红色,斑块较大,而且连片分布,面积42.4km^2,占评价区域的47.1%。

(5) 含红果、山杏、榆、杨、榛等的杂木林地主要分布在阴坡沟谷,由于土层深厚,湿度相对较大,适宜多种林木生长,影像呈红色斑块,面积1.5km^2,占评价区面积的1.7%。

(6) 山杨为主的落叶阔叶林影像特征深红色,形状、大小受地形条件控制,主要分布在西南部,以山杨为主,也分布有桦树、栎、椴、枫、榆和白腊等杂木,是评价区内生物量最高的类型,但也以次生天然林为主,面积26.6km^2,占评价区面积的29.6%。

各种类型面积统计结果见本案例表1。

板桥峪地处温带半干旱地区,平均生产力应该为972.4 g/(m^2·a)。但多数地段(68.7%)的土地生产能力达不到平均数[现状平均约为755.2g/(m^2·a)],区域现状生产能力呈总体下降趋势,这是历史上人类反复破坏的结果,但比较其他地区,尤其是人类密集居住地区,拟建工程区自然生产能力还基本维持在原有能力水平,自然等级体系的性质没有发生根本改变。

表 1　板桥峪电站工程项目选址植被类型统计

植被类型	面积/km^2	占评价区/%	平均净生产力/[$g/(m^2 \cdot a)$]
1. 河滩裸地	1.47	1.6	20
2. 含干鲜果和农作物的农田	2.73	3.0	650
3. 含栎、柏的疏林草地	15.3	17.0	250
4. 含山杨、栎类萌生丛的三椏线菊、二色胡枝子灌丛	42.4	47.1	800
5. 含红果、山杏、榆、杨、榛等杂木林	1.5	1.7	1125
6. 山杨为主的落叶阔叶林	26.6	29.6	1005
平均			755.2

2. 水土流失调查评价

拟建区域属石质山区,在坡面、沟道等地貌部位发生着不同形式的水土流失,主要有鳞片状面蚀、耕地面蚀、山剥皮、山洪、泥石流等形式。本次评价对拟建工程区进行了卫星像片土壤侵蚀判译,成果图略,不同类型侵蚀面积见本案例表 2。

表 2　板桥峪电站工程项目选址土壤侵蚀现状统计

土壤侵蚀类型	面积/km^2	占评价区域/%
轻度侵蚀区[$500 \sim 2500t/(km^2 \cdot a)$]	70.5	78.3
中度侵蚀区[$2500 \sim 5000t/(km^2 \cdot a)$]	19.5	21.7

判译结果表明,拟建工程多数区域属轻度侵蚀(78.3%),但由于土层较薄,地势陡峭,土壤侵蚀向严重发展的可能性较大。本区土壤的更新速度约为 $30\ t/(km^2 \cdot a)$,就是轻度侵蚀也会出现土坡的耗损大于土壤的更新,这一点是必须认真考虑的。人们的责任应该是使轻度侵蚀向无明显侵蚀[$<500t/(km^2 \cdot a)$]演化,逐渐使土壤资源的消耗与更新平衡。

3. 土地利用现状调查分析

土地利用现状情况见本案例表 3。

表 3　板桥峪电站工程项目土地利用现状

类　型	数目/块	面积/km^2
河流	1	1.47
农田	39	2.73
林地	7	84.24
道路和居住区	42	1.56

4. 水生生物调查评价

(1) 浮游植物。白河四合堂断面浮游植物,经现场采样、固定、沉淀、抽滤后,再用显微镜定性(鉴定)和计数。

① 种类组成。白河四合堂断面主要由硅藻门和绿藻门组成。其中硅藻门中

已鉴定出十一种,绿藻门已鉴定出七种。

② 藻类数量。白河四合堂断面藻类以硅藻门数量占优势,可占藻类总量的69.5%,而绿藻数量占30.5%。在硅藻中的数量也不均衡,其中曲壳藻数量在硅藻门中又占有较大优势,可占整个硅藻门数量的62.76%,占全部藻类的43.5%。在绿藻门中以栅裂藻属占优势,5种栅裂藻合计数量可达100.85万个/L,占绿藻门数量的96%,占全部藻类数量的29.4%。

③ 藻类种群数量与环境的关系。四合堂断面藻类是以硅藻和绿藻为主的种群,其类型为硅、绿藻型,从所鉴定出的硅藻主要种类如曲壳藻、桥弯藻等为清洁水体中的藻类,绿藻门中的栅裂藻也不能说是污染种类。因此,从藻类种群组成上来评价四合堂断面水体应为清洁水体,所受污染较小。从藻类数量上来评价,白河四合堂断面藻类总数量为342.98万个/L,藻类数量如果在100万个/L以上一般认为水体中受到了一定有机污染。因此可以认为,四合堂断河流水体内含有大量营养物质,特别是藻类生长所必需的营养元素N和P是丰富的。

(2) 浮游动物。在白河四合堂断面取10L水,以浮游动物网过滤,再经沉淀浓缩后在显微镜下鉴定和计数。

① 种类组成:浮游动物由三大类十三种组成,其中以原生动物的结节鳞壳虫为浮游动物的优势种。

② 浮游动物数量:白河四合堂断面整个数量为1518个/L,其中以原生动物数量最多,1200个/L,可占浮游动物总盆的79%,其次是轮虫300个/L,占浮游动物总量的20%,最少的是枝角类,18个/L,只占浮游动物总量的1%。

③ 浮游动物与水质的关系:白河四合堂断面所存在的浮游动物种类较少,共有13种组成,而这13种浮游动物中的污染类型是:原生动物为中污染类型,轮虫也基本上是中污染类型,枝角类多为清洁种类,总体上说,浮游动物在四合堂断面为中污染到清洁的种类。从浮游动物的数量上分析,现在四合堂断面浮游动物数量为1518个/L.数量并不高,最多是为中污染的数量,比密云水库大关桥断面的2685个/L要少得多,比密云水库内的2128个/L也少很多。因此,认为白河四合堂断面水体处于轻度中污染。

(3) 大型底栖无脊椎动物。本次对白河四合堂断面进行大型底栖无脊椎动物采集,通过室内鉴定获取结果。

① 种类:白河四合堂断面大型底栖动物由寡毛类和水生昆虫类组成,寡毛类以水丝蚓为主。水生昆虫由5种组成,这些水生昆虫一般都是耐清洁种类。

② 数量和生物量:经现场采样后,在室内进行计数并用电子天平称重。白河四合堂断面大型底栖动物数量为160个/L,生物量为6.09g/m^2,总体上白河四合堂断面大型底栖动物数量不多,生物量也不是很大。

③ 底栖动物与水质关系:上面的结果说明,四合堂断面底栖动物种类上是比较丰富的,而且以耐清洁种类为主,虽然也有耐污染的水丝蚓存在,但在全部底栖

动物中只占少数,特别是黄蜻和蜉蝣幼虫的存在说明水体是很清洁的;在数量上,合计为160个/m^2,这个数量是比较少的,比大关桥底栖动物数量的12 290个/m^2少得多,只是大关桥的1/77。

(4) 鱼类概况:白河四合堂断面处于北京东北部山地,气温偏低,水流较急,水质清洁,氧气充足,底为石质,生活在本地区的鱼类,一般为小型或中小型的种类,这些鱼类一般都善于游泳或适于水底石块之间生活。因本地区生活的优势种有鲤科的马口鱼,鮈亚科的鮈,鳅科的条鳅、沙鳅等。在白河上游还有可能分布有冷水性种类蛙科的细鳞。

(5) 大型水生植物:本地区水生植物与华北地区很相似,水生植物区系是以世界属和温带属为主,目前在四合堂河段发现沉水植物有眼子菜科的菹草等,挺水植物发现有蓼科植物。另外,在本地区的大型水生植物也未发现国家保护种类,不需要特殊保护,只要注意达标排放,对大型水生植物影响不会很大。

5. 景观生态体系现状质量评价

从景观生态学结构与功能相匹配的观点出发,结构是否合理决定了景观功能状况的优劣。拼块、廊道和模地是景观的三个组分,其中模地是景观的背景地域,是一种重要的景观元素类型,在很大程度上决定了景观的性质,对景观的动态起着主导作用。

目前人们对景观模地的判定还多采用传统生态学中计算植被重要值的方法决定某一拼块在景观中的优势,也叫优势度值。优势度值由3种参数计算而出,即密度(R_d) 频率(R_f)和景观比例(L_p)。相对面积大、连通程度高的拼块类型是对生境质量具有调控能力的模地。对板桥峪电站工程项目选址区域各类拼块计算的优势度值列在本案例表4。

表4 板桥峪电站工程项目选址各类拼块优势度值

拼块类型	R_d/%	R_f/%	L_p/%	D_o/%
河流	1.1	30.0	1.6	8.6
农田	43.8	36.7	3.0	21.6
林地	7.9	100.0	93.6	73.8
道路和居住区	47.2	41.1	1.7	22.9

表中数据表明,在该电站工程项目拟建区各类拼块的优势度值中,林地的D_o值最高,达到73.8%,而且景观比例L_p值为93.6%,出现的频率R_f值为100%。说明林地是该区域生态环境质量的控制性组分,因此该区域生态环境质量良好,具有较强的生产能力和受到干扰以后的恢复能力。而对生境质量干扰较大的类型,道路及住区的优势度值只达到22.9%。因此,目前人类干扰还没有达到使生境衰退的地步。

由于本区植被受到人类的反复干扰,尽管强度还不至于使自然体系发生质的变化,但植被类型仍趋向单一化和人工化,因此异质化程度不高。林地的异质性有利于吸收环境的干扰,提供一种抗御干扰的可塑性。然而目前趋向简单的林地组成不利于对内外干扰的抗御,因此其阻抗能力是有限的,火灾和虫灾都很容易在区内扩散。

四、生态环境影响预测与评价

(一)对区域生态系统完整性影响预测评价

项目建设对区域生态系统的影响主要是由工程占地造成的。包括永久性工程占地 84.65hm^2,施工占地 112hm^2,淹没区约 48.0hm^2。直接占地超过 2.57km^2,约占评价区总面积的 2.86%。

(1)评价区域内自然体系生产能力变化情况。电站工程项目施工和运行后,占用植被的实物指标列于本案例表5。

表5　本工程项目占地生物量减少情况

占地类型	占用原有植被		生物量减少/t
	类型	面积/hm^2	
上水库区	4	40.2	321.6
下水库区	1	51.7	10.34
拦沙坝区	1	4.1	0.82
施工临时道路	4	28.2	225.6
施工永久道路	4	43.8	350.4
生产及生活区	4	41.0	336.5
渣场	4	33.3	266.7
合计			1511.96
在评价区内平均生物量减少/[g/(m^2·a)]			16.8
预测项目运行后评价区自然体系的生产能力/[g/(m^2·a)]			738.4
该自然体系生产力最低限值/[g/(m^2·a)]			182.5

(2)评价区内自然体系的稳定状况。工程项目对自然体系稳定状况的度量要从恢复稳定性和阻抗稳定性两个角度来度量。

对自然体系恢复稳定性的度量,是采取对植被生物量进行度量的方法来进行的。工程项目的实施使区域自然体系的生物量减少了1216.8t,平均每公顷生产力降低了0.168t,平均净生产能力仍维持在738.4g/(m^2·a)。因此,对自然体系恢复稳定性的影响不大,是评价区域内自然体系可以承受的。

对自然体系阻抗稳定性的度量,是通过对植被异质性程度的改变程度来度量的。电站工程实施和运行后,只改变了区域内5.5%面积上的植被,而占区域

94.5% 的面积上的植被没有发生变化,仍可以维持现状,而这 94.5% 面积上的植被正是该区域具有动态控制能力的组分,因此,项目实施与运行对区域自然体系中模地组分自身的异质化程度影响不大。

(3) 评价区内景观生态体系质量综合评价。评价计算了工程项目实施和运行后的土地利用格局变化情况和用地变化后各类景观拼块优势度值(略)。评价结果表明,该电站工程项目实施和运行后土地利用格局发生了变化,其中道路和住区拼块的优势度值由 22.9% 上升到 25.2%,林地的优势度值由 73.8% 下降为 73.3%,前者是对生态环境带有负面影响的组分,但优势度值上升的不多,而林地的模地地位没有动摇。这表明工程项目的实施和运行对评价区自然体系的质量没有重大影响。

(二) 对水土流失现状的影响分析

水土流失的评价请见专题。本分析侧重于从宏观区域的尺度进行预测。

板桥峪电站工程项目的下水库主要分布在白河青石岭段,地势平缓;上水库主要位于轻度侵蚀区,由于水位的消落和植被的破坏,土壤侵蚀强度增加;其他在 3°以上坡地施工的生产区、生活区、渣场和道路都会带来土坡侵蚀强度增大的问题。但由于增加水土流失强度的区域面积约占评价区的 2.0%(有可能引起水土流失的各类征地面积约 1.82km^2,没有包括未定的临时输电线路),因此对评价区整体水土流失现状影响不大,但局部引起的土壤侵蚀强度增加问题仍应引起重视,尤其是施工方法不当,植被破坏过多以及植被恢复措施不足时,滞来的水土流失问题不能小视。

(三) 对土壤理化性状的影响分析

山坡地上大面积的林地、草地被砍伐后,地面裸露,即使没有被冲刷,表土的温度变幅增加,对土壤的理化性质有不利影响。其中,最明显的变化是有机质分解作用加强,使土壤内有机质含量降低,不利于重新栽培其他植物。另外,由于施工破坏和机械挖运,使土壤富集过程受阻,表现在林草残落物积累阻断、影响了生物对灰分元素的吸收与富集和阻断了生物与土坡间的物质交换三个方面。具体影响分析略。

土壤理化性质的变化,直接影响到植被的重新恢复,因此要求在施工中注意尽量维护土壤现状,使开垦与保护土壤相结合。

(四) 对水生生物的影响分析

1. 对浮游生物的影响

前述调查结果表明,该电站所在的四合堂断面水生生物本底情况良好,虽然也受到一定的有机污染,但在水生态系统内通过自净作用可以使水体达到动态平衡,处于良性循环状态。

该电站的兴建给水体带来较大的环境压力。预测计算表明(过程略),电站的施工中生活污水每年向白河水体提供 TN3 942kg、TN788.4kg、BOD_5 19 710kg、COD_{Cr}39 420kg, 氨氮 2463.75kg。加重了白河的有机污染,白河最后流入密云水库,将增加密云水库水体的营养物质,这是不容忽视的。密云水库是北京市饮用水源地,本工程位置恰巧在水库上游,施工及运转过程中所造成的水体污染物最终汇入水库,因此任何施工单位和个人都必须把对密云水库的水质保护放在第一位。

2. 对鱼类的影响

根据工程施工对环境的影响分析,对本河段影响较大的是生产废水和生活污水。生产废水排放量约为4400t/d,生活污水排放量约 270t/d;其次是施工噪声影响。施工期间受影响河段将不可能有鱼类生存。本河段的鱼类由于施工而暂时逃走,在本河段的上、下游仍存在其生长繁殖的环境,不会造成本流域的地方性鱼类灭绝。另外本河段也未发现有需要特殊保护的国家级珍贵稀鱼类。只要施工单位注意环境保护,注意废水处理,达标排放,施工期对鱼类的影响可以减少到最低程度。但当完工后的废水将大为减少,水体、生态环境将得到恢复,因受施工影响逃走的鱼类重新回到本河段是可能的。

工程环境污染影响预测与评价(略)。

五、生态保护措施

(一) 生态影响的防护

1. 生态影响的避免

该抽水蓄能电站施工过程中需避免增加密云水库的营养物质。因此,生产和生活污水的排放必须达标,这也是密云水库水质保护所要求的

2. 生态影响的消减

(1) 为消减对区域生境稳定状况的影响,凡施工可能造成林地破碎化和岛屿化的地方,应进行生态学设计,如减少破碎化程度的设计,岛屿之间的生物通道设计;施工区表层土壤单独存放和用于回填覆盖的设计;为消减道路施工对两侧山地植被的影响,要标桩划界,禁止施工人员进入非施工占地区域。

(2) 为消减几千人的施工队伍对植被和土壤的影响,要标明施工活动区,严令禁止到非施工区域活动,非施工区严禁烟火、狩猎和垂钓等活动。

(3) 为消减施工造成的水土流失进入水体,要对施工机械,运行方式和施工季节等进行严格设计,如在泥石流可能发生地区要注意非暴雨季节施工和保证施工场地排水的畅通,在土坡风蚀严重地区注意水平施工,避免垂向施工。

上述措施的确定需要建设方提供详细的施工方案和运行方式才能更具针对性,才能将生态影响消减到合理的程度。

3. 生态影响的补偿

该电站工程将永久性的占用部分林灌地，也会临时性（施工期 5 年）占用一部分林灌地，使生境受到影响，因之必须予以补偿。

临时性的占地可以通过抚育和复垦进行补偿，估算投资 277.125 万元。

永久性的占地要采用异地补偿的方法恢复生境，估算投资 46.5625 万元。

水土流失和移民的补偿另有专题计算。

对水生生物影响采用避免和消减措施。

（二）生态影响的恢复

该电站建设不可避免地产生生态影响，有些是暂时性的，有些影响可以通过生态恢复技术予以消除。

板桥峪的生态恢复内容包括：

1. 在可行性研究阶段同时编制生态恢复工程

内容包括：①确定进行生态恢复的地点、范围与面积，并用大比例图表示出来（1:50 000）；②依据项目总体规划方案和区域生境建设要求制定恢复目标；③确定生态恢复技术方案，分期目标，类型目标和经费预算；④对恢复进行社会经济与生态效益评估。

2. 生态恢复的技术方案基本围绕有序演替的过程来进行，也可以根据项目所在区域的地形特点，因地制宜。在考虑生态恢复时，还要特别注意尽量利用现有的资源，尤其是土壤资源和生物资源，例如表土层含有丰富的有机物质和植物种子、块根、块茎等繁殖体，是可以利用的宝贵资源。

3. 重点的生态恢复地点

临时道路和临时（或永久）输电线路区域；上、下水库周边地区；生活和福利设施用地地区；渣场；临时用施工工地等等。

（三）生态管理

本评价根据板桥峪电站的性质、规模，生态影响的程度和范围，项目所在地的自然、社会、经济等一系列因素，提出下述监督管理方案供管理者和建设者参考。

1. 管理目标

① 防止林地破碎化和岛屿化；②防止区域自然体系生产能力进一步降低；③防止区域内人的活动压力进一步扩大；④防止水土流失的日趋严重；⑤防止移民区带来新的生态破坏和损失。

2. 指标

① 因开发建设项目减少的生物量损失在 5 年以后完全补回来；②5 年后消除因工程造成的林地破碎化和岛屿化；③5 年后水土流失强度维持现有水平。

3. 编制项目区生态管理条例，除遵守国家与地方的法律、法规、条例、技术规范和标准外，制定施工人员生态守则和项目建成后运作人员的生态守则，主要内容包括：①遵守自然资源保护和生态保护的各项法规、条例；②不从事诸如吸烟、燃柴、种植、养殖、狩猎等对区域生境有不利影响的活动；③爱护山林和草地，严格遵守地方封山育草的有关规定等。

生态影响的经济损益分析（略）

六、结论和建议

（一）结论

该抽水蓄能电站地处北京密云水库上游，白河流域青石岭河段。该电站的建设内容包括：上水库、输水系统、地下厂房系统、地面开关站、下水库、放空排沙洞、道路、生活区、输电线路和渣场等。建设项目建设工期5年零6个月，运行实行无人值守制。建设项目占地（永久、临时）242.293hm^2，直接影响范围15.52km^2，间接影响范围90km^2，根据《非污染生态影响评价技术导则》，生态影响评价级别定为3级。

白河流域青石岭河段开发历史久远，人类活动频繁，项目选址区内生态环境质量良好，生物资源以天然次生植被为主，没有国家重点保护的珍稀濒危动植物资源，因此生态影响评价是以区域自然体系的生态完整性维护为主，敏感的生态问题有水土流失问题和移民的生态问题，这两个内容有专题评价和论述。

（1）生态现状评价是在遥感和生态制图技术的支持下进行的，工程所在地地处温带干旱地区，平均生产力应为972.4g/(m^2·a)，由于人类的反复干扰，目前68.7%面积的土地生产能力低于这个数值，区域现状生产能力呈总体下降趋势，经计算，现状平均生产能力约为755.2g/(m^2·a)。说明，区域自然体系的生产能力维持在原有水平上，自然等级体系的性质没有改变，生态环境质量良好。

选址区内水土流失只有轻度和中度两个等级，中度侵蚀区只占21.7%。但由于土层较薄，地势陡峭，土壤侵蚀严重发展的可能性较大。

水生生物的调查表明，由于采样正值枯水期，水质呈轻度中污染水平，平水期和丰水期水质将转好，区内没有国家重点保护鱼类和大型水生生物。

（2）生态影响预测。该工程项目的施工和运行将首先对评价区自然体系的生态完整性产生影响。计算结果表明，项目施工和运行后使评价区内自然体系的平均生产能力由现状的755.2g/(m^2·a)降低为738.4g/(m^2·a)，平均净减少16.8g/(m^2·a)，但仍处在较高的生产能力水平。评价区景观生态体系质量综合评价表明，工程项目实施和运行后土地利用格局发生了变化，其中道路和住区拼块的优势度值由22.9%上升到25.2%，林地的优势度值由73.8%下降为73.3%，但林地的模地地位没有动摇。因此，工程对区域自然体系生态完整性的影响是可以接受的。

项目施工会增大区域土壤侵蚀的强度，使轻度变为中度侵蚀的面积扩大2.0%，因之，水土流失造成的损失是区域自然体系可以承受的。

工程项目的实施还会对土壤理化性质带来一定影响，但影响范围不大。

对水生生物的影响主要是生产和生活污水中总磷总氮的增加，继而增加了密云水库的营养物质，尽管对密云水库来讲数量不大，水体运行中也会通过自净使营养成分降低，但仍应引起高度重视，并采取达标排放的措施。

坝下最低流量应维持在枯水期的径流水平。

(3) 根据该电站施工与运行特点和项目选址生态环境受损的预测，建设方应对生态影响采取避免、消减和补偿三种不同保护和恢复措施，其中生境补偿投资主要用于灌木林地的抚育和渣场的生态恢复。生态恢复的地点、范围、面积和投资预算应在可行性研究中具体给出。

(4) 该工程项目生态恢复工程的生态损益分析结果表明，效益明显。

(二) 建议

由于密云水库在北京市特殊重要的地位，而面源污染问题又是水库污染的主要来源之一，建设方生活福利设施污水排放应集中，并进行排污达标处理。由于区域自然体系是北京市城市的重要支撑系统，应强化生态管理，并逐项严格落实。

复习与思考

1. 什么是生态环境影响评价？生态环境影响评价的目的是什么？
2. 简述生态环境影响评价的基本原则。
3. 生态环境现状调查的主要内容有哪些？常用的调查方法有哪些？试述之。
4. 样地调查收割法是测定陆地生态系统生物量的常用方法，该方法对样地大小的要求是什么？还有哪些方法可用于陆地生态系统生物量估测？
5. 生态系统稳定性调查内容包括哪两个方面？怎样进行恢复稳定性和阻抗稳定性的调查？
6. 简述生态环境现状评价的内容与要求。常用的生态环境现状评价方法有哪些？
7. 从哪些方面进行生态系统整体性评价？简述之。
8. 什么是生态环境影响预测？简述生态环境影响预测基本要求和基本内容。
9. 在运用类比法进行生态环境影响预测时，应注意哪些问题？
10. 生态环境影响评价等级的划分依据是什么？如何确定生态环境影响评价范围？
11. 在选择生态环境影响评价标准时应考虑哪些要求？简述评价标准的主要来源。
12. 简述生态环境影响评价的基本内容和基本要求。
13. 什么是生态影响避免？常用的生态影响避免措施有哪些？
14. 一般应从几个方面削减建设工程的生态影响？简述之。
15. 论述生态环境影响评价在我国生态环境保护工作中的作用和意义。

第八章　环境风险评价

本章重点：环境风险源项分析与事故源强估算，风险影响预测模型，风险评价方法，减少风险危害的措施与风险应急管理。

第一节　概　　述

一、基本概念

（一）风险

“风险是生命与财产损失或损伤的可能性。”有人定义风险为“用事故可能性与损失或损伤的幅度来表达的经济损失与人员伤害的度量”。表述不幸事件发生的概率的风险，它符合一定的统计规律，即在一定的时间条件下，在一定的空间范围中，某个事件具有一定的发生概率，即具有一定的可能性。比较通用与严格的定义如下：风险 R 是事故发生概率 P 与事故造成的环境（或健康）后果 C 的乘积，即

$$R[\text{危害/单位时间}] = P[\text{事故/单位时间}] \times C[\text{危害/事故}]$$

风险与危险又是紧密相连的。正是由于风险反映了一定时空条件下不幸事件发生的可能性，揭示了事件发生的规律，因而风险可以看成危险的根源。也就是说，正是由于客观存在着产生不利后果的可能性，才使得一定范围中的事物处于危险的境况之中。

（二）环境风险

环境风险是由人类活动引起的，或由人类活动与自然界的运动过程共同作用造成的，通过环境介质传播的，能对人类社会及其生存、发展的基础——环境产生破坏、损失乃至毁灭性作用等不利后果的事件的发生概率。

环境风险具有不确定性和危害性的特点。不确定性是指人们对事件发生的时间、地点、强度等事先难以准确预料；危害性指事件的后果而言，具有风险的事件对其承受者会造成威胁，并且一旦事件发生，就会对风险的承受者造成损失或危害，包括对人身健康、经济财产、社会福利乃至生态系统等带来程度不同的危害。

环境风险广泛存在于人们的生产和其他活动之中，而且表现方式纷繁复杂。根据产生原因的差异，可以将环境风险分为化学风险、物理风险以及自然灾害引发的风险。

化学风险是指对人类、动物和植物能产生毒害或其他不利作用的化学物品的

排放、泄露,或者是易燃易爆材料的泄露而引发的风险。如 2005 年 11 月 13 日,中国石油吉林石化公司双苯厂,由于苯胺装置 T-102 塔发生堵塞,循环不畅,因处理不当,发生爆炸。这一事故造成了 5 人丧生,1 人失踪,70 人受伤,同时导致了 100t 苯类污染物倾泻入松花江中,造成长达 135km 的污染带。给下游哈尔滨等城市带来严重的“水危机”。

物理风险是指机械设备或机械结构的故障所引发的风险。

自然灾害引发的风险是指地震、火山、洪水、台风等自然灾害带来的化学性和物理性的风险,显然,自然灾害引发的风险具有综合的特点。

另外,我们也可根据危害事件的承受对象的差异,将风险分为三类,即人群风险、设施风险以及生态风险。人群风险是指因危害性事件而致人病、伤、死、残等损失的概率;设施风险是指危害性事件对人类社会的经济活动的依托——设施,如水库大坝、房屋等造成破坏的概率;生态风险是指危害性事件对生态系统中的某些要素或生态系统本身造成破坏的可能性,对生态系统的破坏作用可以是使某种群落数量减少,乃至灭绝,导致生态系统的结构、功能发生变异。

(三) 环境风险评价

环境风险评价是对某设施(项目)的兴建、运转,或是区域开发行为所引发的环境问题对人体健康、社会经济发展、生态系统等所造成的风险可能带来的损失进行评估,并提出减少环境风险的方案和决策。环境风险评价又常称为事故风险评价,它主要考虑与项目关联的突发性灾难事故,包括易燃、易爆和有毒物质、放射性物质失控状态下的泄漏,大型技术系统(如桥梁、水坝等)的故障。发生这种灾难性事故的概率虽然很小,但影响的程度往往是巨大的。在现代工业高速发展的同时,污染事故时有发生。例如,20 世纪 80 年代发生的印度伯帕尔异氰酸酯毒气泄漏(当时导致 3500 ~ 7500 人死亡,至 2002 年估计已导致约 2 万人死亡)与 80 年代的前苏联切尔诺贝利核电站事故,都是震惊世界的重大污染事故。

环境风险评价的分类可以是多种多样的。按评价对象分为三类,即自然灾害的风险评价、危险化学品风险评价和建设项目及其相关系统的风险评价。《建设项目环境风险评价技术导则》(HJ/T 169-2004)给建设项目环境风险评价下了如下定义:对建设项目建设和运行期间发生的可预测突发性事件或事故(一般不包括人为破坏及自然灾害)引起有毒有害、易燃易爆等物质泄漏,或突发事件产生的新的有毒有害物质,所造成的对人身安全与环境的影响和损害,进行评估,提出防范、应急与减缓措施。在建设项目的环境风险评价中,往往只对所有可能发生的事故中危害最严重的重大事故展开评价,这类事故被称为最大可信事故。

按评价与风险事件发生的时间关系,可分为三类:①概率风险评价(PRA),它是在事故发生前,预测某设施(或项目)可能发生什么事故及其可能造成的环境(或健康)风险;②实时后果评价,其主要研究对象是在事故发生期间给出实时的有毒物质的迁移轨迹及实时浓度分布,以便作出正确的决策防护,采取恰当的措施,减少事故的危害;③事故后果评价,主要研究事故停止后对环境的影响。目前国内外开展的环境风险评价可归于第一类,即预测某设施(或项目)建成后可能造成的风险。

环境风险评价从其评价范围而言又可分成三个等级,即微观风险评价、系统风险评价和全国(或宏观)风险评价。所谓微观风险评价系指对某单一设施进行风险评价,系统风险评价即对整个项目中所包含的相关联的各个设施进行风险评价,它可以包含项目中的不同设施(如运输、贮藏、加工),涉及不同的活动(如建造、运行、拆除),包含不同的风险种类(如致癌、事故损伤)及不同的人群(公众、职业人员)。框定其边界的4个要素是:关心的空间范围;关心的时间长度;关心的人群;关心的效应。全国或宏观风险评价是指全国范围内的,例如某一行业的风险评价。

二、环境风险评价的目的与意义

环境风险评价的目的是通过评价寻求经济有效的措施来预防风险事故,以减少项目的风险。任何项目只要有潜在的风险存在,一旦诱发产生事故,就会造成严重的社会、经济、生态损害,都会带来巨大的灾难性后果。因此,对风险事故发生的可能性及其后果都应进行评价,在环境评价中予以科学分析,寻求优化可行的预防措施。为此,近年来很多国家对人类开发行动产生的环境影响均采用了风险评价的方法,使评价结论更能反映实际,为环境管理部门能就社会效益和环境风险进行权衡、取舍,做出比较符合实际的决策提供科学依据。

三、风险评价内容与程序

环境风险评价分成下述五个阶段:①风险识别 风险识别范围包括生产设施风险识别和生产过程所涉及的物质风险识别。根据有毒有害物质放散起因,可将风险分为火灾、爆炸和泄漏三种类型;②源项分析 通过危害识别确定是火灾、爆炸、垮坝,还是有毒有害物的释放。若是后者,则应给出释放何种物质、释放量、释放方式、释放时间行为等数据,并应给出其发生的频率。此外确定评价的等级、评价范围、评价时间跨度、评价人群(只评价居民还是包含工作人员)等;③环境后果计算 估算有毒有害物在环境中的迁移、扩散、浓度分布及人员受到的照射与剂量;④风险计算和风险评价主要任务是给出风险的计算结果及评价范围内某给定群体的致死率或有害效应的发生率;⑤风险管理 根据风险评价结果,采取适当的管理措施,以降低或消除风险。亚洲开发银行推荐的风险评价程序:危害甄别→危害框定→环境途径评价→风险表征(或评价)→风险管理。我国建设项目环境风险评价的技术工作程序如图8-1。

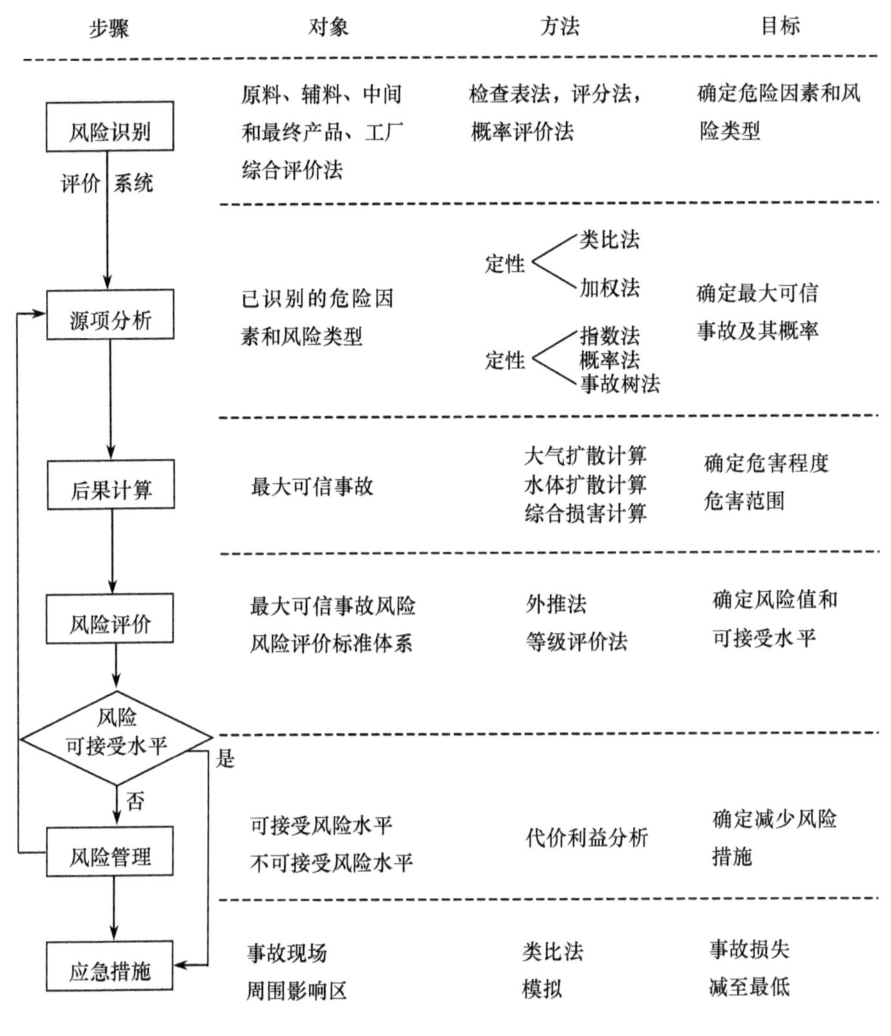

图 8-1　环境风险评价技术工作程序图

四、环境风险评价的特点

环境风险评价与环境影响评价既有区别又有联系。表 8-1 列举了环境风险评价与环境影响评价的主要区别。二者的根本区别在于环境影响评价所考虑的是相对确定的事件,其影响程度也相对比较容易测量和预测;而环境风险评价所考虑的是不确定性的危害事件或潜在的危险事件,这类事件具有概率特征,危害后果发生的时间、范围、强度等都难以事先预测。例如,对热电厂而言,环境影响评价主要集中讨论正常工作条件下,SO_2和 TSP 的排放对人群以及周围环境的影响;而环境风险评价则考虑非正常运转条件下的影响,如考虑火灾、爆炸、泄露等意外事故的发生而导致的对环境的严重影响。

环境影响评价在一定的条件下可以扩展为环境风险评价。例如,若现有的数据表明实际的某污染物浓度分布在估算浓度周围的一个很窄的范围内,就没有必要进行环境风险评价的概率估算。相反,若有证据表明,浓度估算值存在很大的不确定度,那么进行环境风险评价就有助于对建设项目的决策。

表 8-1　环境风险评价与环境影响评价的主要不同点

项目	环境风险评价	环境影响评价
分析重点	突发事故	正常运行工况
持续时间	很短	很长
应计算的物理效应	火、爆炸,向空气和地面水释放污染物	向空气、地表、地下水释放污染物、噪声、热污染等
释放类型	瞬时或短时间连续释放	长时间连续释放
应考虑的影响	突发性的激烈的效应以及事故后期的长远效应	连续的、累积的效应
主要危害受体	人和建筑、生态	人和生态
危害性质	急性受毒;灾难性的	慢性受毒
大气扩散模式	烟团模式、分段烟羽模式	连续烟羽模式
照射时间	很短	很长
源项确定	较大的不确定性	不确定性很小
评价方法	概率方法	确定方法
防范措施与应急计划	需要	不需要

第二节　环境风险源项分析与事故源强估算

环境风险评价中的源项分析是通过系统存在的潜在危险识别及其事故概率计算,筛选出最大可信事故,进而计算事故可能危害,确定本系统的风险值,与相关标准比较,评价能否达到可接受风险水平。源项分析是环境风险评价的首要任务和基础工作。

源项分析的目的是通过对评价系统进行危害识别和分析,正确筛选出最大可信事故及确定其源项,为其后果估算提供依据和基础资料。

源项分析分两阶段,首先是危险的识别,然后进行风险事故源项分析。前一阶段以定性分析为主,后一阶段以定量分析为主。源项分析所包括的范围和对象是全系统,从物质、设备、装置、工艺到与其相关的单元。与之相应的要进行物质危险性、工艺过程及其反应危险性、设备危险性、储运危险性等分析评价。

源项分析主要步骤包括:

(1) 系统、子系统及单元等的划分。

(2) 危险性识别,以定性和经验法为主。

(3) 对所识别的主要危险源进行事故源项分析,筛选和确定最大可信灾害事故。

(4) 对最大可信灾害事故进行定量分析,确定有关源项参数,包括事故概率、毒物泄露及其进入环境的可能转移途径和危害类型等。

一、物质危险性识别

在工业生产过程中,要使用不同的材料制成的设备、装置,处理、处置、使用、贮存和运输各种不同原料、中间产品、副产品、产品和废弃物。这些物质具有不同的物理和化学性质及毒理特性,其中不少物质属于易燃、易爆和有毒物质,具有潜在的危险性。表 8-2 列出了物质危险性的判别标准。

表 8-2　物质危险性标准

<table>
<tr><th></th><th></th><th>LD_{50}(大鼠经口)/(mg/kg)</th><th>LD_{50}(大鼠经皮)/(mg/kg)</th><th>LC_{50}(小鼠吸入,4 小时)/(mg/L)</th></tr>
<tr><td rowspan="3">有毒物质</td><td>1</td><td><5</td><td><1</td><td><0.01</td></tr>
<tr><td>2</td><td>$5 < LD_{50} < 25$</td><td>$10 < LD_{50} < 50$</td><td>$0.1 < LC_{50} < 0.5$</td></tr>
<tr><td>3</td><td>$25 < LD_{50} < 200$</td><td>$50 < LD_{50} < 400$</td><td>$0.5 < LC_{50} < 2$</td></tr>
<tr><td rowspan="3">易燃物质</td><td>1</td><td colspan="3">可燃气体——在常压下以气态存在并与空气混合形成可燃混合物,其沸点(常压下)是 20℃或 20℃以下的物质</td></tr>
<tr><td>2</td><td colspan="3">易燃液体——闪点低于 21℃,沸点高于 20℃的物质</td></tr>
<tr><td>3</td><td colspan="3">可燃液体——闪点低于 55℃,压力下保持液态,在实际操作条件下(如高温高压)可以引起重大事故的物质</td></tr>
<tr><td colspan="2">爆炸性物质</td><td colspan="3">在火焰影响下可以爆炸,或者对冲击、摩擦比硝基苯更为敏感的物质</td></tr>
</table>

(一) 易燃易爆物质

具有火灾爆炸危险性物质可分为爆炸性物质、氧化剂、可燃气体、自燃性物质、遇水燃烧物质、易燃与可燃液体、易燃与可燃固体等类。

1. 爆炸性物质

爆炸性物质是指凡受到高热、摩擦、撞击或受到一定物质激发能瞬间发生急剧的物理、化学变化,且伴有能量快速释放,急剧转化为强压缩能,强压缩能急剧绝热膨胀对外做功,引起被作用介质的变形、移动和破坏的物质。

爆炸性物质的爆炸具有三个显著特点:①变化速度非常快,爆炸反应一般在10^{-5} ~ 10^{-6}s 间完成,爆炸传播速度一般在 2000 ~ 9000m/s 之间;②反应中释放出大量的热或快速吸收能量,反应热一般在 3000 ~ 6300J/kg 之间;③生成大量的气体产物,1kg 炸药爆炸时能产生 700 ~ 1000L 气体,压力达数万兆帕,使周围介质受压缩或破坏。

爆炸性物质按组分分为爆炸化合物和爆炸混合物两大类。前者具有一定的化学组成,其分子中含有不稳定的爆炸基团,这种基团容易被活化,在外界能量作用下其化学键易破裂，引起爆炸反应。这类化合物包括硝基化合物、硝酸酯、硝铵、迭氮化合物、重氮化合物、雷酸盐、乙炔化合物、过氧化物和氮氧化物、氮的卤化物、氯酸盐和高氯酸盐等。后者通常由两种或两种以上的爆炸组分和非爆炸组分经机械混合而成。这类混合物主要有硝铵炸药等。

2. 氧化剂

氧化剂具有较强的氧化性能，能发生分解反应并引起燃烧或爆炸。氧化剂的分解温度小于500℃，分为有机氧化剂和无机氧化剂。其危险性在于氧化剂遇碱、潮湿、强热、摩擦、撞击或与易燃物、还原剂等接触时发生分解反应，释放氧，有些反应急剧，易引起燃烧或爆炸。

3. 可燃气体

指遇火、受热或与氧化剂接触能引起燃烧或爆炸的气体，分为一级可燃气体和二级可燃气体。一级可燃气体的着火（爆炸）浓度下限为≤10%，二级可燃气体的着火（爆炸）浓度下限为>10%。

可燃气体的危险性主要为其燃烧性、爆炸性和自燃性。可燃气体的易爆炸性用其燃烧（爆炸）极限来表征。可燃气体的燃烧（爆炸）极限是指一定的温度压力条件下，可燃气体与空气混合物遇火源发生燃烧（爆炸）时可燃气体的浓度范围，用可燃气体在空气中的体积百分比表示。燃烧极限的下限是着火的下限，燃烧极限的上限是着火的上限。

可燃气体受热到一定温度时发生自燃，发生自燃的最低温度为可燃气体的自燃点，反应当量浓度时的自然点为标准自燃点。自燃点越低，自燃的危险性越大。自燃点与压力、浓度、容器直径等因素有关。

4. 自燃性物质

指不需要明火起作用，因本身受空气氧化或外界温度、湿度影响发热达到自燃点而发生自行燃烧的物质。自燃物质分为一、二两级。一级是指黄磷、三乙基铝、硝化棉、铝铁溶剂等，它们具有在空气中能发生剧烈氧化、自燃点较低，在积热不散的条件下能够自燃，如油脂等物质。影响自燃性物质自燃的因素有热量的积累、热量发生率、压力分子结构和粒度等。

5. 遇水燃烧物质

指遇水或潮湿空气能分解产生可燃气体，并放出热量而引起燃烧或爆炸的物质。包括锂、钾等金属及其氢氧化物和硼烷等。

6. 易燃与可燃固体

是指燃点低，对热、撞击、摩擦敏感和与氧化剂接触能着火燃烧的固体。易燃与可燃固体分为一、二两级，一级易燃固体燃点低，易于燃烧和爆炸，燃烧速度快，并放出毒气。例如：磷及含磷化合物和硝基化合物等；二级易燃固体的燃烧性能、燃烧速度相对较差。例如金属粉末、碱金属氨基化合物等。

易燃与可燃固体的危险性用熔点、燃点、自燃点、比表面积和热分解等参数特征。熔点低,闪点低,危险性大;燃点越低,危险性越大;一般在300℃以下为易燃固体,300~400℃为可燃固体;固体的自燃点一般为180~400℃之间,低于可燃液体和气体;比表面积大,危险性越大,粒度小于10~3μm时,可悬浮在空气中引起爆炸;热分解温度越低,火灾的危险性越大。表8-3和表8-4分别列出了易燃及以爆炸性物质的名称和在生产场所、贮存区的临界量。临界量是指对于某种或某类危险物质规定的数量,若功能单元中物质数量等于或超过该数量,则该功能单元定为重大危险源。而功能单元则是指至少应包括一个(套)危险物质的主要生产装置、设施(贮存容器、管道等)及环保处理设施,或同属一个工厂且边缘距离小于500m的几个(套)生产装置、设施。每一个功能单元要有边界和特定的功能,在泄漏事故中能有与其他单元分割开的地方。

表8-3　易燃物质名称及临界量

序号	物质名称	生产场所临界量/t	贮存区临界量/t	序号	物质名称	生产场所临界量/t	贮存区临界量/t
1	正戊烷	2	20	9	乙酸正丁酯	10	100
2	环戊烷	2	20	10	环己胺	10	100
3	甲醇	2	20	11	乙酸	10	100
4	乙醚	2	20	12	乙炔	1	10
5	乙酸甲酯	2	20	13	1,3-丁二烯	1	10
6	汽油	2	20	14	环氧乙烷	1	10
7	2-丁烯-1-醇	10	100	15	石油气	1	10
8	正丁醚	10	100	16	天然气	1	10

表8-4　爆炸性物质名称及临界量

序号	物质名称	生产场所临界量/t	贮存区临界量/t	序号	物质名称	生产场所临界量/t	贮存区临界量/t
1	硝化丙三醇	0.1	1	8	二硝基(苯)酚	5	50
2	二乙二醇二硝酸酯	0.1	1	9	2,4,6-三硝基甲苯	5	50
3	迭氮(化)钡	0.1	1	10	硝化纤维素	10	100
4	迭氮(化)铅	0.1	1	11	硝酸铵	25	250
5	2,4,6-三硝基苯酚	5	50	12	1,3,5-三硝基苯	5	50
6	2,4,6-三硝基苯胺	5	50	13	2,4,6-三硝基间苯二酚	5	50
7	三硝基苯甲醚	5	50	14	六硝基-1,2-二苯乙烯	5	50

(二) 毒性物质

毒性物质是指一定量的物质进入机体后,能与体液和组织发生生物化学作用或生物物理变化,扰乱或破坏机体的正常生理功能,引起暂时性或持久性的病理状态,甚至危及生命的物质。如苯、氯、硝基苯、氨、有机磷农药、汽油、硫化氢等。

毒性物质毒性的表征一般以化学物质引起实验动物某种毒性反应所需的剂量来表示。常采用以下指标：

(1) 绝对致死量或浓度(LD_{100}或LC_{100}) 染毒动物全部死亡的最小剂量或浓度。

(2) 半数致死量或浓度(LD_{50}或LC_{50}) 染毒动物半数致死的最小剂量或浓度。

(3) 最小致死量或浓度(MLD 或 MLC) 全部染毒动物中个别动物死亡的剂量或浓度。

(4) 最大耐受量或浓度(LD_0或LC_0) 染毒动物全部存活的最大剂量或浓度。

动物的摄入有呼吸道吸入、皮肤吸收和消化道吸收三种形式。毒物的危害程度根据急性毒性、急性中毒发病情况、慢性中毒患病情况、慢性中毒后果、致癌性和最高容许浓度分为极度危害、高度危害、中度危害和轻度危害四类。表 8-5 列出了有毒物质的名称和临界量。

表 8-5　有毒物质名称及临界量

序号	物质名称	生产场所临界量/t	贮存场所临界量/t	序号	物质名称	生产场所临界量/t	贮存场所临界量/t
1	氨	40	100	20	氮氧化物	20	50
2	氯	10	25	21	氟	8	20
3	碳酰氯	0.30	0.75	22	二氟化氧	0.4	1
4	一氧化碳	2	5	23	三氟化氯	8	20
5	三氧化硫	30	75	24	三氟化硼	8	20
6	硫化氢	2	5	25	三氯化磷	8	20
7	氟化氢	2	5	26	氧氯化磷	8	20
8	羰基硫	2	5	27	二氯化硫	0.4	1
9	氯化氢	20	50	28	溴	40	100
10	砷化氢	0.4	1	29	硫酸(二)甲酯	20	50
11	锑化氢	0.4	1	30	氯甲酸甲酯	8	20
12	磷化氢	0.4	1	31	八氟异丁烯	0.30	0.75
13	硒化氢	0.4	1	32	氯乙烯	20	50
14	六氟化硒	0.4	1	33	2-氯-1,3 丁二烯	20	50
15	六氟化碲	0.4	1	34	三氯乙烯	20	50
16	氰化氢	8	20	35	六氟丙烯	20	50
17	氯化氰	8	20	36	3-氯丙烯	20	50
18	乙撑亚胺	8	20	37	甲苯 2,4-二异氰酸酯	40	100
19	二硫化碳	40	100	38	异氰酸甲酯	0.30	0.75

续表

序号	物质名称	生产场所临界量/t	贮存场所临界量/t	序号	物质名称	生产场所临界量/t	贮存场所临界量/t
39	丙烯腈	40	100	53	3-氯-1,2-环氧丙烷	20	50
40	乙腈	40	100	54	四氯化碳	20	50
41	丙酮氰醇	40	100	55	氯甲烷	20	50
42	2-丙烯-1-醇	40	100	56	溴甲烷	20	50
43	丙烯醛	40	1000	57	氯甲基甲醚	20	50
44	3-氨基丙烯	40	100	58	一甲胺	20	50
45	苯	20	50	59	二甲胺	20	50
46	甲基苯	40	100	60	二甲苯	40	100
47	二甲苯	40	100	61	N,N-二甲基甲酰胺	20	50
48	甲醛	20	50	62	氯酸钾	2	50
49	烷基铅类	20		63	过氧化钾	2	20
50	羰基镍	0.4	1	64	过乙酸(浓度大于60%)	1	10
51	乙硼烷	0.4	1	65	过氧化顺式丁烯二酸叔丁酯	1	10
52	戊硼烷	0.4	1	66	过氧化(二)异丁酰(浓度大于50%)	1	10

(三) 生产过程潜在危险性识别

根据建设项目的生产特征,结合物质危险性识别,对项目功能系统划分功能单元,按物质危险性确定潜在的危险单元及重大危险源。

二、事故源项分析

(一) 事故源项分析的内容

最大可信事故是在所有预测的概率不为零的事故中,对环境(或健康)危害最严重的重大事故。事故源项分析的内容就是确定最大可信事故的发生概率、危险化学品的泄漏量。

(二) 事故源项分析的方法

定性分析方法:类比法,加权法和因素图分析法,首推类比法。

定量分析法:事件树、事故树分析法等

1. 故障树

故障树是一个演绎分析工具,用以系统地描述能导致工厂到达通常称为顶事件的某一特定危险状态的所有可能的故障。顶事件可以是一事故序列,也可以是风险定量分析中认为重要的任一状态。通过故障树的分析,能估算出某一特定事故(顶事件)的发生概率。作为例示,图 8-2 给出一化学反应厂简图,图 8-3 给出该化工厂的反应器因失控导致爆炸这一项事件的故障树。图中"安全阀未打开"、"加热系统失效"等事件表示基本原因事件,常用圆形符号表示,这是最基本的,不能再往下分析的事件。

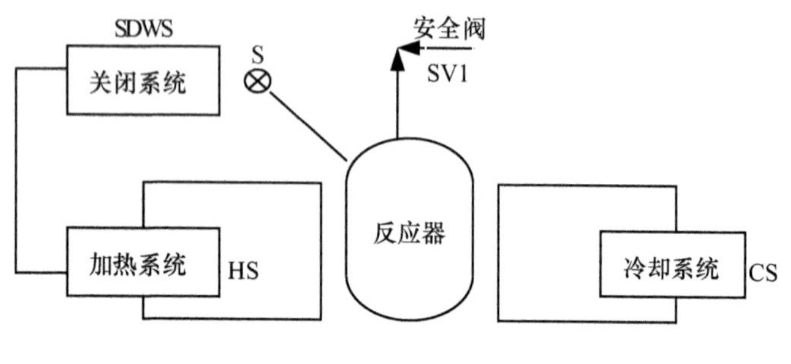

图 8-2　化学反应工厂简图

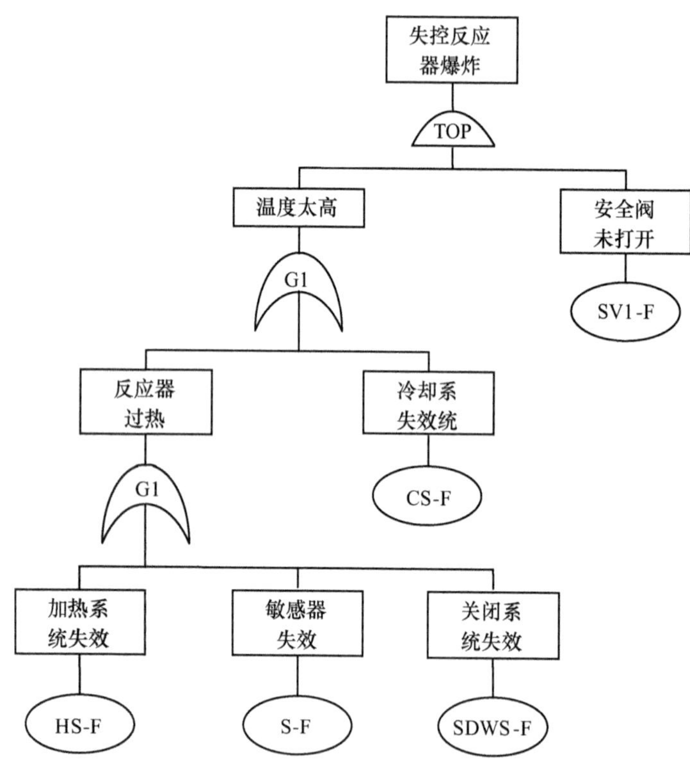

图 8-3　关于"失控导致反应器爆炸"事件的故障树

2. 事件树

故障树分析只能给出事故(顶事件)的发生概率,但并不能给出事故的其他性质,这需要通过事件树来完成。

例如,对于图 8-2 所示的化工厂,图 8-4 给出此化工厂冷却系统失效初因事件的事件树,由此事件树可知,这一失冷事故可能导致气体从阀门泄入环境,也可导致爆炸。

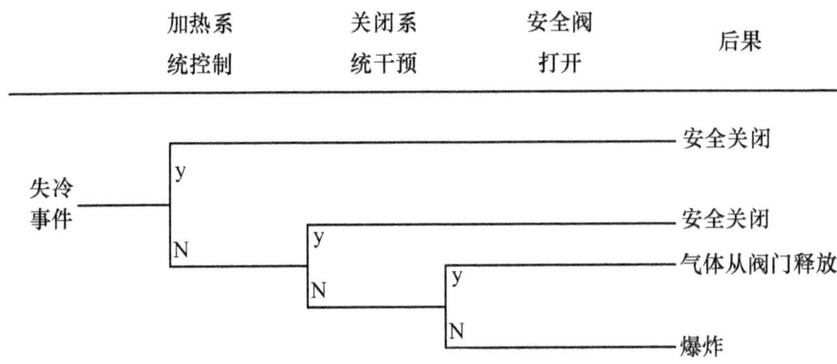

图 8-4　描述“失冷事件”初因事件后果的事件树

三、事故源强估算

(一) 危险化学品的泄漏量

危险化学品泄漏量的计算需要确定泄漏时间,估算泄漏速率。泄漏量计算包括液体泄漏速率、气体泄漏速率、两相流泄漏、泄漏液体蒸发量计算等。

1. 液体泄漏速率

液体泄漏速度 Q_L 用柏努利方程计算:

$$Q_L = C_d A P \sqrt{\frac{2(P - P_0)}{P} + 2gh} \tag{8-1}$$

式中　Q_L——液体泄漏速度,kg/s;

C_d——液体泄漏系数,此值常用 0.6 ~ 0.64;

A——裂口面积,m^2;

P——容器内介质压力,Pa;

P_0——环境压力,Pa;

g——重力加速度;

h——裂口之上液位高度,m。

本法的限制条件:液体在喷口内不应有急剧蒸发。

2. 气体泄漏速率

当气体流速在音速范围(临界流):

$$\frac{P_0}{P} \leqslant \left(\frac{2}{\kappa + 1}\right)^{\frac{k}{k-1}} \tag{8-2}$$

当气体流速在亚音速范围(次临界流):

$$\frac{P_0}{P} > \left(\frac{2}{\kappa + 1}\right)^{\frac{k}{k-1}} \tag{8-3}$$

式中 P——容器内介质压力,Pa;

P_0——环境压力,Pa;

κ——气体的绝热指数(热容比),即定压热容 C_p与定容热容 C_V之比。

假定气体的特性是理想气体,气体泄漏速度 Q_G按下式计算

$$Q_G = YC_dAP\sqrt{\frac{M\kappa}{RT_G}\left(\frac{2}{\kappa + 1}\right)^{\frac{k+1}{\kappa-1}}} \tag{8-4}$$

式中 Q_G——气体泄漏速度,kg/s;

P——容器压力,Pa;

C_d——气体泄漏系数(当裂口形状位圆形时取 1.00,三角形时取 0.95,长方形时取 0.90);

A——裂口面积,m^2;

M——分子量;

R——气体常数,J/(mol · K);

T_G——气体温度,K;

Y——流出系数,对于临界流 $Y=1.0$,对于次临界流按下式计算。

$$Y = \left[\frac{P_0}{P}\right]^{\frac{1}{k}} \times \left\{1 - \left[\frac{p_0}{p}\right]^{\frac{(k-1)}{k}}\right\}^{\frac{1}{2}} \times \left\{\left[\frac{2}{\kappa - 1}\right] \times \left[\frac{k+1}{2}\right]^{\frac{(k+1)}{(k-1)}}\right\}^{\frac{1}{2}} \tag{8-5}$$

3. 两相流泄漏

假定液相和气相是均匀的,且互相平衡,两相流泄漏计算按下式

$$Q_{LG} = C_dA\sqrt{2\rho_m(P - P_C)} \tag{8-6}$$

式中 Q_{LG}——两相流泄漏速度,kg/s;

C_d——两相流泄漏系数,可取 0.8;

A——裂口面积,m^2;

P——操作压力或容器压力,Pa;

P_C——临界压力,Pa,可取 $P_C=0.55P$;

ρ_m——两相混合物的平均密度,kg/m^3,由下式计算。

$$\rho_m = \frac{1}{\dfrac{F_V}{\rho_1} + \dfrac{1 - F_V}{\rho_2}} \tag{8-7}$$

式中 ρ_1——液体蒸发的蒸气密度,kg/m^3;

ρ_2——液体密度,kg/m^3;

F_V——蒸发的液体占液体总量的比例,由下式计算。

$$F_V = \frac{C_P(T_{LG} - T_C)}{H} \tag{8-8}$$

式中 C_p——两相混合物的定压比热,J/(kg · K);

T_{LG}——两相混合物的温度,K;

T_C——液体在临界压力下的沸点,K;

H——液体的气化热,J/kg。

当 $F_V > 1$ 时,表明液体将全部蒸发成气体,这时应按气体泄漏计算;如果 F_V很小,则可近似地按液体泄漏公式计算。

4. 泄漏液体蒸发量

泄漏液体的蒸发分为闪蒸蒸发、热量蒸发和质量蒸发三种,其蒸发总量为这三种蒸发之和。

(1) 闪蒸量的估算。过热液体闪蒸量可按下式估算

$$Q_1 = F \cdot W_T / t_1 \tag{8-9}$$

式中 Q_1——闪蒸量,kg/s;

W_T——液体泄漏总量,kg;

t_1——闪蒸蒸发时间,s;

F——蒸发的液体占液体总量的比例;按下式计算。

$$F = C_P \frac{T_L - T_b}{H} \tag{8-10}$$

式中 C_p——液体的定压比热,J/(kg · K);

T_L——泄漏前液体的温度,K;

T_b——液体在常压下的沸点,K;

H——液体的气化热,J/kg。

(2) 热量蒸发估算。当液体闪蒸不完全,有一部分液体在地面形成液池,并吸收地面热量而气化称为热量蒸发。热量蒸发的蒸发速度 Q_2按下式计算:

$$Q_2 = \frac{\lambda S \times (T_0 - T_b)}{H\sqrt{\pi \alpha t}} \tag{8-11}$$

式中 Q_2——热量蒸发速度,kg/s;

T_0——环境温度,K;

T_b——沸点温度,K;

S——液池面积,m^2;

H——液体气化热,J/kg;

λ——表面热导系数(见表 8-6),W/(m · K);

α——表面热扩散系数(见表 8-7),m^2/s;

t——蒸发时间,s。

表 8-6　某些地面的热传递性质

地面情况	$\lambda/[W/(m \cdot K)]$	$\alpha/(m^2/s)$
水泥	1.1	1.29×10^{-7}
土地(含水 8%)	0.9	4.3×10^{-7}
干阔土地	0.3	2.3×10^{-7}
湿地	0.6	3.3×10^{-7}
砂砾地	2.5	11.0×10^{-7}

表 8-7　液池蒸发模式参数

稳定度条件	n	α
不稳定(A,B)	0.2	3.846×10^{-3}
中性(D)	0.25	4.685×10^{-3}
稳定(E,F)	0.3	5.285×10^{-3}

(3) 质量蒸发估算。当热量蒸发结束,转由液池表面气流运动使液体蒸发,称之为质量蒸发。

质量蒸发速度 Q_3 按下式计算:

$$Q_3 = \alpha \times P \times M/(R \times T_0) \times u^{(2-n)/(2+n)} \times r^{(4+n)/(2+n)} \tag{8-12}$$

式中 Q_3——质量蒸发速度,kg/s;

α、n——大气稳定度系数,见表 8-7;

p——液体表面蒸气压,Pa;

R——气体常数;J/(mol · K);

T_0——环境温度 K;

u——风速,m/s;

r——液池半径,m。

液池最大直径取决于泄漏点附近的地域构型、泄漏的连续性或瞬时性。有围堰时,以围堰最大等效半径为液池半径;无围堰时,设定液体瞬间扩散到最小厚度时,推算液池等效半径。

(4) 液体蒸发总量的计算

$$W_p = Q_1 t_1 + Q_2 t_2 + Q_3 t_3 \tag{8-13}$$

式中 W_p——液体蒸发总量,kg;

Q_1——闪蒸蒸发液体量,kg;

Q_2——热量蒸发速率,kg/s;

t_1——闪蒸蒸发时间,s;

t_2——热量蒸发时间,s;

Q_3——质量蒸发速率,kg/s;

t_3—从液体泄漏到液体全部处理完毕的时间,s。

第三节 风险影响预测模型与预测内容

一、扩散模型

(一) 有毒有害物质在大气中的扩散

有毒有害物质在大气中的扩散,采用多烟团模式或分段烟羽模式、重气体扩散模式等计算。按一年气象资料逐时滑移或按天气取样规范取样,计算各网格点和关心点浓度值,然后对浓度值由小到大排序,取其累积概率水平95%的值,作为各网格点和关心点的浓度代表值进行评价。

1. 多烟团模式

在事故后果评价中采用下列烟团公式

$$C(x,y,0) = \frac{2Q}{(2\pi)^{3/2}\sigma_x\sigma_y\sigma_z}\exp\left[-\frac{(x-x_0)^2}{2\sigma_x^2}\right]\cdot\exp\left[-\frac{(y-y_0)^2}{2\sigma_y^2}\right]\cdot\exp\left[-\frac{z_0^2}{2\sigma_z^2}\right] \tag{8-14}$$

式中 $C(x,y,0)$——下风向地面(x,y)坐标处的空气中污染物浓度,mg/m^3;

x_0,y_0,z_0——烟团中心坐标;

Q——事故期间烟团的排放量;

σ_x、σ_y、σ_z——为X、Y、Z方向的扩散参数,m,常取$\sigma_x=\sigma_y$。

对于瞬时或短时间事故,可采用下述变天条件下多烟团模式

$$C_w^i(x,y,0,t_w) = \frac{2Q'}{(2\pi)^{3/2}\sigma_{x,eff}\sigma_{y,eff}\sigma_{z,eff}}\exp\left[-\frac{H_e^2}{2\sigma_{z,eff}^2}\right]\cdot\exp\left[-\frac{(x-x_w^i)^2}{2\sigma_{x,eff}^2}-\frac{(y-y_w^i)^2}{2\sigma_{y,eff}^2}\right] \tag{8-15}$$

式中 $C_w^i(x,y,o,t_w)$——第i个烟团在t_w时刻(即第w时段)在点$(x,y,0)$处产生的地面浓度;

Q'——烟团排放量,mg,$Q'=Q\Delta t$;Q为释放率,mg/s;Δt为时段长度,s;

$\sigma_{x,eff}$、$\sigma_{y,eff}$、$\sigma_{z,eff}$——烟团在w时段沿X、Y和Z方向的等效扩散参数,m,由下式估算

$$\sigma_{j,eff}^2 = \sum_{k=1}^{w}\sigma_{j,k}^2 \qquad (j=x,y,z) \tag{8-16}$$。

式中

$$\sigma_{j,k}^2 = \sigma_{j,k}^2(t_k) - \sigma_{j,k}^2(t_{k-1}) \tag{8-17}$$;

x_w'、y_w'——第w时段结束时第i烟团质心的X和Y坐标,由下述两式计算

$$x'_w = u_{x,w}(t-t_{w-1}) + \sum_{k=1}^{w-1}u_{x,k}(t_k-t_{k-1}) \tag{8-18}$$

$$y'_w = u_{y,w}(t - t_{w-1}) + \sum_{k=1}^{w-1} u_{y,k}(t_k - t_{k-t}) \tag{8-19}$$

各个烟团对某个关心点 t 小时的浓度贡献，按下式计算

$$C(x,y,0,t) = \sum_{i=1}^{n} C_i(x,y,0,t) \tag{8-20}$$

式中，n 为需要跟踪的烟团数，由下式计算

$$C_{n+1}(x,y,0,t) \leqslant f \sum_{i=1}^{n} C_i(x,y,0,t) \tag{8-21}$$

式中，f 为小于 1 的系数，可根据计算要求确定。

2. 分段烟羽模式

当事故排放源项持续时间较长时（几小时至几天），可采用高斯烟羽公式计算

$$C = \frac{Q}{2\pi u \sigma_y \sigma_z} \exp\left(-\frac{y_r^2}{2\sigma_y^2}\right)\left\{\exp\left[-\frac{(Z_s + \Delta h - z_r)^2}{2\sigma_z^2}\right] + \exp\left[-\frac{(Z_s + \Delta h + Z_r)^2}{2\sigma_z^2}\right]\right\} \tag{8-22}$$

式中　C——位于 $S(0,0,z_s)$ 的点源在接受点 $r(x_r,y_r,z_r)$ 产生的浓度。

短期扩散因子（C/Q）可表示为

$$(C/Q) = \frac{1}{2\pi u \sigma_y \sigma_z} \exp\left(-\frac{y_r^2}{2\sigma_y^2}\right)\left\{\exp\left[-\frac{(z_s + \Delta h - z_r)^2}{2\sigma_z^2}\right] + \exp\left[-\frac{(z_s + \Delta h + z_r)^2}{2\sigma_z^2}\right]\right\} \tag{8-23}$$

式中　Q——污染物释放率，mg/s；

Δh——烟羽抬升高度，m；

σ_y、σ_z、——下风距离 x_r（m）处的横向扩散参数和垂向扩散参数，扩散参数按式（8-17）计算。

3. 重气体扩散模式

重气体扩散采用 Cox 和 Carpenter 稠密气体扩散模式，计算稳定连续释放和瞬时释放后不同时间时的气团扩散。气团扩散按下式计算

（1）在重力作用下的扩散

$$\frac{\mathrm{d}R}{\mathrm{d}t} = [K \cdot g \cdot h(\rho_2 - 1)]^{\frac{1}{2}} \tag{8-24}$$

（2）在空气的夹卷作用下扩散

$$Q_e = r\frac{\mathrm{d}R}{\mathrm{d}t}\text{（从烟雾的四周夹卷）} \tag{8-25}$$

$$U_e = \frac{a \cdot u_1}{R_i}\text{（从烟雾的顶部夹卷）} \tag{8-26}$$

式中　R——瞬间泄漏的烟云形成半径；

h——圆柱体的高；

γ——边缘夹卷系数,取0.6;

a——顶部夹卷系数,取0.1;

u_1——风速,m/s;

K——试验值,一般取1;

R_i——Richardon数,由下式得出。

$$R_i = \frac{gl(\rho_{c,\alpha}{}^{-1})}{(U_1)^2} \tag{8-27}$$

式中 α——经验常数,取0.1;

U_1——轴向紊流速度;

l——紊流长度。

(二) 有毒有害物质在水中的扩散

有毒有害物质在水中的扩散,可采用《环境影响评价技术导则——地面水环境》(HJ/T 2.3)推荐的相关数学模式进行。

二、天气取样技术

对于概率风险评价言,决定后果大小的重要参数之一是释放发生以后出现的天气条件。实际上,许多天气序列可能导致类似的有毒有害物弥散。对这类天气序列归并成组,然后从每一组中选出几个代表性序列进行分析,可大大减少计算时间。因此,天气取样的目的是鉴别出符合下列条件的适量的天气序列,即这些天气序列足以代表弥散物质可能遇到的全部范围的天气序列,然后分配给每一类天气序列以合适的出现概率。

目前天气取样技术主要有下述三种:循环取样、随机取样和分层取样。前两种方法都有下述缺陷,即频繁地对经常出现的那些气象序列组取样而忽略了比较罕见(可能也较严重)的天气序列。而分层取样技术基本上克服了上述缺陷。这里,以秦山核电厂(二期)大气扩散实验期间一年(1991.10.31~1992.10.31)的铁塔实测资料(风速、风向、稳定度、向量)为例,说明分层取样技术。

表8-8给出了天气取样序列分类特征。由表可见,共分32组天气取样序列,其中一半16组是在事故发生后不同下风距离间隔[其中(0~10)表示在0至10km间隔]中发生降雨事件,另一半16组是不发生降雨事件。表中降雨强度1、2、3、4分别指降雨强度为<0.5mm/h、0.5~2.5mm/h、2.5~15.0mm/h和>15.0mm/h。根据表8-8的分类特征,把秦山二期一年的逐时气象数据代入,得到每类天气序列出现次数及其频率,结果列于表8-9。

表 8-8　天气取样特征

天气种类号	特征	天气种类号	特征
1	A,B稳定度,风速≤3.0	17	在(0,10)区间降雨强度为1
2	A,B稳定度,风速>3.0	18	在(10,16)区间降雨强度为1
3	C,D稳定度,风速≤1.0	19	在(16,24)区间降雨强度为1
4	C,D稳定度,1.0<风速≤2.0	20	在(24,32)区间降雨强度为1
5	C,D稳定度,2.0≤风速≤3.0	21	在(0,10)区间降雨强度为2
6	C,D稳定度,3.0<风速≤5.0	22	在(10,16)区间降雨强度为2
7	C,D稳定度,,5<风速≤7.0	23	在(16,24)区间降雨强度为2
8	C,D稳定度,风速>7.0	24	在(24,32)区间降雨强度为2
9	E稳定度,风速≤1.0	25	在(0,10)区间降雨强度为3
10	E稳定度,1.0<风速≤2.0	26	在(10,16)区间降雨强度为3
11	E稳定度,2.0<风速≤3.0	27	在(16,24)区间降雨强度为3
12	E稳定度,风速>3.0	28	在(24,32)区间降雨强度为3
13	F稳定度,风速≤1.0	29	在(0,10)区间降雨强度为4
14	F稳定度,1.0<风速≤2.0	30	在(10,16)区间降雨强度为4
15	F稳定度,2.0<风速≤3.0	31	在(16,24)区间降雨强度为4
16	F稳定度,风速>3.0	32	在(24,32)区间降雨强度为4

表 8-9　不同天气序列组的出现次数与频率

天气类型	序列数	百分比/%	天气类型	序列数	百分比/%
1	234	2.80	17	614	7.35
2	434	5.19	18	193	2.31
3	109	1.30	19	114	1.36
4	348	4.17	20	59	0.71
5	556	6.65	21	124	1.48
6	1238	14.82	22	32	0.38
7	1215	15.54	23	17	0.20
8	1252	14.99	24	10	0.12
9	45	0.54	25	67	0.80
10	127	1.52	26	12	0.14
11	224	2.68	27	10	0.12
12	974	11.66	28	5	0.06
13	24	0.29	29	84	1.01
14	98	1.17	30	34	0.41
15	118	1.41	31	18	0.22
16	371	4.44	32	4	0.05

在32组天气序列中,每组取几个代表性序列,如何取法及总数取多少为宜,可采用下述两种方法:①序列法,即对每一类天气序列取相同数目的代表性序列,这里与MACCS相同,每组取4个,一共取出128个;②等概率法,对第i类天气序列,其取样数等于$128N_i/N_0$取整数,若小于1,则取1,此中,N_0代表1年中有效观测总次数,N_i代表此类天气序列组出现的次数。按上述两种方法确定32组天气序列每组应取样的数目后,采用拉丁超立方方式进行取样。作为示例,表8-10给出按等序列法取出的128个天气序列发生的日期和小时,此中日期起点是气象塔开始观测的那一天。

表8-10 用等序列法的天气取样结果

序列号	天气类型	日期	小时	发生概率%	序列号	天气类型	日期	小时	发生概率%
1	1	9	12	2.80	29	8	57	22	14.99
2	1	154	13	2.80	30	8	172	16	14.99
3	1	255	13	2.80	31	8	207	20	14.99
4	1	262	15	2.80	32	8	267	19	14.99
5	2	35	11	5.19	33	9	42	17	0.54
6	2	180	10	5.19	34	9	48	17	0.54
7	2	273	11	5.19	35	9	139	21	0.54
8	2	327	13	5.19	36	9	170	5	0.54
9	3	29	11	1.30	37	10	21	7	1.52
10	3	81	8	1.30	38	10	102	21	1.52
11	3	154	10	1.30	39	10	179	1	1.52
12	3	345	9	1.30	40	10	351	23	1.52
13	4	37	15	4.17	41	11	13	19	2.68
14	4	88	11	4.17	42	11	127	21	2.68
15	4	171	9	4.17	43	11	198	2	2.68
16	4	285	16	4.17	44	11	236	20	2.68
17	5	21	15	6.65	45	12	4	5	11.66
18	5	103	11	6.65	46	12	127	19	11.66
19	5	255	16	6.65	47	12	205	19	11.66
20	5	316	3	6.65	48	12	286	22	11.66
21	6	15	9	14.82	49	13	13	2	0.29
22	6	112	7	14.82	50	13	97	19	0.29
23	6	297	1	14.82	51	13	97	20	0.29
24	6	361	11	14.82	52	13	261	2	0.29
25	7	42	4	14.54	53	14	29	24	1.17
26	7	214	4	14.54	54	14	76	23	1.17
27	7	257	16	14.54	55	14	77	3	1.17
28	7	334	23	14.54	56	14	209	2	1.17

续表

序列号	天气类型	日期	小时	发生概率%	序列号	天气类型	日期	小时	发生概率%
57	15	3	5	1.41	93	24	158	6	0.12
58	15	77	6	1.41	94	24	158	6	0.12
59	15	85	23	1.41	95	24	194	23	0.12
60	15	116	24	1.41	96	24	199	2	0.12
61	16	10	24	4.44	97	25	66	10	0.80
62	16	63	3	4.44	98	25	136	3	0.80
63	16	116	4	4.44	99	25	147	19	0.80
64	16	339	22	4.4	100	25	289	8	0.80
65	17	25	12	7.35	101	26	138	20	0.14
66	17	140	5	7.35	102	26	158	11	0.14
67	17	244	6	7.35	103	26	229	19	0.14
68	17	246	18	7.35	104	26	306	7	0.14
69	18	64	8	2.31	105	27	27	19	0.12
70	18	147	9	2.31	106	27	138	18	0.12
71	18	302	13	2.31	107	27	189	3	0.12
72	18	328	8	2.31	108	27	305	2	0.12
73	19	74	11	1.36	109	28	23	5	0.06
74	19	149	17	1.36	110	28	173	13	0.06
75	19	240	12	1.36	111	28	173	13	0.06
76	19	300	20	1.36	112	28	229	10	0.06
77	20	67	23	0.71	113	29	141	12	1.01
78	20	217	1	0.71	114	29	199	7	1.01
79	20	288	19	0.71	115	29	290	8	1.01
80	20	310	8	0.71	116	29	305	23	1.01
81	21	126	1	1.48	117	30	189	18	0.41
82	21	147	20	1.48	118	30	287	21	0.41
83	21	158	9	1.48	119	30	292	19	0.41
84	21	333	24	1.48	120	30	328	9	0.41
85	22	158	8	0.38	121	31	234	13	0.22
86	22	178	11	0.38	122	31	287	18	0.22
87	22	304	22	0.38	123	31	292	17	0.22
88	22	27	20	0.38	124	31	313	15	0.22
89	23	142	23	0.20	125	32	234	12	0.05
90	23	178	10	0.20	126	32	282	24	0.05
91	23	318	14	0.20	127	32	283	1	0.05
92	23	318	14	0.20	128	32	287	17	0.05

三、预测内容要求

（一）危害源形式及转移途径

分析最大可信灾害事故有毒有害物质泄漏的形态、向环境的转移途径及其特征。

（二）环境危害预测

根据有毒有害物质的类别、性质、可能危害及转移特征，选择相应的预测模式，预测最大可信灾害事故对环境可能带来的危害。应包括预测模型选择、参数确定、计算结果、标准选择及分析。

第四节　风 险 评 价

一、风险评价内容与范围

（一）风险评价的内容

1. 大气环境风险评价，首先计算浓度分布，然后按《工作场所有害因素职业接触限值》（GBZ2）规定的短时间接触容许浓度给出该浓度分布范围及在该范围内的人口分布。

2. 水环境风险评价，以水体中污染物浓度分布、包括面积及污染物质质点轨迹漂移等指标进行分析，浓度分布以对水生生态损害阈作比较。

3. 对以生态系统损害为特征的事故风险评价，按损害的生态资源的价值进行比较分析，给出损害范围和损害值。

4. 鉴于目前毒理学研究资料的局限性，风险值计算对急性死亡、非急性死亡的致伤、致残、致畸、致癌等慢性损害后果目前尚不计入。

（二）风险评价范围

风险评价涉及面很广，一般可以从以下几方面考虑。

1. 从地理位置上包含显著地受项目风险事件波及的范围考虑。对于使用危险品原料的项目还应评价原料运输中可能发生的事故风险。

2. 项目风险评价的时间跨度应覆盖规划、设计、施工、调试运行和日常维护，以及服务期满后可能出现的风险。

3. 风险事件的成因除了由项目自身性质决定外，还会因周围其他的事件或自然灾害原因引发。

4. 受风险影响的物质对象除环境中空气、水体、树木以及周围的建筑及设施等,还有不同的人群,如拟建项目的运行人员,周围社区的人群,特别是敏感人群。

二、风险评价方法

(一)风险计算

1. 风险值

为了比较环境风险的大小,经常使用环境风险值来表述。

风险值是风险评价表征量,包括事故的发生概率和事故的危害程度。定义为

$$\text{风险值}\left(\frac{\text{后果}}{\text{时间}}\right)=\text{概率}\left(\frac{\text{事故数}}{\text{单位时间}}\right)\times\text{危害程度}\left(\frac{\text{后果}}{\text{每次事故}}\right) \quad (8\text{-}28)$$

最大可信灾害事故对环境所造成的风险 R 按下式计算

$$R = P \cdot C \quad (8\text{-}29)$$

式中 R——风险值;

P——最大可信事故概率(事件数/单位时间);

C——最大可信事故造成的危害(损害/事件)。

风险评价需要从各功能单元的最大可信事故风险 R_j 中,选出危害最大的作为本项目的最大可信灾害事故,并以此作为风险可接受水平的分析基础。即

$$R_{\max} = f(R_j) \quad (8\text{-}30)$$

2. 危害计算

(1)任一毒物泄漏,从吸入途径造成的效应包括:感官刺激或轻度伤害、确定性效应(急性致死)、随机性效应(致癌或非致癌等效致死率)。这里只考虑急性危害。

毒性影响通常采用概率函数形式计算有毒物质从污染源到一定距离能造成死亡或伤害的经验概率的剂量。

概率 Y 与接触毒物浓度及接触时间的关系为

$$Y = A_t + B_t \ln(D^n \cdot t_e) \quad (8\text{-}31)$$

式中,A_t、B_t和 n 与毒物性质有关;D 为接触的浓度(kg/m);t_e为接触时间(s);$D^n. t_e$为毒性负荷。在一个已知点其毒性浓度随着雾团的通过和稀释而变化。

鉴于目前许多物质的 A_t、B_t、n 参数有限,因此在危害计算中仅选择对有成熟参数的物质按上述计算式进行详细计算。

在实际应用中,可用简化分析法,用 LC_{50}浓度来求毒性影响。若事故发生后下风向某处,化学污染物 i 的浓度最大值 $D_{i,\max}$大于或等于化学污染物 i 的半致死浓度 $LC_i,_{50}$,则事故导致评价区内因发生污染物致死确定性效应而致死的人数 C_i 由下式给出

$$C_i = \sum_{\ln} 0.5N(X_{i\ln}, Y_{j\ln}) \tag{8-32}$$

式中 $N(X_{i\ln}, Y_{j\ln})$ 表示浓度超过污染物半致死浓度区域中的人数。

(2)最大可信事故所有有毒有害物泄漏所致环境危害 C,为各种危害 C_i 总和

$$C = \sum_{i=1}^{n} C_i \tag{8-33}$$

(二) 风险评价

环境风险评价的最终目的是确定什么样的风险是社会可以接受的,因此也可以说环境风险评价是评判环境风险的概率及其后果可接受性的过程。判断一种环境风险是否能被接受,通常采用比较的方法。

风险可接受分析采用最大可信灾害事故风险值 R_{max} 与同行业可接受风险水平 R_L 比较:

$R_{max} \leqslant R_L$ 则认为本项目的建设,风险水平是可以接受的。

$R_{max} > R_L$ 则对该项目需要采取降低风险的措施,以达到可接受水平,否则项目的建设是不可接受的。

第五节　减少风险危害的措施与风险应急管理

环境风险是可以预测的,也是可以控制的,为了减轻风险后果、频率和影响,有必要采取减少风险危害的措施,提出相应的风险应急管理计划并给予实施。

一、常用的减少风险危害的措施

(一) 选址、总图布置和建筑安全防范措施

厂址及周围居民区、环境保护目标设置卫生防护距离,厂区周围工矿企业、车站、码头、交通干道等设置安全防护距离和防火间距。厂区总平面布置符合防范事故要求,有应急救援设施及救援通道、应急疏散及避难所。

(二) 危险化学品贮运安全防范措施

对贮存危险化学品数量构成危险源的贮存地点、设施和贮存量提出要求,与环境保护目标和生态敏感目标的距离符合国家有关规定。

(三) 工艺技术设计安全防范措施

自动监测、报警、紧急切断及紧急停车系统;防火、防爆、防中毒等事故处理系统;应急救援设施及救援通道;应急疏散通道及避难所。

（四）自动控制设计安全防范措施

有可燃气体、有毒气体检测报警系统和在线分析系统设计方案。

（五）电气、电讯安全防范措施

爆炸危险区域、腐蚀区域划分及防爆、防腐方案。

（六）消防及火灾报警系统

（七）紧急救援站或有毒气体防护站设计

二、风险应急管理计划

应急预案的主要内容见表8-11。

表8-11 应急预案内容

序号	项目	内容及要求
1	应急计划区	危险目标：装置区、贮罐区、环境保护目标
2	应急组织机构、人员	工厂、地区应急组织机构、人员
3	预案分级响应条件	规定预案的级别及分级响应程序
4	应急救援保障	应急设施，设备与器材等
5	报警、通讯联络方式	规定应急状态下的报警通讯方式、通知方式和交通保障、管制
6	应急环境监测、抢险、救援及控制措施	由专业队伍负责对事故现场进行侦察监测，对事故性质、参数与后果进行评估，为指挥部门提供决策依据
7	应急检测、防护措施、清除泄漏措施和器材	事故现场、邻近区域、控制防火区域，控制和清除污染措施及相应设备
8	人员紧急撤离、疏散，应急剂量控制、撤离组织计划	事故现场、工厂邻近区、受事故影响的区域人员及公众对毒物应急剂量控制规定，撤离组织计划及救护，医疗救护与公众健康
9	事故应急救援关闭程序与恢复措施	规定应急状态终止程序 事故现场善后处理，恢复措施 邻近区域解除事故警戒及善后恢复措施
10	应急培训计划	应急计划制定后，平时安排人员培训与演练
11	公众教育和信息	对工厂邻近地区开展公众教育、培训和发布有关信息

第六节 风险评价案例分析

以某扩建项目风险评价案例为例。

一、风险类型及识别

(一) 风险类型

根据工程分析确定本项目存在具有潜在危险因素为原料氯甲烷、环氧乙烷、异丙醇、硫酸二甲酯、氯乙酸、丙烯酰胺等在贮存、运输和生产中发生泄漏和火灾爆炸事故。

根据对同类化工项目的类比调查分析,以及鉴于火灾爆炸事故评价在安全评价范畴之内,本次环评重点进行毒物泄漏污染源事故风险影响评价。

(二) 物质危险性识别

1. 物料毒理毒性及分级

按照《环境风险评价实用技术和方法》规定,在进行化工、医药项目潜在危害分析时,首先要评价有害物质,确定项目中哪些物质属应该进行危险性评价以及毒物危害程度的分级。根据毒物的中毒危害程度可分为四级:Ⅰ—极度危害、Ⅱ—高度危害、Ⅲ—中度危害、Ⅳ—轻度危害。本项目主要原料的危害特征、毒性指标及危害程度分级判定结果见本案例表1。

由本案例表1可见,本项目所使用的原、辅材料中,环氧乙烷、硫酸二甲酯、氯乙酸、丙烯酰胺属高度危害物质,毒性级别均为Ⅱ。

表1 原辅料的危害特征、毒性指标及判定结果表

物质名称	危害特征	毒性指标	危害分级
氯甲烷	有刺激和麻醉作用,严重损伤中枢神经系统,也能损害肝、肾	LC_{50} 5300mg/m^3 大鼠吸入(4h)	Ⅲ
环氧乙烷	是一种中枢神经抑制剂、刺激剂和原浆毒物	LD_{50} 330mg/kg(大鼠经口)	Ⅱ
硫酸二甲酯	对皮肤、黏膜有强烈的刺激作用	LD_{50} 205mg/kg(大鼠经口)	Ⅱ
氯乙酸	吸入高浓度本品蒸气或皮肤接触其溶液后,可迅速大量吸收,造成急性中毒	LD_{50} 76mg/kg(大鼠经口)	Ⅱ
二乙烯三胺	蒸气或雾对鼻、喉和黏膜有腐蚀性,可引起支气管炎、化学性肺炎或肺水肿。对眼有强烈腐蚀性,重者可导致失明	LD_{50} 1080mg/kg(大鼠经口)	Ⅲ
三乙醇胺	该品对眼睛、呼吸系统、皮肤有刺激性	LD_{50} 5000 ~ 9000mg/kg(大鼠经口)	Ⅳ

续表

物质名称	危害特征	毒性指标	危害分级
丙烯酰胺	本品具神经毒作用。可引起疲嗜睡、手指麻木,位置性震颤,步态紊乱,肌肉萎缩,肌肉无力,手出汗脱屑以及接触性皮炎等	LD_{50} 150 ~ 180mg/kg(大鼠经口)	Ⅱ
乙酸	酸性腐蚀品,吸入蒸气对鼻、喉和呼吸道有刺激性。对眼有强烈的刺激性,皮肤接触,轻者出现线斑,重者引起化学灼伤	LD_{50} 3530mg/kg(大鼠经口)	Ⅲ
异丙醇	接触高浓度蒸气出现头痛、倦睡、共济失调以及眼、鼻、喉刺激症状。口服可致恶心、呕吐、腹痛、腹泻、倦睡、昏迷甚至死亡	LD_{50} 5045mg/kg(大鼠经口)	Ⅳ

2. 主要原、辅材料的火灾爆炸危险性的确定

参照《石油化工行业安全评价实施办法》进行火灾爆炸危险度的确定,本项目原、辅材料中部分材料的火灾爆炸危险性结果见本案例表2。

表2　原、辅材料中部分材料的火灾爆炸危险性结果表

名称	状态	爆炸极限/V%	危险度	闪点/℃	危险性	火灾危险分类
氯甲烷	气	7 ~ 19	1.57	< -50	易燃,与空气混合可形成爆炸性混合物,遇火花、高热能引起爆炸并生成剧毒的光气。接触铝及其合金能生成自燃性的铝化合物	甲类
环氧乙烷	气	3 ~ 100	32.3	-17.8	易燃,其蒸气能与空气形成爆炸性混合物。遇热源和明火有燃烧爆炸的危险。遇高热可发生剧烈分解,引起容器破裂或爆炸。接触碱金属、氢氧化物或高活性催化剂如铁、锡和铝的无水氯化物及铁和铝的氧化物可大量放热,并可能引起爆炸	甲类
硫酸二甲酯	液	/	/	83	可燃,遇热源、明火、氧化剂有燃烧爆炸的危险。若遇高热可产生剧烈分解,引起容器破裂或爆炸事故。与氢氧化铵反应强烈	丙类

续表

名称	状态	爆炸极限/V%	危险度	闪点/℃	危险性	火灾危险分类
氯乙酸	固	8		126	可燃,遇明火、高热可燃。受高热分解产生有毒的腐蚀性烟气。与强氧化剂接触可发生化学反应。遇潮时对大多数金属有强腐蚀性	丙类
二乙烯三胺	液	/	/	94	遇明火、高热可燃。与氧化剂能发生强烈反应。若遇高热,容器内压增大,有开裂和爆炸的危险	丙类
三乙醇胺	液	/	/	185	遇明火、高热或与氧化剂接触,有引起燃烧爆炸的危险	丙类
丙烯酰胺	固	/	/	/	遇高热、明火或与氧化剂接触,有引起燃烧的危险。若遇高热,可能发生聚合反应,出现大量放热现象,引起容器破裂和爆炸事故	丙类
乙酸	液	4~17	3.25	39	易燃,其蒸气与空气可形成爆炸性混合物,遇明火、高热能引起燃烧爆炸。与铬酸、过氧化钠、硝酸或其他氧化剂接触,有引起爆炸的危险。有强腐蚀性	乙类
异丙醇	液	2~12.7	5.35	12	易燃,其蒸气与空气可形成爆炸性混合物。遇明火、高热能引起燃烧爆炸。与氧化剂接触会猛烈反应。在火场中,受热的容器有爆炸危险	甲类

由本案例表2可见,本项目所使用的主要原、辅材料中环氧乙烷、氯甲烷、异丙醇的火灾危险性分类为甲类,其中环氧乙烷危险度最大。

3. 物质和生产设施风险识别

本项目环境风险识别主要是判断工程各功能单元(包括生产、加工、原材料及产品运输、贮存等)中所存在的重大危险源。

重大危险源的识别是依据《重大危险源辨识》中有关危险物质的定义,以及危险物质在生产场所和贮存场所临界量来进行筛选。

某评价项目功能单元内存在的危险物质的数量,若等于或超过规定的临界量,则该功能单元被视作重大危险源。当该单元存在一种以上危险物质时,有下列公式

$$q_1/Q_1 + q_2/Q_2 \cdots\cdots + q_n/Q_n \geqslant 1$$

式中 q_1、$q_2 \cdots q_n$—— 每种危险物质实际存在量,t;

Q_1、Q_2、…、Q_n—— 与各危险物质相对应的临界量,t。

如果该单元的多种并存危险物质满足上式,则也属重大危险源。

本项目危险物质生产场所、贮存场所存在量及其临界量如本案例表3。

表3 本项目危险物质存在量、临界量

危险物质名称	危险类别	存在量 q/t	临界量 Q/t	q/Q	备注
环氧乙烷	易燃物质	1.8	1	1.8	生产场所
硫酸二甲酯	有毒物质	1.3	20	0.065	生产场所
		18	50	0.36	贮存场所
异丙醇*	易燃物质	27.5	20	1.37	贮存场所
		5.4	2	2.7	生产场所

注:本项目不设环氧乙烷贮罐,利用某公司现有3个$80m^3$贮罐。

*表示异丙醇临界量参照甲醇。

由本案例表3可见,环氧乙烷、异丙醇的q/Q值大于1,而硫酸二甲酯无论是生产区还是贮存区的q/Q值均小于1,说明环氧乙烷生产单元、异丙醇生产单元和贮存单元均为明显的重大危险源。

二、源项分析

(一)最大可信事故的确定及其概率

本项目导致环境风险的危险物质为环氧乙烷、异丙醇和硫酸二甲酯,它们既具有易燃性和可燃性,又均具有毒性。当物料发生泄漏后,首要风险在于有毒有害物质在大气中的弥散,对周边人群和环境的影响。

从这两种物质的理化性质及毒性可知,环氧乙烷、硫酸二甲酯毒物危害程度均为Ⅱ级,异丙醇为Ⅳ级,并考虑q/Q比值,环氧乙烷、异丙醇、硫酸二甲酯三种物质中,环氧乙烷危险性大于硫酸二甲酯、异丙醇,环氧乙烷将作为本项目主要环境风险评价因子,其次为异丙醇。本节主要考虑环氧乙烷。

通过功能单元风险识别和类比调查分析得知,本项目环氧乙烷泄漏可信事故主要有:一是环氧乙烷计量槽发生泄漏,环氧乙烷迅速气化排放弥散到周边环境中;二是环氧乙烷汽车槽车在运输途中发生交通事故,导致环氧乙烷泄漏在公路沿线;三是环氧乙烷贮罐发生泄漏,环氧乙烷迅速气化排放弥散到周边环境中。鉴于环氧乙烷贮存及运输均利用飞翔公司现有装置,为此本次环评仅将环氧乙烷计量槽发生泄漏作为最大可信事故进行环境风险预测和评价。

环氧乙烷计量槽泄漏事故概率的估算虽然已有一些可靠性工程研究方法,但仍需要大量历史事故统计数据资料为样本。目前尚缺少国内环氧乙烷计量槽泄漏事故有针对性的大量数据统计样本。因此将参照国内类似化学品物料计量槽的泄漏事故概率进行分析。

综合相关统计资料分析,国内贮罐、管道、计量槽发生泄漏性事故概率一般在10^{-3}至10^{-4}数量级。

依据概率原理,某一特定气象条件下的环境风险事故概率可按下式导出:

$$P(AB) = P(A) \cdot P(B)$$

式中 $P(AB)$—— 某一特定气象条件下事故概率;

$P(A)$—— 指定事故概率;

$P(B)$—— 某一特定气象条件出现概率(比如相关风向年出现频率)。

本地区主导风风向频率为11%,年静风频率为9.1%。因此,在参照确定环氧乙烷、异丙醇贮罐泄漏事故概率为10^{-4}数量级时,利用以上公式可求出,对于评价区任一下风向或静风时区域,其最大可信事故概率在10^{-5}左右。风险概率水平属于中等偏下概率的工程风险事件,应有防范措施,并制定事故应急预案。

(二) 最大可信事故源强

环氧乙烷计量槽发生泄漏事故时,其泄漏量可采用柏努利(Bernoulli)方程予以推算,其公式为:

$$Q = C_d \cdot A \cdot \rho[2(P_1 - P_0)/\rho + 2g \cdot h]^{0.5}$$

式中 Q——液体泄漏速度,kg/s;

C_d——液体泄漏系数(可取0.60–0.64);

A——裂口面积,m^2;

P_1——容器内介质压力,Pa;

P_0——环境压力,Pa;

g——重力加速度,m/s^2;

h——裂口之上液位高度,m;

ρ——液体密度,g/cm^3。

参照类比调查相关资料设定,泄漏点之上环氧乙烷液位高度2m,裂口大小等效于直径100mm圆,内外压力差为298 870Pa,泄漏时间5min,估算得出环氧乙烷计量槽事故泄漏量源强为220kg/min左右。

与同类事故泄漏比例大体相当,可作为最大可信事故源强。

(三) 最大可信事故疏散距离

在危险化学品泄漏事故发生时,应根据不同危险物质的理化特性和毒性,结合当时气象条件,迅速做好泄漏点周围人员及居民的紧急疏散工作。根据最大可信事故源强,确定紧急疏散距离是危险化学品事故救援工作的一项重要课题。

鉴于国内目前尚无这方面的系统研究成果。本次环评采用美国、加拿大、墨西哥联合研究编制的 ERG2000 中的环氧乙烷数据参数。这些参数是通过以下数据综合分析而成，即：

(1) 释放速率和扩散模型；

(2) 美国运输部有害物质事故报告系统（HMIS）数据库的资料；

(3) 美国、加拿大、墨西哥三国 120 多个地方 5 年的每小时气象观察资料；

(4) 各种化学物质毒理学接触数据。

疏散距离的划分确定分为两种。一是紧急隔离带。它是以紧急隔离距离为半径的圆，该圆内非事故处理人员不得入内。二是下风向疏散距离。它是指必须采取保护措施的范围，该范围内的居民处于有害接触的危险之中，应采取撤离、密闭住所门窗等有效避险措施，并保持通讯畅通以听从紧急指挥。疏散距离的划分可参见本案例图 1。

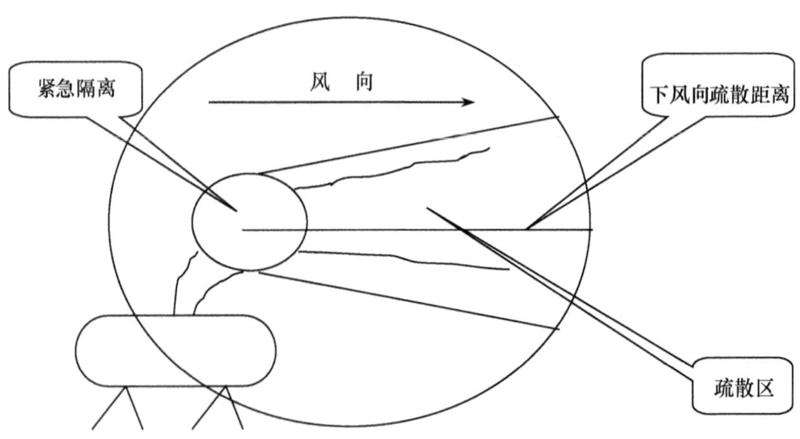

图 1　紧急疏散范围的分类与划分示意图

ERG2000 标准中，环氧乙烷的疏散距离列于本案例表 4。该标准以环氧乙烷的大小包装（以 200L 为量限）泄漏将疏散距离分为两个级别。

表 4　环氧乙烷疏散距离

项目	泄漏量等级					
	少量泄漏 – 小包装（ <200L）			大量泄漏 – 大包装（ >200L）		
疏散类别	紧急隔离带	白天下风向疏散距离	夜间下风向疏散距离	紧急隔离带	白天下风向疏散距离	夜间下风向疏散距离
疏散距离/m	30	200	200	60	500	1800

在确定紧急隔离带半径和疏散距离时，由于夜间气象条件对化学品烟云的混

合扩散作用要比白天效果差,化学品烟云不易扩散,因此夜间疏散距离要比白天远一些。在标准中白天与夜间的区分以太阳升起和降落为准。

三、环境风险预测和评价

(一) 环氧乙烷计量槽泄漏事故风险预测结果

根据设定的环氧乙烷泄漏最大可信事故源强,采用导则中推荐的有风、小风静风非正常排放模式,对环氧乙烷泄漏事故造成的环境风险进行了预测。气象条件的选取依据最大出现概率原则。有风时,稳定度取 D 类;静风时稳定度取 F 类,有风时选取全年平均风速 3.5m/s;静风时选取风速 0.4m/s。

有风气象条件和静风气象条件下,环氧乙烷泄漏事故风险预测结果分别见本案例表 5、表 6。

对于空气中环氧乙烷浓度风险评价标准,短时间接触容许浓度可选用《工作场所空气中有毒物质容许浓度》,其值为 5mg/m^3;对人员身体造成危害的浓度,依据环氧乙烷的毒理特性,参照国外急性毒性实验剂量浓度,可分为三个标准等级,即:

轻度危害(易恢复的轻度损害)——19.9mg/m^3;

中度危害(暂时或永久性损害)——199mg/m^3;

重度危害(威胁生命的暂时或永久性损害)——497.5mg/m^3。

表 5　环氧乙烷泄漏事故风险预测结果

泄漏点下风向距离/m	最大浓度出现时刻(事故发生后)/min	该距离环氧乙烷最大浓度/(mg/m^3)	评价标准/(mg/m^3)				预测结果分析
			工作场所容许浓度	人员遭危害浓度			
				轻度	中度	重度	
100	1	5253	5	19.9	199	497.5	超过重度危害浓度
200	2	2739					
300	3	1702					
600	8	327					超过中度危害浓度
800	10	136					超过轻度危害浓度
1100	12	76					
1600	15	42					
2400	20	21					
3100	25	12					低于轻度危害浓度
3800	30	8					
4500	35	5					

表 6　环氧乙烷泄漏事故风险预测结果

<table>
<tr><th rowspan="3">距泄漏点距离/m</th><th rowspan="3">事故发生后时间/min</th><th rowspan="3">该时刻环氧乙烷浓度/(mg/m³)</th><th colspan="4">评价标准 /(mg/m³)</th><th rowspan="3">预测结果分析</th></tr>
<tr><th rowspan="2">工作场所容许浓度</th><th colspan="3">人员遭危害浓度</th></tr>
<tr><th>轻度</th><th>中度</th><th>重度</th></tr>
<tr><td rowspan="2">50</td><td>3</td><td>3964</td><td rowspan="16">5</td><td rowspan="16">19.9</td><td rowspan="16">199</td><td rowspan="16">4975</td><td rowspan="4">超过重度危害浓度</td></tr>
<tr><td>5</td><td>4184(最大)</td></tr>
<tr><td rowspan="2">200</td><td>3</td><td>843</td></tr>
<tr><td>6</td><td>1081(最大)</td></tr>
<tr><td rowspan="2">300</td><td>3</td><td>236</td><td rowspan="5">相距 400m 处，超过中度危害浓度</td></tr>
<tr><td>6</td><td>452</td></tr>
<tr><td rowspan="3">400</td><td>5</td><td>185</td></tr>
<tr><td>7</td><td>235</td></tr>
<tr><td>8</td><td>306(最大)</td></tr>
<tr><td rowspan="3">500</td><td>5</td><td>86</td><td rowspan="6">小于中度危害浓度，但超过轻度危害浓度</td></tr>
<tr><td>7</td><td>132</td></tr>
<tr><td>8</td><td>191(最大)</td></tr>
<tr><td rowspan="3">700</td><td>5</td><td>3</td></tr>
<tr><td>7</td><td>25</td></tr>
<tr><td>9</td><td>39(最大)</td></tr>
<tr><td rowspan="2">800</td><td>7</td><td>8</td><td rowspan="2">低于轻度危害浓度</td></tr>
<tr><td>9</td><td>17(最大)</td></tr>
</table>

静风条件下的预测结果。

（二）物料泄漏事故风险评价

由预测结果可知，环氧乙烷泄漏最大可信事故发生时，有风气象条件下，事故发生 0～3min 后，下风向 300m 之内区域，环氧乙烷将超过重度危害浓度，应立即划分为紧急隔离带。事故发生 4～8min 后，下风向 300～600m 区域，环氧乙烷浓度将相继超过中度危害浓度。下风向 600～2400m 区域，环氧乙烷最大浓度都将超过轻度危害浓度。下风向 2400m 可定为下风向疏散距离。

静风气象条件下，周边半径 200m 区域，环氧乙烷将超过重度危害浓度，应立即划分为紧急隔离带。周边半径 400m 区域，环氧乙烷最大浓度将超过中度危害浓度，周边半径 700m 区域，环氧乙烷最大浓度将超过轻度危害浓度，700m 可定为下风向疏散距离。

四、风险防范措施和事故应急预案

（一）物料泄漏事故风险防范措施

（1）火灾和爆炸的预防措施：控制与消除火源；严格控制设备质量及其安装质

量;加强管理、严格工艺纪律;安全措施的实施。

(2) 物料泄漏的预防:泄漏事故的防止是生产和储运过程中最重要的环节,发生泄漏事故可能引起火灾和爆炸等一系列重大事故。经验表明:设备失灵和人为的操作失误是引发泄漏的主要原因。因此选用较好的设备、精心设计、认真的管理和操作人员的责任心是减少泄漏事故的关键所在。

(3) 危险化学品安全管理对策与措施:危险化学品的包装内应附有与危险化学品完全一致的化学品安全技术说明书,并在包装(包括外包装件)上加贴或者拴挂与包装内危险化学品完全一致的化学品安全标签;在生产、储存和使用化学危险品的场所设置通讯、报警装置,并保证在任何情况下处于正常适用状态;危险化学品专用仓库,应当符合国家标准对安全、消防的要求,设置明显的标志。危险化学品专用仓库的储存设备和安全设施应当定期检测。

(4) 加强安全管理和安全教育:企业应开展安全生产定期检查,及时发现并消除隐患;制定防止事故发生的各种规章制度并严格执行;建立由厂主要领导负责的安全小组,对安全工作做到层层落实、真抓实干。按规定对操作人员进行安全操作技术培训,考试合格后方可上岗。企业的安全工作应做到经常化和制度化。

(二) 物料泄漏事故应急预案

1. 企业事故应急处理组织机构

根据精细化工企业的行政隶属特点,建议由企业法人负责协调成立两级事故应急处理组织机构,即厂级和车间级。人员组成包括:厂级主要领导干部,车间主要负责人,以及安全、消防、环保、设备、医院(或卫生站)保卫、技术、后勤等部门有关人员。并专设事故应急处理指挥中心,下设①通讯组;②技术组;③急救组;④抢修组;⑤监测组;⑥后勤供应组。

2. 事故应急状态分类及报警

当有毒物质发生泄漏事故发生后,为了迅速、准确做好事故等级预报,减少伤害和损失,首先应确定应急状态类别及报警响应程序。当事故发生后,车间领导小组在积极组织人员进行事故应急处理同时,应立即上报上级指挥中心。由指挥中心根据事故等级确定报警范围。

(1)环氧乙烷贮罐泄漏事故主要应急处理方法—— 迅速撤离泄漏污染区人员至上风向无影响处,并立即设置紧急隔离带,严格禁止非事故处理人员入内。迅速切断火源。应急处理人员带自给正压式呼吸器,穿消防防护服。尽可能切断或堵住泄漏源。用吸附/吸收剂盖住泄漏点附近的下水道等地方,防止泄漏气体进入。合理通风,加速扩散。用蒸汽或喷雾状水稀释、溶解有毒气体。构筑围堤或挖坑收集产生的废水,使废水进入废水处理系统。如有可能,可将漏出气体用排风机送至空旷地方或装适当喷头烧掉。泄漏贮罐要妥善处理,经修复、检验合格后方可再用。

(2)灭火方法—— 切断气源。若不能立即切断气源,则不允许熄灭正在燃烧的气体。可喷水冷却贮罐。灭火剂应采用雾状水、抗溶性泡沫、干粉、二氧化碳、沙土。

(3)睛接触救治——立即提起眼睑,用大量流动清水或生理盐水彻底冲洗至少 15 分钟。就医。

(4)毒气吸入救治——迅速脱离现场至空气新鲜处。保持呼吸道畅通。如呼吸困难,给输氧。如呼吸停止,立即进行人工呼吸。呼吸心跳停止时,立即进行人工呼吸和胸外心脏按压术。

复习与思考

1. 何谓环境风险?环境风险有什么特点?
2. 什么是环境风险评价?环境风险评价包括哪几个阶段?每个阶段的主要内容是什么?
3. 环境风险评价和环境影响评价有何不同?
4. 何谓故障树分析?何谓事件树分析?
5. 风险评价标准有哪几类?其主要含义是什么?
6. 应急计划大体应包含哪些内容?

第九章 清洁生产评价

本章重点:清洁生产的定义和内容;清洁生产指标选取原则及评价指标的含义;清洁生产评价方法、评价程序和评价等级。

第一节 清洁生产概述

一、清洁生产的定义

清洁生产的概念是在1989年由联合国环境规划署正式提出的,但清洁生产所包含的内容和思想在某些发达国家和地区早已被采用,叫法也各式各样,如无废工艺、污染预防、废物最小化、清洁技术等,但其基本内涵是一致的,即对产品和产品的生产过程采用预防污染的策略来减少污染。

联合国环境规划署1996年对清洁生产进一步完善后的定义是:"清洁生产是一种新的创造性的思想,该思想将整体预防的环境战略持续应用于生产过程、产品和服务中,以增加生态效率和减少人类及环境的风险。对生产过程,要求节约原材料和能源,淘汰有毒原材料,减降所有废物的数量和毒性;对产品,要求减少从原材料提炼到产品最终处置的全生命期的不利影响;对服务,要求将环境因素纳入设计和所提供的服务中。"

2002年6月颁布的《中华人民共和国清洁生产促进法》第二条关于清洁生产的定义是:"本法所称清洁生产,是指不断采用改进设计、使用清洁的能源和原料、采用先进的工艺技术与设备、改善管理、综合利用,从源头削减污染,提高资源利用效率,减少或者避免生产、服务和产品使用过程中污染物的产生和排放,以减轻或者消除对人类健康和环境的危害。"

清洁生产促进法规定,国务院和县级以上地方人民政府应当将清洁生产纳入国民经济和社会发展计划以及环境保护、资源利用、产业发展、区域开发等规划。同时清洁生产促进法第十八条还规定:"新建、改建和扩建项目应当进行环境影响评价,对原料使用、资源消耗、资源综合利用以及污染物产生与处置等进行分析论证,优先采用资源利用率高以及污染物产生量少的清洁生产技术、工艺和设备。"企业在进行技术改造过程中,应当采取清洁生产措施。

二、清洁生产的内容

清洁生产的主要内容,可归纳为"三清一控制",即清洁的原料与能源、清洁的生产过程、清洁的产品以及贯穿于清洁生产的全过程控制。

(一) 清洁的原料与能源

清洁的原料与能源,是指产品生产中能被充分利用而极少产生废物和污染的原材料和能源。清洁的原料与能源的第一个要求,是能在生产中被充分利用。这就要求选用较纯的原材料(即所含杂质少),较清洁的能源(即转换比率高,废物排放少)。清洁的原料与能源的第二个要求,是不含有毒性物质。要求通过技术分析,淘汰有毒的原材料和能源,采用无毒或低毒的原料与能源。

目前,在清洁生产原料方面的措施主要有:清洁利用矿物燃料;加速以节能为重点的技术进步和技术改进,提高能源利用率;加速开发水能资源,优先发展水力发电;积极发展核能发电;开发利用太阳能、风能、地热能、海洋能、生物质能等可再生的新能源;选用高纯、无毒原材料。

(二) 清洁的生产过程

指尽量少用、不用有毒、有害的原料;选择无毒、无害的中间产品;减少生产过程的各种危险性因素;采用少废、无废的工艺和高效的设备;做到物料的再循环;简便、可靠的操作和控制;完善的管理等。

清洁的生产过程,要求选用一定的技术工艺,将废物减量化、资源化、无害化,直至将废物消灭在生产过程之中。

(三) 清洁的产品

清洁的产品,就是有利于资源的有效利用,在生产、使用和处置的全过程中不产生有害影响的产品。清洁产品又叫绿色产品、环境友好产品、可持续产品等。清洁产品在进行工艺设计时应使产品功能性强,既满足人们需要又省料耐用(为此应遵循三个原则:精简零件,容易拆卸;稍经整修可重复使用;经过改进能够实现创新)。清洁的产品还要避免危害人和环境。因此在设计清洁的产品时,还应遵循下列三个原则:产品生产周期的环境影响最小,争取实现零排放;产品对生产人员和消费者无害;最终废弃物易于分解成无害物。

(四) 贯穿于清洁生产中的全过程控制

它包括两方面的内容,即生产原料或物料转化的全过程控制和生产组织的全过程控制。

生产原料或物料转化的全过程控制,也常称为产品的生命周期的全过程控制。它是指从原材料的加工、提炼到产出产品、产品的使用直到报废处置的各个环节所采取的必要的污染预防控制措施。

生产组织的全过程控制,也就是工业生产的全过程控制。它是指从产品的开发、规划、设计、建设到运营管理，所采取的防止污染发生的必要措施。

要指出的是，清洁生产是一个相对的、动态的概念，所谓清洁生产的工艺和产品是和现有的工艺相比较而言的。清洁生产的英文名称 Cleaner Production 中的清洁 Cleaner 一词为比较级，也表明清洁是一个相对的概念。推行清洁生产，本身是一个不断完善的过程，随着社会经济的发展和科学技术的进步，需要适时地提出更新的目标，不断采取新的方法和手段，争取达到更高的水平

三、清洁生产与环境影响评价

清洁生产是我国工业可持续发展的重要战略，也是实现我国污染控制重点由末端控制向生产全过程控制转变的重要措施。清洁生产和环境影响评价是环境保护的重要组成部分，环境影响评价和清洁生产均追求对环境污染的预防。环境影响评价的目的主要是帮助业主使他们的建设项目的污染物排放能达到浓度排放标准和总量控制要求，通常借助的工具是末端治理。清洁生产则完全不同，它预防污染物的产生，即从源头和生产过程防止污染物的产生。

（一）建设项目环境影响评价中存在的问题

环境影响评价制度对小规模工业污染源的管理和末端控制方面还存在一些问题，主要表现在：

（1）环境影响评价制度主要针对大中型综合建设项目，忽视了对技术低下、高消耗和污染严重的小型工业企业产生污染的管理。

（2）环境影响评价制度主要评价污染物产生以后对环境的影响，污染控制措施一旦未能有效执行，则环境影响评价就失去了其有效性。

（3）在建设项目环境影响评价时，对企业是否负担得起高昂的末端处理费用往往考虑较少，从而导致只有三分之一企业的末端处理设备运行良好。

总之，建设项目环境影响评价虽然是一种预防性措施，但它关注的重点是污染产生以后对环境的影响，而不是预防污染的产生。

（二）清洁生产评价和环境影响评价的结合

尽管环境影响评价是预防污染物排放对环境的污染，清洁生产则是预防污染物的产生，但两者的最终目标是一致的，均追求预防生产过程对环境的污染。此外，两种方法均要求对建设项目的原材料、工艺路线以及生产过程等有一个比较深入的了解和分析，许多数据和材料是可以通用的，其结合可以通过以下两方面：

（1）环境影响评价中的工程分析可以进一步拓展和深化，进行清洁生产分析。环境影响评价中的工程分析是对生产工艺过程的各环节、资源、能源的储运、开车、停车、检修、事故排放等情况找出污染物排放和环境影响的来源，即列出污染源清

单。在此基础上进一步探究这些污染物产生的原因,是否存在改进机会,或有无清洁生产替代方案,这恰恰是清洁生产分析的主要内容。

(2) 环境影响评价中对环保措施的分析可按清洁生产要求进一步延伸,因为从广义上说,清洁生产措施也是一种环保措施。

可见,两者在上述两方面存在着很好的结合界面。因此,应将清洁生产引入到环境影响评价之中,从而使其更好的发挥环境保护的重要作用。

(三) 清洁生产概念引入环评中的益处

清洁生产(污染预防)已被证明是优于污染末端控制且需优先考虑的一种环境战略,现在正在将清洁生产的概念引入环评中,并以此强化工程分析,这将大大提高环评的质量。清洁生产引入环评可有以下几方面的好处:

1. 减轻建设项目的末端处理负担

清洁生产体现了预防为主的思想。传统的末端治理与生产过程相脱节,即"先污染,后治理",重在"治"。清洁生产则要求从产品设计开始,到选择原料、工艺路线和设备,废物利用,运行管理等各个环节,通过不断加强管理和技术进步,提高资源利用率,减少乃至消除污染物的产生,重在"防"。

传统的末端治理不仅治理难度大,而且投入多,运行成本高。只有环境效益,没有经济效益。清洁生产则从源头抓起,实行生产全过程控制,使污染物最大限度消除在生产过程之中,这样既可以节约末端治理设施的建设费用,也可以节约运行费用,从而实现经济与环境的"双赢"。

2. 提高建设项目的环境可靠性

末端处理设施的"三同时"一直是我国环境管理的一个重点和难点,如果环评提出的末端处理方案不能实施或实施不完全,则直接导致环境负担的增加,这实际上是环评制度在某种程度上的间接失效,而这种情况在全国各地大量存在。如果通过清洁生产分析,将污染物降低到最小程度或有效地进行回用,甚至消除,就可以减少末端处理设施的建设费用以及建成后的运行费用,提高建设项目的环境可靠性。

3. 提高建设项目的市场竞争力

清洁生产体现的是集约型的增长方式。传统的末端治理以牺牲环境为代价,建立在以大量消耗资源能源、粗放型的增长方式的基础上,清洁生产则是走内涵发展道路,最大限度地提高资源利用率,促进资源的循环利用,实现节能、降耗、减污、增效,因而在许多情况下将直接降低生产成本、提高产品质量,提高市场竞争力。

4. 降低建设项目的环境责任风险

在环境法律、法规日趋严格的今天,企业很难预料其将来所面临的环境风险,因为每出台一项新的环境法律、法规和标准,都有可能成为一种新的环境责任,而最好的规避方法就是通过清洁生产减少污染产生。

第二节　清洁生产评价指标体系

在环境影响评价中进行清洁生产的分析是对计划进行的生产和服务实行预防污染的分析和评估。因此,在进行清洁生产分析时应判明废物产生的部位,分析废物产生的原因,提出和实施减少或消除废物的方案。各种生产过程虽然千差万别,概括其共性,可以得到如图9-1所示的生产过程框图。

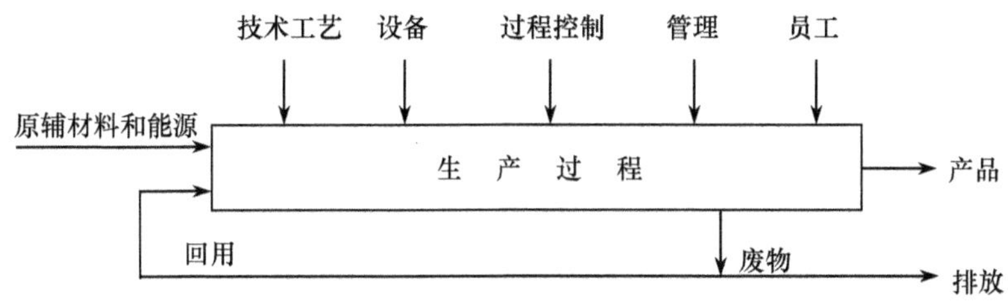

图9-1　生产过程框图

从图中可以看出,一个生产和服务过程可以抽象成八个方面,即原辅材料和能源、技术工艺、设备、管理、员工等六方面的输入,得出产品和废物的输出。对于不得不产生的废物,要优先采用回收和循环使用措施,剩余部分才向外界环境排放。从清洁生产的角度看,废物产生的原因和产生的方案与这八个方面密切相关,这八个方面中的某几个方面直接导致废物的产生。这八个方面构成生产过程,同时也是分析废物的产生原因和产生清洁生产方案的八个方面。

(1) 原辅材料和能源:原辅材料本身的特性,例如,纯度、毒性、难降解性等,在一定程度上决定了产品及其生产过程对环境的危害,因而选择对环境无害的原辅材料是清洁生产评价所要考虑的重要方面。

企业是能源消耗的主体,我国的冶金、电力、石化、建材、印染等行业为重点能耗行业,节能降耗是我国经济发展过程中的长期任务。同时,在有些能源使用过程中(例如煤、油的燃烧过程)直接产生污染物,而有些则间接产生废物(例如电的使用,本身不产生废物,但火电、水电、核电的生产过程会产生一定的废物),节约能源、使用清洁能源有利于减少污染的产生。

原辅材料的储运和在生产过程的投入方式、投入量等都可能影响废物产生的种类和数量。

(2) 技术工艺:生产过程的技术工艺水平决定了废物产生数量和种类,先进技术可以提高原材料的利用效率,减少废物的产生。

(3) 设备:设备作为技术工艺的具体体现,在生产过程中具有重要的作用。设备的配置(生产设备之间、生产设备和公用设施之间)、自身功能、设备的维护保养均会影响到废物的产生。

(4) 过程控制:过程控制对生产过程十分重要,反应参数是否处于受控状态并达到优化水平(或工艺要求),对产品的得率和废物产生数量有直接的影响。

(5) 产品:产品本身决定了生产过程,同时产品性能、种类的变化往往要求调整生产过程和原辅材料种类和用量,因而也会影响到废物的种类和数量。此外,产品的包装、报废后的处置以及储运等都可能产生相关的环境问题。

(6) 管理:企业管理水平的高低也是清洁生产需要考虑的问题,管理上的松懈和遗漏是导致物料、能源的浪费和废物增加的一个主要原因。

(7) 员工:任何生产过程,无论其自动化程度多高,均需要人的参与,员工的素质和积极性的提高也是有效控制生产过程废物产生的重要因素。

(8) 废物:废物本身的特性和状态直接关系到它是否可以再利用和循环使用,只有当它离开生产过程才成为废物,否则仍为生产过程中的有用物质,应尽可能回收,减少废物排放的数量。

以上八个方面,是一个产品从原料到产品及产品报废的生命周期。因此,清洁生产评价指标的选取应从以下几个方面考虑。

一、清洁生产评价指标的选取原则

(一) 从产品生命周期全过程考虑

制定清洁生产指标是依据生命周期分析理论,围绕产品生命周期展开清洁生产分析。

生命周期分析方法也叫生命周期评价,是清洁生产指标选取的一个最重要原则,它是从一个产品的整个寿命周期全过程地考察其对环境的影响,如从原材料的采掘,到产品的生产过程,再到产品的销售,直至产品报废后的处理、处置。

生命周期评价方法的关键和与其他环境评价方法的主要区别,是它要从产品的整个生命周期来评估它对环境的总影响,这对于进行同类产品的环境影响比较尤为有用。例如,棉制衬衫和化纤衬衫哪个对环境更好?详细的生命周期评价结果表明,衬衫对环境的最大影响是在衬衫的使用阶段,而不是棉花的种植(化肥、杀虫剂的使用会有环境影响)或化纤的生产过程(化纤厂的废水也会有环境影响);而衬衫在使用过程中对环境影响最大的问题是熨烫过程的能耗。由于化纤衬衫比棉衬衫更易于熨烫成型而节省能源,所以综合比较来看,使用化纤衬衫对环境影响较小。

生命周期评价方法的主要缺点是非常烦琐,且需数据量很大,而结果一般是相对的,尤其当系统边界或假设条件不同时,不同产品的比较便无意义。1997 年国际标准化组织正式出台了“ISO14040 环境管理生命周期评价原则与框架”,以国际标准形式提出对生命周期评价方法的基本原则与框架,这将有利于生命周期评价方法在全世界的推广与应用。

并非对建设项目要求进行严格意义上的生命周期评价,而是要借助这种分析方法来确定环境影响评价中清洁生产评价指标的范围。

（二）体现污染预防为主的原则

清洁生产指标必须体现预防为主,要求完全不考虑末端治理,因此污染物产生指标是指污染物离开生产线时的数量和浓度,而不是经过处理后的数量和浓度。清洁生产指标主要反映出建设项目实施过程中所使用的资源量及产生的废物量,包括使用能源、水或其他资源的情况,通过对这些指标的评价能够反映出建设项目通过节约和更有效的资源利用来达到保护自然资源的目的。

（三）容易量化

清洁生产指标要力求定量化,对于难于量化的指标也应给出文字说明。为了使所确定的清洁生产指标既能够反映建设项目的主要情况,又简便易行,在设计时要充分考虑到指标体系的可操作性,因此,应尽量选择容易量化的指标项,这样可以给清洁生产指标的评价提供有力的依据。

（四）满足政策法规要求和符合行业发展趋势

清洁生产指标应符合产业政策和行业发展趋势要求,并应根据行业特点,考虑各种产品和生产过程选取指标。

二、清洁生产评价指标

依据生命周期分析的原则,清洁生产评价指标应覆盖原材料、生产过程和产品的各个主要环节尤其是对生产过程,既要考虑对资源的使用,又要考虑污染物的产生。

环评中的清洁生产评价指标可分为六大类:生产工艺与装备要求、资源能源利用指标、产品指标、污染物产生指标、废物回收利用指标和环境管理要求。六类指标既有定性指标也有定量指标,资源能源利用指标和污染物产生指标在清洁生产审核中是非常重要的两类指标,因此,必须有定量指标,其余四类指标属于定性指标或者半定量指标。

（一）生产工艺与装备要求

选用清洁工艺、淘汰落后有毒、有害原辅材料和落后的设备,是推行清洁生产的前提,因此在清洁生产分析专题中,首先要对工艺技术来源和技术特点进行分析,说明其在同类技术中所占地位以及选用设备的先进性。对于一般性建设项目的环评工作,生产工艺与装备选取直接影响到该项目投入生产后,资源能源利用效率和废弃物产生。可从装置规模、工艺技术、设备等方面体现出来,分析其节能、减污、降耗等方面达到的清洁生产水平。

(二)资源能源利用指标

从清洁生产的角度看,资源、能源指标的高低反映一个建设项目的生产过程在宏观上对生态系统的影响程度,因为在同等条件下,资源能源消耗量越高,对环境的影响越大。清洁生产评价资源能源利用指标包括新水用量指标、能耗指标、物耗指标和原辅材料的选取四类。

1. 新水用量指标

包括单位产品新鲜水用量;单位产品循环用水量;工业用水重复利用率;间接冷却水循环利用率;工艺水回用率和万元产值取水量六个指标。

$$\text{单位产品新鲜水用量}=\frac{\text{年新鲜水总用量}}{\text{产品产量}}$$

$$\text{单位产品循环用水量}=\frac{\text{年循环水量}}{\text{产品产量}}$$

$$\text{工业用水重复利用率}=\frac{\text{重复利用水量}}{\text{取用新水量}+\text{重复利用水量}}\times 100\%$$

$$\text{间接冷却水循环利用率}=\frac{\text{间接冷却水循环量}}{\text{补充新水量}+\text{间接冷却水循环量}}\times 100\%$$

$$\text{工艺水回用率}=\frac{\text{工艺水回用量}}{\text{工艺水回用量}+\text{工艺取水量}}\times 100\%$$

$$\text{万元产值取水量}=\frac{\text{年取水总量}}{\text{年产总值}}$$

2. 单位产品的能耗

即生产单位产品消耗的电、煤、石油、天然气和蒸汽等能源量。为便于比较,通常用单位产品综合能耗指标。

3. 单位产品的物耗

生产单位产品消耗的主要原料和辅料的量,也就是原辅材料消耗定额,也可用产品收率、转化率等工艺指标反映物耗水平。

4. 原辅材料的选取

是资源能源利用指标的重要的内容之一,它反映了在资源选取的过程中和构成其产品的材料报废后对环境和人类的影响。因而可从毒性、生态影响、可再生性、能源强度以及可回收利用性这五方面建立定性分析指标。

(1)毒性,原材料所含毒性成分对环境造成的影响程度。

(2)生态影响,原材料取得过程中的生态影响程度。例如,露天采矿就比矿井采矿的生态影响大。

(3)可再生性,原材料可再生或可能再生的程度。例如,矿物燃料的可再生性就很差,而麦草浆的原料麦草的可再生性就很好。

(4) 能源强度,原材料在采掘和生产过程中消耗能源的程度。例如,铝的能源强度就比铁高,因为在铝的炼制过程中消耗了更多的能源。

(5) 可回收利用性,原材料的可回收利用程度。例如,金属材料的可回收利用性比较好,而许多有机原料(例如酿酒的大米)则几乎不能回收利用。

(三) 产品指标

对产品的要求是清洁生产的一项重要内容,因为产品的质量、包装、销售、使用过程以及报废后的处理处置均会对环境产生影响,有些影响是长期的,甚至是难以恢复的。此外,对产品的寿命优化问题也应加以考虑,因为这也影响到产品利用效率。

(1) 质量,产品的质量影响到资源的利用效率,主要表现在产品的合格率或者残次品率等方面。

(2) 包装,产品的过分包装和包装材料的选择都将对环境产生影响。

(3) 销售,主要考虑运输过程和销售环节对环境的影响。

(4) 使用,产品在使用期内使用的消耗品和其他产品可能对环境造成的影响程度。

(5) 寿命优化,在多数情况下产品的寿命是越长越好,因为可以减少对生产该种产品的物料的需求。但有时并不尽然,例如某一高耗能产品的寿命越长,则总能耗越大,随着技术进步可能产生同样功能的低耗能产品,而这种节能产生的环境效益有时会超过节省物料的环境效益,在这种情况下,产品寿命越长对环境的危害越大。寿命优化就是要使产品的技术寿命(指产品的功能保持良好的时间)、美学寿命(指产品对用户具有吸引力的时间)和初设寿命处于优化状态。

(6) 报废,产品使用后退出报废,再进入环境后对环境的影响程度。在环境中的可降解性、同化性、可接受性或者资源化、无害化、减量化、可再生利用和循环利用的程度。

(四) 污染物产生指标

除资源能源利用指标外,另一类能反映生产过程状况的指标便是污染物产生指标,污染物产生指标较高,说明工艺相对比较落后,管理水平较低。考虑到一般的污染问题,污染物产生指标设三类,即废水产生指标、废气产生指标和固体废物产生指标。

(1) 废水产生指标。废水产生指标首先要考虑的是单位产品废水产生量,因为该项指标最能反映废水产生的总体情况。但是,许多情况下单纯的废水量并不能完全代表产污状况,因为废水中所含的污染物量的差异也是生产过程状况的一种直接反映。因而对废水产生指标又可细分为两类,即单位产品废水产生量指标和单位产品主要污染物产生量指标。

(2) 废气产生指标。废气产生指标和废水产生指标类似,也可细分为单位产品废气产生量指标和单位产品主要大气污染物产生量指标。

(3) 固体废物产生指标。对于固体废物产生指标,情况则简单一些,因为目前国内还没有像废水、废气那样具体的排放标准,因而指标可简单地定为单位产品主要固体废物产生量和单位固体废弃物综合利用量。

(五) 废物回收利用指标

废物回收利用是清洁生产的重要组成部分,在现阶段,生产过程不可能完全避免产生废水、废料、废渣、废气(汽)、废热,然而,这些"废物"只是相对的概念,在某一条件下是造成环境污染的废物,在另一条件下就可能转化为宝贵的资源。对于生产企业应尽可能的回收和利用废物,而且应该是高等级的利用,逐步降级使用,然后再考虑末端治理。

(六) 环境管理要求

从五个方面提出要求,分别是环境法律法规标准、环境审核、废物处理处置、生产过程环境管理、相关方环境管理。

(1) 环境法律法规标准:要求生产企业符合国家和地方有关环境法律、法规,污染物排放达到国家和地方排放标准、总量控制和排污许可证管理要求,这一要求与环评工作内容相一致。

(2) 环境审核:对项目的业主提出两点要求,第一按照行业清洁生产审核指南的要求进行审核;第二按照 ISO 14001 建立并运行环境管理体系,环境管理手册、程序文件及作业文件齐备。

(3) 废物处理处置:要求对建设项目的一般废物进行妥善处理处置;对危险废物进行无害化处理,这一要求与环评工作内容相一致。

(4) 生产过程环境管理:对建设项目投产后可能在生产过程产生废物的环节提出要求,例如要求企业有原材料质检制度和原材料消耗定额,对能耗、水耗有考核、对产品合格率有考核,各种人流、物料包括人的活动区域、物品堆存区域、危险品等有明显标识,对跑冒滴漏现象能够控制等。

(5) 相关方环境管理:为了环境保护的目的,对建设项目施工期间和投产使用后,对于相关方(例如:原料供应方、生产协作方、相关服务方)的行为提出环境要求。

第三节　清洁生产评价方法

如何正确评价企业自身清洁生产水平,从而了解清洁生产潜力,就需要对企业进行科学客观的评价。目前清洁生产评价方法不够完整和规范,大部分企业清洁生产评价结果较粗糙、可操作性较差。为此,制定和实施一套科学、正确的评价方法，用以对各种清洁生产方案进行相互比较和认定，对企业推进清洁生产、实施可持续发展战略具有重要的意义。

考虑到清洁生产指标涉及面广，有定量指标和定性指标。为此清洁生产评价方法可分为定性评价、定量评价以及定量与定性相结合的评价方法三种。

一、定性评价方法

目前在国内建设项目环境影响报告中的清洁生产分析章节，普遍采用的定性评价方法是指标对比法。

指标对比法是指采用我国已颁布的相关行业清洁生产标准/指标体系，或以国内外同类企业的先进水平的清洁生产指标等直接进行类比，分析得到评价项目的清洁生产水平。

国家环保总局推出的清洁生产标准，一般将清洁生产指标分为三个级别。

一级：国际清洁生产先进水平。当一个建设项目全部达到一级标准，证明该项目在生产工艺、装备选择、资源利用、产品设计使用、生产过程废弃物的产生量、废物回收利用和环境管理等方面做的非常好，达到国际先进水平，该项目在清洁生产方面是一个很好项目。

二级：国内清洁生产先进水平。当一个项目全部达到二级标准或以上时，表明该项目的清洁生产指标达到国内先进水平，从清洁生产角度衡量是个好项目。

三级：国内清洁生产基本水平。当一个项目全部达到三级标准，表明该项目清洁生产指标达到一定水平，但对于新建项目，尚需做出较大的调整和改进，使之达到国内先进水平，对于国家明令限制盲目发展的项目，应当在清洁生产方面提出更高的要求。

截至2006年12月，国家环保总局已颁布了石油炼制、炼焦和制革等14个行业的清洁生产标准；制定了煤炭、制浆、印染等10个重点行业清洁生产评价指标体系（试行）。另有水泥、电解锰、平板玻璃等24个行业完成了清洁生产标准或技术要求的征求意见稿。

对于工艺路线成熟、生产工艺应用广泛的工艺技术来说，可以应用指标对比法。但是由于产品的多样性及技术的不断发展进步，国家颁布的清洁生产标准/指标体系不可能涵盖全部，同时由于市场竞争的激烈，国内外先进企业清洁生产指标资料难于收集，使得指标对比法的应用有一定的局限性。

二、定量评价方法

指标定量条件下的评价可分为单项评价指数、类别评价指数和综合评价指数。对评价指标的原始数据进行“标准化”处理，使评价指标转换成在同一尺度上可以相互比较的量。

（一）单项评价指数

单项评价指数，是以类比项目相应的单项指标参照值作为评价标准，进行计算而得出的。

对指标数值越低（小）越符合清洁生产要求的指标，如污染物排放浓度，按下式计算

$$I_i = C_i/S_i \qquad (i=1,2,3,\cdots,n) \tag{9-1}$$

式中 I_i——单项评价指数；

C_i——目标项目某单项评价指标对象值（实际值或设计值）；

S_i——类比项目某单项指标参照值。根据评价工作需要可取环境质量标准、排放标准或相关清洁生产技术标准要求的数值。

对指标数值越高（大）越符合清洁生产要求的指标，如资源利用率、水重复利用率等，按下式计算

$$I_i = S_i/C_i \qquad (i = 1,2,3,\cdots,n) \tag{9-2}$$

式中符号意义同式（9-1）。

（二）类别评价指数

类别评价指数是根据所属各单项指数的算术平均值计算而得。其计算公式为

$$Z_j = (\sum_{i=1}^{n} I_i)/n(i = 1,2,3,\cdots,n) \tag{9-3}$$

式中 Z_j——类别评价指数；

n——该类别指标下设的单项个数。

（三）综合评价指数

为了既使评价全面，又能克服个别评价指标对评价结果准确性的掩盖，采用了一种兼顾极值或突出最大值型的计权型的综合评价指数。其计算公式为

$$I_p = ({I_{i,M}}^2 + {Z_{j,a}}^2)/2 \tag{9-4}$$

式中 I_p——清洁生产综合评价指数；

$I_{i,M}$——各项评价指数中的最大值；

$Z_{j,a}$——类别评价指数的平均值，按下式计算。

$$Z_{j,a} = (\sum_{j=1}^{m} Z_j)/m \qquad (j = 1,2,3,\cdots,m) \tag{9-5}$$

式中 m——评价指标体系下设的类别指标数。

（四）确定企业清洁生产的等级

如何评价综合评价指数的水平，一般推荐采用分级制的模式，即将综合指数分成五

个等级，按清洁生产评价综合指数 I_p 所达到的水平给企业清洁生产定级。具体分级见表9-1。

表 9-1 企业清洁生产的等级确定

项目	清洁生产	传统先进	一般	落后	淘汰
达到水平	领先水平	先进水平	平均水平	中下水平	行业淘汰水平
综合评价指数 I_p	$I_p \leqslant 1.00$	$1.0 < I_p \leqslant 1.15$	$1.15 < I_p \leqslant 1.4$	$1.4 < I_p \leqslant 1.8$	$I_p > 1.8$

注：清洁生产：指有关指标达到本行业领先水平；传统先进：指有关指标达到本行业先进水平；一般：指有关指标达到本行业平均水平；落后：指有关指标处于本行业中下水平；淘汰：指有关指标均为本行业淘汰水平。

如果类别评价指数(Z_j)或单项评价指数的值(I_i) >1.00 时，表明该类别或单项评价指标出现了高于类比项目的指标，故可以据此寻找原因，分析情况，调整工艺路线或方案，使之达到类比项目的先进水平。

上述评价方法，需参照环境质量标准、排放标准、行业标准或相关清洁生产技术标准数值，因此选取目标值最为关键。

三、定量与定性相结合的评价方法

要对环境影响评价项目进行清洁生产分析，必须针对清洁生产指标确定出既能反映主体情况又简便易行的评价方法。考虑到清洁生产指标涉及面较广、完全量化难度较大等特点，拟针对不同的评价指标，确定不同的评价等级，对于易量化的指标评价等级可分细一些，不易量化的指标的等级则分粗一些，最后通过权重法将所有指标综合起来，从而判定建设项目的清洁生产程度。

（一）指标等级的确定

清洁生产评价指标可分成定性评价指标和定量评价指标两大类。原材料指标和产品指标在目前的数据条件下难以量化，属于定性评价指标，因而粗分为三个等级；资源指标和污染物产生指标易于量化，可做定量评价指标，因而细分为五个等级。

1. 定性评价指标等级确定

(1) 高，表示所使用的原材料和产品对环境的有害影响比较小。

(2) 中，表示所使用的原材料和产品对环境的有害影响中等。

(3) 低，表示所使用的原材料和产品对环境的有害影响比较大。

可参照《危险货物品名表》(GB12268)、《危险化学品目录》和《国家危险废物名录》等规定，结合本企业实际情况确定。

2. 定量评价指标等级确定

(1) 清洁，有关指标达到本行业领先水平。

(2) 较清洁，有关指标达到本行业先进水平。

(3) 一般，有关指标达到本行业平均水平。

（4）较差，有关指标达到本行业中下水平。

（5）很差，有关指标达到本行业较差水平。

为了统计和计算方便，定性评价和定量评价的等级分值范围均定为0～1。对定性评价分三个等级，按基本等量、就近取整的原则来划分不同等级的分值范围，具体见表9-2；对定量指标依据同样原则，但划分为五个等级，具体见表9-3。

表9-2　原材料指标和产品指标（定性指标）的等级评分标准

等级	分值范围	低	中	高
等级分值	[0,1.0]	[0,0.3)	[0.3,0.7)	[0.7,1.0]

注：确定分值时取两位有效数字。

表9-3　资源指标和污染物产生指标（定量指标）的等级评分标准

等级	分值范围	很差	较差	一般	较清洁	清洁
等级分值	[0,1.0]	[0,0.2)	[0.2,0.4)	[0.4,0.6)	[0.6,0.8)	[0.8,1.0]

注：确定分值时取两位有效数字。

（二）综合评价

清洁生产指标的评价方法采用百分制，首先对原材料指标、产品指标、资源消耗指标和污染物产生指标按等级评分标准分别进行打分，若有分指标则按分指标打分，然后分别乘以各自的权重值，最后累加起来得到总分。通过总分值的比较可以基本判定建设项目整体所达到的清洁生产程度，另外各项分指标的数值也能反映出该建设项目所改进的地方。

1. 权重值的确定

清洁生产评价的等级分值范围为0～1，为数据评价直观起见，对清洁生产的评价方法采用百分制，因而所有指标的总权重值应为100。为了保证评价方法的准确性和适用性，在各项指标（包括分指标）的权重确定过程中，国家环境保护总局1998年在“环境影响评价制度中的清洁生产内容和要求”项目研究中采用了专家调查打分法。专家范围包括：清洁生产方法学专家，清洁生产行业专家，环评专家，清洁生产和环境影响评价政府管理官员。调查统计结果见表9-4。

表9-4　清洁生产指标权重值专家调查结果

评价	原材料指标					产品指标				资源指标			污染物
指标	毒性	生态影响	可再生性	能源强度	可回收利用性	销售	使用	寿命优化	报废	能耗	水耗	其他物耗	产生指标
权重值	7	6	4	4	4	3	4	5	5	11	10	8	29
总权重值	25					17				29			29

专家们对生产过程的清洁生产指标比较关注，对资源指标和污染物产生指标分

别都给出最高权重值29;原材料指标次之,权重值为25;产品指标最低,权重值为17。

原材料指标包括五项分指标:毒性,生态影响,可再生性,能源强度,可回收利用性。根据它们的重要程度,权重值分别为7,6,4,4,4。

产品指标包括四项指标:销售,使用,寿命优化,报废。它们的权重值分别为3,4,5,5。

资源指标包括三项指标:能耗,水耗,其他物耗。它们的权重值分别为11,10,8。如果这三项指标中每一项指标下面还分别包括几项分指标,则根据实际情况另行确定它们的权重。但分指标的权重值之和应分别等于这三项指标的权重值。

污染物产生指标权重值为29,此类指标根据实际情况可选择包含几项大指标(例如废水、废气、固废),每项大指标又可包含几项分指标。因为不同企业的污染物产生情况差别太大,因而未对各项大指标和分指标的权重值加以具体规定,可依据实际情况灵活处理,但各项大指标权重值之和应等于29,每一大指标下的分指标权重值之和应等于大指标的权重值。

2. 确定企业清洁生产的等级

企业清洁生产总体评价结果可参考表9-5。

表9-5 清洁生产指标总体评价分值要求

项目	清洁生产	传统先进	一般	落后	淘汰
指标分数	>80	70~80	55~70	40~55	<40

清洁生产是一个相对的概念,因此清洁生产指标的评价结果也是相对的。从上述清洁生产的评价的等级和标准的分析可以看出,如果一个建设项目综合评分结果大于80分,从平均的意义上说,这项目原材料的选取对环境的影响、产品对环境的影响、生产过程中资源的消耗程度、污染物的产生量均处于同行业国际先进水平,因而从现有的技术条件看,该项目属"清洁生产"。同理,若综合评分结果在70~80分,该项目属于传统先进项目,即总体在国内属于先进水平,某些指标属国际先进水平;若综合评分结果在55~70分,可认为该项目为"一般"项目,即总体在国内属中等水平;若评分结果在40~55分,可判定该项目为"落后",即该项目的总体水平低于一般水平,其中某些指标可能属"较差"或"很差"之列;若评分结果在40分以下,则可判定该项目为"淘汰",因为其总体水平处于国内"较差"或"很差"水平,不仅消耗了过多的资源、产生了过量的污染物,而且在原材料的利用以及产品的使用及报废后的处置等多方面均有可能对环境造成超出常规的不利影响。

四、清洁生产的评价程序

(一) 定量评价程序

企业进行清洁生产的评价需按一定的程序有计划、分步骤地进行。图9-2给出了清洁生产判断的定量评价基本程序。其中，项目评价指标的原始数据主要来源于工程分析、环保措施评述、环境经济损益分析、产品成分全分析等。类比项目参照指标主要来源于国家行业标准或对类比项目的实测、考察等调研资料。

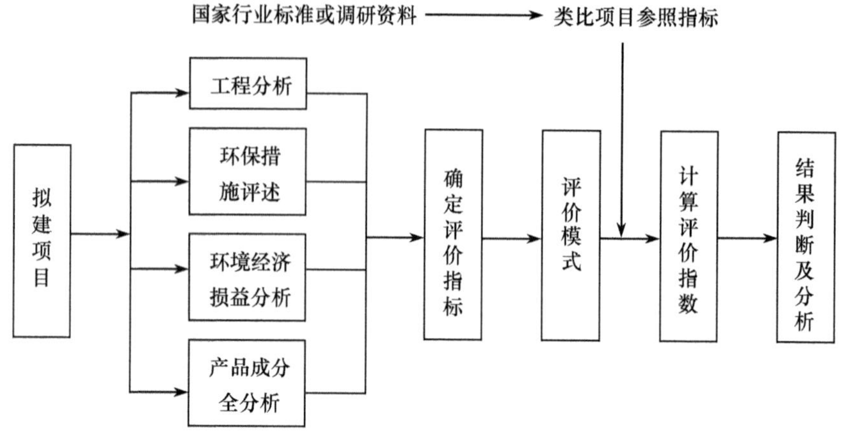

图 9-2　清洁生产定量评价程序

（二）指标对比法评价程序

指标对比法作为清洁生产评价的常用方法，其评价程序为：

（1）收集相关行业清洁生产标准，如果没有标准可参考，可与国内外同类装置清洁生产指标作比较。

（2）预测环评项目的清洁生产指标值。

（3）将预测值与清洁生产标准值对比。

（4）得出清洁生产评价结论。

（5）提出清洁生产改进方案和建议。

第四节　环境影响评价报告书中清洁生产分析的编写要求

一、编写原则

（1）应从清洁生产的角度对整个环境影响评价过程中有关内容加以补充和完善。

（2）大型工业项目可在环评报告书中单列“清洁生产分析”一章，专门进行叙述；中、小型且污染较轻的项目可在工程分析一章中增列“清洁生产分析”一节。

（3）清洁生产指标项的确定要符合指标选取原则，从六类指标考虑并充分考虑行业特点。

(4) 清洁生产指标数值的确定要有充足的依据。调查收集同行业多数企业的数据,或同行业中有代表性企业的近年的基础数据,作参考依据。

(5) 建设项目的清洁生产指标的描述应真实客观。

(6) 报告书中必须给出关于清洁生产的结论及所应采取的清洁生产方案建议。

二、编写内容

(1) 环境影响评价中进行清洁生产分析所采用清洁生产评价指标的介绍。应介绍选取清洁生产指标过程和确定清洁生产指标数值,指标数值确定的参考基础数据,数据来源,它的可靠性等。

(2) 建设项目所能达到的清洁生产各个指标的描述。根据建设项目工程分析的结果,并结合对资源能源利用,生产工艺和装备选择,产品指标,废弃物的回收利用,污染物产生的深入分析,确定环评项目相应各类清洁生产指标数值。

(3) 建设项目清洁生产评价结论。通过将预测值与同行业清洁生产标准值进行对比,给出简要的清洁生产评价结论。

(4) 清洁生产方案建议。在对建设项目进行清洁生产分析的基础上,确定存在的主要问题,并提出相应的解决方案和建议。

三、注意事项

(1) 前面的各项清洁生产指标的权重值主要适用于造纸、电镀、酿造等工艺比较简单的轻工业和加工工业,对于基础材料工业以及化工等复杂行业的指标权重值,应加以修正,以保证适用性。

(2) 改、扩建设项目应对老污染源同时进行清洁生产评价。

第五节　清洁生产案例分析

一、某造纸厂清洁生产评述

某一造纸厂是淮河流域某地区最大的一家造纸厂,年制浆能力为 2.35 万 t,其中 1.7 万 t /a 化学草浆,0.65 万 t /a 磨木浆。由于造纸厂废水排放对淮河造成极大的污染,因此为贯彻国务院“淮河流域水污染防治条例”和“淮河流域水污染防治规划及九五计划”,彻底解决该地区制浆造纸行业对淮河水系的污染,项目拟在该造纸厂扩建化学草浆 2.0 万 t/a,磨木浆 0.65 万 t/a,使制浆总能力达 5 万 t/a,其中草浆 3.7 万 t/a,磨木浆 1.3 万 t/a。同时配套建设日处理 110 t 黑液固型物碱回收装置,使企业废水排放达到国家排放标准要求。该造纸厂集中制浆工程还包括2万 t/a 的浆板生产能力,建成后将替代该地区另外四家造纸厂四条制浆线共计3.6万 t/a 的分散制浆。

(一) 指标数据分析

本案例分析仅比较“现有工程和集中制浆工程的情况”,因现有工程和集中制浆工程所使用的原材料以及产品基本相同,所以原材料指标及产品指标相同,但资源指标和污染物产生指标有较大差异。

1. 原材料指标

毒性:低毒;生态影响:良好;可再生性:良好;

能源强度:低; 可回收利用性:良好。

2. 产品指标

销售:良好; 使用:良好;

寿命优化:中等; 报废:良好(易回收和生物降解)。

3. 资源指标

(1) 现有工程

单位产品耗新鲜水量:455.6 t/t 浆

单位产品物耗　麦草:2.5 t/t 浆　碱回收率:0　耗碱量(包括回用碱):0.32t/t 浆

由于能耗没有统计数据,所以能耗指标暂不考虑。

(2) 集中制浆

单位产品耗新鲜水量:235.2 t/t 浆

单位产品物耗　麦草:2.5 t/t 浆　碱回收率:75%　耗碱量(包括回用碱):0.092t/t 浆

由于能耗没有统计数据,所以能耗指标暂不考虑。

4. 污染物产生指标

(1) 现有工程污染物产生指标

废水产生量:445.4 t/t 浆　BOD_5 产生量:412.9 t/t 浆

COD 产生量:1366.0 t/t 浆　SS 产生量:383.0 t/t 浆

(2) 集中制浆污染物产生指标

废水产生量:240.5 t/t 浆　BOD_5 产生量:61.6 t/t 浆

COD 产生量:201.3 t/t 浆　SS 产生量:210.0 t/t 浆

(二) 指标评价

1. 定性指标评价

原材料指标和产品指标的评价结果分别见本案例表1和本案例表2。

表 1　某造纸厂原材料指标评价结果

原材料指标	状况	指标权重	等级分值	得分(权重×等级分)
毒性	低毒	7	0.7	4.9
生态影响	良好	6	0.9	5.4
可再生性	良好	4	0.9	3.6
能源强度	低	4	0.9	3.6
循环利用性	良好	3	0.7	2.8
合计		24		20.3

表 2　某造纸厂产品指标评价结果

产品指标	状况	指标权重	等级分值	得分(权重×等级分)
销售	良好	3	0.9	2.7
使用	良好	4	0.9	3.6
寿命优化	中等	5	0.5	2.5
报废	良好	5	0.7	3.5
合计		17		12.3

2. 定量指标评价

（1）现有工程:现有工程的资源指标和污染物产生指标的评价结果分别见本案例表 3 和本案例表 4。

表 3　某造纸厂现有工程资源指标评价结果

资源指标	单位产品消耗量	指标权重	等级分值	得分(权重×等级分)
单位产品耗新鲜水量	455.6 t/t 浆	15	0	0
单位产品耗麦草量	2.5 t/t 浆	4	0.50	2.0
单位产品耗碱量	0.32 t/t 浆	4	0.75	3.0
碱回收率	0	6	0	0
合计		29		5.0

表 4　某造纸厂现有工程污染物指标评价结果

污染物指标	单位产品消耗量	指标权重	等级分值	得分(权重×等级分)
废水产生量	445.4 t/t 浆	9	0	0
COD 产生量	1366.0 t/t 浆	7	0	0
BOD_5 产生量	412.9 t/t 浆	7	0	0
SS 产生量	383.0 t/t 浆	6	0	0
合计		29		0

（2）集中制浆工程:集中制浆工程的资源指标和污染物产生指标的评价结果分别见本案例表 5 和本案例表 6。

表 5　某造纸厂集中制浆工程资源指标评价结果

资源指标	单位产品消耗量	指标权重	等级分值	得分(权重×等级分)
单位产品耗新鲜水量	235.2 t/t 浆	15	0.49	7.35
单位产品耗麦草量	2.5 t/t 浆	4	0.50	2.00
单位产品耗碱量	0.092 t/t 浆	4	1.0	4.00
碱回收率	75%	6	0.6	3.60
合计		29		16.95

表 6　某造纸厂集中制浆工程污染物指标评价结果

污染物指标	单位产品消耗量	指标权重	等级分值	得分(权重×等级分)
废水产生量	240.5 t/t 浆	9	0.50	4.5
COD 产生量	201.3 t/t 浆	7	0.8	5.6
BOD_5 产生量	61.6 t/t 浆	7	0.8	5.6
SS 产生量	210.0 t/t 浆	6	0.38	2.28
合计		29		17.98

3. 指标评价得分汇总

(1) 现有工程：现有工程原材料指标得分为 20.3，产品指标得分为 12.3，资源指标得分为 5.0，污染物产生指标得分为 0，累计总分值为 37.6。

(2) 集中制浆：集中制浆原材料指标得分为 20.3，产品指标得分为 12.3，资源指标得分为 16.95，污染物产生指标得分为 17.98，累计总分值为 67.53。

(三) 评价结论

上述计算结果表明：企业在现有情况下，未上集中制浆工程时，清洁生产评价所得分为 37.60，经过集中制浆工程，评价所得分提高到 67.53。根据评分标准，企业不进行改建属于淘汰的范围内；通过扩建建立集中制浆、上碱回收工程，使该企业达到该行业的中等偏上水平。这与目前国家造纸行业的技术和环境政策是相符的。

复习与思考

1. 简述清洁生产的涵义。
2. 清洁生产的内容包括哪些？
3. 如何进行清洁生产评价？为什么要在环境评价中引入清洁生产评价内容？
4. 清洁生产指标的选取原则是什么？
5. 环境影响报告书中清洁生产专题的内容要求有哪些？

第十章　区域环境影响评价

本章重点：区域环境影响评价的基本概念、内容、方法和工作程序，区域环境承载力、区域环境战略、区域环境容量、区域环境污染物总量控制的概念以及分析，区域开发土地利用与区域环境管理计划的相关知识。

第一节　概　　述

一、区域环境影响评价的概念

20世纪80年代中期，我国环境界的专家从理论上提出区域环境影响评价的概念。并逐渐得到了国内外环境学界的认同。80年代中后期到90年代初，环境质量评价专业委员会先后多次召开研讨会交流区域环境影响评价问题，并于1987年召开的“区域规划与区域环境影响评价学术研讨会”上建议：为了有效地控制区域性的环境污染，实现总量控制的原则，应该把建设项目环境影响评价与区域环境规划、区域环境影响评价结合起来进行。据此，80年代末，90年代初先后选择了甘肃省白银市、福建省湄州湾和云南省开远市等进行区域环境影响评价的试点，并且同期进行了云南滇池地区磷资源开发的环境影响评价分析研究，北京燕山化学工业区的环境影响分析研究，京、津、渤区域环境演化开发与保护途径研究等，90年代以来，随着改革开放的进一步深入，各种类型的开发区建设越来越多。

随着我国经济建设的迅猛发展，出现了众多区域性开发建设项目，如经济技术开发区、高新技术产业开发区、旅游度假区，仓储保税区及边贸开发区等，即在一个相同的地区和相近的时间内相继开展多个建设项目。这时，如果分别对各建设项目进行环境影响评价，则不能准确预测最终的环境变化，也不能说明区域开发的总体环境影响，也就不可能采取合理的环境保护对策，难以保证环境质量目标的实现。因此，应把此类开发建设项目看做一个整体，考虑所有的区域开发建设行为，开展区域开发环境影响评价，简称区域环境影响评价。

区域开发活动是指在特定的区域、特定的时间内有计划进行的一系列重大开发活动。这些开发活动区域一般称为开发区。具有以下特征：①占地面积大，一般占地面积均在1km^2以上；②性质复杂，一般一个开发区涉及多种行业；③管理层次较多，除有专门的开发区管理机构外，每个开发项目一般均有其独立的法人；④不确定因素多，许多开发区初期仅确定其开发性质，具体的开发项目往往不确定；⑤环境影响范围大、程度深；⑥有条件实施污染物集中控制和治理。

所谓区域环境评价就是在一定区域内以可持续发展的观点，从整体上综合考虑区域内拟开展的各种社会经济活动对环境产生的影响。并据此制定和选择维护区域良性循环，实现可持续发展的最佳行动规划或方案，同时也为区域开发规划和管理提供决策依据。

1998 年 11 月颁布的中华人民共和国《建设项目环境保护管理条例》第五章第三十一条规定“流域开发、开发区建设、城市新区建设和旧区改建等区域开发，编制建设规划时，应当进行环境影响评价。”由此进一步明确了区域环境影响评价的对象和时段，并为开展区域环境影响评价提供了法律依据。

二、区域环境影响评价的目的与意义

区域开发活动是在一定地域范围内有计划地进行一系列开发建设活动，因此区域环境影响评价的对象是区域内所有的拟开发建设行为。其目的是通过区域开发活动环境影响评价以完善区域开发活动规划，保证区域开发的可持续发展。通常情况下，区域环境影响评价发生在区域开发规划纲要编制之后和区域开发规划方案确定之前。在实际工作中，区域开发规划设计方案编制和环境影响报告书编制是一个交互过程，环境影响评价在区域开发规划的一开始就介入，从区域环境特征等因素出发，考虑区域开发性质、规划和布局，帮助制定区域开发规划方案，并对形成的每一个方案进行评价，提出修改意见，对修改后的方案进行环境影响分析，直至帮助最终形成区域经济发展与区域环境保护协调的区域开发规划和区域环境管理规划，促进整个区域开发的可持续性。所以从某种意义上讲，区域环境影响评价的对象可以说是区域开发规划方案，但同时区域环境影响评价实际上也是区域开发规划方案制定过程中用于考虑环境因素的主要规划工具之一。

根据区域环境影响评价在区域开发规划与区域环境管理中的地位和作用，区域开发活动的环境影响评价具有如下重要意义。

(1) 区域环境影响评价从宏观角度对区域开发活动的选址、规模、性质的可行性进行论证，避免重大决策失误，最大限度地减少对区域自然生态环境和资源的破坏。

(2) 通过区域环境影响评价，可为区域开发各功能的合理布局、入区项目的筛选提供决策依据。

(3) 通过区域环境影响评价，有助于了解区域的环境状况和区域开发带来的环境问题，从而有助于区域环境污染总量控制规划和建立区域环境保护管理体系，促进区域真正的可持续发展。

(4) 区域环境影响评价可以作为单项入区项目的审批依据和区域内单项工程评价的基础和依据，减少各单项工程环境影响评价的工作内容，也使单项工程的环境影响评价兼顾区域宏观特征，使其更具科学性、指导性，同时缩短其工作周期。

三、区域环境影响评价的类型与特点

(一) 区域环境影响评价的主要类型

区域环境影响评价的类型与环境规划的类型是相互对应的。一般来讲,制定某种类型的环境规划,就应开展相同类型的区域环境评价。

为了达到特定的目的和要求,根据评价的性质、行政区划、区域类型、环境要素等,可以把区域环境影响评价划分成若干类型,但与开发建设项目紧密相连的主要有以下两种。

(1) 开发区建设环境影响评价。我国试行对外开放政策以来,特别是沿海省市开辟了一系列新经济开发区、高科技园区、保税区等。这些区域一般都有各自的经济发展规划,有的制定了区域环境规划,因此,应该在此基础上开展相应的区域环境影响评价。

(2) 城市建设与开发环境影响评价。城市建设与开发包括城市新区建设与老区改造,前者主要是具有相当规模的居住、金融、商贸和娱乐区域的开发,以及城市化过程中的城镇建设;后者的显著特点是依托现有工业基地,以老骨干企业为主,利用它们的经济基础和技术优势进行新建、扩建和改造,以扩大再生产,从而形成了许多以大型企业为主的老工业开发区。

此外,根据《建设项目环境保护管理条例》的规定,流域开发也属于区域开发。近年来,我国流域开发发展迅速,但其涉及诸多问题,较为复杂,与上述两类区域开发具有明显的差异,本章暂不进行讨论。

据不完全统计,到1998年已有区域开发活动上千项,其中已开展区域环境影响评价的已有数百项。特别是近几年来,由于环境意识的提高和环境管理力度的加强,对区域开发活动的环境影响评价工作不断深入,例如,在世行环境支援项目(C2-3)中就列入了天津经济技术开发区区域环境影响评价和规划的研究项目,该项目已完成并通过了世行专家评审验收。这些研究和实践为开展区域环境影响评价积累了一定的经验,并使其逐步走向成熟,但区域环境影响评价目前还未制定出正式的导则和规范。

(二) 区域环境影响评价的特点

区域开发活动一般都是在短期内集中大量的人力、资金、能源等必要的资源,具有规模大、开发强度高及经济密度高于一般地区的特点,往往使土地使用功能短期内发生巨大变化。

区域开发活动的环境影响评价涉及因素多,层次复杂,相对于单项开发活动环境影响评价而言具有以下特点。

(1) 广泛性和复杂性。区域环境影响评价范围广,内容复杂,其范围在地域上、空间上、时间上均远远超过单个建设项目对环境的影响,一般小至几十平方公里,大至一个地区、一个流域;其影响涉及面包括区域内所有开发行为及其对自然、社会、经济和生态的全面影响。

(2) 战略性。区域影响评价是从区域发展规模、性质、产业布局、产业结构及功能布局、土地利用规划、污染物总量控制、污染综合治理等方面论述区域环境保护和经济发展的战略性对策。

(3) 不确定性。区域开发一般都是逐步、滚动发展的,在开发初期只能确定开发活动的基本规模、性质,而具体入区项目、污染源种类、污染物排放量等不确定因素多。因此,区域环境影响评价具有一定的不确定性。

(4) 评价时间的超前性。区域环境影响评价应在区域环境规划、区域开发活动详细规划以前进行,作为区域开发活动决策不可缺少的参考依据,只有在超前的区域环境影响评价的基础上才能真正实现区域内未来项目的合理布局,以最小的环境损失获得最佳社会、经济和生态目标。

(5) 评价方法多样化、定性和定量相结合。由于区域开发活动往往涉及较大的地域、较多的人口,对区域的社会、经济发展有较大影响,同时区域开发活动是破坏一个旧的生态系统和建立一个新系统的过程,因此社会和生态环境影响评价应是区域环境影响评价的一个重点。

我们把区域开发活动的环境影响评价与单项开发活动环境影响评价区别和联系归结如表10-1所示。

表10-1　区域开发活动与单项开发活动环境影响评价区别和联系

比较内容	区域环境影响评价	建设项目环境影响评价
评价对象	包括区域社会经济发展规划中所有拟开发行为和开发项目	单一建设项目或几个项目的联合,具单一性
评价范围	地域广、空间大、属区域性	地域小、空间小、属局域性
评价方法	多样性	专一性
评价人员知识结构	注重具有较强识别环境问题、解决环境问题能力的评价单位牵头,涉及学术领域学术领域广,需多学科结合	除一般评价专业人员外,强调与建设项目有关的工程技术人员参与
评价精度	采用系统分析方法对整体进行宏观分析,反映全局合理性,宜粗不宜细,粗中有细	精度要求高,强调计算结果的准确性和代表性
评价所处时段	在区域规划期间进行,对于开发活动来讲,具有超前性。	一般在项目可行性研究阶段完成,具有与开发项目同步性
评价任务	不仅分析区域经济发展规划中拟开发活动对环境影响程度,而且重点论证区域内未来建设项目的布局、结构,资源的合理配置,提出对区域环境影响最小的整体优化方案和综合防治对策,为制定环境规划提供依据(微观与宏观相结合管理)	根据建设项目的性质、规模和所在地区的自然环境、社会环境状况,通过调查分析和影响预测,找出对环境的影响程度,在此基础上做出项目是否可行的结论,提出环保对策建议(微观管理)
评价指标	反映区域环境与经济协调发展的各项环境、经济、生活质量等指标(体现核心:可持续发展)	注意环境质量指标(水、气、噪声等)

四、区域环境影响评价遵循的原则

区域环境影响评价是区域规划的重要组成部分。是着重研究环境质量现状、确定区域环境要素的容量以及预测开发活动的影响。因此,它是一项科学性、综合性、预测性、规划性和实用性很强的工作,应遵循如下原则。

1. 同一性原则

要把区域环境影响评价纳入环境规划之中,应在制定环境规划的同时开展区域环境影响评价工作。

2. 整体性原则

区域评价涉及协调和解决开发建设活动中产生的各种环境问题,包括所有产生污染和生态破坏的各个部门、地区和建设单位。应全面评价各建设项目的开发行为以及各开发项目之间的相互影响,因此必须从整体观点认识和解决环境影响问题。不但要提出各建设项目的环境保护措施,还要提出区域开发集中控制的方案对策。

3. 综合性原则

在区域内广大地区和空间范围内,评价工作不仅要考虑社会环境,还要考虑自然环境以及生活质量影响。因此在评价分析中必须强调采用综合的方法,以期得到正确的评价结论。

4. 战略性原则

区域环境影响评价不仅要评价区域开发活动对周围环境的污染影响,还应从战略层次,评价区域开发活动与其所在区域的发展规划的一致性,区域开发活动内部功能布局的合理性,并从总量控制的思想提出开发区入区项目和限制项目的划分原则,污染物排放控制总量和削减方案。

5. 实用性原则

区域环境影响评价的实用性集中在制定优化方案和污染防治对策方面,应该是技术上可行、经济上合理、效果上可靠,能为建设部门所采纳。

6. 可持续性原则

区域开发活动往往是一个长期滚动的发展过程,因此,在区域环境影响评价中,不仅要从可持续发展角度评价区域开发活动对环境的影响,而且更重要的是应该通过对区域开发活动及其环境影响的分析与评价,帮助建立一种具有可持续改进功能的环境管理体制,以确保区域开发的可持续性。

7. 时效性原则

区域环境影响评价在区域开发的规划阶段或可行性研究阶段进行,作为区域开发规划报告或可行性研究报告的一个独立部分,参与评审。鉴于区域环评面临的问题复杂,一项区域环评一般需 18 个月,至少需历时一年,以留有充分的时间开展情况调查、方案研究和项目协调工作。

8. 科学方法原则

工作方法和工作手段、区域环评所采用的技术,可以采用在单项开发建设项目环评中使用的成熟的工作方法和监测手段,以此为基础,结合区域环评的特点,采用相应的分析技术和方法,例如,系统分析的方法,生态功能流分析的方法,受体模型和源解析分析的方法等。同时,根据需求,选用地理信息系统、遥感、景观模拟等先进的技术和手段,以达到良好的评价效果。

第二节　区域环境影响评价的程序与内容

一、区域环境影响评价工作程序和要求

区域环境影响评价与建设项目环境影响评价工作程序基本相同,大体分为三个阶段,即准备阶段、评价工作阶段和报告书编写阶段。

应该说明的是,区域开发建设项目涉及到多项目、多单位,不仅需要评价现状,而且需要预测和规划未来,协调项目间的相互关系,合理确定污染分担率。因此,为使区域环境评价工作成果更有针对性和符合实际,应在评价中间阶段提交阶段性中间报告,向建设单位、环保主管部门通报情况和预审,以便完善充实,修订最终报告。

区域环境影响评价技术路线如图 10-1 所示。

二、区域环境影响评价的基本内容

在区域开发正式实施之前,待开发的许多项目或者项目的许多开发特征都是不确定的,因此,区域环境影响评价的重点往往放在区域发展方向或性质规划、区域土地利用功能规划及区域公用设施规划等对环境的影响上,其主要内容如下。

1. 区域环境现状调查与评价

区域环境现状调查主要包括区域环境背景资料的收集和区域环境现场监测两种方式。调查的内容包括开发区域及周围地区的社会经济状况、自然环境、生态环境和生活质量等。区域环境监测包括对大气、水体、土壤、生态和噪声的现状监测及其背景值的研究。区域环境现状评价就是在现状调查的基础上,根据环境监测数据,以国家和地方环境质量标准为依据,运用一定的评价方法给出区域环境现状的结论。

2. 区域总体发展规划

区域总体发展规划是为确定区域性质、规模、发展方向,通过合理利用区域土

地,协调空间布局和各项建设,实现区域经济和社会发展目标而进行的综合部署。区域总体规划侧重于从区域形态设计上落实经济、社会发展目标,环境的保护与建设是其中的重要内容。它同环境现状调查与评价一样,作为区域开发中环境问题识别与筛选的依据和基础,同时,区域环境影响评价也需要对其发展规划的合理性、可行性给出评价和建议。

3. 环境问题的识别和筛选

就是依据区域环境现状质量评价结论、区域资源特点及区域社会经济发展目标,识别、筛选出该区域开发建设的主要环境问题及环境影响因子。

在进行某一区域开发的影响评价时,需要具体问题具体分析。首先针对特定的开发活动所在的特定的区域环境找出特定的问题,以决定环境影响评价的范围、内容及重点,找出特定问题的过程就是开发活动环境问题的识别。

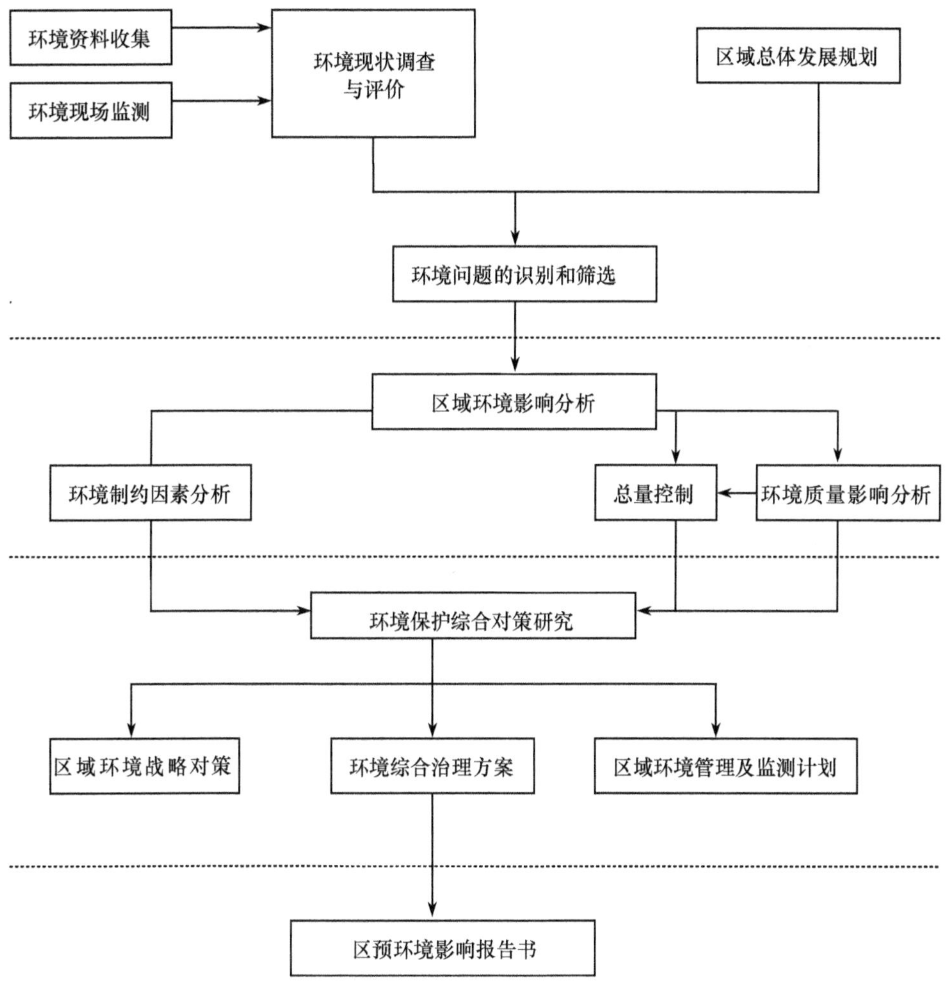

图 10-1　区域环境影响评价技术路线

在环境问题识别过程中,不仅需要识别开发活动引起的所有直接和潜在影响,而且还需要指出哪些是直接影响,哪些是间接影响;哪些是短期影响,哪些是长期影响;哪些是可恢复的影响,哪些不是,并对每一种影响的范围和程度做出粗略的评估。在这些影响中,那些直接的、长期的、不可恢复的影响往往是环境影响评价工作的重点。

只有对具体开发活动的环境问题做了正确的识别之后,才能筛选出环境影响评价工作的重点,进而对它做出定性或定量的评价,并根据评价的结果提出防治措施或替代方案。

4. 区域环境影响分析

区域环境影响分析是在区域环境问题的识别和筛选的基础上,分析区域开发活动对区域环境的影响,为做出最终的环境影响评价做准备。主要包括区域环境污染物总量控制分析和区域环境制约因素分析两方面。

区域开发要坚持可持续发展战略,实施总量控制,资源问题应作为分析研究的首要问题。区域环境制约因素分析通过区域环境承载力分析、土地利用和生态适宜度分析,可以从宏观角度对区域开发活动的选址、规模、性质进行可行性论证,从而为区域开发各功能的合理布局和入区项目的筛选提供决策的依据。

区域总量控制、区域环境承载力分析、土地利用和生态适宜度分析的具体内容将在本章以后内容中作详细介绍。

5. 环境保护综合对策研究

区域环境保护综合对策研究一般可以从 3 个方面入手分析,区域环境战略对策、环境综合治理方案、区域环境管理及监测计划。

(1) 区域环境战略对策主要任务是保证区域环境系统与区域社会、经济发展相协调。通过以资源合理开发利用为主要内容的宏观环境分析提出相应的协调因子和宏观总量控制目标,并指导各环境要素的详细评价。

(2) 环境综合治理方案,首先要从经济和环境两个方面进行全面规划,尽量减少污染物排放量;其次是合理布局,充分利用各地区的环境容量,对必须进行治理的污染物,采取集中处理和分散治理相结合的原则,用最小的环境投资取得最大的环境效益等一整套污染综合防治办法,经济的、有效的解决经济建设中的环境污染问题。

(3) 区域环境管理计划,是为保证环境功能的实施而制定的必要的环境管理措施和规定。一般可分为环境管理机构设置与监控系统的建立(包括环境监测计划)、区域环境管理指标体系的建立和区域环境目标可达性分析三个方面。

第三节　区域开发的环境制约因素分析

区域环境影响评价的对象是区域开发规划方案(含区域开发环境规划),它的总目标是区域可持续发展。区域环境影响评价通过区域环境承载力分析、土地利用和生态适宜度分析,可以从宏观角度对区域开发活动的选址、规模、性质进行可行性论证,从而为区域开发各功能的合理布局和入区项目的筛选提供决策的依据。

一、区域环境承载力分析

1. 区域环境承载力的概念

人类赖以生存和发展的环境是一个具有强大的维持其稳态效应的巨系统,它既为人类活动提供空间和载体,又为人类活动提供资源并容纳废弃物。对于人类社会活动来说,环境系统的价值体现在能对人类社会生存发展活动的需要提供支持。由于环境系统的组成物质在数量上存在一定的比例关系,在空间上有一定的分布规律,所以它对人类活动的支持能力有一定的限度,或者说,存在一定的阈值,我们把这一阈值定义为环境承载力。确切地说,环境承载力是在某一时期、某种状态或条件下,某地区的环境所能承受的人类活动作用的阈值。

区域开发和可持续发展是当前区域经济发展中所面临的两个重要问题,实际上表现为如何协调区域社会经济活动与区域环境系统结构的相互关系,这就是区域环境承载力所要解决的问题。区域环境承载力是指在一定的时期和一定区域范围内,在维持区域环境系统结构不发生质的改变,区域环境功能不朝恶性方向转变的条件下,区域环境系统所能承受的人类各种社会经济活动的能力,即区域环境系统结构与区域社会经济活动的适宜程度。

2. 区域环境承载力分析的对象和内容

环境科学是以人类——环境系统为研究对象,区域环境承载力是在人们对人类——环境系统有了较深刻的认识基础上被提出来的。人类与环境的协调,仅仅从污染物的预防治理方面来考虑已经不能解决问题,必须从区域环境系统结构和区域社会经济活动两个方面来分析。因此,区域环境承载力的研究对象就是区域社会经济——区域环境结构系统。它包括两个方面,一是区域环境系统的微观结构、特征和功能,二是区域社会经济活动的方向、规模。把两个方面结合起来,以量化手段表征出两个方面的协调程度,就是区域环境承载力研究的目的。

区域环境承载力研究包括如下几个方面内容:区域环境承载力指标体系;区域环境承载力大小表征模型及求解;区域环境承载力综合评估;与区域环境承载力相

协调的区域社会经济活动的方向、规模和区域环境保护规划的对策措施。

3. 区域环境承载力的指标体系及建立原则

要准确客观地反映区域环境承载力,必须有一套完整的指标体系,它是分析研究区域环境承载力的根本条件和理论基础。

建立环境承载力指标体系必须遵循以下原则:①科学性原则,即环境承载力的指标体系应从为区域社会经济活动提供发展的物质基础条件以及对区域社会经济活动起限制作用的环境条件两方面来构造,并且各指标应有明确的界定;②完备性原则,即尽量全面地反映环境承载力的内涵;③可量性原则,即所选指标必须是可度量的;④区域性原则,环境承载力具有明显的区域性特征,选取指标时应重点考虑能代表明显区域特征的指标;⑤规范性原则,即必须对各项指标进行规范化处理以便于计算,并对最终结果进行比较等等。

环境承载力的指标体系应该从环境系统与社会经济系统的物质、能量和信息的交换上入手。即使在同一个地区,人类的社会经济行为在层次和内容上也完全可能会有较大差异,因此不应该也不可能对环境承载力指标体系中的具体指标作硬性的统一规定,只能从环境系统、社会经济系统之间物质、能量和信息的联系角度将其分类。一般可分为三类。

第一类,自然资源供给类指标,如水资源、土地资源、生物资源等。

第二类,社会条件支持类指标,如经济实力、公用设施、交通条件等。

第三类,污染承受能力类指标,如污染物的迁移、扩散和转化能力,绿化状况等。

4. 区域环境承载力的量化研究

区域环境承载力的指标体系建立之后,对环境承载力的研究就是对环境承载力值进行计算、分析,并提出相应的保持或提高当前环境承载力值的方法措施。一般来说,这些指标与经济开发活动之间的数量关系是很难确定的,这一方面是因为这种关系本身是非常复杂的,如大气中 SO_2 的浓度就不仅与区域的能源消耗总量有关,而且还与当地的能源结构、环保设施投资状况等有关;另一方面,所选取的指标除与人类的经济活动有关外,还可能受到许多偶然因素的影响,如降雨可将大气中的许多污染物(如 SO_2)转移到水环境中,使环境承载力的结构发生变化。这些都给环境承载力的量化研究造成了一定的困难。目前有许多学者正在研究如何使环境承载力的量化具有科学性和普适性。也有人认为不可能找到一个普遍适用的公式来计算不同区域的环境承载力。现在人们一般是针对某一具体的区域来进行环境承载力的量化研究,如在湄州湾的环境规划中,就是用下式来表示第 j 个地区环境承载力的相对大小的。

$$I_j = \sqrt{\frac{1}{n}\sum_{i=1}^{n} \tilde{E}_y^2} \tag{10-1}$$

在式中,$\tilde{E}_y$ 是进行归一后的第 i 个环境因素第 j 个地区的环境承载力,这里

$$\tilde{E}_{ij} = E_{ij} / \sum_{i=1}^{n} E_{ij} \quad (10\text{-}2)$$

其中,E_{ij}是第i个环境因素第j个地区的环境承载力,表示E_{ij}所选用的指标简单而实用,如选取风速指标来表示各区域的大气环境承载力,风速越大,则表示该区域的大气环境承载越大等。湄州湾环境规划是环境承载力理论的一个十分成功的实用实例。之后,人们还探讨了其他的量化研究方法,如专家打分、模加和法、灰色系统分析法、专家系统方法等等,所有这些方法的关键都集中在指标的筛选、各指标权重的确定及指标值的预测等方面。

总之,环境承载力的量化研究是环境承载力理论的一个重要研究内容。环境承载力既然是某一区域环境的一个客观存在的量,所以,即使不存在一个普遍适用的计算环境承载力的公式,也应能找到合理分析环境承载力的科学方法,或找出近似表达某些类型的区域环境承载力的公式。这都会促进环境承载力理论的发展及其实际应用。

二、土地使用与生态适宜度分析

(一) 土地使用适宜性分析

1. 土地使用适宜性分析的必要性

各项开发活动的迅速发展,使得对土地的需求日益加重,现有的可开发土地已不能满足长期发展的需要。因此,土地的开发不得不向过去被视为不宜开发的土地扩张。但如果对此类地区与整个自然环境认识不清,而忽略其自然环境的承受能力及土地使用适宜性,过度或不当地开发行为将导致自然灾害的发生、生态体系的破坏等环境负效应。故为了更好的开发使用土地,合理使用土地资源,应当对土地使用进行适宜性分析。

土地使用适宜性分析是区域环境影响评价的重要内容,它实际上提供了区域环境的发展潜力和承载能力,对区域环境的可持续发展具有十分重要的意义。但总的来讲,环境资源的使用及其对人类影响,是随着空间和时间的迁移而变化不定的。因此,要求系统而全面地对土地使用适宜性及环境影响进行精细的分析评价,目前还存在着一定的困难。不可能完全定量地把所有环境变量都结合在决策模型中,而只能按优劣序列排队,采取非参数的统计学方法或多目标半定性分析技术,求得优化解,以作为决策依据。目前具体的方法有矩阵法、图解分析法、叠图法以及环境质量评价法等,这些方法往往结合在一起使用。下面介绍一种土地使用适宜性分析的综合方法,该方法曾被成功地应用于"台湾地区环境敏感地划设与土地使用适宜性分析"、"京、津、塘高速公路沿线两侧(天津段)土地使用适宜性分析"等实际工作之中。

2. 土地使用适宜性分析的过程

(1) 环境敏感地的划设。环境敏感地泛指对人类具有特殊价值或具潜在天然灾害的地区,这些地区极易因人类的不当开发活动而导致负面环境效应。环境敏感地所包括的范围相当广泛,按照其资源特性与功能的差异,可分类如表10-2。

表10-2　环境敏感地的分类

类别	分项	类别	分项
生态敏感地	·野生动植物栖息地 ·自然生态地区 ·科学研究地区	资源生产敏感地	·林业生产地 ·渔业生产地 ·优良农田 ·水源保护区 ·矿产区 ·能源生产地
文化景观敏感地	·特殊景观地区 ·自然风景地区 ·历史文化地区	天然灾害敏感地	·洪患地区 ·地质灾害地区

(2) 土地使用适宜性分析的过程,如图10-2所示。土地使用适宜性分析可用于分析自然环境对各种土地使用的潜力和限制,确保开发行为与环境保护目标相符合,对资源进行最适宜的空间分配。因此,环境敏感地的开发使用,可借助于土地使用适宜性分析,了解土地的承载开发活动和人口增长的能力,配合土地使用活动的需求,分析自然资源提供土地使用的适宜性,并将土地使用生态规划原则纳入区域规划之中,确立环境敏感地划设原则,使土地开发与环境保护协调发展。

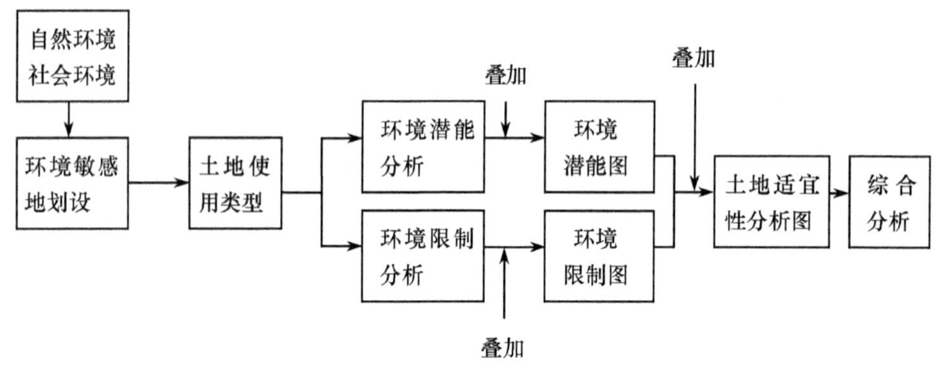

图10-2　土地使用适宜性分析过程图

第一,确定土地使用类型。土地使用类型一般可根据城市规划或区域总体规划中的土地使用功能进行划分。例如,可分为住宅社区、工业区、大型游乐区、金融商贸区、文化教育区等。

第二,环境潜能分析。环境潜能分析是指分析各种土地使用类别与土地使用需求以及环境潜能的关系，以了解环境特性对不同土地开发行为所具有的发展潜力条件。针对已确定的土地使用类型，可建立两个关联矩阵：①土地使用类型与土地使用需求的关联矩阵；②土地使用需求与环境潜能的关联矩阵。通过这两个关联矩阵的结果分析，可以得到土地使用类型与环境潜能的关联性，从而进行发展潜力分析。例如，若将土地使用类型分为住宅社区、工业区、大型游乐区、金融商贸区，其关联表见表10-3。

表10-3　环境潜能与土地使用类型关联表

类　型	环境潜能											
	地形坡度	坡地稳定度	土壤排水性	水文地势	潜在土壤流失	地貌特征	植被分布	自来水供给	污水收集处理	交通可及性	距中心远近	土地使用状况
住宅社区	●	●	●	○	●			●	●	●	○	●
工业区	●	●	●					○	●	●	●	●
娱乐区	○	●	○	●		●	●		○	●		●
金融商贸区	●	●	●	○	●			●	●	●	●	●

注：●为相关；○为次相关。

通过上述环境潜能分析，可将各类土地使用类型开发的环境潜能划分为相应的级别，运用叠图法绘制出环境潜能图。

第三，环境限制分析。发展限制是指土地使用过程中由于其不当的开发活动或使用行为，所导致的环境负效应。分析发展限制，正是通过分析各种土地使用类型与土地使用行为以及环境敏感性之间的关系，来了解环境特性对不同土地使用的限制。为此针对土地使用类型、开发活动、环境影响项目、环境敏感性四者之间建立了三个关联矩阵：①土地使用类型与开发活动或使用行为之间的关联矩阵；②开发活动或使用行为与环境影响项目的关联矩阵；③环境影响项目与环境敏感性关联矩阵。例如，基于上述四种土地使用类型，采用七种敏感地来研究环境影响项目与环境敏感性之间的关系，可得到土地使用类型与环境敏感性之间的关联性，从而进行环境限制分析。分析结果如表10-4所示。

表10-4　土地使用类型与环境敏感性关联表

土地使用类型	环境敏感项目						
	生态敏感区	地质灾害敏感区	洪水平原	优良农田	文化景观敏感区	地下水补给区	噪声敏感区
住宅社区	●	●	●	○	●		●
工业区	●	●	●	●	●	○	○
大型游乐区	●	○	○	●	○		
金融商贸区	●	●	●	●	○		●

通过上述环境限制分析，可将各类土地使用类型的环境限制划分级别，并通过叠图法绘制成相应的环境限制图。

第四，土地使用适宜性分析。土地使用适宜性分析是综合上面环境潜能与环境限制的分析结果。根据对环境潜能和环境限制的分析，可分别将环境潜能和环境限制分级，例如，可将环境限制分为三级：环境限制大、环境限制中、环境限制小。若将两者各分为三级，然后进行叠加，从而可将上述假设条件下的土地使用适宜性划分为四级。如表10-5所示。其中环境限制中Ⅰ表示限制最小，环境潜能中Ⅰ表示潜能最大，适宜性分析中Ⅰ表示适宜性最好。

第五，综合分析。针对前述各种土地使用适宜性图作综合分析，以比较区域中各种土地使用类型的适宜性分级，并进行社会、经济评价。

表10-5　适宜性分析分级图

适宜性分析		环境潜能		
		Ⅰ	Ⅱ	Ⅲ
发展限制	Ⅰ	Ⅰ	Ⅱ	Ⅲ
	Ⅱ	Ⅱ	Ⅲ	Ⅳ
	Ⅲ	Ⅲ	Ⅳ	Ⅳ

（二）生态适宜度分析

生态适宜度分析是在城市生态登记的基础上寻求城市最佳土地利用方式的方法。目前生态适宜度分析方法还不太成熟，下面简要介绍一种方法。

1. 选择生态因子

生态适宜度分析是对土地特定用途的适宜性评价。当土地和用途确定以后，如何才能评价该块土地的适宜性呢？其方法是选择能够准确或比较准确描述（影响）该种用途的生态因子，通过多种生态因子的评价，得出综合评价值。因此，生态因子选择的是否合适，直接影响到生态适宜度分析结果。

不同土地用途所选择的生态因子也不同。生态因子的选择必须遵守一条基本原则，这就是生态因子必须是对所确定的土地利用目的影响最大的因素。例如秦皇岛是一个港口城市，在生态适宜度分析中专门增设了港口用地适宜度分析，所选择的生态因子共6个：海拔高度、地表水、气象条件（风向）、承压力、距海岸距离及土地利用现状。此外，在工业用地适宜度分析中，还可选择人口密度为评价因子。

2. 单因子分级评分

对特种土地利用目的选择的生态因子在综合分析前，首先必须进行单因子分级评分。单因子分级一般可分为5级：很不适宜、不适宜、基本适宜、适宜、很适宜。也可分为3级：不适宜、基本适宜、适宜。进行单因子分级评分可以从下面几个方面考虑。

(1) 该生态因子对给定土地利用目的的生态作用和影响程度,如人口密度对工业用地的影响很敏感,在对人口密度进行分级评分时,把工业用地的不适宜人口密度标准定得高一点,即人口密度应尽量小。

(2) 城市生态的基本特征,在进行单因子分级评分时,要充分考虑城市大环境的特征,各类用地单因子分级体现城市的生态特色。如风景旅游城市,适宜度的标准应尽量严格。

单因子分级评分没有完全一致的方法,同样的土地利用方式,城市的性质不同,单因子分级评分的标准也不同,因此,应做到因地制宜。

3. 生态适宜度分析

在各单因子分级评分的基础上,进行各种用地形式的综合适宜度分析。由单因子生态适宜度计算综合适宜度的方法有两种。

(1) 直接叠加

$$B_y = \sum_{s=1}^{n} B_{isj} \tag{10-3}$$

式中 B_y——第 i 个网格、利用方式为 j 时的综合评价值,即 j 种利用方式的生态适宜度;

B_{isj}——第 i 个网格、利用方式为 j 时第 s 个生态因子的适宜度评价值(单因子评价值);

i——网格号(或地块编号);

j——土地利用方式编号(或用地类型编号);

s——影响为 j 种土地利用方式的生态因子编号;

n——影响为 j 种土地利用方式的生态因子总数。

这种直接叠加法应用的条件是各生态因子对土地的特定利用方式的影响程度基本接近。在我国城市生态规划中,直接叠加法应用较为广泛。

(2) 加权叠加,各种生态因子对土地的特种利用方式的影响程度差别很明显时,就不能直接叠加求综合适宜度了,必须应用加权叠加法,对影响大的因子赋予较大的权值。计算公式如下

$$B_y = \sum_{s=1}^{n} W_s B_{isj} / \sum_{s=1}^{n} W_s \tag{10-4}$$

式中 W_s——第 i 个网格、利用方式为 j 时第 s 个生态因子的权重值。

其他符号意义同前。

4. 综合适宜度分级综合适宜度分级有两种分级方法

(1) 分三级:根据综合适宜度的计算值分为不适宜、基本适宜、适宜三级。

(2) 分五级:目前对综合适宜度分级大多数城市均采用五级分法,即很不适宜、不适宜、基本适宜、适宜、很适宜等五级。

以上叙述的是综合适宜度的一般分级方法,具体到某地区时,应该充分考虑当

地的条件,灵活应用。对加权叠加求综合适宜度评价的情况,应在综合适宜度分级中,考虑各单因子权值的大小进行分级。

通过环境承载力分析、土地及生态适宜度分析,可以找出区域可持续发展的限制因子,并对土地利用进行合理的规划。在实际工作中,应根据区域开发的规模、类型、环境等,在条件允许的情况下,进行这两项分析。

第四节　区域环境战略对策分析

区域环境影响评价应与区域开发的土地利用规划、社会、经济发展规划相协调。在区域环评中为保证建立一个有效的协调机制,在总体对策中可以划分为环境战略对策和专项环境对策两个层次。

环境战略对策应以经济和社会发展的需求为基础,针对现状分析和趋势预测中的主要环境问题,通过对相关资源的输入、转换、分配和使用的全过程分析,弄清主要污染物的宏观总量及其发展趋势以及与经济、社会发展的关系。从经济、社会发展的结构、规模与发展速度的角度协调与区域环境的关系。研究宏观环境总体战略,提出解决问题的基本途径。

在这一分析过程中,区域发展规划是基础,资源分析是核心,总量控制是手段,协调发展是目的。其中区域宏观总量控制即是区域环境战略分析的重要组成部分,同时也是区域环境综合整治的主要内容,其分析方法将在下一章中详细讨论。

一、区域环境战略对策分析的技术路线

区域环境战略分析,重点分析区域社会与经济发展过程中主要资源消耗与环境污染的相互关系,从资源利用的宏观全过程分析中探讨通过提高科技水平与流失量,减轻环境压力。同时针对各类资源消耗过程中产生和伴生的主要污染物质实行宏观总量控制,从而达到从总体上把握污染控制水平,促进区域协调发展的目的。其主要内容及结构关系见图10-3。

二、区域总体发展趋势分析

首先应从区域总体规划出发,分析区域的发展定位的合理性。同时分析区域的主要功能及生产功能,生活功能、生态还原功能等主要内容,包括:

(1) 国民生产总值及其一、二、三产业比例关系的现状及变化趋势。

(2) 工农业总产值及农、轻、重比例现状及发展趋势分析。

(3) 工业总产值、按行业分类的统计及其变化趋势。主要支柱产业的发展与变化。

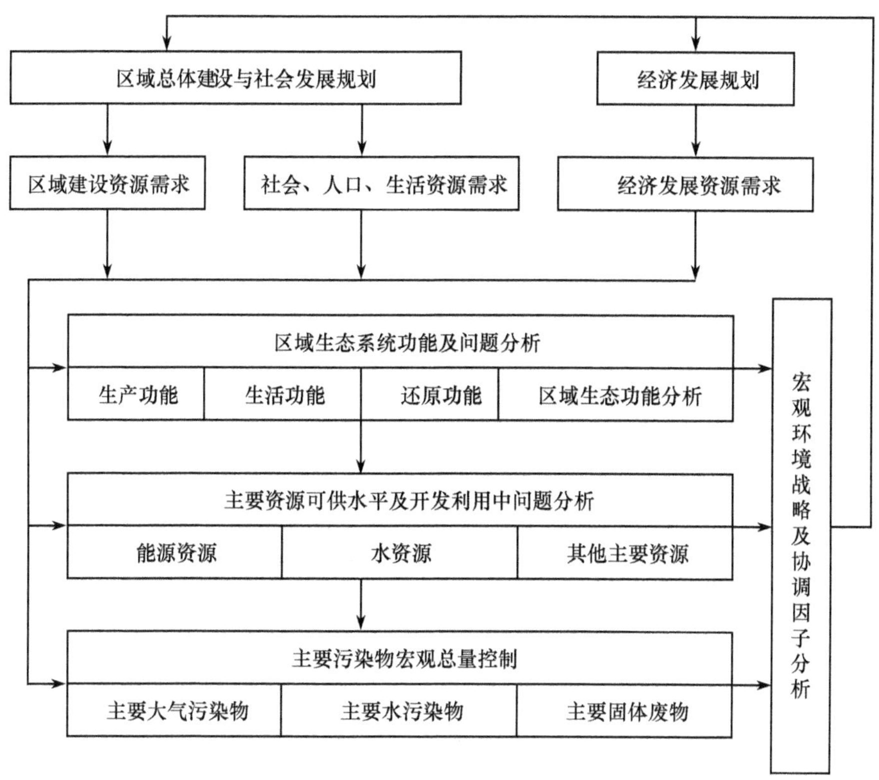

图 10-3　区域环境战略对策分析技术路线

（4）主要工业产品的产量，主要原料消耗指标的横向对比分析和变化趋势分析。

（5）区域人口规模现状及发展变化趋势。

（6）区域建设总体规模现状与变化趋势。区域占地或建成区面积及发展；区域建筑总面积及发展；区域道路建设与发展；区域给排水建设与发展；区域煤气化、热网化的建设与发展；区域绿化总规模变化与发展；区域垃圾处理方式等。

三、资源需求预测与分析

常规的资源需求预测方法有人均资源消费法、分部门资源预测法以及时间序列法、投入产出法和弹性系数法等，可以根据实际情况选用合适的预测方法。这里介绍常用的弹性系数法。

所谓弹性系数可以看做是经济指标增长率和资源指标增长率之比，计算公式为

$$Q_{wi} = Q_o(1 + K \times N_i)^t \qquad (10\text{-}5)$$

式中　Q_{wi}——资源需求总量；

Q_o——基年资源消耗总量；

K——经济增长速度；

N_i——资源消耗弹性系数；

t——规划期年限。

四、水资源平衡与水流分析

水流分析是区域宏观水环境分析的重要方法。水流分析主要针对水资源开发、调入、使用、排放、处理与回用,排放对环境影响等过程进行综合性与系统性分析,针对各环节提出的主要问题,找出解决的措施与方案。

水流分析的基本内容包括:建立水流图(参见图 10-4)、水资源开发与输入分析、用水分析、污水排放与处理措施的分析以及协调分析。其中协调分析包括:水资源结构、总量与用水量的协调,污水量、污染物总量与处理设施的协调,区域污水综合治理能力与水环境目标之间的协调,考虑的主要因素是经济发展的规模与结构、经济承受能力等。

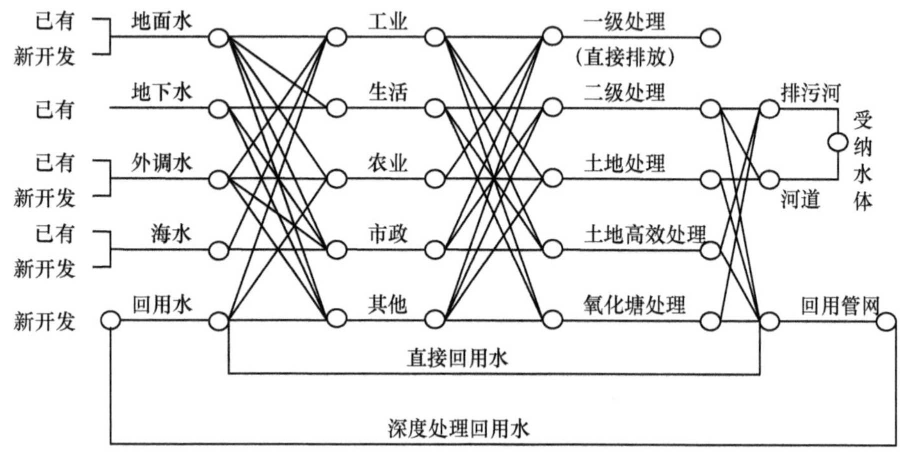

图 10-4　水流分析图

水资源短缺,水环境质量恶化是许多区域在发展过程中突出的环境问题。在区域发展过程中,用水对资源的需求,排放对环境的压力都将不断增加,因此要从发展的角度来分析问题。

水流系统从资源开发到向受纳水体排放的全过程主要分为四个阶段。

在开采水资源阶段应重点分析在规划年度内水资源的开发极限,水资源开发带来的主要生态环境问题,如地面沉降、地下水位下降,地面水域减少,生活、工业与农业争水,土壤沙化面积扩大等,同时要分析水资源结构与分配的合理性问题，包括水质、水量分配的合理性。在水的使用阶段，重点分析规划期内用水量的变化情况，特别是工业用水，不同部门和行业用水系数变化很大，应按部门和行业进行分析和预测，要充分考虑节水措施、改进工艺、技术进步等因素。工业用水总量与城市中工业结构和发展规模有关，这是调整城市经济发展规划的关键因素之一。特别是对缺水城市，应将高耗水的工业部门发展速度和规模适当下调。以使水资源，经济发展与水环境之间达到相互协调。

在污水的产生与排放阶段，分析的重点也应放在工业废水方面，要按行业或部门分析其排污总量，包括污水量和所含污染物质的总量、污水和污染物质的排放量与各部门的行业治理水平紧密相关。各行业的分散治理一般应以有毒有害和难降解的污染物为重点，同时要抓住排污大户，在分析中应对各行业制定的污水治理规划给出一个合理的论证与评价，并进行相应的协调。

在水流系统的平衡分析中，用水量与各类废水产生量之间存在着一个转换系数，该系数的确定应在多年观测统计的基础上，按部门分门别类加以统计分析，以确定出恰当的综合转换系数，这是使水流系统达到平衡并能真实反映现实状况的重要参数。

对于各类污水的集中处理，应注意因地制宜量力而行，选择处理方式要充分考虑本地区的优势。在相应的约束条件下进行投资、费用和处理效果的对比分析。择优选用，总的处理水平应能满足区域总量控制与回用水质的要求，同时在该节段分析中，所确定的宏观规划方案应指导分区规划和详细规划方案，并与之相协调。

在最终排放阶段，最重要的工作是计算出区域排污的控制总量。这方面可以根据受纳水体的性质选取适当的水质模型进行计算分析。从水质标准出发确定相应的排污总量，但同时也应考虑到区域污水综合治理能力的技术水平，两者之间要进行协调，以确定出适宜的水质目标和控制总量。

在以上分析的基础上还可以通过建立相应的规划模型采用线性规划，目标规划等方法进行水流系统全过程的优化分析，分析的重点是投资、费用、满足用水需求和排污总量控制之间的相互关系的协调，这些关系可以通过改变环境目标，经济结构、规模和环境投资水平进行调整。

五、能源供需平衡与能流分析

能流分析是宏观环境规划基本方法之一。能流分析针对能源的输入、转换、分配、使用的全过程系统分析，以剖析大气污染物的产生、治理、排放规律，找出主要环境问题，找出解决问题的最佳方案。

能流分析的基础是能流网络图，可采用以用能部门为终端和以用能设施为终端两种形式。而前者更适用于宏观分析。见图 10-5。

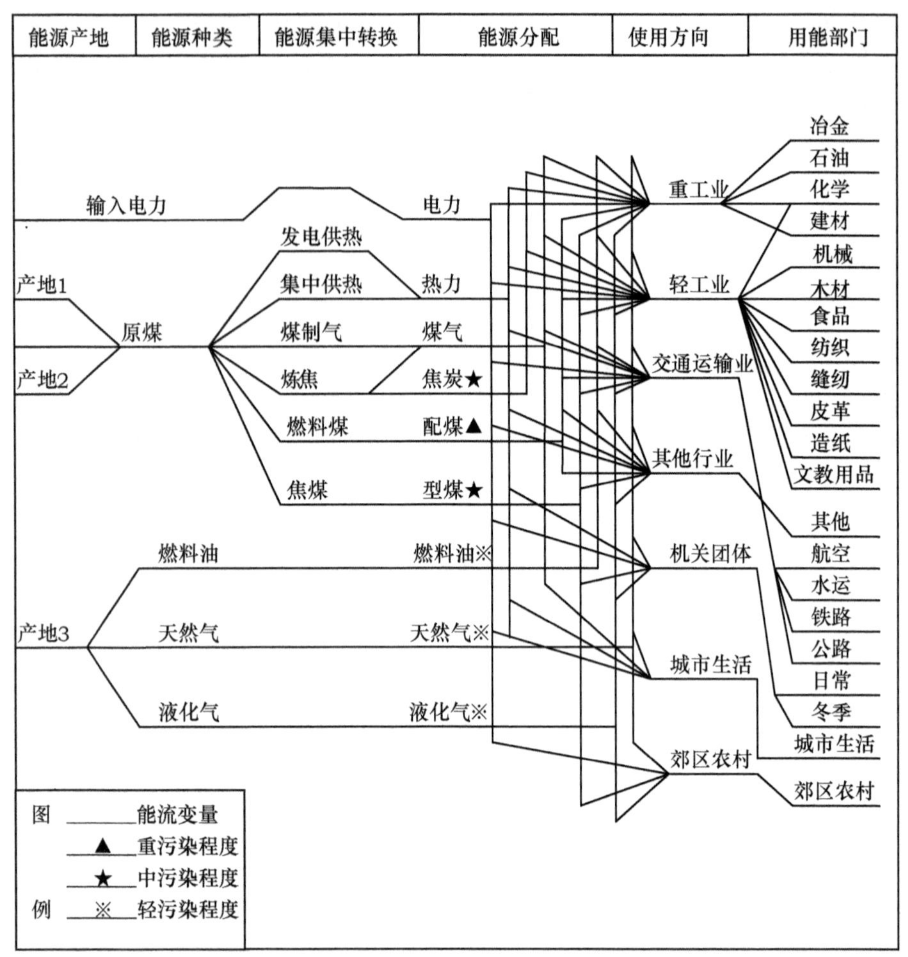

图 10-5 能流分析图

第五节 区域环境容量与区域环境总量控制

一、区域环境容量

对于已经存在一定程度环境污染的老工业基地，其再开发的区域性环境影响评价应该着重分析和计算区域环境容量，并集中研究和实施区域污染物总量控制对策。

（一）环境容量的概念

1. 国外学者对环境容量概念的描述

国外有些学者认为，环境容量是污染物允许排放量与环境中污染物浓度的比值;有的则认为是环境对污染物的自净同化能力,即环境容量(自净能力)是污染物允许排放总量与该污染物在环境中的降解速率的比值。日本学者矢野雄幸则认为:环境容量是按环境质量标准确定的一定范围的环境所能承纳的最大污染物负荷总量。

2. 我国对于环境容量概念的解释

我国有些学者把环境容量定义为"自然环境或环境组成要素对污染物质的承受量和负荷量",即认为环境容量是指某环境单元所允许承纳污染物的最大数量。它是一个变量,包括两个组成部分:基本环境容量(或称差值容量)和变动环境容量(或称同化容量)。前者可通过拟定的环境标准减去环境本底值求得,后者是指该环境单元的自净能力。

某环境单元(区域环境)容量的大小,与该环境单元本身的组成、结构及其功能有关。因此,在地表不同区域内,环境容量的变化具有明显的地带性规律和地区差异。通过人为的调节,控制环境的物理、化学及生物学过程,改变物质的循环转化方式,可以提高环境容量,改善环境的污染状况。

(二)环境容量的类型

环境容量可分成整体环境单元(区域环境)容量和某一环境单元单一要素的容量。若按照环境要素,又可细分为大气环境容量、水环境容量(其中包括河流、湖泊和海洋环境容量等)、土壤环境容量和生物环境容量等。此外,还有人口环境容量、城市环境容量等等。如果按照污染物性质划分,可分为有机污染物(包括易降解的和难降解的)环境容量和重金属与非金属污染物的环境容量。

若从污染物在环境中的迁移转化机理上区分,则可分为物理扩散和化学净化两种类型。

例如,城市区域大气环境中污染物的浓度 C 与排放量 Q 形成扩散的关系,则与扩散系数密切相关,可表示为

$$Q = S \cdot K \cdot C \cdot \sigma_z \tag{10-6}$$

式中 S——截面积;

σ_z——垂直方向扩散系数;

K——边界层厚度。

又如,入口小的港湾,污染物排放量 Q 与海水中污染物浓度 C 的关系是

$$Q = F \cdot C \tag{10-7}$$

式中 F——是港湾与外海间海水交换量。

可以看出,环境容量是污染物在环境中物理扩散能力的标志。

污染物在环境单元中发生化学分解反应,其分解速度 r 与排放量 Q 的关系是

$$Q = r \cdot V \tag{10-8}$$

式中 V——环境单元的体积。

而污染物分解速度往往与污染物的浓度 C 成正比。即

$$r = K_r \cdot C \tag{10-9}$$

式中 K_r——反应速度常数。

将该式代入上式,则

$$Q = K_r \cdot V \cdot C \tag{10-10}$$

这样,环境容量 E 相当于 $K_r \cdot V$,即

$$E = K_r \cdot V \tag{10-11}$$

从化学(生物化学)角度看,环境容量应该是污染物净化能力(降解能力)的度量。

总之,在目前的环境容量研究中,对区域环境中存在的主要环境污染问题进行不同类型环境容量的研究,主要是开展区域环境要素中污染物的环境容量计算,可以作为环境目标管理的依据,是区域环境规划的主要环境约束条件,也是污染物总量控制的关键参数。

二、区域环境总量控制

在区域环境中,由于污染源种类和污染物排放量等不确定因素多,只有区域实行污染物总量控制,才能保证区域开发过程中始终与环境质量达标要求紧密联系起来。另外,对一些老工业基地再开发,通过区域污染物总量控制分析,提出“增产不增污”、“以新带老”、“集中治理”等合理的污染物削减方案。

“九五”期间国家环保总局对各省、市、自治区下达的总量控制污染物 12 项,这些为指令性总量控制指标,目前国家统一实行总量控制的污染物为 6 项。区域开发中则更需要落实主要区域性污染物的排污总量指标,以便于环境管理,使区域开发过程中社会、经济和环境相协调,实现区域的可持续发展。

1998 年 11 月国务院 253 号令发布了新的《建设项目环境保护管理条例》,其中第三条规定:“建设产生污染的建设项目,必须遵守污染物排放的国家标准和地方标准;在实施重点污染物排放总量控制的区域内,还必须符合重点污染物排放总量控制的要求。”与此规定相对应,环境影响评价中增加了“总量控制”篇章。目前,在区域环境影响评价中,“总量控制”篇章的编写尚无一定的规范,给相应的环评工作带来了较大的困难。

(一) 区域环境总量控制分类方法

根据确定方法不同,总量控制分析方法总体上有下列几种形式。

其一是容量总量控制,有关环境容量的研究,在我国不同地区进行,都有实例,但由于有关确定环境容量的环境自净规律复杂,研究的周期长、工作量大,而且某些自净能力的因子尚难以确定,因此通过环境容量来确定排放总量目前面临着很大的困难。

其二是目标总量控制,由于容量总量控制实施的困难性,目前在区域评价中通常使用的方法是将环境目标或相应的标准看做确定环境容量的基础。即一个区域的排污总量应以其保证环境质量达标条件下的最大排污量为限,一般应采用现场监测和采用相应的模拟模型计算的方法,分析原有总量对环境的贡献以及新增总量对环境的影响,特别是要论证采取综合整治和总量控制措施后,排污总量是否满足环境质量要求。这部分内容与现有的环境影响评价过程基本相同。这一种以环境目标值推算的总量就称为目标总量控制。

其三是指令性总量控制,即国家和地方按照一定原则在一定时期内所下达的主要污染物排放总量控制指标,所做的分析工作主要是如何在总指标范围内确定各小区域的合理分担率,一般要根据区域社会、经济、资源和面积等代表性指标比例关系,采用对比分析和比例分配法进行综合分析来确定。这种方法简便易行,可操作性强,见效快。目前多数城市运用这种方法,取得明显效果。

其四是最佳技术经济条件下的总量控制,这主要是分析主要排污单位是否在其经济承受能力的范围内或是合理的经济负担下,采用最先进的工艺技术和最佳污染控制措施所能达到的最小排污总量,但要以其上限达到相应污染物排放标准为原则。它可把污染物排放最少量化的原则应用于生产工艺过程中,体现出全过程控制原则。

总量控制的类型见图 10-6。

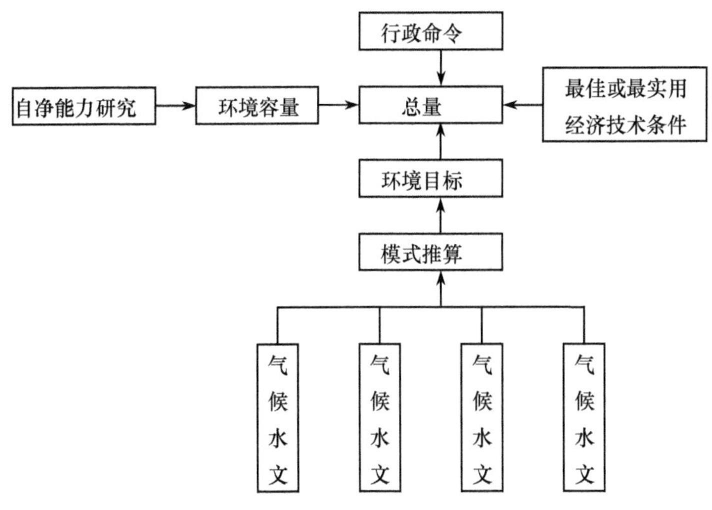

图 10-6　总量控制类型图

在分析总量时,方法的采用要因地制宜、因时制宜地根据区域单元的实际情况加以决定,并配套一系列的政策、法规、经济等手段,成为制度化的管理模式。

(二) 区域环境总量控制的技术路线和工作程序

在分析区域环境污染物排放总量控制时可以采用目标总量控制,技术经济总量控制和指令性总量控制相结合的方法。其技术路线详见图10-7。

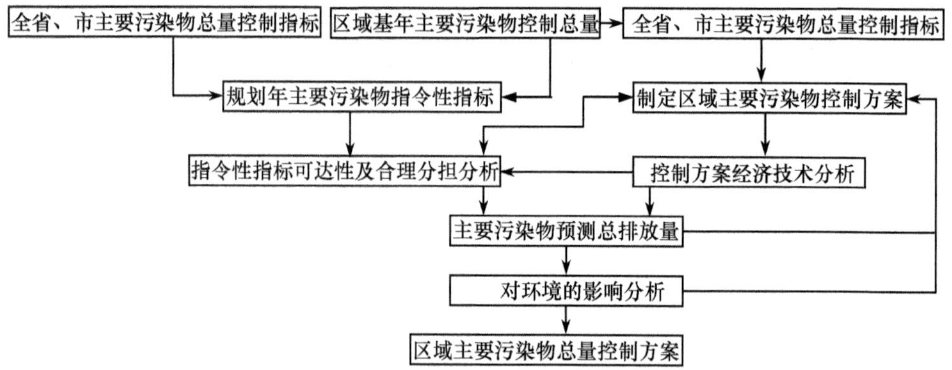

图10-7　区域主要污染物总量控制技术分析程序

在这个程序中,首先根据国家对本开发区所在省、市下达的总量控制指标和区域各类主要污染物排污总量的预测分析制定出一个控制目标。同时根据有关规则中提出的控制对策和方案,一方面进行技术经济分析,同时对照指令性总量控制目标进行目标可达性及合理分担的分析。此时确定的控制总量应是经济上可承受、技术上可行(且最优化)、分担合理的排放总量,利用此总量进行环境影响评价和环境质量目标的可达性分析,可以采用扩散模型分析的方法,如在区域环境质量标准允许范围之内,这个总量可以作为区域总量控制目标,而以上几个条件不能达到相应的标准时,则应进行反馈,重新制订更合理的总量控制方案。

(三) 区域环境总量控制的分析要点

根据上述总量控制的分析过程,区域环境影响评价的总量控制分析的要点和方法主要体现在以下几个方面。

1. 污染物是否达标排放

我国在环境管理中执行污染物排放浓度控制和总量控制的双轨制。浓度控制法,就是通过控制污染源排放口排出污染物的浓度,来控制环境质量的方法。这就是人们常说的国家排放标准,具体说就是国家制订全国统一执行的污染物浓度排放标准。污染物达标排放是实施总量控制的前提和基础。因此,在进行总量控制分析时,首先应当分析区域开发项目中的主要污染物(主要应针对总量控制因子)是否实现达标排放。

2. 环境质量是否达标

从总量控制的概念上来说，其目标就是通过确定区域范围内各污染源允许的污染物排放量，达到预定的环境目标。既然环境质量达标是总量控制的目标，那么就应当分析区域开发对大气和水环境的影响，预测其排放是否能够满足环境质量的要求。一般而言，这一工作在大气和水环境影响评价篇章都已作了相应的论证，总量控制篇章可引用其结论。

以环境质量达标为前提，通过模式计算，可推算出区域污染物允许排放的目标总量。

3. 是否符合指令性总量控制要求

在分析区域污染物排放总量时，如果当地环保部门已经给建设项目分配了污染物允许排放的总量，则执行所分配的指令总量。这时，如果该区域有污染物总量控制限值，则可按一定的分担率来确定建设项目的总量限值。分配方法可采用等比例分配、排放标准加权分配、分区加权分配、行政协商分配以及数学优化分配等几种方法。

(1) 等比例分配，为确定一个合理分担率，可以采用等比例分配方法。计算公式如下

$$q_y = Q_j \frac{t_{ik}}{t_k} \tag{10-12}$$

式中 q_y——第 i 区域第 j 类污染物应分配总量指标；

Q_j——地区第 j 类污染物总量指标；

t_{ik}——第 i 区第 k 类指标分量；

t_k——地区第 k 类指标总量；

K——可以表示为经济（如 GDP、总产值等）、资源（能源、水资源）、土地面积、人口数量，也可以是综合平均指标。

(2) 排污标准加权分配，考虑各行业排污情况的差异，以各行业排放标准为依据，按不同权重分配各行业容许排放量。同行业按等比例分配。

(3) 分区加权分配，将所有参加排污总量的污染源划分为若干控制区域或控制单元，根据与区域或单元相应的水环境目标要求、各控制单元的排污现状、治理现状与技术经济条件，确定出各区域或各单元的削减权重，将排污总量按此权重分配至各区，区域内可采用等比例分配等法将总负荷指标分配至源。

(4) 行政协商分配，已知目标削减量，根据环保管理人员了解的各点源、生产、污染、排放、治理与技术经济状况，经与排污单位协商，行政决策分配总量负荷指标。

4. 贯彻"增产不增污、以新带老、集中治理"的原则

在环境质量已超过国家标准的区域，总量控制不仅要求作双达标的分析，另外要严格贯彻"增产不增污"、"以新带老"的原则。分析区域开发后，其污染物的排放量，占地区污染物排放总量的份额为多少，通过该区域能否把老污染源治理一并考虑，集中治理，削减原来污染物排放总量，达到增产不增污的效果。

对老工业区改造项目，应对老企业进行深入细致的排污状况分析，做好项目建设前后的对比分析，算清“三笔账”，即老企业现有排污账，改、扩建与技改项目新增的污染账，项目建成使用后，新老污染合成账即污染物的增减量，以达到弄清排污状况的变化趋势。

在老区改造的同时，必须对原来存在的污染一并治理，削减污染物排放量，达到环保要求，否则，不予审批。

另外，有条件的地区要作排污权交易的可行性分析。排污总量控制指标可以在地区或行业内综合平衡，调剂余缺，有偿转让。总指标的取得，是通过一定的法律程序，经环保部门审定的。一旦企业取得了总量指标后，多余指标，可以留作企业发展生产用，也可以作为商品交易，或调剂余缺，或有偿转让。反之，若企业总量超标，则需购买排污权。这也是达到区域增产不增污的一种途径。

5. 经济技术可行

在环境影响报告书中，为了说明对拟建项目污染物排放总量控制的可行性，应对该项目的环保措施和生产工艺流程进行经济技术可行性分析。经济技术可行性分析时可按以下两个步骤进行。

第一，估算产污排污情况。在国内，产污排污的情况可用产污排污系数来说明。产污系数是指在正常技术经济和管理等条件下，生产单位产品所产生的原始污染物量；排污系数是指在上述条件下经过污染控制措施削减后或未经削减直接排放到环境中的污染物量。它们又有过程和终端之分。过程产污系数是指在生产线上独立生产工序（或工段）生产单位中间产品或终产品产生的污染物量，不包括其前工序产生的污染物量。过程排污系数是指上述条件下有污染治理设施时生产单位产品所排放的污染物量。它与相应的过程产污系数之差即为该治理设施的单位产品污染物削减量。终端产污系数是指包括整个工艺生产线上生产单位最终产品产生的污染物量；终端排污系数是指整个生产工艺线相应过程排污系数之和。以上这些系数是以单位产品所排污染物来表示。

第二，评估排污水平。评估的标准可参照本行业的历史最高水平，国内外同行业、类似规模、工艺或技术装备的厂家的水平。

通过上述五个方面的总量控制分析，从不同侧面说清拟建项目污染物允许排放的水平、如何实现该目标以及目前存在的差距等，为环境管理决策部门提供依据。

第六节　区域环境管理计划

为保证区域环境功能的实施，必须加强对区域的环境管理工作，制定必要的环境管理措施。对于特定的区域如经济技术开发区，区内应设置专门的环境管理及监测机构，如开发区管委会可下设环保办公室和监测站，以执行区内环境监测、污染源监督和环境管理工作。

环境管理是指运用经济、法律、技术、行政、教育等手段使经济和环境保护得到协调发展。环境监督是环境管理最基本职能和最大权力。环境监督包括环境立法、制定环境标准、环境监测,以及环境保护工作的监督。环境监测在环境监督管理中占有主要地位。它的主要作用是:了解和监视环境现状,评价环境质量;为科研和法律提供依据;监督法规的有效实施。

一、环境管理机构设置与监控系统的建立

(一)环境管理机构与环境监测站的主要职责

1. 环境管理机构的主要职责

(1) 区域环保管理机构除执行主管领导有关环保工作的指令外,还应接受上级环境管理部门下达的各项环境管理工作,如统计报表、检查监督,定期与不定期地上报各项管理工作执行情况以及各项有关环境参数,为区域整体环境污染控制服务。

(2) 贯彻执行环境保护法规和标准。

(3) 编制并组织实施区域环境保护规划,协助县(区)领导努力实现区域环境综合整治定量考核目标。

(4) 领导和组织区域的环境监测工作。

(5) 根据有关法规,负责区内建设项目“三同时”的审批和验收,决定新建项目是否应进行环境影响评价工作。

(6) 检查区域环保设施运行情况,做好考核和统计工作。

(7) 及时推广、应用环境保护的先进技术和经验。

(8) 组织开展环保专业的法规、技术培训,提高各级环保人员的素质和水平。

(9) 开展其他有关的环保工作。

2. 环境监测站的主要职责

(1) 制定区域环境监测的年度计划与发展规划,建立健全本站各项规章制度。

(2) 根据国家和地区环境标准,对区域重点污染源和区域环境质量开展日常监测工作。按规定编制表格或报告,上报各有关主管部门,建立监测档案。

(3) 参加区内新建、扩建和改建项目的验收和测定工作,提供监测数据。

(4) 配合区内企业,参加污染治理工作,为污染治理服务。

(5) 技术上接受市环境监测中心和县(区)环境监测站的监督与指导,参加例行的技术考核。

(6) 开展环境监测科学研究,不断提高监测水平。

(7) 承担上级主管部门下达的以及有关部门委托的监测任务。

（二）监测站的人员与仪器配备要求

市级规划区域应在区内设环境保护办公室和监测站，根据实际需要确定人员编制，以负责区内环境管理以及环境和污染源监测工作。监测站人员必须经过技术培训合格后方可上岗，并定期参加国家和地方监测部门的考核。其余区（县）级规划区域如所在区（县）环境监测站环境要素测定比较齐全，有能力承担开发区内的监测工作，这些区域可不设单独的环境监测机构，而由区（县）监测站统一安排，实施监测计划。但区内应安排专门人员负责环境管理工作，并协调组织区内监测工作。

各区域监测站可根据本区域的特点配备相应的必要的环境监测设备，有条件的监测站司考虑配置 SO_2、TSP 连续自动监测装置，环境噪声连续自动监测及微机等设备。

（三）环境监测计划与内容

在编制区域环境影响报告书中，要制定出环境监测计划，写清楚监测计划的技术、管理要求，以便环境管理部门能够贯彻执行，确实保护环境资源，保障经济社会的可持续发展。

环境监测计划和环境监测有关内容不仅用于区域的规划阶段，而且包括区域建设时期和运行期。在区域建设期内，环境监测通常在指定的年份里进行。可以对资源如大气、水等进行监测，还可以对小规模人类活动进行监测。对所有大规模区域开发都需要在开发发展期内进行定期监测，监测对象可以包括大气、水、土壤、噪声和人类社会及自然生态等其他要素。环境监测可以由环保和卫生部门承担，或由与某个环保领域有关的专家如生物学家、水文学家、社会学家等执行。环境监测计划的内容要根据区域对环境产生的主要环境影响和经济条件而定，一般包括下面几个方面：①选择合适的监测对象和环境因子；②确定监测范围；③选择监测方法；④估算、筹集及分担监测经费；⑤建立定期审核制度；⑥明确监测实施机构。

二、区域环境管理指标体系的建立

这是进行区域环境规划方案优化的重要步骤。区域环境管理指标体系的建立必须在考虑环境、经济、生活质量等几方面关系的基础上，权衡轻重，加以选择。它是由一系列相互联系、相对独立、互为补充的指标所构成的有机整体。在实际规划中，由于规划的层次、目的、要求、范围、内容等不同，规划管理指标体系也不尽相同。指标体系的选择宜适当：指标过多，会给规划工作带来困难；指标太少，则难以保证规划的科学性和完整性，需根据规划对象、所要解决的主要问题、情报资料拥有量以及经济技术力量等条件决定，以能基本表征规划对象的实际状况和体现规划目标内涵为原则。

(一) 区域环境管理指标选取的原则

(1) 科学性原则。指标或指标体系能全面、准确地表征管理对象的特征和内涵,能反映管理对象的动态变化,具有完整性特点,并且可分解,可操作,方向性明确。

(2) 规范化原则。指标的涵义、范围、量纲、计算方法具有统一性或通用性,而且在较长时间内不会有大的改变,或者可以通过规范化处理,可与其他类型的指标表达法进行比较。

(3) 适应性原则。体现环境管理的运行机制,与环境统计指标,环境监测项目和数据相适应,以便于规划和管理。此外,所选指标还应与经济社会发展规划的指标相联系或相呼应。

(4) 针对性原则。指标能够反映环境保护的战略目标、战略重点、战略方针和政策;反映区域经济社会和环境保护的发展特点和发展需求。

(二) 区域环境管理指标的类型

区域环境管理指标在结构上首先可分为直接指标和间接指标两大类。直接指标主要包括环境质量指标和污染物总量控制指标,间接指标重点是与环境相关的经济、社会发展指标,区域生态指标等(见图10-8)。

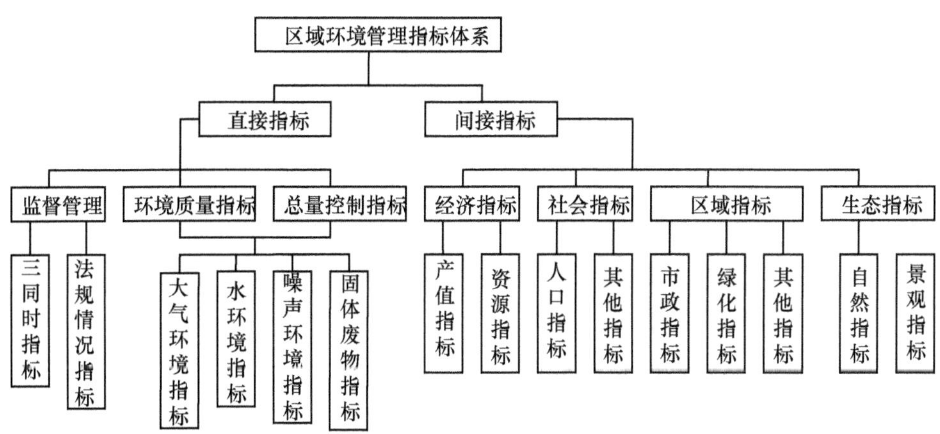

图10-8　区域环境管理指标体系分类结构

区域环境管理指标按其表征对象、作用以及在环境规划管理中的重要度或相关性可分为环境质量指标、污染物总量控制指标、环境规划措施与管理指标及相关指标。

(1) 环境质量指标主要表征自然环境要素(大气、水)和生活环境(如安静)的质量状况,一般以环境质量标准为基本衡量尺度。环境质量指标是环境规划管理的出发点和归宿,所有其他指标的确定都是围绕完成质量指标进行的。

(2) 污染物总量控制指标系根据一定地域的环境特点和容量来确定,其中又有容量总量控制和目标总量控制两种。前者体现环境的容量要求,是自然约束的反映;后者体现规划的目标要求,是人为约束的反映。我国现在执行的指标体系是将二者有机地结合起来,同时采用。

污染物总量控制指标将污染源与环境质量联系起来考虑,其技术关键是寻求源与汇(受纳环境)的输入响应关系,这是与目前盛行的浓度标准指标的根本区别。浓度标准指标虽对污染源的污染物排放浓度和环境介质中的污染物浓度作出规定,易于监测和管理,但此类指标体系对排入环境中的污染物量无直接约束,未将源与汇结合起来考虑。

(3) 环境规划措施与管理指标是达到污染物总量控制指标进而达到环境质量指标的支持和保证性指标。这类指标有的由环保部门规划与管理,有的则属于城市总体规划,但这类指标的完成与否与环境质量的优劣密切相关。

(4) 相关指标主要包括经济指标、社会指标和生态指标三类。相关指标大都包含在国民经济和社会发展规划中,都与环境指标有密切的联系,对环境质量有深刻影响,但又是环境规划所包容不了的。因此,环境规划将其作为相关指标列入,以便更全面地衡量环境规划指标的科学性和可行性。对于区域来说,生态类指标也为环境规划所特别关注,它们在环境规划中将占有越来越重要的位置。

三、区域环境目标的选择与可达性分析

所谓环境目标是在一定的条件下,决策者对环境质量所要达到(或希望达到)的境地(结果)或标准。“一定条件下”是指规划区内的自然条件、物质条件、技术条件和管理水平等。“决策者”是指各级政府,城市建设部门,环保部门,或依法行政职权的单位。有了环境目标就可以确定出环境规划区的环境保护和生态建设的控制水平。确定环境目标时应考虑如下几个问题。

第一,选择恰当的环境保护目标要考虑规划区环境特征、性质和功能。

第二,选择环境目标要考虑经济、社会和环境效益的统一。

第三,有利于环境质量的改善。

第四,考虑人们生存发展的基本要求。

第五,环境目标和经济发展目标要同步协调。

初步确定环境目标之后,就要论述环境目标是否可达。只有从整体上认为目标可达后,才能进行目标的分解,落实到具体污染源、具体区域、具体环境工程项目和措施。因此,从整体上定性或半定量论述目标可达性是非常重要的。

(1) 从投资的角度分析环境目标的可达性环境目标确定以后,污染物的总量削减指标以及环境污染控制和环境建设等指标也就确定了。根据完成这些指标的总投资,可以计算出总的环境投资,然后与同时期的国民生产总值进行比较。应尽可能利用经济发展产生的效益来实现环境目标。

根据环保投资占同期国民生产总值的比例论述目标可达性时,一定要结合具体的经济结构(特别是工业结构),因为不同的工业结构,环保投资比例相同时,环境效益会出现明显的差异。

(2) 从提高环境管理技术和污染防治技术的角度论述目标的可达性　我国五项新制度的实施,标志着我国环境管理发展到了一个新的水平,也标志着我国环境管理发展到了由定性转向定量、由点源治理转向区域综合防治的新阶段。环境管理技术的提高必将进一步促进强化环境管理,为环境目标的实施提供保证。

科学技术的发展,许多污染治理技术也在发展,生产的工艺技术在不断更新,逐渐淘汰一大批高消耗、低效益的生产设备。一些新技术的普及必将为环境目标的实现提供技术保证。

(3) 从污染负荷削减可行性的角度论述环境目标的可达性　在分析总量削减的可行性时,要分析目前削减的潜力及挖掘潜力的可能性,然后粗略地分析今后的一定时期内可能增加的污染负荷的削减能力。也就是比较污染物总量负荷削减能力和目标要求的削减能力。如总量削减能力大于目标削减量,一方面说明目标可能定得太低,另一方面说明目标可达;如果总削减量能力小于目标削减量,一方面说明目标可能定得太高,另一方面说明在不重新增加污染负荷削减能力的条件下,目标难以实现。因此,目标要适宜。

复习与思考

1. 区域环境影响评价与项目评价相比有何特点?
2. 区域开发建设环境影响评价的基本内容是什么?
3. 开展区域环境影响评价的意义有哪些?
4. 简述区域环境容量和污染物总量控制的概念。
5. 区域环境影响评价为什么要进行土地利用和生态适宜度分析?
6. 可以从哪几方面分析区域环境目标的可达性?

第十一章 规划环境影响评价

本章重点:规划环境影响评价的概念以及规划方案、环境可行方案、推荐方案以及替代方案之间的关系;规划环境影响评价的目的、原则及适用范围;规划环境影响识别的内容与方法;规划区现状调查与评价的内容及方法;规划环境影响预测的要求与内容;规划环境影响评价的内容和方法;规划环境评价中拟定环境保护对策与减缓措施的原则和优先顺序。

第一节 概 述

一、基本概念

(一) 规划

规划和计划是两个概念。前者指较全面、长远的计划和某些战略行动;而后者指对未来一定时期的行动所作的部署和安排。

规划的内涵较广,是指政府机构为特定目的而制定的一组相互协调并排定优先顺序的未来行动方案和实现的措施,目的是在未来一定时段内贯彻既定的政策,也包括为在未来一定时段内拟具体执行的一组行动或许多项目。

根据规划的内涵,可将规划分为以下两种形式。

(1) 政策导向性规划:规划的内容是提出政策性原则或纲领,常以预测性、参考性指标和内容要求予以表达;

(2) 项目导向性规划:规划的内容包含为实现规划目标而设置的一系列项目或工程建议。

(二) 规划环境影响评价

规划环境影响评价是指在规划编制阶段,对规划实施可能造成的环境影响进行分析、预测和评价,并提出预防或者减轻不良环境影响的对策和措施的过程。这一过程具有结构化、系统性和综合性的特点,规划应有多个可替代的方案。通过评价将结论融入拟制定的规划中或提出单独的报告,并将成果体现在决策中。

(三) 规划的方案、环境可行规划方案、推荐方案及替代方案

(1) 规划方案,为实现相同的规划目标,可以采取的、供比较和选择的方案的

集合。

(2) 推荐方案,是指由规划编制部门建议实施的规划方案。

(3) 环境可行的规划方案,通过简要分析规划方案及其实施后可能的环境影响,进行筛选以初步确定环境可行的规划方案,简称环境可行方案。这样可以减轻以后环境影响识别、预测与评价等工作量。

(4) 替代方案(又称比选方案),为实现相同的规划目标,可能采取的、并与推荐方案作比较和选择的多个方案。替代方案的品质和数量是规划环境影响评价有效性的基础。

规划方案包括由规划编制部门提出并建议实施的规划方案(即推荐方案)及其他方案(替代方案);环境可行方案是由规划环境影响评价机构通过规划分析及规划方案的初步筛选确定的环境上基本可行的方案。确定环境可行方案的目的是降低规划环境影响识别、预测、评价与分析的工作量。规划方案及环境可行方案、推荐方案、替代方案相互之间及其与规划环境影响评价的关系,如图 11-1 所示。

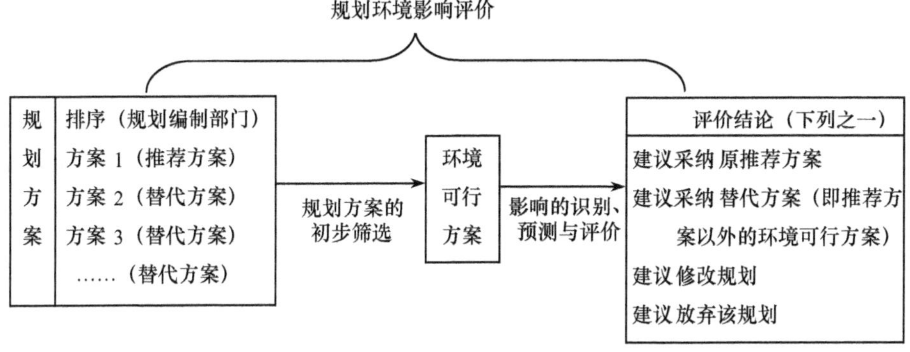

图 11-1 规划方案、环境可行方案、推荐方案及替代方案之间的关系

(四) 减缓措施

用来预防、降低、修复或补偿由规划实施可能导致的不良环境影响的对策和措施。

(五) 跟踪评价

对规划实施所产生的环境影响进行监测、分析、评价,用以验证规划环境影响评价的准确性和判定减缓措施的有效性,并提出改进措施和管理要求的过程。

二、规划环境影响评价的目的与意义

我国在 1973 年第一次全国环保会议引入了环评制度的概念,1979 年《中华人民共和国环境保护法(试行)》正式确定了环境影响评价制度。20 多年来,我国的环境影响评价工作的重点一直是针对建设项目。这期间,建设项目的环境影响评价在防治建设项目和推进产业的合理布局与优化选址,加快污染治理设施建设等方面发挥了积极作用。

但是从国内外的实践经验和历史教训来看,对环境产生重大、深远、不可逆影响的,往往是政府制定和实施的有关产业发展、区域开发和资源开发规划等重大社会、经济决策。因此,为了从源头上保护环境,对规划进行环境影响评价是十分必要的。

2003 年 9 月 1 日《中华人民共和国环境影响评价法》(以下简称《环评法》)正式实施。该法将规划纳入到环境影响评价的范围内,它的实施将减少因政策失误带来的不良环境后果,这标志着我国环境影响评价制度有了重大的进展,环境影响评价由此实现了从对建设项目到对规划、从微观到宏观、从局部到区域、从单项建设到整体产业以及从当前到长远等五个方面的扩展。

规划环境影响评价的目的是实施可持续发展战略,在规划编制和决策过程中,充分考虑所拟议的规划可能涉及的环境问题,预防规划实施后可能造成的不良环境影响,协调经济增长、社会进步与环境保护的关系。

开展规划环境影响评价的意义主要体现在两个方面:一方面,规划环评有利于克服目前项目环评的不足,是实施可持续发展的有力手段;另一方面,规划环评有利于建立环境与发展综合决策机制,为替代方案、减缓措施的制定提供更大的余地,把可持续发展原则从抽象的、宏观的战略落实到可操作的具体项目上,是实施可持续发展战略的有效手段。

三、规划环境影响评价的原则

(一) 科学、客观、公正原则

规划环境影响评价必须科学、客观、公正,综合考虑规划实施后对各种环境要素及其所构成的生态系统可能造成的影响,为决策提供科学依据。这是一般评价工作均应遵循的最为基本的原则,评价者的立场是能否科学、客观、公正地开展评价工作的基础,通常将中立的第三方评价作为其前提条件。

(二) 早期介入原则

规划环境影响评价应尽可能在规划编制的初期介入,并将对环境的考虑充分融入到规划中。

在规划草案形成之前介入,可称为早期介入。早期介入原则是规划环评的精髓。通过早期介入,可以及早地将环境因素纳入到综合决策之中,以实现可持续发展的目标。这一原则得到了世界上大多数从事规划环评国家的认可。

从规划目标到规划审批,代表了规划编制的一般过程。形成规划方案和规划方案优化是其中最重要的两个环节。

(三) 整体性原则

一项规划的环境影响评价应当把与该规划相关的政策、计划、规划以及相应的项目联系起来,做整体性考虑。尤其是应将具有共同的环境影响要素的相关规划置身于该要素(如水环境和水资源)的环境容量或环境承载力分析中,分析其是否相容。

(四) 公众参与原则

在规划环境影响评价过程中鼓励和支持公众参与,充分考虑社会各方面利益和主张。一方面,需要开展环境影响评价的规划多与公众的社会经济生活关系密切,属于公共政策范畴,而公众通过参与规划环评也是促进重大决策的民主化与科学化;另一方面,环境污染、生态破坏等环境问题的受害者之中,更多的是普通群众,而且随着社会经济的发展,群众参与各类环保活动的意识、觉悟与能力不断提高,对环境质量的要求也正在提高,因此公众参与在规划环评中显得更为重要。

(五) 一致性原则

规划环境影响评价的工作深度应当与规划的层次、详尽程度相一致。

由于规划涉及的范围、层次、详尽程度差别较大,对不同层次规划进行环评所能获取的信息相应有较大的不同,不同层次规划决策部门所关心的问题层次也不同,考虑到这些因素,强调环评的工作深度应与规划相适应,既不能做得不足,也应避免过度。

(六) 可操作性原则

应尽可能选择简单、实用、经过实践检验可行的评价方法,评价结论应具有可操作性。这是一项规划环评工作是否有效的直接体现。

四、规划环境影响评价的适用范围

规划环境影响评价适用于国务院有关部门、设区的市级以上地方人民政府及其有关部门组织编制的下列规划的环境影响评价。

(一)“一地三域”综合性规划

“一地三域”综合性规划包括土地利用的有关规划,区域、流域、海域的建设、开发利用规划。

（二）“十种”专项规划

“十种”专项规划指的是工业、农业、畜牧业、林业、能源、水利、交通、城市建设、旅游、自然资源开发的有关专项规划。

上述第一类规划属于综合性规划、政策导向型规划，它们处于决策链的高端，因其涉及面广，宏观性、原则性及战略性较强，不确定性较大，根据《环评法》要求应编制环境影响篇章或说明。第二类规划属于专项规划、项目导向型规划，规划目标明确、规划方案具体，直接影响到工程立项、选址、工艺等问题，甚至直接包含一系列的项目或工程，这类规划一般要求编制环境影响报告书。

此外，专项规划中的指导性规划（如全国工业发展规划等）可参照第一类规划要求，编制环境影响篇章或说明。综合性规划中的土地利用相关规划，一般均为政策导向性规划；区域、流域、海域的建设与开发规划则有政策导向性、项目导向性两类。

对各规划的环境影响评价要求如图 11-2 所示。

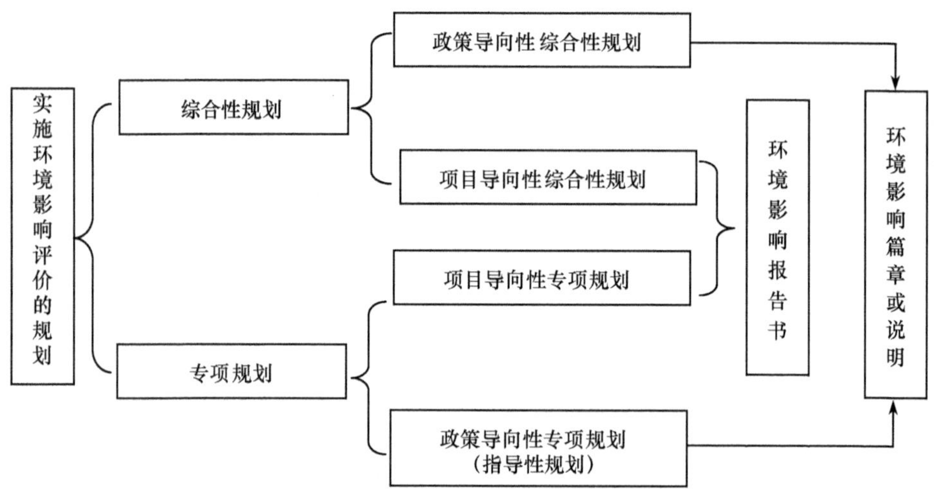

图 11-2　规划类型及其实施环境影响评价的相关要求

五、规划环境影响评价的基本内容

一般情况下，规划环境影响评价应包括以下几个方面的内容：

（1）规划分析。包括分析拟议的规划目标、指标、规划方案与相关的其他发展规划、环境保护规划的关系。

（2）环境现状与分析。包括调查、分析环境现状和历史演变，识别敏感的环境问题以及制约拟议规划的主要因素。

(3) 环境影响识别与确定环境目标和评价指标。包括识别规划目标、指标、方案(包括替代方案)的主要环境问题和环境影响,按照有关的环境保护政策、法规和标准,拟定或确认环境目标,选择量化和非量化的评价指标。

(4) 环境影响分析与评价。包括预测和评价不同规划方案(包括替代方案)对环境保护目标、环境质量和可持续性的影响。

(5) 针对各规划方案(包括替代方案),拟定环境保护对策和措施,确定环境可行的推荐规划方案。

(6) 开展公众参与。

(7) 拟定监测、跟踪评价计划。

(8) 编写规划环境影响评价文件(报告书、篇章或说明)。

六、规划环境影响评价的国内外发展现状

(一) 国外发展

20 世纪以来,各国政府的职能都有了很大的扩张,政府的影响几乎无处不在,政府行为的环境影响也就成为令人关注的问题。政府行为包括政策、决策和规划。同建设项目相比,政府的政策、决策和规划对环境的影响范围更广,历时更久,而且负面影响发生之后更难处理。1985 年,著名的布轮特委员会及联合国世界环境与发展委员会提出了环评应该引导战略的制定,而后在 1992 年通过的《21 世纪议程》第 8 章论述了政策、规划和管理层面决策中对环境发展的整合。

规划环境影响评价实质上属于战略环境影响评价。战略环境评价(Strategic Environmental Assessment,简称 SEA)是环境影响评价在战略(政策、规划和计划)层次上的应用,是系统、综合地评价政策、规划和计划及其替代方案环境影响的过程。

澳大利亚、加拿大、美国、芬兰、法国和德国等国家在 SEA 的实践和方法方面,做出了许多贡献,表 11-1 列出了这些国家的一些规则和指南。2004 年 7 月开始的实施的欧洲战略环境影响评价导则也是体现了以可持续为导向的规划过程。

表 11-1 一些国家 SEA 规则和指南的现状

国 家	应 用	规 则	指 导
美国	规划	1970 年,NEPA 提出	CEQ 指南
	计划	SEA	CEQ 指南
荷兰	规划、计划、政策	1987 年的 EIA 只要求对一些活动实施 SEA	没有面向 SEA 的指导;实践建立在传统的项目 EIA 之上
	内阁决定	讨论面向环境的建议	提议运用在清单和可持续标准上的环境测试
新西兰	规划、计划、政策	依据 1991 年的 RMA 和 1974 年的 EPEP 提出 SEA	环境部未提出法定指导
丹麦	规划、计划	没有正式规则	

续表

国　家	应　用	规　则	指　导
	议案及其他	1993 年的行政	1993 年提出的指导
加拿大	政策、规划	1990 年 6 月内阁指令	指导正在准备
英国	规划、计划、政策	没有正式规则	1991 年和 1993 年的指导
澳大利亚	规划、计划、政策	没有正式规则;回顾正在进行	没有特别指导
瑞典	规划、计划、政策	没有正式规则,提出计划、自然资源立法	没有特别指导
芬兰	规划、计划、政策	没有正式规则	没有特别指导
德国	规划、计划、政策	没有正式规则	没有特别指导
法国	规划、计划、政策	没有正式规则	没有特别指导

(二) 国内发展

随着战略环境影响评价的发展,我国各级部门在加紧规划环境影响评价理论研究的同时,也在加快进行规划环境影响评价的实践工作。

近年来关于规划环境影响评价的学术会议和学术论文不断增加,这方面吸引了越来越多的环境影响评价专业的专家和学者,成果主要有前面提到的第九届全国人民代表大会于 2002 年 10 月 28 日通过的《中华人民共和国环境影响评价法》、国家环境保护总局于 2003 年 4 月在杭州召开了规划环境影响评价技术指南讨论会,以及国家环境保护总局于 2003 年 8 月 11 日批准、2003 年 9 月 1 日起执行的《规划环境影响评价技术导则(试行)》。

我国部分地区和部分专项规划已开展了环境影响评价工作。区域规划环境影响评价包括:上海市环保局主持召开了《芦湖港新城规划》、《上海市中长期电源建设规划(研究)》环境影响评价工作讨论会;成都市环科院对成都市青白江区规划进行了环境影响评价;沈阳市政府于对浑南新区规划进行了战略环境影响评价。

专项环境影响评价包括:《攀钢"十五"规划环境影响报告书》通过了国家环保总局审批;上海市环境科学研究院对《金山三岛海洋生态自然保护区保护规划》的实施进行了环境影响评价;河南省对新乡造纸工业规划进行环境影响评价等。

七、规划环评与项目环评的关系

我国过去主要开展是建设项目的环境影响评价,虽然在协调经济发展和环境保护方面收到了一定的成效,但项目环境影响评价的局限性也逐渐显露出来。项目环境影响评价一般是在规划实施后针对具体建设项目开展的,只能对有限范围内的选择方案和缓解措施进行预测和评价,而不是主动的进行前瞻性预测,往往只能针对具体的污染状况提出一些污染控制和治理措施,很难全面体现"预防为主"的环境策略。

规划开发建设活动具有建设规模较大、开发强度及经济密度高于一般地区的特点。往往使规划区域内的自然、社会、经济、人口和生态环境在短期内发生巨大变化。因此,规划开发建设活动的环境影响评价涉及因素多,层次复杂。规划环评与项目环评在评价内容和评价程序上均有差别,详见表 11-2 和表 11-3。

表 11-2 规划环评与项目环评在评价内容上的比较

评价内容	规划环境影响评价	建设项目环境影响评价
评价对象	包括规划方案中所有拟开发建设行为,项目多、类型复杂	单一和几个建设项目,具有单一性
评价范围	地域广、范围大,属区域性或流域性	地域小、范围小,属局域性
评价方法	多样性	单一性
评价精度	规划项目具有不确定性,只能采用系统分析方法进行宏观分析,论证规划方案的合理性,难以进行细化,评价精度要求不高	确定的建设项目,评价精度要求高,预测计算结果准确
评价时间	在规划方案确定之前,超前于开发活动	与建设项目的可行性研究同时进行,与项目建设同步
评价任务	调查规划范围内的自然、社会、环境质量状况,找出环境问题,分析规划方案中拟开发活动对环境的影响,论述规划布局中、结构、资源配置的合理性,为保护、修复和塑造生态环境,提出规划优化布局的整体方案和污染综合防治措施,为制定和完善规划提供宏观的决策依据	根据建设项目性质、规模和所在地区的自然、社会、环境质量状况,通过调查分析和预测,给出项目建设对环境的影响程度,在此基础上做出项目建设的可行性结论,提出污染防治的具体对策和建议
评价指标	包括能反映规划范围内环境与经济协调发展的环境、经济、生活质量的指标体系	水、气、声等环境质量指标

表 11-3 规划环评与项目环评在评价程序上的比较

评价程序	规划环评	项目环评
环评组织者	规划编制机关	建设单位
环评编制者	法律未规定	委托有资质的单位编制
审核	作为规划的一部分或附件报审(查)	报相应级别的环境保护行政主管部门审批(分级审批有专门规定)
审核部门	由设区的市级以上人民政府组织审查	环境保护行政主管部门分级审批
成果形式	综合性规划和指导性专项规划编制篇章或说明;非指导性规划编制报告书(单独)	按分类管理目录决定编制报告书、报告表或登记表
公众参与	非指导性专项规划中有不良环境影响和直接涉及公众环境权益的,要求公众参与,对公众意见采纳的情况作为报告书的附件	报告书要求公众参与,对公众意见的处理情况应作为报告书的必要附件
评价结果的执行	审查结果和环评结果应作为审批决策的重要依据,如不采纳应说明并存档备查	建设单位应同时实施审批意见和环评文件中提出的环境保护对策措施
实施后跟踪	对环境有重大影响的规划实施后,编制机关应组织跟踪评价	建设单位组织后评价,环保部门实施跟踪检查

第二节　规划环境影响评价程序和内容

一、规划环境影响评价的技术工作程序

规划环境影响评价工作的开展,主要包括以下五个阶段(图11-3)。

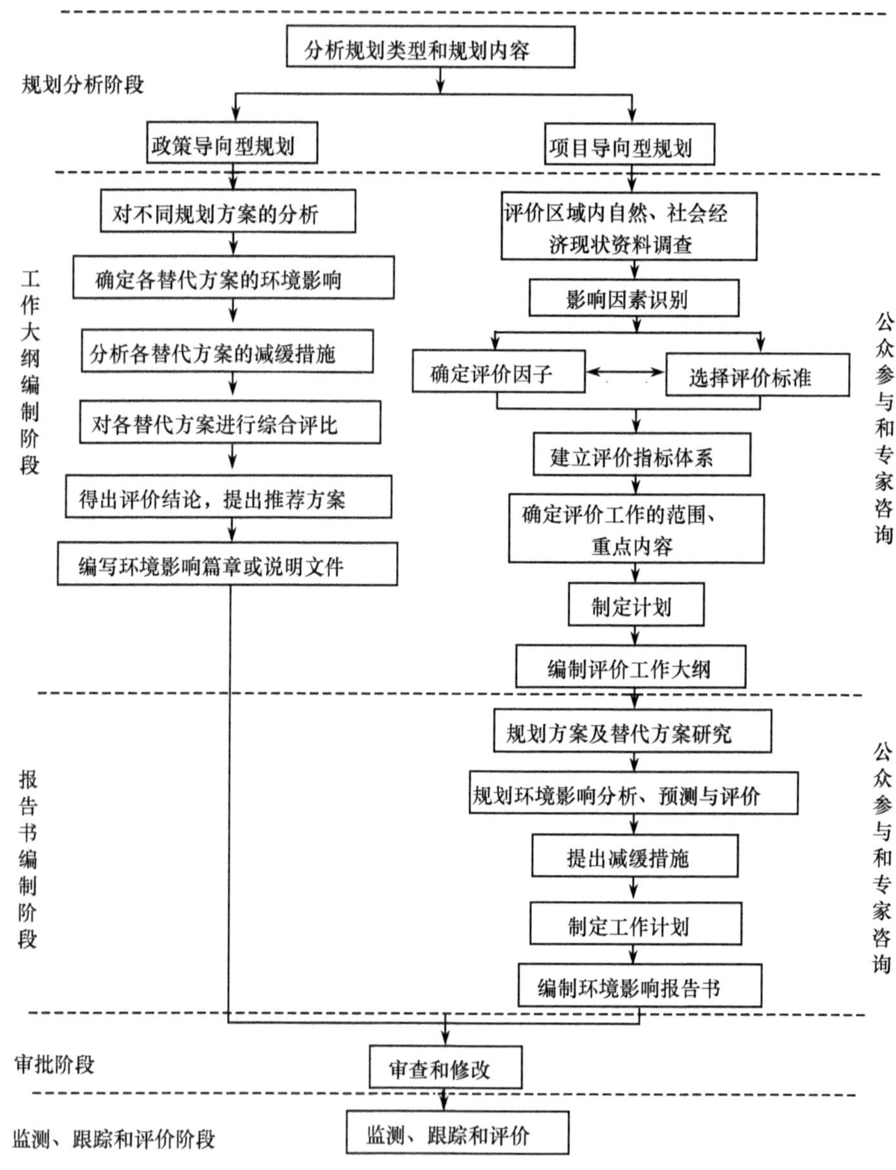

图11-3　规划环境影响评价工作程序框图

（一）规划分析阶段

根据专项规划的性质、目的和目标以及实施区域特点进行筛选，确定开展环境影响评价的具体要求。即对于项目导向性的专项规划需要编写环境影响评价工作大纲和环境影响报告书，然后进入审批阶段，监测、跟踪和评价阶段；而对于政策导向性的专项规划则只需要编写环境影响篇章或环境影响说明，然后直接进入审批阶段，监测、跟踪和评价阶段。

（二）评价工作大纲的编制阶段

对于项目导向型的专项规划，进行评价工作大纲的编制工作，通过对评价区域内经济、社会和环境的现状调查，界定评价范围，确定评价准则、标准和指标体系；而对于政策导向型规划，则直接对规划方案和替代方案进行评价，完成环境影响篇章或环境影响说明的编制工作。

（三）环境影响报告书的编制阶段

对于项目导向型的专项规划，以评价工作大纲为依据，结合规划区域的特点和规划的性质确定替代方案，重点对规划方案和替代方案进行环境影响分析、预测与评价，并根据评价结论提出减缓措施、制定环境影响监测和跟进评价工作计划，综合上述结论编写各专题报告和编制环境影响报告书。

（四）报告书的审批阶段

环保主管部门组织相关领域的专家对报告书进行审查，根据专家意见对报告书进行补充和修改。

（五）监测、跟踪和评价阶段

对于一些对环境有重大影响的规划，编制部门应组织进行跟踪评价。

二、各类总体规划的环境影响评价内容与要点

（一）土地利用的相关规划

1. 土地利用规划的特点

土地利用变化是人与自然关系中最为关键也是最为敏感的问题之一。土地利用规划是指一定区域内，根据国家社会经济可持续发展的要求和当地自然、经济、社会条件，对土地开发、利用、治理及保护在空间上、时间上所做的总体安排和布局，是国家实行土地用途管制的基础。

2. 土地规划的一般内容

土地利用规划包括土地资源的清查及其综合评价，合理组织土地利用配置及

确定各地的土地利用范围等内容。其中与环境关系密切的包括：

（1）土地利用目标和方针。

（2）土地利用结构调整　包括耕地、园地、林地、居民点及工矿用地、交通用地、水域、未利用土地等。

（3）土地利用分区　有农业用地区的土地利用结构与方向，建设用地区的规划与布局，生态景观保护区和水域等以及其他用地区。

3. 土地规划环境影响的类型

土地利用规划的社会经济影响主要体现在土地占用、交通组织与布局等方面；其环境影响主要为资源利用（土地）、生态环境（如林地、园地、草地等生态建设用地、生态景观保护区、水域）等方面。

4. 土地利用规划环境影响评价要点（编写环境影响篇章）

（1）土地利用现状及其相应的环境影响分析。

（2）土地利用规划与产业结构、交通组织、城市建设的关系分析。

（3）土地利用结构调整方案及相应环境影响的分析、预测与评估：①土地资源影响；②城市生态环境影响；③特殊生境的影响。

（4）生态建设与生态景观保护用地分析。

（5）减缓措施及对策，比如通过调整土地利用结构来预防或减轻不良环境影响的对策和措施。

（二）国民经济与社会发展计划

1. 国民经济与社会发展计划中与环境关系密切的内容

（1）经济社会发展的指导方针与奋斗目标。

（2）经济发展。

（3）经济布局。

（4）城市发展。

2. 环境影响评价要点

（1）现状及其相应的地域型生态环境问题分析（含区域生态敏感点或敏感区域空间特征）。

（2）规划的执行情况及规划实施期间的环境状况分析。

（3）规划与区域生态环境的相容性分析。

（4）规划对编制各专项规划指导作用。

（5）规划内容分析及相关城市建设、经济发展及环境保护分析。

（6）相应环境影响的分析、预测与评估。

（7）规划的环境目标与社会经济发展目标的相容性、一致性分析。

（8）改善、减轻相关生态环境压力的相关对策与措施。

（三）城市总体规划

1. 城市规划的特点及主要内容

城市总体规划主要研究城市发展中的宏观性、方向性和全局性问题，比如城市性质与职能、城市发展的空间结构与功能的空间布局、城市土地利用规模等，并对城市发展中的重点专项或部门性问题提出引导性、控制性的框架，以指导部门规划的编制与实施。这些内容一般是通过土地利用政策影响供求关系，对开发活动在整体上起到引导作用。城市总体规划中与环境关系密切的内容包括：

(1) 确定城市性质和发展方向，并划定城市规划区范围。

(2) 提出规划区内城市人口公用地发展规模，确定城市建设发展用地的空间布局，功能分区以及市中心、区中心位置。

(3) 确定主要交通设施的位置，对外交通系统的布局；确定城市主、次干道系统走向，主要交叉口形式；确定城市地铁、轻轨走向及车站位置；确定主要广场、停车场位置、容量。

(4) 综合协调并确定城市供水、排水、防洪、供电、通信、燃气、消防、环卫等设施的发展目标和总体布局。

(5) 确定城市河湖水系的总体布局，分配沿海、沿江岸线。

(6) 确定城市园林绿地系统的发展目标及总体布局。

(7) 确定城市环境保护目标及防治污染措施。

(8) 确定城市防灾要求、规划目标和总体布局。

(9) 确定需要保护的风景名胜、文物古迹、传统风貌保护区、划定保护和控制范围，提出保护措施，历史文化名城专门保护规划。

(10) 确定旧区改建，用地调整的原则，提出改善旧区生产、生活环境的要求和措施。

(11) 综合协调市区与郊区的居住用地、公共服务设施、乡镇企业、基础设施和副食品基地，划定需要保留和控制的绿色空间。

(12) 编制近期建设规划，确定近期建设目标、内容和实施部署。

2. 城市总体规划环境影响评价的要点

(1) 规划内容中的(1)、(2)两个方面规划内容的环境影响应具长期性、宏观性和规划性，实施环境影响评价应依据可持续发展的原则，突出强调这两方面不仅对于整个城市，而且对于区域性，甚至全球性社会经济与环境可持续发展的影响。

(2) 规划内容中的(3)和(4)两个方面主要涉及城市交通等市政公用设施，这些环境问题与居民生活质量密切相关，也是目前最为突出的城市环境问题之一，在城市总体规划层次做好环境影响评价工作，是从源头上解决这一问题的最佳途径；同时，这两方面的评价也可为下一步开展具体市政工程项目提供有力指导和技术支持。市政公用设施专项规划实施评价的重点应放在交通、能源、水务（供水与排水)、环卫规划方面。

(3) 规划内容中的(5)、(6)、(7)和(9)四个方面涉及城市生态、环境、景观等保护与建设,是提高城市整体环境质量的有力保证。此方面的评价工作重点应放在规划目标的可实现程度、与社会经济发展目标的相容性,社会经济技术条件以及公众对此规划目标的支持力度。

(4) 规划内容中的(8)在评价中应着重规划的不确定性分析及环境风险评价,并强调从规划层次采取降低环境影响的不确定性及环境风险的措施和预案。

(5) 规划内容中的(10)、(11)两个方面关系到规划区内不同地区之间、规划区内外不同地区之间发展机会的公平。评价中应着重可能的社会影响方面。

(6) 近期建设规划,即规划内容之(12)可看成是城市规划总体目标的近期实现,评价中应突出近期建设规划与总体规划的关系研究,以及由此可能带来的环境影响。

三、各类专项规划的环境影响评价内容与要点

(一) 工业规划

1. 与生态环境关系密切的内容

(1) 目标与发展思路。

(2) 能源使用情况。

(3) 污染物排放与环保。

(4) 产品结构调整。

(5) 大力采用高新技术,促进产业升级:①扩大采用高性能、轻量、节能、环保材料的比重,促进产品的安全、环保、节能;②推进新产品的研究和开发,加大可回收环保材料的研究与应用。

(6) 主要政策措施:①尽快健全、制定、执行日益严格的排放标准和节能的技术规则与评价体系、法规和标准;②带动和促进相关产业、基础设施协调发展。

2. 工业规划环境影响评价要点

(1) 产品的环境影响生命周期分析。

(2) 产品关联产业及其相关环境影响识别。

(3) 规划的环境影响识别:①对能源资源的影响;②全球气候变化因子(CO_2、CH_4 等)的影响;②对大气环境的影响分析;④噪声影响分析。

(4) 预测与评估。

(5) 降低、消除负面影响的措施与规划方案的调整、修订与替代方案。

(二) 农业规划

1. 农业专项规划中与生态环境关系密切的内容

(1) 指导思想。

(2) 农业专项调整:其中的布局结构、数量结构的调整与生态环境关系密切。

(3) 具体政策措施中的:①优化资源配置,构建专项农业新体系。重点鼓励发展生态型专项农业;组织力量联合攻关,研究开发新技术、新工艺,提高建设效益。加大扶持力度,加快生态专项农业建设;②研究制定鼓励投资农业专项的发展政策。

2. 农业专项规划环境影响评价要点

(1) 规划的执行情况分析。

(2) 农业生态环境问题及其与农业发展规划的相关性分析。

(3) 农业规划分析及其环境影响识别(农业经济效益与农村全面进步、水源污染与水环境、农业资源、土壤环境等)。

(4) 环境影响的预测与评估。

(5) 降低或减轻农业环境影响的规划性措施与对策,及农业发展规划的替代方案。

(三) 能源规划

1. 能源专项规划目标

包括能源需求的总量与结构、能源的使用与转换效率、能源与环境、能源安全、可再生能源的使用等,相应的措施有能源管理体制改革、能源的价格体系(根据峰谷调价)、能源投资渠道、执法、社会参与等。这些将改变能源系统的内部依存结构,进而影响能源消费与供应系统以及开采、运输、加工、利用等能源过程具体环节,从而产生一定的环境影响。

2. 能源专项规划的环境影响类别

(1) 大气污染物　TSP、SO_2、NO_x、酸沉降、石油烃、CO 等常规污染物,以及 CO_2、CH_4 等影响全球气候变化的非常规污染物。

(2) 水污染物。能源和资源开采、转化等产生大量矿井水(跨界问题),火电厂废水、能源精炼废水,主要污染物包括悬浮物(SS)、石油类、pH 等。

(3) 固体废物类。固体废物类主要有煤矸石、粉煤灰、炉渣,炼油废渣等。

(4) 其他污染类型。热污染、噪声污染等。

3. 环境影响因子

(1) 自然环境因子。土地、生物等资源,水环境,大气环境、海洋环境、生态环境。

(2) 社会因子。移民,人体健康,休闲,文化遗产。

(3) 经济因子。人力资本,产品与产业结构,农业生产。

(四) 城市建设规划

下面以供水规划为例说明城市建设专项规划的环境影响评价基本内容及实施

要点。

1. 城市供水规划中与环境保护关系密切的内容

(1) 供水规划的原则与指导思想。

(2) 用水量及用水结构。

(3) 供水管网规划。

(4) 近期供水工程建设规划。

(5) 水源保护规划也包括水源类型与分布、取水口位置、取水方式与取水量，水源保护区的范围、面积、分布与管理措施。

2. 城市供水规划环境影响评价要点

(1) 评价区域内的水资源条件与水环境分析(地表水、地下水)。

(2) 境外水污染趋势及水资源利用情况分析。

(3) 供水规划的水资源用量、使用方式分析。

(4) 供水规划的环境影响识别、预测与评估。

(5) 相应的对策与措施。

(五) 旅游规划

1. 旅游专项规划中与生态环境关系密切的内容

(1) 旅游规划的目标、产品种类、旅游人数。

(2) 旅游规划的指导思想、旅游业的产业定位。

(3) 旅游区划。

(4) 潜在的旅游资源及其开发规划。

(5) 旅游资源与旅游环境的保护与利用。

(6) 旅游设施建设规划。

2. 旅游专项规划环境影响评价要点

(1) 旅游资源的布局与保护现状分析。

(2) 旅游环境的突出问题分析及旅游规划的环境影响识别(旅游资源的保护、旅游设施建设与营运期的环境影响、水环境、生活垃圾、自然生态与特殊生境保护、水源保护区的旅游资源开发)。

(3) 旅游区划及其环境承载力分析。

(4) 环境影响的预测与评估。

(5) 相应对策与措施。

四、规划环境影响评价成果及相关文件的编写

(一) 环境影响篇章及说明的编写

规划环境影响篇章至少包括 4 个方面的内容:前言、环境现状描述、环境影响

分析与评价、环境影响减缓措施。

1. 前言

应包括以下三个方面的内容:①与规划有关的环境保护政策、环境保护目标和标准;②评价范围与环境目标和评价指标;③与规划层次相适宜的影响预测和评价所采用的方法。

2. 环境现状描述

概述规划涉及的区域/行业领域存在主要环境问题,及其历史演变的概述;可能对规划发展目标形成制约的关键因素或条件。

3. 环境影响分析与评价

简要说明规划与上、下层次规划或建设项目的关系,以及与其他规划目标、环保规划的协调性;对应于不同规划方案或设置的不同情境,分别描述所识别、预测的主要的直接影响、间接影响和累积影响;对不同规划方案可能导致的环境影响进行比较,包括环境目标、环境质量和/或可持续性的比较。

4. 环境影响的减缓措施

描述各方案(包括推荐方案、替代方案)的主要环境影响,以及主要环境影响的防护对策、措施和对规划的限制;规划方案的综合评述。

综上所述,为了体现规划环评的作用,应尽可能地采取自我评价的方式,及早介入,参与综合决策;规划环评的方法既可以是定性的,也可以是定量的。与建设项目环境影响评价相比,可以更多地采用定性的方法;应当逐步建立起规划环评的评价指标体系,这一指标体系的建立应当充分发挥各个行业部门的积极性,指标体系的丰富完善需要不断地实践。

(二) 环境影响报告书的编写

规划环境影响报告书至少包括9个方面的内容:总则、拟议规划的概述、环境现状描述、环境影响分析与评价、推荐方案与减缓措施、专家咨询与公众参与、监测与跟踪评价、困难和不确定性、执行总结。

1. 总则

内容包括:①规划的一般背景;②与规划有关的环境保护政策、环境保护目标和标准;③环境影响识别(表);④评价范围与环境目标和评价指标;⑤与规划层次相适宜的影响预测和评价所采用的方法。

2. 规划的概述与分析

内容包括:①规划的社会经济目标和环境保护目标(和/或可持续发展目标);②规划与上、下层次规划(或建设项目)的关系和一致性分析;③规划目标与其他规划目标、环保规划目标的关系和协调性分析;④符合规划目标和环境目标要求的可行的各规划(替代)方案概要。

3. 环境现状分析

内容包括:①环境调查工作概述;②概述规划涉及的区域/行业领域存在主要环境问题,及其历史演变,并预计在没有本规划情况下的环境发展趋势;③环境敏感区域和/或现有的敏感环境问题,以表格一一对应的形式列出可能对规划发展目标形成制约的关键因素或条件;④可能受规划实施影响的区域和/或行业部门。

4. 环境影响分析与评价

应突出对主要环境影响的分析与评价。按环境主题(如生物多样性、人口、健康、动植物、土壤、水、空气、气候因子、矿产资源、文化遗产、自然景观)描述所识别、预测的主要环境影响。对应于不同规划方案或设置的不同情景,分别描述所识别、预测的主要的直接影响、间接影响、累积影响。在描述环境影响时,说明不同地域尺度(当地、区域、全球)和不同时间尺度(短期、长期)的影响。对不同规划方案可能导致的环境影响进行比较,包括环境目标、环境质量和/或可持续性的比较。

5. 规划方案与减缓措施

描述符合规划目标和环境目标的规划方案,并概述各方案的主要环境影响,以及主要环境影响的防护对策、措施和对规划的限制,减缓措施实施的阶段性目标和指标;各环境可行的规划方案的综合评述。供有关部门决策的推荐的环境可行规划方案,以及替代方案。规划的结论性意见和建议。

6. 监测与跟踪评价

要提出对下一层次规划和/或项目环境评价的要求和监测、跟踪计划。

7. 公众参与

包括公众参与概况;概述与环境评价有关的专家咨询和收集的公众意见与建议;专家咨询和公众意见与建议的落实情况。

8. 困难和不确定性

概述在编辑和分析用于环境评价的信息时所遇到的困难和由此导致的不确定性,以及它们可能对规划过程的影响。

由于规划处于决策链的中高端,与其他政策、计划、规划联系紧密,涉及的社会、经济、环境因素很多,所以调整比较频繁。在规划环评报告书中应充分考虑这些因素。

9. 执行总结

采用非技术性文字简要说明规划背景、规划的主要目标、评价过程、环境资源现状、预计的环境影响、推荐的规划方案与减缓措施、公众参与的主要发现和处理结果、总体评价结论。编制执行总结的目的主要是为了便于决策者和公众等非专业人员便于理解报告书的内容。

第三节　规划分析及现状调查、分析与评价

一、规划方案分析

（一）规划方案简述

规划环境影响评价应在充分理解规划的基础上进行，应阐明并简要分析规划的编制背景、规划的目标、规划对象、规划内容、实施方案，及其与相关法律、法规和其他规划的关系。

对规划描述的要求包括：

（1）解释规划的意义

（2）表述规划的具体内容：一般情况，规划的层次越高越难以描述。政策的描述可能会非常的粗糙，而对规划的描述也不可能要求像项目的EIA那样详细。

（3）规划的描述可分类进行：即分阶段、分类别、分性质进行。

（4）描述实施规划的时间性：如规划实施的时限，规划的时间跨度越长，就越可能将可持续发展和环境的承受力相结合，但对影响的预测的不确定性也就越大。反之亦然。

（5）规划的描述应明确几项内容：①规划实施若干年后对发展状况的预期；②列出规划实施的保障措施清单；③给出详细的线性发展规划路线图；④用地图绘出未来发展的地带，例如城市发展土地利用的新建或扩展的区域；⑤用地图绘出环境限制区，禁止开发区等。

（二）规划目标协调性分析

按拟定的规划目标，逐项比较分析规划与所在区域/行业其他规划（包括环境保护规划）的协调性。

尤其应注意拟定规划与两类规划的协调性分析：第一类是与该规划具有相似的环境、生态问题或共同的环境影响，占用或使用共同的自然资源的规划，主要是将这些规划放置在同一环境或资源问题上分析其协调性；第二类规划是该规划与环境功能区划、生态功能保护区划、生态省（市）规划等环境保护的相关规划是否协调。

（三）规划方案的初步筛选

规划的最初方案一般是由规划编制专家提出的，评价工作组应当依照国家的环境保护政策、法规及其他有关规定，对所有的规划方案进行筛选，可以将明显违反环保原则和/或不符合环境目标的规划方案删去，以减少不必要的工作量。

筛选的主要步骤是：识别该规划所包含的主要经济活动，包括直接或间接影响到的经济活动，分析可能受到这些经济活动影响的环境要素；简要分析规划方案对实现环境保护目标的影响，进行筛选以初步确定环境可行的规划方案。

初步筛选的方法主要有：专家咨询、类比分析、矩阵法、核查表法等。

二、现状调查、分析与评价

现状调查、分析与评价是进行规划环境影响识别的基础，主要通过资料与文献收集、整理与分析进行，必要时进行现场调查和测试。规划的现状调查与分析中除了对规划影响范围内各环境要素的现状进行调查、分析之外，还要求进行社会、经济方面的资料收集及评价区可持续发展能力的分析。

（一）现状调查内容与方法

现状调查应针对规划对象的特点，按照全面性、针对性、可行性和效用性的原则，有重点的进行。调查内容应包括环境、社会和经济三个方面。调查重点应放在与该规划相关的重大问题，以及各问题之间的相互关系及影响。

规划环评的现状调查与分析方法与项目环评类似，常用的有资料收集与分析，现场调查与监测，以及专业判断法、叠图法与地理信息系统集成法、会议座谈、调查表等方法。

（二）现状分析与评价

1. 现状分析

与项目环评相比，规划环评的现状分析与评价更重视社会、经济方面。现状分析与评价的主要工作内容如下：

（1）社会经济背景分析及相关的社会、经济与环境问题分析，确定当前主要环境问题及其产生原因；

（2）生态敏感区（点）分析，如特殊生境及特有物种、自然保护区、湿地、生态退化区、特有人文和自然景观以及其他自然生态敏感点等，确定评价范围内对被评价规划反应敏感的地域及环境脆弱带；

（3）环境保护和资源管理分析，确定受到规划影响后明显加重，并且可能达到、接近或超过地域环境承载力的环境因子。

2. 环境限制因素分析

从下列几个方面分析对规划目标和规划方案实施的环境限制因素：

（1）跨界环境因素分析（许多环境影响是跨行政管理边界的）。内容包括上游来水及上风向污染对本评价区域的影响；本评价区域的污染因素对下游及下风向地区的影响；外来物种的生态入侵等。

(2) 经济因素与环境问题的关系分析（经济效益几乎是所有规划最关注的问题，以收益最大化为目标的规划方案通常会产生较大的环境问题）。此部分着重于定性、定量地描述并分析经济因素与环境污染之间的关系，包括经济规模与治污能力；经济效率与“三废”的产生；清洁生产工艺与污染物的减量化、最小化与零排放；产业结构与结构性污染；生产力布局与污染物的空间分布等。

(3) 社会因素与生态压力（有些规划如流域开发规划，可能影响到土著居民的生活方式，进而影响到环境）。主要分析社会因素及其与生态压力之间的关系，内容包括人口规模、素质的生态影响；生活水平、生活方式的环境影响；科技水平与生态压力；教育水平、公众参与；政策缺陷因素的环境影响等。

(4) 环境污染与生态破坏对社会、经济及自然环境的影响。包括对人群健康、生活品质、社会安定、休息娱乐等社会因素的影响，对工业与农业的经济效益、服务经营、财政收入、劳动就业等经济因素以及环境污染与生态退化之间、生态退化与物种灭绝之间的关系。

(5) 评价社会、经济、环境对评价区域可持续发展的支撑能力。尤其着重研究与分析土地资源潜力、水资源与其他自然资源、现有经济结构与市场条件、基础设施与建设投资能力、社会与人文等对区域可持续发展的限制或促进作用等。

（三）环境发展趋势分析

分析在没有本拟议规划的情况下，区域环境状况/行业涉及的环境问题的主要发展趋势（即“零方案”影响分析）。“零方案”不仅是一种大的替代选择，而且代表了“原始状态”，它是各个规划方案环境效益的基点。实际上，规划方案的取舍正是参照它排序后决定的。

第四节　规划环境影响识别与评价指标确定

一、规划环境影响识别

（一）环境影响识别的目的与意义

环境影响识别的目的是确定环境目标和评价指标。规划环境影响评价中的环境目标包括规划涉及的区域和/或行业的环境保护目标，以及规划设定的环境目标。评价指标是环境目标的具体化描述。评价指标可以是定性的或定量化的，是可以进行监测、检查的。规划的环境目标和评价指标需要根据规划类型、规划层次，以及涉及的区域和/或行业的发展状况和环境状况来确定。

（二）环境影响识别的内容

在对规划的目标、指标、总体方案进行分析的基础上，识别规划目标、发展指标和规划方案实施可能对自然环境（介质）和社会经济环境产生的影响。环境影响识别的内容包括对规划方案的影响因子识别、影响范围识别、时间跨度识别、影响性质识别。

规划环评中应考虑规划实施后可能的社会、经济因素的影响，并不是预测与评价规划所导致的所有的社会经济问题，而应侧重预测评价与规划的环境影响要素关系密切的社会、经济问题，比如规划环境影响的社会经济效应与规划实施的社会经济影响的环境效应，如图 11-4 所示。

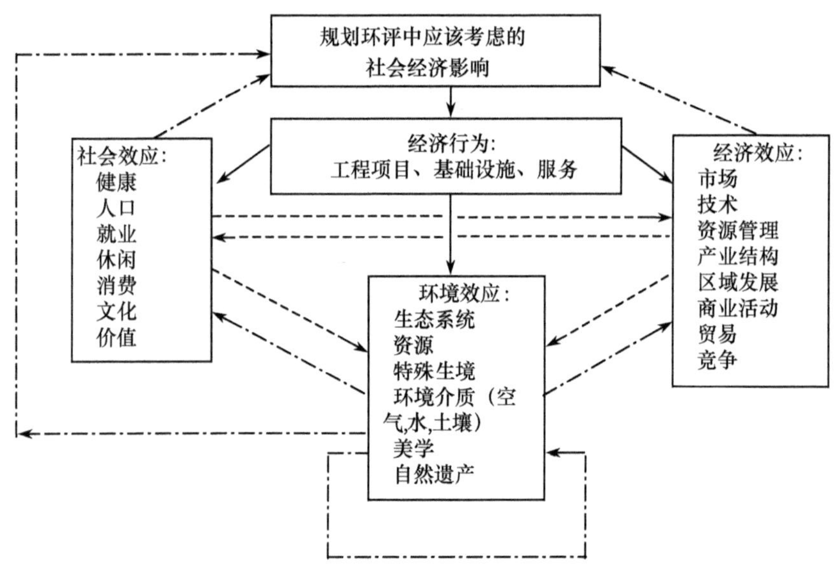

图 11-4　规划环评中的社会、经济因素

（直接效应⟶间接效应- - - - -→环境影响-·-·-→）

（三）环境影响识别的方法

环境影响识别一般有核查表法、矩阵法、网络法、GIS 支持下的叠加图法、系统流图法、层次分析法、情景分析法等。

（四）环境影响识别的基本程序

识别环境可行的规划方案实施后可能导致的主要环境影响及其性质，编制规划的环境影响识别表，并结合环境目标，选择评价指标。规划的环境影响识别与确定评价指标的关系见图 11-5。

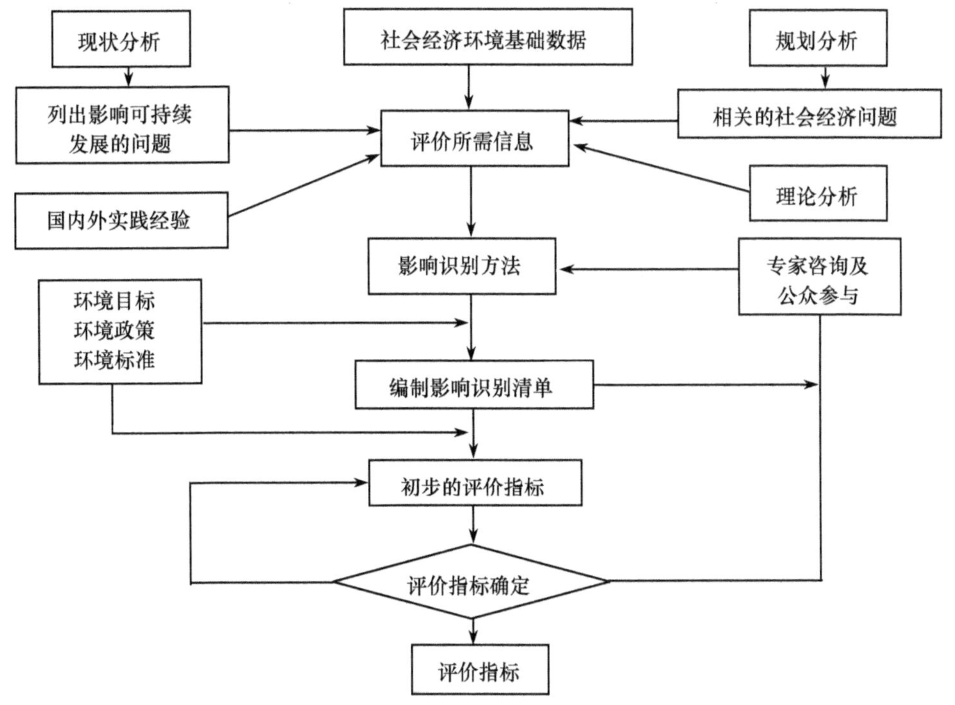

图 11-5　环境影响识别与确定评价指标的基本程序

二、环境目标与评价指标的确定

(一) 确认环境目标

针对规划可能涉及的环境主题、敏感环境要素以及主要制约因素,按照有关的环境保护政策、法规和标准拟定或确认规划环境影响评价的环境目标,包括规划涉及的区域和/或行业的环境保护目标,以及规划设定的环境目标。

规划涉及的环境问题可按当地环境(包括自然景观、文化遗产、人群健康、社会/经济、噪声、交通)、自然资源(包括水、空气、土壤、动植物、矿产、能源、固体废物)、全球环境(包括气候、生物多样性)三大类分别表述。

(二) 确定评价指标

规划环评的评价指标是与环境目标紧密联系在一起的。在建设项目环评中习惯于环境质量标准等级和环境质量指标(项)的筛选。国际上已有的各类规划环评的实践表明,在规划环评中,由于各行业的规划层次和类型千差万别,评价指标的内涵更广,其表述更丰富多样化,不存在一套相对固定的、通用的评价指标体系适合于所有的规划环评。

较为通用的指标有：生物量指标、生物多样性指标、土地占用指标、土壤侵蚀量指标、大气环境容量指标、温室气体排放量指标，声环境功能区划，地面水功能区划，水污染因子排放控制标准等。

1. 评价指标类型

（1）按指标的物质属性。可分为环境、经济、社会、资源、人口等系统，每个系统又可进一步划分为不同层次的具体的指标。

（2）按指标内涵。可分为环境现状指标，环境压力指标，环境行动指标三类。环境现状（质量）指标（例如 NO_x 水平）表征的是目前的环境状况；环境影响或压力指标（如 NO_x 排放量）衡量的是人类对环境的影响；行动指标（措施落实）衡量的是各个规划实施部门是否或是如何完成要求的行动。行动指标是规划的一部分，与环境措施的实施相联系。

（3）按指标的来源。分为根据有关法规、标准确定的指标，通过公众参与确定的指标，通过科学判断确定的指标。

（4）按指标定量化的程度。分为定性指标、定量指标、半定量指标。

2. 评价指标的选择

指标用以衡量和反映环境趋势的具体状况。在 SEA 中，指标被用来衡量和描述环境的基本状况和预测的影响，比较备选方案，并监测规划目标的实施情况。

指标作为衡量可持续发展的一种手段被广泛应用。指标可以以规划的环境目标、相关的法律、规章或是当前的监测为基础。SEA 中选择的指标应当保证：①个体或是整体都是有意义的；②代表关键问题；③反映的是区域和当地的趋势；④基于正确的科学原理和假设；⑤信息的收集相对容易，并且可利用的信息应当在合理的时间范围内在某一清楚的假设条件下，可以产生可重复的结果。

以环境影响识别为基础，结合规划及环境背景调查情况，规划所涉及部门或区域环境保护目标，并借鉴国内外的研究成果，通过理论分析、专家咨询、公众参与初步确立评价指标，并在评价工作中补充、调整、完善。

当规划环评的理论和实际发展到相对成熟的阶段时，才有可能像建设项目环评那样，形成相对固定的、与不同行业（类型）规划相适应的、成套的技术方法和指标体系。

三、规划环境影响评价中的指标体系

根据不同规划的特点，参照《规划环境影响评价技术导则（试行）》（HJ/T 130-2003）内容，目前已提出了六类较为成熟的规划环境影响评价的指标示范体系，分别为区域规划、土地利用、工业、农业、能源、城市建设，具体内容见表 11-4 ~ 表 11-9。

表 11-4 区域规划的环境目标和评价指标表述示范

环境主题	环境目标	评价指标
生物多样性	●保护和扩展生物多样性 ●保护和扩大特别的栖息地和种群	●达到国际/国家保护目标
水	●将水污染控制在不危害自然生态系统的水平 ●减少水污染物排放,水环境功能区达标 ●地下水的使用处于采、补平衡水平	●河流、湖泊、近海水质达标率 ●湖泊富营养化水平 ●饮用水水源地水质和水量 ●供水水源保证率 ●污水集中处理规模和效率 ●工业水污染物排放量控制
固体废物和土壤	●减少污染,并且保护土壤质量和数量 ●废物最小化(回用、堆肥、能源利用)	●耕地面积 ●绿地面积 ●控制水土流失面积和流失量 ●化肥与农药使用与管理 ●生活垃圾无害化处理 ●有害废物处理(危险废物与一般工业固废)
空气	●减少空气污染物排放,大气环境功能区达标	●空气质量达标天数 ●空气污染物排放量控制 ●空气污染物排放量减少比例 ●机动车尾气排放达标情况
声环境	●减轻噪声和振动	●交通噪声达标率 ●一、二类噪声功能区的比例(区域噪声质量状况)
能源和矿产	●有效地使用能源 ●提高清洁能源的比例 ●减少矿产资源的消耗 ●提高材料的重复利用	●集中供热的比例 ●电力供应 ●燃气利用 ●燃煤
气候	●减少温室气体排放 ●减少气候变化灾害	●能源消耗 ●防洪
文化遗产和自然景观	●保护历史建筑、古迹、及其他重要的文化特性 ●重视和保护地理、地貌类景观(如山岳景观、峡谷景观、海滨景观、岩溶地貌、风蚀地貌等)	●列入濒危名单的建筑和古迹的比例及其历史意义、文化内涵、游乐价值(趣味性、知名度等) ●美学价值(景观美感度、奇特性、完整性等) ●科学价值

表 11-5　土地利用规划环境目标与评价指标表述示范

环境主题	环 境 目 标	评 价 指 标
土地资源的规划与管理	●确保对土地资源的有效规划与管理 ●平衡对有限可利用土地的竞争性需求 ●维护重要的城镇中心	●社会经济发展占用的土地面积占区域总面积的比例(%) ●生态建设用地占区域总面积的比例(%) ●人均生态建设用地面积(m^2/人) ●土地利用结构(%)
土地覆盖和景观	●保护具有环境价值的自然景观及动植物栖息地	●自然保护区及其他具有特殊科学与环境价值的受保护区面积占区域面积的比例(%) ●特色风景线长度(km) ●水域面积占区域面积的比例(%)
土壤	●保护土壤,维持高质量食品和其他产品的有效供应	●由于侵蚀造成的农业用地中土壤的年损失量(t/a) ●土壤表土中的重金属及其他有毒物质的含量(mg/kg) ●单位农田面积农药的使用量(kg/ha) ●单位农田面积化肥的使用量(kg/ha)
空气	● 控制空气污染 ●限制可能导致全球气候变化的温室气体的排放	●单位工业用地面积工业废气年排放量[$m^3/(km^2 \cdot a)$] ●烟尘控制区覆盖率(%) ●单位土地面积大气污染物 SO_2、NO_2、VOCs 年排放量[$t/(km^2 \cdot a)$] ●单位土地面积的 CO_2 及臭氧层损耗物质年排放量[$t/(km^2 \cdot a)$]
水环境	●维护与改善地表水和地下水水质及水生环境,确保可获得充足的符合环境标准的水资源	●单位工业用地面积工业废水年排放量[$t/(km^2 \cdot a)$] ●集中式饮用水源地水质达标率(%) ●水功能区水质达标率(%) ●单位土地面积 COD_{Cr}, BOD_5, 石油类, 挥发酚, NH_3-N(氨氮)年排放量[t或kg/($km^2 \cdot a$)]
其他		

表 11-6　工业规划的环境目标与评价指标表述示范

环境主题	环境目标	评价指标
工业发展水平及经济效益	促进工业健康、高效与可持续的发展,改善环境质量	●工业总产值(万元/a) ●工业经济密度(工业总产值/区域总面积,万元/km^2) ●工业经济效益综合指数 ●高新技术产业产值占工业总产值的比例(%)

续表

环境主题	环境目标	评价指标
大气环境	控制工业空气污染物排放及空气污染	●万元工业净产值废气年排放量(Nm^3/万元) ●万元工业净产值主要大气污染物年排放量(t^3/万元) ●评价区域主要空气污染物(SO_2,PM_{10},NO_2,O_3)平均浓度(mg/Nm^3) ●烟尘控制区覆盖率(%) ●空气质量超标区面积(km^2)及占区域总面积的比例(%) ●暴露于超标环境中的人口数及占总人口的比例(%) ●主要工业区及重大工业项目与主要住宅区的临近度
水环境	控制工业水污染物排放及水环境污染,尤其是保护水源地的水质	●万元工业净产值工业废水年排放量(m^3/万元) ●万元工业净产值主要水环境污染物(COD_{Cr},BOD_5,石油类,NH_3-N,挥发酚等)排放量(t/a) ●工业废水处理率与达标排放率(%) ●区域/行业主要水环境污染物年平均浓度(COD_{Cr},BOD_5,石油类,NH_3-N,挥发酚)(mg/L) ●集中式饮用水源地及其他水功能区水质达标率(%) ●主要污水排放口与集中式饮用水源地、生态敏感区的临近度
噪声	控制工业区环境噪声水平	●工业区区域噪声平均值(dB(A))(昼/夜)
固体废物	固体废物的生成量达到最小化,减量化及资源化	●万元工业净产值工业固体废物产生量(t/万元) ●危险固体废物年产生量(t/a) ●工业固体废物综合利用率(%)
自然资源与生态保护	减少可能造成的对生态敏感区危害	●生物多样性指数 ●主要工业区及重大工业项目与生态敏感区的临近度 ●主要工业区及重大工业项目所占用的土地面积(km^2),其中占用生态敏感区的面积(km^2) ●主要工业区及重大工业项目可能造成的生态区域破碎情况
资源与能源	资源与能源消耗总量的减量化,以及鼓励更多地使用可再生的资源与能源及废物的资源化利用	●矿产资源采掘量(万吨/年); ●淡水资源消耗量(万吨/年); ●化石能源(煤、油、天然气等)采掘量(万吨/年); ●上述资源、能源综合利用率(%) ●能源结构(%); ●新型能源、可再生能源比例(%)
其他		

表 11-7　农业规划的环境目标与评价指标表述示范

环境主题	环境目标	评价指标
农业经济发展及效益	促进地区农业经济健康、高效、持续发展,尤其是提高农业经济效益和农业生产力	●农业经济总产值(亿元/年) ●单位面积农业生产用地产值(万元/ha) ●单位面积农业生产用地农用动力(kw/ha)
农业非点源污染与水环境	控制农业非点源污染对水域环境和生态系统的影响	●单位农田面积农药使用量(kg/ha) ●单位农田面积化肥使用量(折纯)(kg/ha) ●有机肥使用率(即有机肥占农业肥料施用量比例)(%) ●禽畜排泄物的年生成量(t/a) ●禽畜排泄物的综合利用率(%) ●水质综合指数 ●农村地区主要水环境污染物(COD_{Cr}、BOD_5、总氮、总磷)及溶解氧的年平均浓度(mg/L)
土壤	将土壤作为一种用于食品和其他产品生产的有效资源,保护和改善土壤的质地和肥力,避免土壤退化	●土壤表层中的重金属含量(mg/kg) ●农田土壤年侵蚀量(t/a)
农业固体废物	减少农业固体废物的生成量	●单位农田面积农业固体废弃物的生成量(秸秆、农用膜等)(kg/ha) ●农业固体废弃物的综合处理、处置与资源化利用率(%)
资源	引导农业结构优化及农业集约化经营	●土地及耕地资源保有量(万 hm^2); ●野生生物资源保有量及其生境面积保; ●农田、林木、草地、湿地及自然水面等土地结构性指标(%)
其他		

表 11-8　能源规划的环境目标与评价指标表述示范

环境主题	环 境 目 标	评 价 指 标
能源效益	通过提高能源效率,促进消费者以较少的能源投入来满足其需求	●单位能源消耗的 GDP 产出(万元/标煤吨) ●能源消耗弹性系数 ●集中供热面积及占区域总面积的比例(%) ●热电厂的能源利用率(%) ●平均能源利用率(%)
能源结构	改善能源结构,积极采用低污染高效率的能源,实现清洁能源代替	●电力在终端能源消费中的比例(%) ●天然气、石油、水煤浆等清洁能源占一次能源消费总量的比例(%) ●可再生能源占总能源消耗的比例(%)。包括:水力发电量占总耗电量的比例(%);生物能源占农村能源消费量的比例(%);太阳能源、风能、地热能与潮汐能分别占总能源消费量的比例(%)

续表

环境主题	环境目标	评价指标
大气环境	控制与能源消耗有关的空气污染物的排放	●主要污染物(SO_2、NO_2、CO、PM_{10}、$NMVOC_S$)的年排放量(t/a) ●温室气体(CO_2、CH_4、N_2O、HFC、PFC、SF_6)的年排放量(t/a) ●主要空气污染物(SO_2、NO_2、PM_{10}、O_3)的平均浓度(mg/Nm^3) ●空气质量超标区域的面积及占区域总面积的比例(%)及暴露于超标环境中的人口数及占总人口的比例(%) ●酸雨强度(pH)、频率(%)、面积(万 km^2)
生态保护	控制与能源消耗有关的空气污染物对生态敏感区的负面影响	●生态敏感区中空气质量超标的面积及比例(%); ●主能源规划所涉及的要能源建设项目及辅助设施与生态敏感区的临近度; ●能源规划所涉及的建设项目及辅助设施占用的土地面积(km^2),其中占用生态敏感区的面积(km^2)。
资源量	不可再生能源的减量化及能源使用效率的提高	●化石能源的资源保有量(万 ha); ●化石能源消耗量(万 t)及使用效率(%); ●可替代能源的开发等。
其他		

表 11-9　城市建设规划的环境目标与评价指标表述示范

环境主题	环境目标	评价指标
水环境	控制区域水环境污染,维持和改善地表水和地下水水质及水生环境,引导有效利用水资源,确保可获得充足的符合环境标准的水资源	●人均生活污水排放量(L/人·d) ●万元 GDP 工业废水排放量(m^3/万元) ●主要水环境污染物年排放量(COD_{Cr}、BOD_5、石油类、NH_3-N、挥发酚)(t/a) ●城市水功能区水质达标率(%) ●集中式饮用水源地水质达标率(%) ●主要废水排放口与生态敏感区的临近度,与水源地的临近度 ●区域水环境主要污染物及溶解氧的平均浓度(mg/L) ●城市污水纳管率(%) ●城市生活污水处理率(%) ●工业废水处理率及达标排放率(%)

续表

环境主题	环境目标	评价指标
大气环境	控制空气污染,限制可能导致全球气候变化的温室气体排放	●万元工业净产值工业废气年排放量(Nm^3/万元) ● 人均 SO_2、NO_2、CO_2 及臭氧层损耗物质等年排放量(kg/人) ● 城市空气质量指数(API) ● 城市烟尘控制区覆盖率(%) ● 路检汽车尾气达标率(%) ●区域主要空气污染物(SO_2,PM_{10},NO_2,O_3)年日均或小时平均浓度(mg/Nm^3) ●暴露于超标环境中的人口数(人)及占总人口的比例(%) ●规划工业园区与居民区的临近度
噪声	控制区域环境噪声水平和城市交通干线附近的噪声水平,保障居民住宅等噪声敏感点的声环境达标	●区域环境噪声平均值[dB(A)](昼/夜) ●城市交通干线两侧噪声平均值[dB(A)](昼/夜) ●城市化地区噪声达标区覆盖率(%) ●规划中的居民区环境噪声预测值[db(A)](昼/夜) ●主要交通线路(道路交通干线,轨道交通线)与噪声敏感区交界面的长度(km) ●暴露于超标声环境中的人口数及占总人口的比例(%)
固体废物	使固体废物的生成量达到最小化或减量化及资源化	●人均生活垃圾年产生量[kg/(人·年)] ●万元 GDP 工业固废产生量(t/万元) ●危险固废的年产生量(t/a)及无害化处理与处置率(%) ●工业固废的综合利用率(%) ●生活垃圾分类收集与资源化利用率(%) ●城市固废填埋场、垃圾焚烧厂等与居民区,生态敏感区的临近度
自然资源与生态保护	保护区域自然资源与生态系统,健全城乡生态系统的结构,优化城市生态系统的功能	●森林面积(km^2)及占区域总面积的比例(%) ●城市化地区绿化覆盖率(%) ●人均绿地及人均公共绿地面积(m^2/人) ●规划中城市发展占用的土地面积(km^2)及占区域总面积的比例(%) ●自然保护区及其他具有特殊价值的受保护区

续表

环境主题	环境目标	评价指标
		面积(km^2)及占区域总面积的比例(%) ●规划交通主干线与主要住宅区、生态敏感区交界面的长度(km) ●规划主要工业园区与主要住宅区、生态敏感区的临近度 ●年水资源供需平衡比 ●水域面积占区域总面积的比例(%) ●工业用水循环利用率(%) ●生物多样性指数 ●酸雨平均 pH 及发生频率(酸雨次数占总降雨次数的比例)(%) ●湿地系统滨岸带范围(指面积,km^2)及保护情况
近海环境	控制人为向海洋倾倒各种污染物,保护近海海域的环境	●排入近海海域的废水量(万 t/a) ●排入近海海域的主要污染物质的量(油类物质、N、P 等)(t/a) ●近海海域主要污染物及溶解氧的平均浓度(COD_{Cr},BOD_5,非离子氨,石油类,挥发酚)(mg/L) ● 海藻指数
生态环境保护与可持续发展能力建设	强化生态环境管理,加强城市生态环境保护与建设	●环境保护投资占 GDP 的比例(%) ●公众对城市环境的满意率(%)(抽样人口不少于万分之一) ●城市环境综合整治定量考核成绩 ●卫生城市与国家环保模范城个数及所占比例(%) ●通过 ISO14001 认证的企业占全部工业企业的百分比(%) ●建设项目环境影响评价实施率(%)

第五节　规划环境影响预测与评价

一、规划环境影响预测

(一) 规划环境影响预测要求

应对所有规划方案的主要环境影响进行预测。这就为对规划方案的环境比较提供了基础,使得规划编制人员和决策者有更多的机会来选择环境可行、环境优化的规划方案。按国际上通行的说法,规划环评是评价多个规划方案,而不是只寻找一个推荐方案的替代方案。

（二）规划环境影响预测内容

规划环境影响预测的直接目的是识别出可能受到显著或重大影响的环境因子情况，同时还应预测在拟定规划及其替代方案引导下，不同阶段社会经济发展环境状况与可持续发展能力。具体包括影响范围、持续时间、变化强度（大小与速率）、可逆性等方面。具体预测内容可分成如下4个方面：

1. 经济发展趋势预测与分析

包括经济与产业结构；产业布局；农村与城市建设；交通与运输业；能源消费总量与消费结构变化趋势等。

2. 拟定规划引导下的区域社会发展趋势预测与分析

内容包括：人口规模、人口分布、教育与人口素质；城市化水平；生活水平与生活方式等。

3. 拟定规划引导下的环境影响预测

拟定规划实施的环境影响即包括其直接带来的环境影响，也包括由于该规划所导致的社会经济、城市发展等因素变化而产生的间接生态环境影响。规划环境影响评价中的规划环境影响宜用环境压力性指标，比如污染物产生与排放的量、浓度或强度表示，预测与综合评价可从水环境、大气环境、环境噪声、土壤环境、植被与生态保护等方面进行。

4. 规划方案影响下的可持续发展能力预测

将社会、经济与环境因素综合起来，分析、预测拟定规划及其各替代方案对区域可持续发展能力的影响。

此外，环境影响预测包括其直接的、间接的环境影响，特别是规划的累积影响。与建设项目相比较，由于规划可能涉及或引导一系列的经济活动，因此，累积影响是必须要考虑的。

（三）规划环境影响预测方法

预测方法一般有类比分析法、系统动力学、投入产出分析、环境数学模型、情景分析法等。

二、规划环境影响评价

（一）评价范围的确定

确定评价范围时不仅要考虑地域因素，还要考虑法律、行政权限、减缓或补偿要求，公众和相关团体意见等限制因素。

确定规划环境影响评价的地域范围通常考虑以下两个因素：一是地域的现有地理属性（流域、盆地、山脉等），自然资源特征（如森林、草原、渔场等），或人为的边界(如公路、铁路或运河);二是已有的管理边界,如行政区等。

确定评价范围时还需要注意以下两点:

(1) 确定范围的目的是识别那些将会影响决策的关键的环境问题,并如何对这些问题进行评估。因此,确定范围可能是确保 SEA 有效性最关键的一步。一个规划涉及多种活动,受到许多法律和政策的制约,可选择的范围很大,因而其范围的确定要比一个项目要复杂的多。尽管一个规划潜在的环境影响范围很大,但只有其中一部分会对决策起关键作用。对其他部分的研究将会耗费时间和金钱,而带来的却是很小的利益。

例如,铁路路网规划的影响可能主要是土地利用的改变、能源的消耗、空气和噪声污染以及安全,这些对决策都具有重要作用。同样,一项对危险化学品的处理规划,最重要的影响是化学物质的突然释放所造成的影响,因而只需考虑突发事件的防控。

(2) 不同的规划对应于不同类型的影响。一项发展规划的环境影响可分为当地的,区域的或全国的影响。因此,例如国家层次规划的 SEA 首要的重点应放在全国问题上,区域的 SEA 重点是区域的问题等等。但是,大尺度的 SEA 需要考虑更多的区域问题,因为这些问题在大尺度的范围内有很大的影响。例如,尽管一个国家层次规划的 SEA 可能主要强调的是国家和特定的地点,但其更需要考虑对许多区域地点累积性的影响。同样,一个区域层次的 SEA 也需要考虑全国的问题,如生物多样性,因为区域层次的行动逐渐会导致全国层次的改变。

(二) 评价标准的选择

(1) 采用已有的国家、地方、行业或国际标准。

(2) 缺少相应的法定标准时,可参考国内外同类评价时通常采用的标准,采用时应经过专家论证。

(3) 基于评价区域社会经济发展规划目标所确定的理想值标准。

(4) 通过“专家咨询”、“公众参与及协商”确定的评价依据。

(三) 规划环境影响评价内容

根据规划对环境要素的影响方式、程度,以及其他客观条件确定规划环境影响评价的工作内容。每个规划环境影响评价的工作内容随规划的类型、特性、层次、地点及实施主体而异。在影响预测基础上开展环境影响综合评价,其主要内容如下:

(1) 规划对环境保护目标的影响。

(2) 规划对环境质量的影响。

(3) 规划方案合理性的综合分析。

根据规划环境影响评价结果,结合规划可行性论证中有关规划的社会、经济影响方面的评价结论,进行规划方案在社会、经济、环境三个方面合理性的综合分析,尤其是规划引导下的社会、经济、环境变化趋势与区域生态承载能力的相容性分析。

三、规划环境影响评价方法

目前在规划环境影响评价中采用的技术方法大致分为两大类别，一类是在建设项目环境影响评价中采取的，可适用于规划环境影响评价的方法，如：识别影响的各种方法（清单、矩阵、网络分析）、描述基本现状、环境影响预测模型等；另一类是在经济部门、规划研究中使用的，可用于规划环境影响评价的方法，如：各种形式的情景和模拟分析、区域预测、投入产出方法、地理信息系统、投资——效益分析、环境承载力分析等。表 11-10 列出了各个评价环节适用的评价方法。

表 11-10　规划的环境影响适用的评价方法

<table>
<tr><th>评价环节</th><th>方法名称</th><th>评价环节</th><th>方法名称</th></tr>
<tr><td rowspan="5">规划方案的初步筛选</td><td>核查表法</td><td rowspan="9">规划环境影响的预测与评价</td><td>投入产出分析</td></tr>
<tr><td>矩阵法</td><td>环境数学模型</td></tr>
<tr><td>对比、类比、相容分析法</td><td>情景分析法</td></tr>
<tr><td>专家咨询法</td><td>加权比较法</td></tr>
<tr><td></td><td>费用效益分析法</td></tr>
<tr><td rowspan="3">环境背景调查分析</td><td>收集资料法、现场调查和监测法</td><td>层次分析法</td></tr>
<tr><td rowspan="2">地理信息系统（GIS）</td><td>可持续发展能力评估</td></tr>
<tr><td>对比评价法</td></tr>
<tr><td rowspan="6">规划环境影响的识别</td><td>核查表法</td><td>环境承载力分析</td></tr>
<tr><td>矩阵法</td><td rowspan="8">累积环境影响评价</td><td>专家咨询法</td></tr>
<tr><td>网络法</td><td>核查表法</td></tr>
<tr><td>系统流图法</td><td>矩阵法</td></tr>
<tr><td>层次分析法</td><td>网络法</td></tr>
<tr><td>情景分析法</td><td>系统流图法</td></tr>
<tr><td rowspan="3">公众参与</td><td>会议讨论</td><td>环境数学模型法</td></tr>
<tr><td>调查表</td><td>承载力分析</td></tr>
<tr><td>公众咨询</td><td>叠图法 + GIS</td></tr>
</table>

（一）主要评价方法概述

1. 系统流图法

将环境系统描述成为一种相互关联的组成部分，通过环境成分之间的联系来识别次级的、三级的或更多级的环境影响，是描述和识别直接和间接影响的非常有用的方法。系统流图法是利用进入、通过、流出一个系统的能量通道来描述该系统与其他系统的联系和组织。

系统图指导数据收集,组织并简要提出需考虑的信息,突出所提议的规划行为与环境间的相互影响,指出那些需要更进一步分析的环境要素。

最明显不足是简单依赖并过分注重系统中能量过程和关系,忽视了系统间的物质、信息等其他联系,可能造成系统因素被忽略。

2. 情景分析法(Scenario Analysis)

情景分析法是将规划方案实施前后、不同时间和条件下的环境状况,按时间序列进行描绘的一种方式。可以用于规划的环境影响的识别、预测以及累积影响评价等环节。本方法具有以下特点:

可以反映出不同的规划方案(经济活动)情景下的环境影响后果,以及一系列主要变化的过程,便于研究、比较和决策。

情景分析法还可以提醒评价人员注意开发行动中的某些活动或政策可能引起重大的后果和环境风险。

情景分析方法需与其他评价方法结合起来使用。因为情景分析法只是建立了一套进行环境影响评价的框架,分析每一情景下的环境影响还必须依赖于其他一些更为具体的评价方法,例如环境数学模型、矩阵法或 GIS 等。

3. 投入产出分析(Input-Output Analysis)

在国民经济部门,投入产出分析主要是编制棋盘式的投入产出表和建立相应的线性代数方程体系,构成一个模拟现实的国民经济结构和社会产品再生产过程的经济数学模型,借助计算机,综合分析和确定国民经济各部门间错综复杂的联系和再生产的重要比例关系。投入是指产品生产所消耗的原材料、燃料、动力、固定资产折旧和劳动力;产出是指产品生产出来后所分配的去向、流向,即使用方向和数量,例如用于生产消费、生活消费和积累。

在规划环境影响评价中,投入产出分析可以用于拟定规划引导下,区域经济发展趋势的预测与分析,也可以将环境污染造成的损失作为一种“投入”(外在化的成本),对整个区域经济环境系统进行综合模拟。

4. 环境数学模型(Environmental Mathematical Model)

用数学形式定量表示环境系统或环境要素的时空变化过程和变化规律,多用于描述大气或水体中污染物质随空气或水等介质在空间中的输运和转化规律。在建设项目环境影响评价中和环境规划中采用的环境数学模型,同样可运用于规划环境影响评价。环境数学模型包括大气扩散模型、水文与水动力模型、水质模型、土壤侵蚀模型、沉积物迁移模型和物种栖息地模型等。

数学模型具有以下特点:较好地定量描述多个环境因子和环境影响的相互作用及其因果关系、充分反映环境扰动的空间位置和密度、可以分析空间累积效应以及时间累积效应、具有较大的灵活性(适用于多种空间范围;可用来分析单个扰动以及多个扰动的累积影响;分析物理、化学、生物等各方面的影响)。

数学模型法的不足是：对基础数据要求较高，只能应用于人们了解比较充分的环境系统和建模所限定的条件范围内，费用较高以及通常只能分析对单个环境要素的影响。

5. 加权比较法（Weighted Comparison）

对规划方案的环境影响评价指标赋予分值，同时根据各类环境因子的相对重要程度予以加权；分值与权重的乘积即为某一规划方案对于该评价因子的实际得分；所有评价因子的实际得分累计加和就是这一规划方案的最终得分；最终得分最高的规划方案即为最优方案。分值和权重的确定可以通过 Delphy 法进行评定，权重也可以通过层次分析法（AHP 法）予以确定。

6. 对比评价法

（1）前后对比分析法（Before and after comparison），是将规划执行前后的环境质量状况进行对比，从而评价规划环境影响。其优点是简单易行，缺点是可信度低。

（2）有无对比法（With and without comparison），是指将规划环境影响预测情况与若无规划执行这一假设条件下的环境质量状况进行比较，以评价规划的真实或净环境影响。

7. 环境承载力分析

环境承载力指的是在某一时期，某种状态下，某一区域环境对人类社会经济活动的支持能力的阈值。环境所承载的是人类行动，承载力的大小可用人类行动的方向、强度、规模等来表示。

环境承载力的分析方法的一般步骤为：

（1）建立环境承载力指标体系。

（2）确定每一指标的具体数值（通过现状调查或预测）。

（3）针对多个小型区域或同一区域的多个发展方案对指标进行归一化。m 个小型区域的环境承载力分别为 $E_1, E_2 \cdots E_m$，每个环境承载力由 n 个指标组成 $E_j = \{E_{1j} E_{2j} \cdots E_{nj}\}\ (j = 1, 2, \cdots m)$。第 j 个小型区域的环境承载力大小用归一化后的矢量的模来表示。

$$|\tilde{E}_j| = \sqrt{\sum_{i=1}^{n} E_{ij}^2}$$

（4）选择环境承载力最大的发展方案作为优选方案。环境承载力分析常常以识别限制因子作为出发点，用模型定量描述各限制因子所允许的最大行动水平，最后综合各限制因子，得出最终的承载力。承载力分析方法尤其适用于累计影响评价，是因为环境承载力可以作为一个阈值来评价累积影响显著性。在评价下列方面的累积影响时，承载力分析较为有效可行：基础设施规划建设、空气质量和水环境质量、野生生物种群、自然娱乐区域的开发利用、土地利用规划等。

8. 累积影响评价方法

包括专家咨询法、核查表法、矩阵法、网络法、系统流图法、数学模型法、承载力分析、叠加图法、情景分析法等。见本书相关章节。

(二) 常见规划环评方法的优缺点

对常见的规划环评方法的优缺点进行了总结分析见表11-11。

表11-11 规划环境影响评价方法对比分析表

方法名称	优点	缺点	适用情况
清单法、矩阵法	方法简单,直观易懂	单独一种方法难以做出准确评价	评价因子的识别筛选、规划方案的比选
网络法	可以追踪间接影响及多重影响	定性描述,需要和矩阵等方法结合使用	环境影响因素识别筛选、环境影响预测,公众参与
专家评价法	在缺乏数据的情况下,做出定性或定量的估计	组织困难,有时结果具有主观性	评价因子的识别筛选,环境影响预测,公众参与
图形叠置法和GIS	易于理解,能显示受影响的空间分布	需要的基础数字、图形资料较多	环境背景调查,累积影响
情景分析法	对环境影响可进行动态描述	侧重定性描述、对具体影响预测不准确	适用于战略环境影响评价中的累积影响的预测
一览表法	把定性的因素定量化、可确定影响程度	常需与对比分析法结合	规划方案的比选
层次分析法	定性判断和定量计算有效的结合	划分层次关系复杂、层次不能过多	方案的比选,规划环境影响预测、评价

四、环境影响减缓措施与供决策的环境可行规划方案

(一) 环境保护对策与减缓措施

规划环评的目的在于将规划造成的消极影响最小化,使其不再重要,并将积极的影响最大化,尽可能提高环境质量。缓解措施可被定义为避免、减少、修复或补偿一项规划所造成的影响。广义来讲,对环境和社会最好的是避免影响,接着是减少、修复和补偿。

规划环评高于项目环评的主要特点是其在早期或是一个更为合适的决策阶段考虑大范围的缓解措施以避免影响的发生。与项目相比,在规划层次的缓解措施可能更加具有战略性和前瞻性。例如,规划环评允许敏感环境区域在制定计划期间避免影响,而不是考虑每个发展建议的现实基础。也可以将

一项行为的负面影响被另一个发展积极的利用。同时还可以采取大范围的积极的缓解措施。在拟定环境保护对策与措施时,应遵循“预防为主”的原则和下列优先顺序:

(1) 预防措施。用以消除拟议规划的环境缺陷。

(2) 最小化措施。限制和约束行为的规模、强度或范围使环境影响最小化。

(3) 减量化措施。通过行政措施、经济手段、技术方法等降低不良环境影响。

(4) 修复补救措施。对已经受到影响的环境进行修复或补救。

(5) 重建措施。对于无法恢复的环境,通过重建的方式替代原有的环境。

应对所有符合规划目标和环境目标的规划方案进行排序和综合分析。任何规划方案都会带来环境影响,规划环评得出的“环境可行的规划方案”是综合考虑了社会、经济和环境因素之后得出的,是环境可行的,但不一定是环境最优的。因此要求对符合环境目标的规划方案也需要提出环境影响减缓措施(在许多情况下,往往就是因为采取了减缓措施才使得规划方案符合环境目标的要求——反映了规划环评的循环优化特征)。

可能的缓解措施有:①计划未来的发展以避免破坏敏感地;②约束或为低层次的规划建立框架。这包括对低层次规划和项目的 SEA 的要求,或是为由规划所产生项目的实施的特别要求;③建立或是投资新的休闲和自然保护区;④为规划的实施建立管理的指导方针;⑤为敏感的或稀有的野生生物物种或栖息地和当地的适宜度重新选址。

缓解措施可由环境部门和公众来检验。有些缓解措施可能会带来另外的经济或是社会甚至是其他环境方面的代价。例如,使用公路建设废物焚化的方法可以减少废物管理的环境问题,但却又导致公路建设的环境问题。一旦缓解措施被确立,对环境影响就应当重新被评估,这一循环一直继续到没有重要的消极影响存在为止。

(二) 供决策的环境可行规划方案

1. 环境可行的规划方案

根据环境影响预测与评价的结果,对符合规划目标和环境目标要求的规划方案进行排序,并概述各方案的主要环境影响,以及环境保护对策和措施。

2. 环境可行的推荐方案

对环境可行的规划方案进行综合评述,提出供有关部门决策的环境可行推荐规划方案,以及替代方案。

关于替代方案,不同的国家以及不同的研究者对替代方案有不同的定义。一般认为,替代方案有二层含义:第一层含义是指为了实现某一规划目标,除推荐方案以外,其他可供比较和选择的规划方案(下文所指的“替代方案”即是此义);第二层含义是指不去实现这一规划目标的方案,即“不做方案”。

第一层含义属于规划层次内的替代,是满足同一规划目标的规划方案之间的“小替代”;第二层含义属于规划层次上的替代,是对规划目标的“大替代”。

五、关于拟议规划的结论性意见与建议

对拟议规划方案应得出以下评价结论中的一种:

(一) 采纳环境可行的推荐方案

最初的规划设想或草案,经过分析、优化,可能会因为各种因素而被淘汰。某些符合规划的社会经济发展目标的规划方案,可能因为不符合环境目标而需要修改或干脆被淘汰。在规划编制与环境评价融合的循环过程中,实际上最终结论只有两者取其一,即采纳环境可行的规划方案,或是因为规划目标不合适无法找到环境可行的规划方案或提出的规划方案不如所谓的“零方案”而放弃规划。

在环境专家与规划专家意见相左时,规划环评的结论可能表述为修改规划目标或规划方案,提交给决策者权衡决策。

(二) 修改规划目标或规划方案

通过环境影响评价,如果认为已有的规划方案在环境上均不可行,则应当考虑修改规划目标或规划方案,并重新进行规划环境影响评价。修改规划方案应遵循如下原则:

(1) 目标约束性原则。新的规划方案不应偏离规划基本目标,或者偏重于规划目标的某些方面而忽视了其他方面。

(2) 充分性原则。应从不同角度设计新的规划方案,为决策提供更为广泛的选择空间。

(3) 现实性原则。新的规划方案应在技术、资源等方面可行。

(4) 广泛参与的原则。应在广泛公众参与的基础上形成新的规划方案。

(三) 放弃规划

通过规划环境影响评价,如果认为所提出的规划方案在环境上均不可行,则应当放弃规划。这种情况极少发生。

第六节　规划环境影响评价案例分析

以某河流干流水电规划环境影响评价为例。

一、总论

(一) 环境保护目标和环境影响评价指标体系

本规划的环境保护目标和环境影响评价指标见本案例表1。该规划环境影响评价拟采用AHP模型与方法。该模型由定性指标与定量指标两部分形成整体的评价指标体系。

(二) 评价因子、预测指标的确定

1. 水环境

现状监测因子:包括水温、pH、COD_{Cr}、氨氮、总氮、总磷、粪大肠菌群、氰化物、总铅、总铬、总砷、SS等13项指标。

收集流域水文资料。

预测评价因子:水文情势、水温、水质。

2. 生态环境

拟采用现状评价因子:陆生动植物种类及其珍稀保护物种分布现状、数量;水生动植物种类及其珍稀保护物种分布现状、数量;水土流失现状;景观体系构成。

预测评价因子:水电规划工程建设及运行对水、陆生动植物影响程度和范围;水土流失控制措施分析;景观破坏程度及恢复措施分析。

3. 社会环境

现状监测因子:土地资源现状、农业生产现状、能源结构及水资源利用现状。

预测评价因子:对地方社会经济、交通、人群健康、土地恢复及可开发量分析、能源结构变化及资源开发利用。

4. 其他环境(环境空气、声学环境)

表1　环境保护目标和评价指标

环境要素	环境保护目标	评价指标
水环境	●规划河段满足Ⅲ类水域功能要求 ●生产、生活用水保护 ●满足鱼类生存及繁衍的基本条件	●河流水质达标率 ●供水水源水质、水量保证率 ●景观用水保证率 ●生态用水保证率
生态环境	●保护流域生物多样性 ●保护区域陆生、水生生态环境及重要物种栖息地 ●保护生物群落结构及种群密度 ●维护区域的生产力 ●尽可能保持河流两岸现有的景观生态体系	●是否导致物种消失 ●确定与重要生境的区位关系及可能影响 ●对珍稀保护物种的影响 ●是否因本规划的实施而发生陆、水生生态结构及功能性的变化 ●与生态保护规划的协调程度 ●工程开挖弃渣对水土流失的影响

续表

环境要素	环境保护目标	评价指标
社会环境	●合理开发和利用水能资源 ●通过水电资源开发,促进地方经济发展,满足社会经济发展需要 ●改善电网质量 ●增加地方财政收入,提高居民生活水平 ●保证人群健康 ●维护当地居民的民风民俗和宗教信仰 ●保护文物、古迹及自然、人文旅游资源 ●保护基础设施	●水能资源利用率 ●对基础设施建设的影响 ●流域开发对地方财政收入的贡献值 ●电力的工业增加值 ●对产业结构调整推动作用大小 ●与社会经济发展规划的协调程度 ●对民风民俗和宗教信仰的影响 ●对文物、古迹及风景名胜的影响 ●对生产生活条件的影响 ●对人群健康的影响
淹没及移民安置	●保护土地质量和数量,防止土地退化 ●减少移民安置和搬迁 ●不降低移民及安置区居民生活质量 ●符合相关政策,满足可持续发展需要	●淹没土地数量 ●移民数量 ●工程建设前后移民及安置区居民生活质量

(三) 评价范围及内容

该规划环境影响评价的范围与规划范围相当,并可依据环境影响而适当扩大。评价范围的界定从空间和时间两方面考虑,内容主要考虑环境影响的累积效应。

1. 生态环境评价

(1) 评价范围。

陆生生态:开发河流全流域。

水生生态:全流域设置5个采样断面。

鱼类:整个河流流域,以规划河段及主要支流为重点调查范围和评价对象。

水土流失:规划河段河谷区域,重点是水库淹没区和施工区范围。

(2) 评价内容。

陆生生态:主要从流域生态完整性、流域生物多样性、对局地气候和环境敏感对象的影响等方面开展评价。对规划方案可能影响的珍稀、保护陆生动植物进行评价。

水生生态:简要分析评价区域内水域生态条件、水生生物组成特点、种群数量以及对环境的适应性等。预测分析河流干流水电规划实施后对规划减(脱)水河段及下游河段中水生生物及鱼类的影响,重点是重要“三场”及珍稀、洄游鱼类的调查及影响评价。

水土流失:分析评价区水土流失现状、成因及危害,预测分析工程建设对水土流失的影响,评价水库建成导致大规模地质灾害的可能性,以及施工区,特别是渣场布置的环境可行性。

2. 对社会环境的影响评价

(1) 评价范围:社会环境影响评价范围定为规划实施的主要受益及影响区。

(2) 评价内容:分析预测规划实施后对评价范围内的社会经济、社会资源(包括水资源、土地资源、矿产资源、旅游资源等)以及人群健康、文化和遗产的影响。

二、某河流干流水电规划分析

(一) 相关规划协调性分析(略)

(二) 规划方案分析

1. 规划方案简介

根据河道形态、资源分布特点和规划河段某"龙头"水库正常蓄水位变化,以及开发河段(两级坝式开发或一级混合式开发)开发方式的不同,综合考虑规划河段的地形地质条件,并结合该地区的社会、经济现状以及环境敏感对象分布和环境特点,拟定了4组梯级开发方案,7个可能的梯级。

2. 规划推荐方案

通过对四个梯级开发方案的水文泥沙分析计算、地质条件现场勘测调查、各梯级电站工程区的交通条件、动能经济指标计算、水库淹没实物指标调查、环境影响大小、工程枢纽的布置、工程量计算及投资估算分析,以及是否满足地方电力系统的电力需求等方面综合分析,对梯级开发方案进行了详细技术经济比较和论证,提出了规划推荐方案和近期开发工程。

(1) 工程地质条件比较:总体上各梯级电站的工程地质条件都是成立的,各梯级规划方案均无工程地质制约因素,无明显差异。

(2) 枢纽布置及施工条件:总的来说,根据目前筑坝技术及施工水平,四个梯级开发方案在工程技术上都是可行的。从技术难度角度分析,方案一、方案二小于方案三、方案四,方案一与方案二的技术难度基本相当。

(3) 水库淹没及移民安置:四个梯级开发方案中以方案二的淹没实物量为最小。方案一比方案二相应增加淹没耕地690亩、林地1836亩、搬迁人口361人,增加移民安置补偿静态投资3393.83万元;方案三比方案二相应增加淹没耕地1612亩、林地6780亩、搬迁人口802人,增加移民安置补偿静态投资9866.1万元;方案四比方案二相应增加淹没耕地922亩、林地4944亩、搬迁人口441人,增加移民安置补偿静态投资6472.27万元。

因此,从降低移民安置难度,减轻移民安置压力角度看,方案二最有利。

(4) 环境影响:规划的各梯级电站不涉及自然保护区和风景名胜区,梯级规划方案无重大的环境制约因素。

不可逆转的环境影响主要表现在对减水河段水文情势的影响。方案一引水洞线长度75.08km;方案二引水洞线长度90.67km(比方案一多立洲梯级引水洞线15.59km);方案三引水洞线长度71.76km;方案四引水洞线长度87.35km(比方案三多立洲梯级引水洞线15.59km)。

总体来说,减水河段对环境的影响方案二、方案四的不利影响要大于方案一和方案三,但因工程河段基本无工、农业取用水,各方案均需考虑适当下泄景观生态流量,故各方案减水河段的长短对环境影响的贡献差异不大,相反以增加淹没来缩短减水河段,其环境影响程度更大。所提出的各梯级开发方案,从环境保护的角度上看,是可行的。

(5) 水力资源利用程度:四个梯级开发方案的利用落差相同(均为1235m).但能量指标有差异。从水力资源利用程度分析,方案三和方案四水力资源利用程度相对较高。

(6) 水库补偿效益及在电力系统中的作用:考虑上游河段龙头水库的作用后,各方案均能满足电力系统的需要。

(7) 经济性:各方案中以方案二投资最低。以方案二为基准,其他方案比方案二增加投资分别为:方案一3.2亿元、方案三13.36亿元、方案四10.69亿元。

各梯级开发方案,单位kW投资和单位电能投资均以方案四略优(9450元/kW和1.939元/kW·h),但方案间差异较小,各方案的单位经济指标基本相当。

从经济指标看,方案二和方案四优于方案一和方案三。

综上所述,综合分析各梯级开发方案的工程地质条件、枢纽布置及施工条件、环境影响、水力资源利用程度、水库补偿效益及在电力系统中的作用、经济指标等,为降低工程技术难度,减轻移民安置的压力,有利于加快河流水力资源的开发以满足地方电网负荷增长的需要,方案二具有较明显的优势,推荐该河干流规划河段的开发方案为方案二(即“一库六级”开发方案)。

(三) 环境限制性因素分析

主要从地域跨界环境影响、工程移民与环境容量、环境污染与生态破坏的影响分析、河道水文情势改变对水生生态和鱼类的影响等几个方面分析,内容略。

三、环境现状调查、分析与评价

(一) 环境现状调查

包括社会环境、水环境、生态环境、环境空气和噪声。

（二）主要环境问题

调查中发现的主要环境问题有：①地方经济落后，人民生活水平低下；②基础设施薄弱，严重制约区域经济发展；③自然灾害频繁；④森林过度砍伐造成局部生态环境脆弱；⑤局部地区农业灌溉用水及居民生活用水困难。

（三）零规划方案环境发展趋势分析

（1）当地及规划河段区域自然环境条件较差，资源较单一，随着天保林和退耕还林、还草政策的实施，森工企业关停，地方财政受到极大影响。如果不实施流域水电规划，丰富的水能资源则得不到合理、有效的利用，地方经济的发展难以找到新的经济增长点，经济发展速度缓慢甚至退步，地方财力和人民的生活水平与内地的差距将继续拉大。

（2）如果不实施该水电规划，当地能源结构不合理的现状将难以改变，电能和交通两大因素将继续制约当经济的发展。农村仍以薪炭材作为日常生活的主要能源，愈垦愈穷的恶性生产及伐薪活动势必会造成当地的植被破坏和严重水土流失，不利于长江上游生态屏障的建设。

（四）水电规划实施后主要不利环境影响

本水电规划实施后会因水资源重新分配而可能产生的不利影响、水土流失及生态环境影响、对水环境的不利影响以及对社会环境产生的不利影响（如工程占地，水库淹没将导致移民搬迁和安置等问题）等。

四、规划对区域环境影响预测评价

（一）水环境影响预测评价

包括对水温、水质和水文情势的影响。其中对水质的影响还包括污染源预测、梯级电站建设对水质影响、对水库水质的影响、对减水河段水质的影响。

（二）生态环境影响预测评价

1. 对陆生动、植物多样性的影响

（1）对陆植物的影响。通过分析各方案水库淹没的耕地和林地数量可知，对陆生植物及动物栖息地造成的直接影响从大到小依次为：方案四 > 方案三 > 方案一 > 方案二。

（2）对陆生动物的影响。

2. 水生生物多样性的影响

梯级规划实施过程中对鱼类的不利影响都是暂时的，工程竣工后，绝大部分影响会消除，但部分影响与竣工后的影响一起，将形成永久性的不利影响。

梯级规划实施后，主要包括对库区和减水河段的影响。

(1) 库区。水流流速较天然河道大幅度减缓，将对流水性鱼类的鱼卵孵化和鱼苗发育带来一定危害，对鱼类资源产生一定影响。同时，库内环境条件与它们所要求的栖息生境不相适应，种群数量会受到较大影响，原有的优势种将被喜静水生境的鱼类所取代。

(2) 减水河段。规划实施后，河流原有的水生生境将发生较为显著的变化。喜流水生境的物种在水库库尾及衔接河段可以留存，但总的种类及数量将大幅度减少，取而代之的是一些喜静水生境的种类。总体上，水生生态系统的结构将发生明显变化。为减轻工程建设对水生生态环境的影响，梯级电站应下泄一定的生态流量，维持水生生物的基本生存条件。

(三) 水土流失影响预测评价

从当地地形、地貌分析，弃渣堆存及处理是本工程水土流失控制的关键，通过对四个方案弃渣总量的比较，方案二弃渣总量最小，对水土流失的影响也最小。

可能造成的水土流失危害表现为：减少行洪断面，增大防洪负担；危害工程安全；影响区域自然景观。

(四) 社会环境影响预测评价

预测评价的内容包括：对社会经济、能源结构、当地居民生产生活、人群健康、移民搬迁安置、宗教信仰、后备土地资源、环境地质等方面的影响。

(五) 梯级规划方案环境影响比较

总结以上内容中对本规划的环境影响分析预测结果，并以此为依据确定 AHP 评价体系中各指标的取值。并通过分析规划涉及区域的环境特征，确定了各指标的权重。本规划的 AHP 计算结果见本案例表 2。

表 2　某河流干流水电规划环境影响评价 AHP 模型与计算结果

项目	评价指标		权重/%		零方案	方案一	方案二	方案三	方案四
水环境	河流水质达标率	近期	13	1	0	-2	-2	-2	-2
		中长期		2.5	0	0	0	0	0
	供水水源水质、水量保证率			3.5	0	0	0	0	0
	景观用水保证率			2	0	-2	-2	-2	-2
	生态用水保证事			4	0	-6	-6	-6	-6

续表

项目	评价指标		权重/%		零方案	方案一	方案二	方案三	方案四
生态环境	是否导致物种消失		35	5	0	0	0	0	0
	确定与重要生境的区位关系及可能影响			3	0	0	0	0	0
	对珍稀保护物种的影响			4	6	-4	-4	-4	-4
	是否因本规划的实施而发生陆生生态结构及功能性的变化			5	0	-2	-2	-2	-2
	是否因本规划的实施而发生水生生态结构及功能性的变化			5	0	-8	-8	-8	-8
	与生态保护规划的协调程度	近期		2	8	-6	-6	-6	-6
		中长期		5	-2	8	8	8	8
	工程开挖弃渣对水土流失的影响			6	0	-8	-8	-8	-8
社会环境	水能资源利用率		37	5	0	8	8	8	8
	对基础设施建设的影响			4	0	8	8	8	8
	流域开发对地方财政收入的贡献值			5	0	10	10	10	10
	电力的工业增加值			3	0	10	10	10	10
	对产业结构调整推动作用大小			5	0	10	10	10	10
	与社会经济发展规划的协调程度			6	-2	8	8	8	8
	对民风民俗和宗教信仰的影响			2	0	-2	-2	-2	-2
	对文物、古迹及风景名胜的影响			2	0	-4	-4	-4	-4
	对生产生活条件的影响			3	0	6	6	6	6
	对人群健康的影响	近期		0.5	0	-4	-4	-4	-4
		中长期		1.5	0	8	8	8	8
淹没及移民安置	淹没土地数量		15	5	0	-8	-6	-10	-8
	移民数量			6	0	-8	-6	-10	-8
	工程建设前后移民及安置区居民生活质量	近期		1	0	-2	-2	-2	-2
		中长期		3	0	0	0	0	0
	综合得分		100		10	66	88	54	76

对本规划的四个方案及零方案的环境影响AHP综合得分值比较结果表明，如本次规划不实施，规划涉及区域的环境影响综合得分为10，从各项指标分析，当地自然生态环境不会受到工程建设的影响，但社会环境将维持落后现状，方案一、三、四的综合得分分别为66、54、76，在对社会环境起到显著推进作用的同时，自然环境的损失也相对较大，方案二综合得分为88，较好地协调了社会发展与生态保护的关系，在各方案中的得分最高，是本规划的推荐方案。

五、推荐规划方案环境保护措施

(一) 流域规划方案与规划目标符合性分析(略)

(二) 推荐方案及其环境影响

通过分析各梯级开发方案的工程地质条件、枢纽布置及施工条件、水力资源利用程度、水库补偿效益及在电力系统中的作用、经济指标、对环境敏感对象的影响等因素,从降低工程技术难度,满足环境要求,减轻移民安置压力和满足地方电网负荷增长的需要等综合角度考虑,推荐该河干流规划河段的开发采用方案二。推荐方案主要环境影响表现在对水环境、生态环境、社会环境、环境敏感点的影响。现将针对规划推荐方案的主要环境影响初拟相应的保护和减免措施,并对下阶段工作提出建议。

(三) 环境保护措施方案

本规划的环保措施以水环境保护措施、大气环境保护措施、声环境保护措施、生态保护措施、社会环境影响减免措施等为主,其中,大气和声环境保护措施的防治对象为单项工程施工期的暂时影响,其对策措施留在单个项目中针对每个工程的不同特点,进行具体设计和细化。

六、环境监测与跟踪评价

本规划的环境监测计划如下:监测内容主要包括地表水水质监测、水文监测或收集资料和陆生、水生生态监测与调查,以及社会经济、文化教育、卫生情况调查等。通过监测,掌握河流干流水电规划工程地区建设前后各主要环境要素的变化情况和规律,并监督、检查具体项目施工过程中各项环境保护措施实施情况和效果。对监测机构的设置提出要求,并绘制环境监测点位及规划断面图。

七、专家咨询与公众参与

本次评价公众参与采取问卷调查、会议座谈、专家咨询等形式开展。

调查结果表明,公众对本规划均持积极态度,99%以上的人对该河干流水电规划表示支持,认为梯级电站的兴建能给工程地区群众带来更多的就业机会和经济收入,并且将对当地社会经济产生推动作用,提高工程区群众的生活水平。同时,公众也提出了一些关心和忧虑的问题,主要是对工程移民和生态影响存在一些顾虑和担心。

根据公众的意见,本规划的环境影响评价对水库淹没和移民、生态、水环境等方面作了详细评价,并针对不利影响提出了环境保护对策措施和环境监测计划、环境管理制度,保证经济建设与环境保护的协调、统一。因此本报告书基本上回答了公众关心的环境问题。

八、问题与不确定性

（1）工程部分建设内容的不确定。受设计进度及深度的影响,有关工程部分的许多内容特别是与环境影响关系密切的渣、料场占地具体工程量及布置,施工道路,施工期间“三废”的产生量,移民安置的具体去向和方式尚未确定,难以定量地进行影响分析和预测评价各种影响。

（2）流域整体规划的不确定性。本次规划范围仅仅为某县境内的某河段,整个河流流域水电规划工作还未完全完成,故本次评价暂未考虑上游区域水电规划的叠加影响。

（3）减水河段与下泄流量。在规划阶段也初步确定了部分下泄生态流量,但在单项工作中应重点研究,结合区间支沟分布的情况,进一步落实,保证下泄生态用水的要求,以削弱减水造成的影响。

（4）流域规划环评不够成熟。到目前为止,对于流域环评还没有一套比较成熟的评价方法和评价指标体系,也没有成熟经验可供借鉴。限于认识和经验以及受相关资料限制,定会存在某些不成熟的地方,有待在下阶段单个工程环评中进一步落实、完善。

九、执行总结及建议

执行总结应包括对规划背景,规划的主要目标,规划的符合性及一致性关系、评价过程、公众参与及主要发现等方面的总结以及评价结论等内容。评价结论中应包括环境现状评价结论、环境影响预测评价结论、推荐规划方案环境影响减免措施以及综合性评价结论等。本案例从略。

复习与思考

1. 简述规划环境影响评价的涵义以及规划方案、环境可行方案、推荐方案以及替代方案之间的关系。
2. 规划环境影响评价的目的是什么？在进行规划环评时应遵循哪些基本原则？
3. 简述规划环评与项目环评之间的关系。
4. 规划环境影响识别的主要内容有哪些？常用的识别方法是什么？
5. 什么是环境目标和评价指标？简述确定评价指标的基本步骤。
6. 规划分析的基本内容包括哪些？试述之。
7. 简述规划环境影响预测的要求与内容。
8. 规划环境评价中拟定环境保护对策与减缓措施应考虑哪些原则要求？
9. 论述规划环境影响评价对实施可持续发展战略的重要意义。

第十二章　社会经济环境影响评价

本章重点：社会经济环境影响评价范围及敏感目标的确定；社会经济环境影响评价的程序与内容；费用-效益分析法。

第一节　概　　论

一、社会经济环境影响评价的涵义

以人(人体或人群)为中心，由人类创造的一切产品和副产品及其关系、状态和过程的总体称为社会经济环境。由拟议中的人类活动可能引起的一个地区的社会组成、社会结构、人地关系、地区关系、经济发展、文化教育、娱乐活动、服务设施等的影响，都属于社会经济环境评价的范围。

二、社会经济环境影响评价的目的

人类活动对社会经济环境产生影响是必然的。这些影响可能有人口迁移，改变社会结构，干扰社区的稳定性，同时也可能增加社区的经济发展潜力以及提高或降低社区人口的收入水平等。

人类活动所产生的社会经济环境影响，可能会改变区域人口目前和将来的生存和生活质量。如开发建设活动等，可能使一些人受益，另一些人受损，因此社会经济环境影响评价应给出活动可能产生的有利和不利社会经济影响，以及社区人口受益和受损情况，并通过采取一定措施来增加活动的有利社会经济环境影响和受益人数，减少项目的不利影响和受损人数，并尽可能对此加以补偿。对一些社会经济效益显著，但对环境损害严重的大型建设项目，有必要研究项目的社会经济效益以及进行环境经济分析，通过费用-效益或费用-效果分析，给出项目的社会经济效益是否能够补偿或在多大程度上补偿了由项目造成的环境损失，由此面对项目的整体效益进行综合评价。

社会经济环境影响评价的目的就是通过分析人类活动对社会经济环境产生的各种影响，提出防止或减少人类在获取效益时可能出现的各种不利社会经济环境影响的途径或补偿措施，进行社会效益、经济效益和环境效益的综合分析，使对各种活动的论证更加充分可靠，设计和实施更加完善。

三、社会经济环境影响评价的范围及敏感目标

（一）社会经济环境影响评价范围

社会经济环境影响评价范围是由目标人口确定的，凡属目标人口的范畴都可以划为社会经济环境影响评价的范围。目标人口是指受拟建项目直接或间接影响的那部分人口，目标人口所在社区的范围即为社会经济环境影响评价的范围，当拟建项目对自然环境和社会经济环境所产生影响的区域或范围不同时，则两者所确定的评价范围也应不同。例如，建造水坝对库区的自然环境和社会经济环境都会产生影响。自然环境影响评价范围可以确定为库区范围。但由于库区内人口迁移会对移民安置区的社会和济环境产生影响，因此，社会经济环境影响评价范围应包括库区及移民安置区，其中目标人口包括库区人口（直接目标人口）和移民安置区人口（间接目标人口）。

为了开展社会经济环境影响评价的实际需要，我们可以根据目标人口的行政区划和功能分区、收入水平和职业的不同、民族和文化素养的差异以及受拟建项目影响的程度和受益情况的区别等把目标人口划分为若干层次或部分。目标人口的划分原则和方法要视具体情况而定，并无统一标准可供遵循。

（二）社会经济环境影响评价中的敏感区

在社会经济环境影响评价中应特别关注一些社会经济敏感区，并指出要加强对这些区域的社会经济环境影响评价。当拟建项目对敏感区的社会经济环境产生较大程度影响时，社会经济环境影响评价深度可不受项目筛选制约，一般要求进行社会经济环境影响详评或针对某些社会经济环境要素进行专项评价。

1. 少数民族居民区

当拟建项目所影响区域为少数民族居住区时，社会经济环境影响评价显得尤为重要。在评价中要依据党和国家有关少数民族的方针和政策注重少数民族的习俗，充分征求他们对拟建项目的意见，要经常和少数民族政府以及民间机构取得联系，互通信息，以便及时解决可能出现的多种社会经济环境问题。同时要注意少数民族的生活习惯、传统观念以及适应能力等方面的情况。少数民族居民可能会受到由于拟建项目所带来社会无序化和相对贫困化的冲击，由此可能会带来一定的潜在社会风险因素，对此一定要给予充分重视。

2. 重要农业区

如果一个开发建设项目占用基本农田、菜地等耕地，由此会带来当地农民丧失维持生存和生活最基本的生产资料，以及引起移民和对移民安置地产生影响。因此，在社会经济环境影响评价中要对占地拆迁引起农业生产现实和潜在损失以及

由于粮食和蔬菜供给能力下降而引起当地及邻地居民生活水平下降等问题，对这些人的赔偿和补偿及长期生活安置问题，移民安置区的人口密度问题、土地使用问题以及其他潜在的社会经济问题进行评价。

3. 森林保护区

森林是构成生态环境最重要的要素，因此保护森林具有特殊重要的意义。山区的热带和温带森林被认为是脆弱的生态系统，在这些区域开发建设要特别给予重视，如果开发过度或不当，将会导致整个区域的生态退化和崩溃，由此会产生多方面的社会经济问题，特别是那些在很大程度上依赖森林资源而生存的目标人口将会受到极大威胁，由此也可能会引起大量人口迁移，或者严重影响到他们的生产或生活方式，对此在社会经济环境影响评价中要给予充分的考虑。

4. 海岸带地区

沿海及海洋地区多数是属于世界上大多数生物，特别是水生生物的富产地带，这些区域也多数是属于生态脆弱区，对环境的变化极为敏感。由开发建设活动所产生的各种环境影响可能会导致海洋复杂的食物链和生物链遭到破坏，进而影响到以海洋资源为生的那部分目标人口，有可能使他们被迫迁移或改变谋生手段。因此，在海洋开发项目环境影响评价中要特别注重社会经济环境影响评价。

5. 文物古迹保护区

文物古迹是历史遗产，其社会价值难以用货币计量，因此在文物古迹保护区从事开发建设活动要特别慎重。在社会经济环境影响评价中要从保护文物古迹角度出发，遵照执行有关的文物保护法律和条例，提出合理的开发建设方案，尽量避免或减少对文物古迹的影响和破坏。如果有些开发建设活动必须影响和破坏文物古迹，则要根据文物的保护级别以及咨询有关专家来估算文物古迹的价值，进而估计开发建设项目的社会经济效益在多大程度上补偿了文物古迹的损失，同时要提出文物古迹损失的补偿及恢复措施，并与当地文物局及其他有关部门共同协商保护方案。

四、社会经济环境影响评价因子识别

社会经济环境影响评价因子就是在社会经济环境影响评价范围内受拟建项目影响的那些社会经济环境要素，这些要素一定要能从总体上反映目标人口因其社会经济环境受拟建项目影响的情况。

（一）社会影响评价因子

1. 目标人口

项目影响区内的人口总数、人口密度、人口组成、人口结构等现状情况；受拟建项目影响人口现状情况的变化,现实受损者和潜在受益者人数及其比例,人口迁移等方面的情况。

2. 科教文化

当地的传统文化、习俗、科研单位、科研力量、科研水平、学校数、教学水平、入学等方面的情况。

3. 医疗卫生

当地的医疗设施以及卫生保健等方面的情况、医院的分布、规模、设施和卫生健康等。

4. 公共设施

当地住房、交通、供热、供电、供水、排水、通信以及娱乐设施等方面的情况。

5. 社会安全

当地的凶杀、暴力、盗窃等犯罪率的情况以及交通事故和其他意外事件等。

6. 社会福利

社会保险和福利事业以及生活方式和生活质量等方面的情况。

(二) 经济影响评价因子

1. 经济基础

评价区经济结构、产业布局、国民收入、人均收入水平等情况。

2. 需求水平

根据市场预测对拟建项目产出的市场需求,特别是评价区内目标人口对拟建项目产出的需求。

3. 收入分配

受拟建项目影响,收入分配在目标人口中的变化情况。

4. 就业与失业

受拟建项目的影响,目标人口的就业与失业情况。

(三) 美学和历史学环境影响因子

1. 美学

受拟建项目影响的自然景观,风景区,游览区以及人工景观等具有美学价值的景点。

2. 历史学

受拟建项目影响的历史迹址,文物古迹,纪念碑等具有历史价值的场所。

第二节　社会经济环境影响评价程序与内容

一、社会经济环境影响评价程序

社会经济影响评价程序见图 12-1。

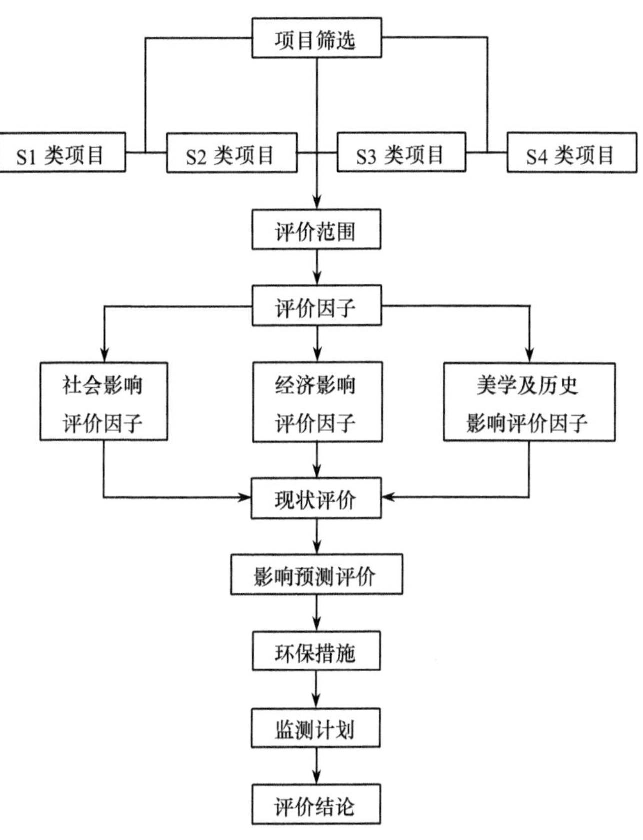

图 12-1　社会经济环境影响评价程序

图中项目类别分别指的是:S1 类项目——拟建项目对外界社会经济环境无影响或影响较小(如技术改造项目以及项目远离社区或项目外界无敏感区等情况)。由于此类项目主要产生内部经济性效果,对外部社会经济环境影响较小,所以一般无需进行单独的社会经济环境影响评价,只需把可研报告中有关的社会经济分析内容并入环境影响评价报告书中即可。S2 类项目——拟建项目对外界社会经济环境产生有利和不利的影响(如能源以及一般工业项目等)。除一些特殊大型项目以及外界社会经济环境较敏感的区域(如少数民族居住区以及文物古迹保护区等)外,一般只要求进行社会经济环境影响简评,并将其并入环境影响报告书中。

S3 类项目——拟建项目主要产生有利的社会经济环境影响。此类项目包括脱贫以及改善社会经济环境等项目(如农村和农业发展项目,贫穷落后地区的开发项目、基础设施项目以及社会福利项目等)。对此类项目一般要求进行社会经济环境影响详评,充分论证项目的社会经济效益或效果。这部分评价内容可并入环境影响报告书中。S4 类项目——拟建项目对外界社会经济环境产生严重不利影响或外界环境极为敏感以及任何具有相当数量移民的项目(如项目产生大量人口失业和引起项目周围地区居民生活水平降低,项目影响区内有国家重点文物保护区和少数民族集中区以及大坝、高速公路和机场等引起大量人口迁移的项目等)。对此类项目要求进行社会经济环境影响详评,一般要求进行社会经济环境专题评价并形成专题报告书。

二、社会经济环境影响评价内容

(一) 社会经济问题

根据社会经济环境影响现状调查分析,给出拟议中的人类活动的社会经济环境影响评价因子,并分析影响程度和类别,进而给出各类影响可能产生的主要环境问题及其效果。

任何一个拟议中的人类活动对社会经济环境可能产生的影响,都是多种多样的,一般包括有利影响和不利影响、现实影响和潜在影响、直接影响和间接影响、短期影响和长期影响、可逆影响和不可逆影响等。对拟议的人类活动开展评价时,要根据活动的特点以及当地的社会经济环境特征,同时也考虑社会经济发展因素,最终确定该活动对社会经济环境影响的一些典型特征,并由此明确活动所带来的主要社会经济问题,如一个开发建设项目引起项目区的部分人口外迁,同时也引起外部人口向项目区迁移(包括临时性的和永久性的),而人口迁移会对项目区和相关区域的社会经济环境产生直接的、现实的、短期的不利影响,同时也会对这些区域产生间接的、潜在的、长期的有利影响,并由此引发一些社会经济问题,如区域资源和基础设施压力增加问题;引起交通拥挤、入学困难,医疗设施紧张的问题;是否破坏当地的传统习俗,引发多种社会矛盾问题等等。

(二) 社会经济效果

拟议中的人类活动所产生上述各类影响的程度和后果,可以通过社会经济效果来加以评价和度量。为此,我们根据影响方式的不同以及社会经济效果的性质对其分类,由活动所产生的社会经济效果是社会经济环境影响评价的主要内容。

1. 正效果和负效果

这是与项目的有利影响和不利影响相对应的。一般来说有利影响产生正的(或好的)社会经济效果,这是项目受益人所期望的。例如,一个项目投产后产出的产品满足了人们的需求以及生产者从中获益,由此产生了正的或好的社会经济效果。而不利影响则产生负的(或坏的)社会经济效果,这也是建设者和项目受益人所不期望或要尽量避免的。

2. 内部效果和外部效果

内部效果是通过项目自身的财物核算反映出来的。例如,项目的收益、获利、投资回收等都属于内部效果。外部效果并不能在项目的收益或支出中直接反映出来,同时也不是项目本意要产生的效果。例如项目投产后排放污水,使附近水域鱼类产量下降,产生了负的外部效果,这并不是项目建设者的目的。

3. 有形效果和无形效果

作为有形的社会经济效果,一般都是可以用货币加以度量的。例如,由开发建设项目生产的产品以及项目排放污染物带来的直接经济损失都能够通过货币来计量效益的增加或减少。难以用货币计量的社会经济效果统称为无形效果。例如,空气污染造成的人体健康和经济损失,城市绿化对净化空气所带来的效果,犯罪率的变化等。此类事物不会在市场上出现,故没有市场价格;但事实上这类社会经济效果又是客观存在的,并表现为一定的支付愿望。

(三) 对拟建项目的需求分析

根据社会经济现状调查结果,估算拟建项目的现实和潜在的受益者或受损者的人数及其比例,受益或受损的方式和程度。通过抽样调查或公众参与等方法给出愿意和不愿意参与项目或赞成和不赞成拟建项目的目标人口数及其比例,进而给出目标人口对拟建项目有多大程度上的需求。

如有必要可以通过需求曲线及效益值来定量描述对拟建项目的需求水平。

亚洲开发银行在所提供的社会经济分析指南中,把目标人口对拟建项目的需求分为如下三个等级。

高:目标人口对拟建项目的潜在效益有着强烈的需求愿望,积极参与或愿意对项目做出奉献,或积极支持及赞成项目建设。

中:目标人口对拟建项目表现出一定的需求愿望,但对参与项目的愿望有限,虽然支持和赞成项目建设,但态度不积极。

低:目标人口对拟建项目产生的各种社会经济问题不满意或抱有成见,不愿参与项目,也不支持和赞成项目的建设。

(四) 社会经济发展水平影响分析

除了进行必要的拟建项目的财务分析外,要对拟建项目对其影响区域的社会经济总体发展水平进行分析,社会环境经济影响分析主要包括拟建项目对人口状况、收入状况、科技文化、医疗卫生、公共设施、社会福利、社会安全、就业失业等社会经济影响因子的影响,对拟建项目所产生的各种社会经济影响进行影响效果分析。

（五）收入分配的合理性

拟建项目应关心使哪些人受益，哪些人受损，是否会出现富人越富，穷人越来越穷的现象。项目的宗旨应是为了减缓贫困，使项目收入分配更加趋于合理。为了给出项目对目标人口收入分配的影响，而引入基尼系数，它提供了拟建项目对收入分配的影响即目标人口中实际收入分配平均程度的指标，基尼系数可以看作是简单判断收入平等或不平等相对水平的总指数。可以通过实际收入百分数对目标人口百分数作图，给出反映收入分配平均程度的曲线或称为洛伦兹曲线（见图12-2）。

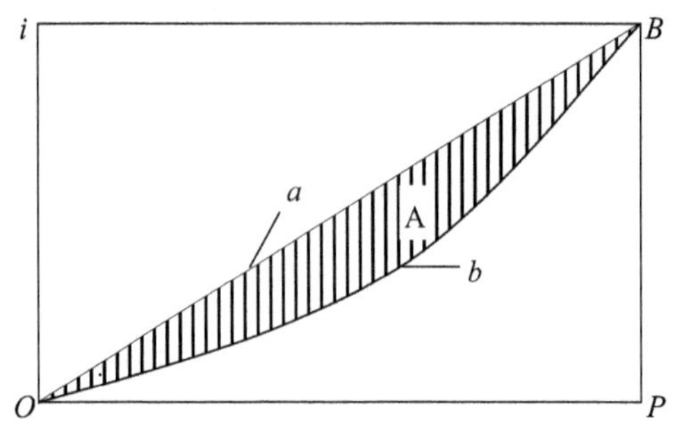

图12-2　收入分配平均程度曲线

图中，Oi表示收入百分数，OP表示人口百分数；a线表示收入分配在目标人口中是绝对平等的。OPB是收入绝对不平均曲线，它表示在目标人口中除一人之外，其余的人收入均为零。当目标人口收入按从低到高的顺序排列，所得到的实际收入分配曲线b是介于绝对平均曲线和绝对不平均曲线之间。基尼系数GC是图中阴影面积与三角形OPB面积之间的比例。

$$GC = \frac{A}{OPB} \tag{12-1}$$

一般来说，基尼系数在0.2～0.3之间表示收入分配相对平等，基尼系数在0.5～0.7之间则表明收入分配高度不平等。我们可以通过拟建项目所引起基尼系数的变化，来评价拟建项目对目标人口收入分配平均程度的影响。

（六）承受能力分析

在项目建设期和生产期，由于受其影响区域社会经济状况发生变化、可能会产生有利的和不利的影响，或正的和负的效果。对于有利影响或正效果是我们所期望的，一些不利影响或负效果在项目实施过程中客观存在着。在一般情况下，项目所产生的负效果可以通过正效果得到补偿，因而项目为人们所接受。但有时项目可能会产生一些令目标人口或部分目标人口难以承受的影响或效果，诸如目标人口迁居、失业、伤亡风险等严重损害的结果，一定要慎重对待，需要进行充分的分析论证，评价出目标人口对拟建项目的承受能力水平。

（七）美学及历史学环境影响分析

通过现状调查给出评价区内自然景观、人工景观、文物古迹保护区的数量、保护级别、分布范围、保护现状及保护价值。分析拟建项目对自然景观、人工景观、文物古迹等美学和历史学所能产生的各种影响及其效果。由于美学和历史学环境的特殊性，在进行此类环境影响分析时，要依据《中华人民共和国文物保护法》及有关的《风景名胜区管理暂行条例》来开展评价工作，同时在评价过程中要注意征询文物古迹、风景园林、美学和历史学等方面专家的意见。

第三节　社会经济环境影响评价方法

一、专业判断法

专业判断法是通过有关专家或一定的专业知识来定性描述拟建项目所产生的社会、经济、美学及历史学等方面的影响和效果，该方法主要用于对该项目所产生的无形效果进行评价。如拟建项目对景观、文物古迹等影响难以用货币计量，所产生的效果是无形的，对于此类影响和效果可以咨询美学、历史、考古、文物保护等有关专家，通过专业判断来进行评价。

二、调查评价法

在难以给出需求函数的情况下，可以采用调查评价法来估价目标人口对项目的需求情况，通过对项目产出的支付愿望，或对项目所产生损失愿意接受的赔偿愿望来度量效益，调查评价法又可以分为如下几种方法。

（一）投标博弈法

该方法所涉及的项目产出往往是一些公共商品，如公用设施和环境景观就属于公共商品。一般来说，每个目标成员被认为可以获得同样数量的公共商品。投标博弈法根据人们对不同数量和质量水平的各组公共商品的需求做出估价，并通过水平提高所表达的支付愿望，或水平降低所愿意接受的赔偿愿望，把每个人的支付愿望或赔偿愿望作为投标曲线，当把各投标曲线上的每一点加起来就得到总的投标曲线，并以此来代替需求曲线，现举例来说明投标博弈法的实际应用。

有一森林娱乐区，一直供附近居民免费娱乐。有人建议开发这个区域，若这样，居民就失去了这个娱乐区，这个娱乐区的价值有多大呢？或者说开发这个区域给居民带来的损失有多大呢？投标博弈法对娱乐区价值或效益损失的估价如下：

(1) 确定娱乐区用户的总人数(如2万人)。

(2) 选取能够代表全部用户的样本作为调查对象(如1000人)。

(3) 进行实际调查，调查中所提出问题的形式如下：为了维持你在这个娱乐区出入，你愿意每年付多少钱？每年付给你多少钱，你才愿意放弃在这个娱乐区出入？第一个问题表达的是支付愿望，第二个问题表达的是赔偿愿望。

调查中也可以给出一系列投标点即不同的货币量，让被调查对象进行选择。通常用户在表达他们愿意接受的赔偿愿望都大大超过支付愿望，表 12-1 中列出了调查结果。

表 12-1 出入娱乐区的支付愿望和赔偿愿望

样本人数	总人数	各人支付愿望/ $	总支付愿望/ $	个人接受赔偿愿望/ $	总接受赔偿愿望/ $
50	1000	0 ~ 10	5000	0 ~ 20	10 000
100	2000	0 ~ 20	30 000	20 ~ 50	70 000
200	4000	20 ~ 30	100 000	50 ~ 100	300 000
450	9000	30 ~ 40	315 000	100 ~ 200	1 350 000
150	3000	40 ~ 50	135 000	200 ~ 300	750 000
50	1000	50 以上	100 000	300 以上	500 000
1000	20000		685 000		2 980 000

表 12-1 中，样本人数取总人数的 5%；各样本组总的支付愿望和赔偿愿望的计算，是以人数乘以支付愿望范围的中值得到，个人支付愿望或赔偿愿望里最高中值分别为 100 美元和 500 美元。

根据投标博弈法计算出居民对这一森林娱乐区的支付愿望和赔偿愿望分别为每年 685 000 美元和 2 980 000 美元，娱乐区的价值或开发后的效益损失可以认为是在支付愿望和赔偿愿望之间。

（二）比较博弈法

该方法是通过人们在各种支出中的抉择，以此来表达他们的支付愿望。例如，最简单的情况包括两种支出：一定数量的货币和一定数量与质量的环境商品，人们对上述两项支出比较后，可能选择货币或环境商品，如果选择货币，就增加环境商品的数量，直到他们认为选择货币和环境商品一样时为止，此时的货币即为人们对一定数量环境商品的支付愿望。

（三）函询调查法

这种方法应用十分广泛，在社会经济环境分析中适用于对环境商品价值的评价，它通过直接询问专家来评定环境商品的价值。邀请专家背靠背个别地对一组或几组环境商品定价，把所有得到的数据制成表或图，并把那些偏离的数据请有关专家解释，然后把这些数据重新估价或校正，以得到新的数据，通过几个循环，得到分布比较集中的数据。

此外，在调查评价法中还包括优先评价法、无费用选择法等。

三、费用-效益分析法

（一）理论基础

1. 财务评价和国民经济评价

建设项目的经济评价分为财务评价和国民经济评价两种。

（1）财务评价。是根据国家现行财税制度和现行价格，分析测算项目的数量和费用考察项目的获利能力、偿还能力及外汇效果等财务状况，以判别建设项目财务上的可行性。财务评价只计算项目本身的直接效益和直接费用，即项目的内部效果。

（2）国民经济评价。是从国家整体角度考察项目的效益和费用。用影子价格、影子工资、影子汇率和社会贴现率，计算分析项目给国民经济带来的净效益，评价项目经济上的合理性。

项目效益是指项目对国民经济所做的贡献，分为直接效益和间接效益。直接效益是指项目产出物（物质产品和劳务）用影子价格计算的经济价值，包括增加产出满足国内需求的效益；替代其他相同或类似的企业产出，使被替代企业减产以减少国家资源损失的效益等。间接效益亦称外部效益，是指项目为社会做出的贡献，而项目本身并未得益的那部分效益，即环境效益和社会效益。

项目的费用是指国民经济为项目所付出的代价，分为直接费用和间接费用。直接费用是指用影子价格计算的项目投入（固定资产投入和流动资金等）的经济价值，包括其他部门为供应本项目投入物的扩大生产规模所耗用的资源费用；减少对其他项目投入物的供应而放弃的效益等间接费用，亦称外部费用，是指社会为项目付出的代价，项目本身并不需要支付的那部分费用。环境费用-效益分析是属于国民经济评价。

2. 外部不经济性

外部不经济性是经济外部性的一种表现形式。当一个人或企业的经济活动依赖或影响着其他人或企业的经济活动时，就产生外部性，外部性可以有正效益或负效益。外部性的负效益也称外部不经济性。企业生产活动造成的环境污染是外部不经济性的典型例子。费用效益分析研究的对象是全社会，因此，外部不经济性造成的危害是它的研究重点。

3. 环境资源的特征与环境效益

环境是一种资源，同一般的资源一样具有生产性和消费性两种特征。

（1）环境资源的生产性。环境资源生产性特征表现在它可以为人类的生产活动提供原料和生产要素，通常有三种形式：①环境资源以生产的原料形式进入生产过程。例如，森林提供的木材进入木材加工生产，水资源是许多工业生产过程的重要原材料等；②环境资源为生产提供了必不可少的条件，使资源成为生产过程的要素。例如清洁的空气是农作物生长的重要条件;③环境资源为生产提供了废物排泄的场所,它以自己特有的对废物净化和容纳能力减少了生产过程处理废物的费用。显然,这三种形式的环境资源生产特性都给人类带来了经济效益。

(2) 环境资源的消费性。环境资源消费性特征表现在为人类消费需求提供了资源。其中第一需求是人类生存的必要条件,例如空气、水等;第二需求是为人类的舒适、美学娱乐提供消费。人们从消费这些环境资源中获取效益。

环境资源通过其生产性和消费性的特征给人类带来了效益,这就是环境效益。

环境资源除了生产性和消费性之外,还有一个与一般资源不同的特征。这就是环境资源的公有性,不排他性。若你欲使用一般的资源,不论是谁都要支付费用,而环境资源却不同,新鲜的空气人人都可以免费呼吸,不因为你为改善大气环境投入了资金而不同于没有支付费用的其他人,所以使人不愿为治理污染投入资金。另外,由于环境资源的公有性,它往往没有市场价格,因而不能直接用市场价格来计算环境的效益。

4. 环境破坏和污染引起的经济损失

人类活动破坏或污染了环境,使环境原有的一些功能退化,给社会带来了危害,造成了经济损失,这就是环境破坏或污染的经济损失。如人类活动使大气中SO_2浓度增加而造成农作物产量减少,设备建筑物遭到腐蚀,造成经济损失;水源污染使供水短缺,造成开工不足、产品质量下降以及给水预处理的费用增加而造成的经济损失等。由于人类活动使用环境功能的多样性,致使环境破坏和污染造成的经济损失也是多样性的。这在实际分析中,需要对具体问题进行仔细分析。

5. 环境保护措施的效益和费用

人们为改善和恢复环境的功能或防止环境恶化采取了各种措施,减少了环境破坏和污染引起的经济损失,给人们带来了效益。这个效益称为环境保护措施的效益。这是环境投资费用-效益分析的主要对象。但应注意的是,环境保护设施运行也可能带来新的污染损失,称为环境保护设施的负效益。例如煤炭开采同时建设的洗煤设施,虽然对减少由于燃煤中含硫和灰分过高引起大气污染而带来的经济损失获得效益,然而洗煤水的排放又可能污染水体造成新的水污染损失。

环境保护设施、公共事业投资以及设施的运转费就是费用-效益分析中的费用。目前,这些费用是由政府机构和企业来负担的。

6. 经济效益与环境效益的统一

环境与经济存在着互相依赖、互相制约的双向联系,发展经济、改善环境都是为了满足人民日益增长的物质和文化需求。环境的变化一方面要以外部不经济性的形式在生产活动中反映出来,另一方面在消费活动中,直接影响满足人民对环境需求的有效供给。所以,在计量生产活动获得的全社会的直接经济效益的同时,必须以环境效益的形式计量生产活动对环境的影响;对生产活动的评价不仅要评价其经济效益,而且要评价其环境效益,以经济、社会和环境效益的统一为评价准则。

为了便于统一考虑和权衡这三种效益,将它们用货币化的形式来描述,这是环境费用-效益分析的重要任务。

7. 最佳污染控制水平

污染引起的环境危害程度取决于对环境的污染程度。它们之间的数量关系往往用所谓危害函数或危害曲线来表示,如图 12-3 所示。污染程度用污染物排放量和污染物削减量来表示,危害程度用污染引起的边际经济损失来度量,即用排放单位污染物的污染损失费用表示,危害程度随着污染物排放量的增加,即随着污染物削减量的减少而增加,危害曲线从右向左逐渐上升,且递增速度逐步加大,形成一条二次曲线。

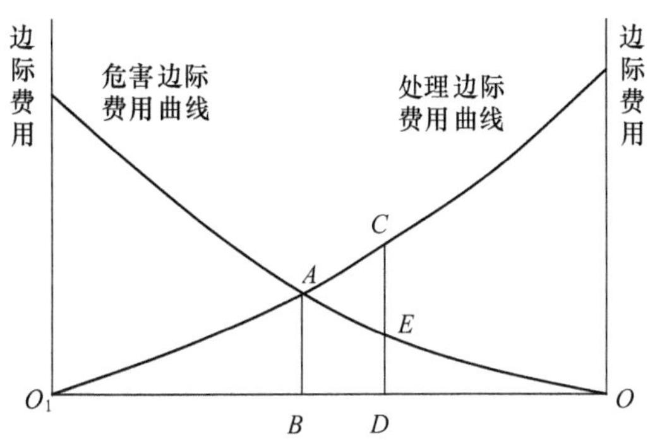

图 12-3　危害曲线与费用曲线

污染物削减费用取决于污染物削减量的多少,它们的数量关系用费用函数或费用曲线表示。污染物削减边际费用随着污染物削减量的增加而增加,其增长速度开始缓慢,逐渐加快。

总污染费用为治理费用与污染损失之和。当污染削减为零时,排放量最大,危害最大,治理费用为零。当污染物排放量为零时,削减量最大,危害最小,但其治理费用最大。由此可知危害曲线与费用曲线交点确定的污染物削减量为最佳污染控制水平,此点为社会污染费用(污染损失与治理费用之和)最小点。

8. 时间因素和社会贴现率

费用-效益分析所研究的问题,往往需要跨越较长的时间,任何环境保护项目或政策的费用和得到的效益与建设周期、工程项目的使用寿命以及政策的执行时间长短有关,同时费用与效益的发生时间也不尽相同。因此费用-效益分析中必须考虑时间因素。通常在现在可以得到的效益和 10 年以后得到同样的效益之间选择,人们都希望选择前者。为了便于比较不同时期费用和效益,经打折扣使它小于现有的费用和效益,用社会贴现率作为折扣的量度。社会贴现率是由国家规定的把未来的各种效益和费用折算成现值,运用社会贴现率把不同时期的费用或效益化为同一水平的现值,使整个时期的费用或效益具有可比性。

(1) 费用现值的计算。建设项目的费用包括内部费用和外部费用。内部费用是为了实现项目的目标所必须花费的费用，主要包括基本建设费用和运行费用。外部费用是由于项目引起了外部不经济性，如环境污染造成的经济损失所花费的代价。在考虑一定贴现率的情况下，费用现值计算公式如下

$$\mathrm{PVC} = \sum_{t=0}^{n} \frac{C_t}{(1+r)^t} \tag{12-2}$$

式中 PVC—— 费用现值；

C_t—— 第 t 年的费用；

t—— 年度变量；

r—— 贴现率；

n—— 项目服务年限。

在每年发生等量费用的情况下，上式可以简化为如下形式

$$\mathrm{PVC} = C_t \frac{(1+r)^{t+1} - 1}{r(1+r)^t} \tag{12-3}$$

(2) 效益现值。建设项目的效益也可以分作内部效益和外部效益。内部效益可分为一级和二级经济效益，一级经济效益是项目设计产出带来的效益，二级效益是指如果没有这个建设项目，工人处于失业状态，那么就业人员的工资就应该包括在项目的效益中。外部效益包括直接的外部经济性效益(如修水电站会直接产生防洪效果)和间接的外部经济效益(如一项污水处理工程项目，直接的目的是为了改善水质，由于水质的改善可能带来灌溉农作物的增产，从而获得间接经济效益)。效益现值计算公式如下

$$\mathrm{PVB} = \sum_{t=0}^{n} \frac{B_t}{(1+r)^t} \tag{12-4}$$

式中 PVB —— 效益现值；

B_t—— 第 t 年的效益；

其他符号意义同前。

在每年发生等量效益的情况下，上式可简化为

$$\mathrm{PVB} = B_t \frac{(1+r)^{t+1} - 1}{r(1+r)^t} \tag{12-5}$$

9. 费用与效益的评价指标

费用与效益的比较和评价，常用效费比和净效益两种方法。

(1) 效费比。效费比即效益和费用之比，记作

$$\alpha = \frac{\mathrm{EB} - \mathrm{MB}}{C - \mathrm{DE}} \tag{12-6}$$

式中 EB——环境效益；

MB——负环境效益；

C—— 费用；

DE—— 费用的节约。

如果效费比 $\alpha > 1$,说明社会得到的效益大于该项目或方案支出的费用,项目或方案是可以接受的;若 $\alpha < 1$,则该项目或方案支出的费用大于所得的效益,项目或方案应该放弃。

应指出,该项目或方案的负效益是从效益中减去,而不作为费用加在 C 上。例如 EB = 5, MB = 4, C = 4。效费比 $\alpha = (5-4)/4 = 0.25$,而不应该按如下计算:$\alpha = 5/(4+4) = 0.625$。两者的答案相差两倍以上。

效费比的实际含义是单位费用所获的效益,是十分有用的评价指标。在实际应用中,也有应用费效比来作为评价指标,费效比是费用与效益的比,是效费比的倒数。

若项目或方案的效益和费用发生的时间不同,可以用效益的现值与费用的现值进行比较,则效费比 α 为

$$\alpha = \frac{\mathrm{EPVB} - \mathrm{MPVB}}{\mathrm{PVC} - \mathrm{DPVE}} \tag{12-7}$$

式中 EPVB—— 环境效益的现值;

MPVB—— 负环境效益的现值;

PVC—— 费用的现值;

DPVE—— 费用节约的现值。

(2) 净效益。净效益是扣除费用以后的剩余效益,记作 NB 表达为

$$\mathrm{NB} = \mathrm{EB} - \mathrm{MB} - C + \mathrm{DE} \tag{12-8}$$

式中 EB—— 环境效益;

MB—— 负环境效益;

C—— 费用;

DE—— 费用的节约。

若净效益 NB ≥ 0,表明社会所得大于所失,项目或方案是可以接受的。该方法的优点是可以避免负效益或费用的节约归属处理不当所造成的错误,若净效益 NB < 0,则项目或方案不可取。

若效益和费用发生的时间不同,则需用净现值来评价。净效益现值为效益现值和费用现值之差,计算公式如下

$$\mathrm{NPVB} = \mathrm{PVB} - \mathrm{PVC} = \sum_{t=0}^{n} \frac{B_t - C_t}{(1+r)^t} \tag{12-9}$$

式中 NPVB—— 净效益现值。

在每年发生等量费用和效益的情况下,上式可简化为

$$\mathrm{NPVB} = (B_t - C_t)\frac{(1+r)^{t+1} - 1}{r(1+r)^t} \tag{12-10}$$

按照净效益现值准则的一般要求,只要项目的净效益现值大于零,即 NPVB > 0,就认为项目是可行的,但在实际中,人们当然是希望项目的净效益现值越大越好。

（二）费用-效益分析方法

1. 市场价值法（即生产率法）

这种方法把环境看作为生产要素，当环境质量发生变化时则会导致生产力或生产成本的变化，进而导致产量和利润的变化，而产量和利润是可以用市场价值来计量的。市场价值法是利用计量因环境质量变化引起的产量和利润的变化来计量环境质量变化的经济效益或经济损失，计算公式为

$$L_1 = \sum_{i=1}^{n} P_i \Delta R_i \tag{12-11}$$

式中　L_1——环境污染或破坏造成的产品损失的价值；

P_i——第 i 种产品市场价格；

ΔR_i——第 i 种产品污染或生态破坏减少的产量。

2. 人力资本法

人力资本法是依据建设项目引起周围环境质量变化，从而对人体健康发生影响。例如当环境质量恶化，对人体健康方面所造成的损失主要包括：过早死亡或病休所造成的收入损失；医疗费开支的增加；社会成员精神或心理上的代价。

人过早得病或死亡的社会效益损失是由社会劳务的部分或全部损失带来的，它等于一个人丧失工作时间的劳动价值或预期的收入现值（V_x）

$$V_x = \sum_{n=x}^{\infty} \frac{(P_x^N)_1 (P_x^N)_2 (P_x^N)_3}{(1+r)^{n-x}} Y_x \tag{12-12}$$

式中　Y_x——年龄 x 的人未来收入的现值；

$(P_x^N)_1$——年龄 x 的人活到年龄 n 的概率；

$(P_x^N)_2$——年龄 x 的人活到年龄 n，并且具有劳动能力的概率；

$(P_x^N)_3$——年龄 x 的人在年龄 n 还活着，具有劳动能力，仍然被雇用的概率。

由 12-12 式对整个社区成员进行分析时，对那些丧失劳动能力的人、退休的老人以及家庭主妇等所计算的收入现值为负值，由此可得出这样的结论，即这些人如过早死亡，社会总效益会随之而增加。这显然从道义上是令人难以接受的，因此这种理论也被称为冷血观点。

3. 防护费用法

防护费用法是根据项目引起环境质量的变化，而把人们愿意负担消除或减少有害环境影响的费用作为项目所带来环境效益损失的最低估价。

防护费用法已被广泛用于对噪声污染的评价中，现假设对一个飞机场进行噪声污染损失评价，由于附近住房对飞机噪声引起的负效益都有其主观评价，其效益损失为 LB，如果住户为了避免噪声污染，决定迁居到一个较为安静的地区，则需要支出一定的费用，主要包括：① 反映房屋给房主附加的价值或实际房租超过房屋市场价值的消费者剩余 CS，② 由噪声引起的房地产价格降低值 D，③ 搬迁费用 R。

一般来说，如果 LB > CS + D + R，一个明智的人将会决定搬迁；如果 LB < CS + D + R，住户将会留下忍受噪声。

无论从理论上还是从实际上看，住户所选择的方案都要使总费用降到最低，其费用可作为飞机噪声引起效益损失的最低估价。

4. 恢复费用法

如果建设项目引起环境质量下降、进而造成生产性资产的损害，则恢复环境质量或生产性资产的初始状态所花费的费用可作为项目引起环境效益损失的最低估价。

在水土保持规划，水污染造成工、农、渔以及林业损失，采煤引起地面下沉而造成建筑物损失等都可以用恢复费用法来评价效益损失。

此外，费用-效益分析方法还包括机会成本法、影子工程法、工资差额法等。

第四节　社会经济环境保护措施

一、保护措施

社会经济环境保护措施的目的是为了使项目综合效益最大化，并把拟建项目产生的各种社会经济影响降到最低程度。社会经济环境保护措施不仅包括具体的保护设施，而且还包括社会、经济，行政、法律、宣传等项措施。

应根据拟建项目所产生的社会经济环境影响及其效果针对性地采取保护措施。例如，涉及较多数量移民的项目，可以通过实施如下措施来减缓由移民所带来的不利影响，并使项目得以顺利进行。第一，通过宣传使移民认识拟建项目的重要意义，并使他们认识到通过采取妥善的措施而不致使他们生活质量由于迁移而下降。第二，成立移民办公室专门负责移民安置、补偿等方面的事务。第三，具体实施移民安置计划与措施，在安置区为移民提供住房，为他们提供各种就业机会，同时要采取措施解决由于移民而引发出的当地入学、医疗、交通等方面的社会经济问题。

二、监测计划

为了检验拟建项目预期的社会经济效果和社会经济环境影响保护的实施情况，进行社会经济环境影响监测计划是十分有必要的。它可以向建设单位及主管部门和环评单位及环境管理部门提供反馈信息，以便保证实现预期的社会经济效果和各种保护措施的有效实施，同时也能够检验环评结果以及对与环评结果出现的偏差或不确定性因素采取必要的补偿措施和解决方案。

1. 监测计划机构

为了负责实施监测计划需要建立相应的机构，社会经济环境监控计划是整个环境管理监测计划的一部分，因此无需单独设立机构，但要有专职或兼职人员负责这项工作。

2. 监测指标

要选取最具有代表性的社会经济环境影响、效果以及保护措施指标进行监测。

3. 反馈信息

对于各项监测结果,要及时向建设单位及其主管部门和环评单位及环境管理部门反馈信息。从反馈的信息中检验监测结果与环境影响评价预测结果的相吻合程度,如果出现较大的偏差,则需要采取一定的补偿措施来加以解决。

三、补偿措施

由于社会经济环境影响预测分析不可能完全准确无误。同时,在实施过程中又存在着各种不确定性因素,因此,预测与实际监测结果不可能完全一致。一般来说,预测结果与监测结果趋于接近,就是令人满意的了。如果偏差较大,以致影响到总体的社会经济环境保护目标,或者出现了新的情况在预测中没有考虑到,而又可能产生较大的社会经济环境影响,对此要提出补偿措施来加以调整,以保证项目的顺利实施。

复习与思考

1. 试述社会经济环境影响评价的重要性。

2. 如何确定社会经济环境影响评价的范围?

3. 社会经济环境影响评价的主要内容包括哪些?简述之。

4. 什么是外部效果(或外部不经济性)?试举一个实例说明这种外部不经济性对社会经济环境的影响。

5. 简述社会经济环境影响评价的因子。

6. 保护社会经济的目的是什么?应从哪些方面减缓或避免人类活动对社会经济环境的影响。

主要参考文献

包存宽等. 2004. 规划环境影响评价方法及实例. 北京:科学出版社

北京水环境技术与设备研究中心. 2000. 三废处理工程技术手册(废水卷). 北京:化学工业出版社

蔡艳荣主编. 2004. 环境影响评价. 北京:中国环境科学出版社

蔡贻谟等. 1987. 大气环境影响评价手册. 北京:中国环境科学出版社

蔡贻谟等. 1987. 环境影响评价手册. 北京:中国环境科学出版社

陈仁. 1997. 环境执法基础. 北京:法律出版社

程胜高等. 1999. 环境影响评价与环境规划. 北京:中国环境科学出版社

戴树桂. 2001. 环境化学. 北京:高等教育出版社

段宁等. 1996. 企业清洁生产审计手册. 北京:中国环境科学出版社

方品贤等. 1985. 环境统计手册. 重庆:四川科学技术出版社

傅国伟. 1987. 河流水质数学模型及模拟计算. 北京:中国环境科学出版社

高荣松等. 1989. 开发建设项目环境影响评价原理与方法. 成都:四川科技出版社

郭英起等. 1993. 大气环境影响评价实用技术. 北京:气象出版社

郭震远等译. 1987. 美国环境影响分析手册. 北京:北京大学出版社

国家环保局开发监督司. 1992. 环境影响评价技术原则和方法. 北京:北京大学出版社

国家环境保护局. 1994. 山岳型风景资源开发环境影响评价指标体系(HJ/T6—94)

国家环境保护总局,中国环境科学研究院. 1991. 城市大气污染总量控制方法手册. 北京:中国环境科学出版社

国家环境保护总局. 规划环境影响评价技术导则(试行)(HJ/T 130-2003)

国家环境保护总局. 建设项目环境风险评价技术导则(HJ/T 169-2004)

国家环境保护总局. 2004. 排污申报登记实用手册. 北京:中国环境科学出版社

国家环境保护总局. 2005. 战略环境影响评价培训材料. 北京:中国环境科学出版社

国家环境保护总局华南环境科学研究所. 1992. 环境影响评价经济分析指南. 北京:中国环境科学出版社

国家环境保护总局环境工程评估中心. 2005. 环境影响评价技术方法. 北京:中国环境科学出版社

国家环境保护总局环境工程评估中心. 2003. 建设项目环境影响技术评估指南. 北京:中国环境科学出版社

国家环境保护总局环境工程评估中心编. 2006. 环境影响评价案例分析. 北京:中国环境科学出版社

国家环境保护总局环境工程评估中心编. 2006. 环境影响评价技术导则与标准. 北京:中国环境科学出版社

国家环境保护总局环境工程评估中心编. 2006. 环境影响评价技术方法. 北京:中国环境科学出版社

国家环境保护总局环境影响评价管理司. 2004. 建设项目竣工环境保护验收监测培训教材. 北京:中国环境科学出版社

国家环境保护总局监督管理司.2000.中国环境影响评价.北京:化学工业出版社
国家环境保护总局外事办公室译.1989.我们共同的未来.北京:世界知识出版社
国家环境保护总局政策法规司.2005.中国环境保护法规全书(1982~2005)(上、下卷).北京:中国环境科学出版社
横山长之等.1982.大气环境评价方法,于春普译.北京:中国建筑工业出版社
洪宗辉等.环境噪声控制工程.2002.北京:高等教育出版社
胡宝林.环境行政法.1993.北京:北京人事出版社
环境科学大辞典编委会.1991.环境科学大辞典.北京:中国环境科学出版社
《建设项目环境影响评价标准汇编》编写组.2003.建设项目环境影响评价标准汇编.北京:中国标准出版社
蒋维楣等.1993.空气污染气象学教程.北京:气象出版社
蒋展鹏等.1990.环境工程监测.北京:清华大学出版社
金瑞林.1999.环境与资源保护法学.北京:北京大学出版社
金瑞林主编.1999.环境法学.北京:北京大学出版社
鞠美庭等.2006.能源规划环境影响评价.北京:化学工业出版社
李爱贞等.1997.大气环境影响评价导论.北京:海洋出版社
李旭祥编.2003.GIS在环境科学与工程中的应用.北京:电子工业出版社
李宗恺.1985.空气污染气象学原理和应用.北京:气象出版社
郦桂芬.1994.环境质量评价.北京:中国环境科学出版社
林业部财务司编.1997.森林资源资产化管理有关规定选编(1981~1997).北京:中国林业出版社
刘绮等.2004.环境质量评价.广州:华南理工大学出版社
刘天齐等.1999.三废处理工程技术手册(废气卷).北京:化学工业出版社
陆书玉等.2001.环境影响评价.北京:高等教育出版社
马大猷.1987.噪声控制学.北京:科学出版社
马倩如等.1990.环境影响评价.北京:中国环境科学出版社
毛文永等.2001.生态环境影响评价.北京:国家环境保护总局环境工程评价中心
(美)约翰·劳,大卫·伍登编,萧振宜等译.1986.环境影响分析手册.北京:北京科学技术出版社
尚金城,包存宽编.2003.战略环境评价导论.北京:科学出版社
田子贵,顾玲主编.2004.环境影响评价.北京:化学工业出版社
王大纯等.1995.水文地质学基础.北京:地质出版社
王景华.1990.区域环境与影响评价.北京:中国环境科学出版社
魏立安主编.2004.清洁生产审核与评价.北京:中国环境科学出版社
吴宗之等.2001.危险评价方法及其应用.北京:冶金工业出版社
奚旦立.1998.环境工程手册.北京:高等教育出版社
奚旦立主编.2005.清洁生产与循环经济.北京:化学工业出版社
叶俊荣.1993.环境政策与法律.台湾:月旦出版社
叶文虎等.1994.环境质量评价学.北京:高等教育出版社
曾贤刚.2003.环境影响经济评价.北京:化学工业出版社

曾孝思等. 1998. 大气污染数值预报基础和模式. 北京:气象出版社
张从等. 2002. 环境评价教程. 北京:中国环境科学出版社,2002
张凯等. 2005. 清洁生产理论与方法. 北京:科学出版社,2005
张永良,刘培哲等. 1991. 水环境容量综合手册. 北京:清华大学出版社
张征主编. 2004. 环境评价学. 北京:高等教育出版社
郑铭主编. 2003. 环境影响评价导论. 北京:化学工业出版社
中国环境报社编译. 1992. 迈向21世纪——联合国环境与发展大会文献汇编. 北京:中国环境科学出版社
中国环境科学学会环境质量评价专业委员会. 1990. 环境影响评价与区域环境研究. 石家庄:河北科学技术出版社
中华人民共和国环境影响评价法与规划、设计、建设项目实施手册编委会等. 2002. 中华人民共和国环境影响评价法与规划、设计、建设项目实施手册. 北京:中国环境科学出版社,2002
朱利中等. 1994. 环境化学. 杭州:杭州大学出版社,1994
主沉浮,孙良,魏云鹤,林秀丽编著. 2003. 清洁生产的理论与实践. 济南:山东大学出版社
Christopher Wood. 1995. Environmental Impact Assessment A Comparative Review, Longman
Cocklin C, Parker S, Hay J. 1992. Notes on cumulative environmental change I: concepts and issues; and II: a contribution to methodology[J]. Journal of Environmental Management, 35: 31 ~ 67.
John Glasson, Riki Therivel, Andrew Chadwick. 1994. Introduction to Environmental Impact Assessment. UCL Press
Nieuwstadt F T M, van Dop H. 1982. Atmospheric Turbulence andAir Pollution Modelling, Eds. , Reidel, D
Ortolano, L. 1997. Environmental Regulation and Impact Assessment, Singapore, John Willey&Sons Inc